Python 从入门到精通

李艳萍◎编著

人民邮电出版社
北京

图书在版编目（CIP）数据

Python从入门到精通 ：精粹版 / 李艳萍编著. -- 北京 ：人民邮电出版社，2023.6（2023.12重印）
ISBN 978-7-115-59899-8

Ⅰ. ①P… Ⅱ. ①李… Ⅲ. ①软件工具－程序设计 Ⅳ. ①TP311.561

中国版本图书馆CIP数据核字(2022)第155505号

内 容 提 要

本书以零基础读者为对象，用范例引导读者学习，深入浅出地介绍了 Python 的相关知识和实战技能。

本书从 Python 基础入手，介绍了 Python 的开发环境、各种数据类型的操作方法、流程控制、函数等 Python 内核技术，以及使用 Python 处理文件、处理错误与异常等各种应用，最后列举了 Python 在重要领域的项目实战，内容全面且深入。

本书提供与内容同步的教学录像。此外，本书还赠送大量相关学习资料，以便读者扩展学习。本书适合任何想学习 Python 的读者，无论读者是否从事计算机相关行业、是否接触过 Python，均可通过本书快速掌握 Python 的开发方法和技巧。

◆ 编　　著　李艳萍
责任编辑　张天怡
责任印制　陈　犇
◆ 人民邮电出版社出版发行　　北京市丰台区成寿寺路 11 号
邮编　100164　　电子邮件　315@ptpress.com.cn
网址　https://www.ptpress.com.cn
北京盛通印刷股份有限公司印刷
◆ 开本：787×1092　1/16
印张：23.75　　2023 年 6 月第 1 版
字数：732 千字　　2023 年 12 月北京第 2 次印刷

定价：99.80 元

读者服务热线：(010)81055410　印装质量热线：(010)81055316
反盗版热线：(010)81055315
广告经营许可证：京东市监广登字 20170147 号

前言
PREFACE

《Python 从入门到精通（精粹版）》是专为初学者量身打造的一本 Python 编程学习用书，由计算机图书策划机构“龙马高新教育”精心策划而成。

本书主要面向 Python 初学者和爱好者，旨在帮助读者掌握 Python 基础知识、了解开发技巧并积累一定的项目实战经验。

为什么要编写这样一本书

荀子曰：不闻不若闻之，闻之不若见之，见之不若知之，知之不若行之。

实践对学习来说非常重要。本书立足于实战，从项目开发的实际需求入手，将理论知识与实际应用相结合。本书的目标是让初学者能够快速成长为初级程序员，并拥有一定的项目开发经验，从而在职场中拥有“高起点”。

本书特色

● 零基础、入门级的讲解

无论读者是否从事计算机相关行业、是否接触过 Python、是否使用 Python 开发过项目，都能从本书中获益。

● 实用、专业的范例和项目

本书结合实际工作中的范例，逐一讲解 Python 的各种知识和技术；最后还以讲解实际开发项目来总结本书所讲内容，帮助读者在实战中掌握知识，轻松拥有项目经验。

● 便于读者随时检测学习成果

每章首页都列出了“本章要点”，以便读者明确学习方向。某些章最后的“实战演练”则根据所在章的知识点精心设计而成，读者可以进行自我检测、巩固所学知识。

● 细致入微、贴心提示

本书在讲解过程中设计了“提示”“注意”等板块，帮助读者在学习过程中更清楚地理解基本概念、掌握相关操作，并轻松学会实战技巧。

写给读者的建议

本书不仅适用于零基础的读者，还适用于已有语言基础的读者。本书涉及的知识面广泛，囊括多种热门应用的相关知识，因此，在部分章节会出现一些较难的知识点，但零基础的读者无须担心，它们都有相应的温馨提示来帮助学习和理解。

随书资源

● 全程同步教学录像

教学录像涵盖本书重要知识点，详细讲解每个范例及项目的开发过程与关键点，能帮助读者更轻松地掌握书中介绍的 Python 程序设计知识。扫描下方二维码即可观看教学录像，也可通过 QQ 群（644852861）获取图书配套资源。

读者对象

- 没有任何 Python 基础的初学者。
- 已掌握 Python 的入门知识，希望进一步学习核心技术的人员。
- 具备一定的 Python 开发能力，缺乏 Python 实战经验的人员。
- 大专院校及培训学校的老师和学生。

创作团队

本书由郑州升达经贸管理学院的李艳萍编著。在本书的编写过程中，编者竭尽所能地将较好的讲解呈现给读者，但书中也难免有疏漏和不妥之处，敬请广大读者不吝指正。若读者在阅读本书时遇到困难或疑问，或有任何建议，可发送邮件至 zhangtianyi@ptpress.com.cn。

编者

2023 年 3 月

目录

CONTENTS

第14章 Python 与系统编程

第15章 Python 与网络编程

第16章 Python 与 Office 编程

第17章 Python 与 Web 框架

第18章 Python 与网络爬虫

第19章 Python 设计模式

第20章 Python 在图像（Pillow）中的应用实战

第21章 Python 在语言处理中的应用实战

第22章 Python 在科学计算（NumPy）中的应用实战

第23章 Python 在数据可视化（Matplotlib）中的应用实战

第 0 章

认识 Python——打开 Python 之门

本章为读者介绍 Python 是什么、Python 的发展历程、Python 的优点和缺点、Python 的应用领域和前景、Python 的学习路线等。

本章要点（已掌握的在方框中打钩）

- □ Python 是什么
- □ Python 的发展历程
- □ Python 的优点和缺点
- □ Python 的应用领域和前景
- □ Python 的学习路线

0.1 Python 是什么

Python 是一门计算机程序设计语言，可应用于常规软件开发、网页开发、网络爬虫、数据分析和人工智能等方面。

Python 的创始人为吉多·范罗苏姆（Guido van Rossum）。2010 年，Python 被 TIOBE 编程语言排行榜评为年度语言。Python 受到 Modula-3 语言的影响，且 Python 具有易读、可扩展、简洁等特点，被一些知名大学当作主要编程语言教授给学生。业内人士一般称 Python 为高级动态编程语言，它可以用于大规模软件开发。资料显示，吉多在邮件列表上宣布 2020 年 1 月 1 日起终止对 Python 2.7 的支持，将其交给商业供应商负责，目前主流的版本是 Python 3。

0.2 Python 的发展历程

0.1 节讲解了 Python 是什么，下面讲解 Python 的发展历程。

Python 之父——荷兰人吉多，于 1982 年从荷兰阿姆斯特丹大学取得数学和计算机科学硕士学位。

20 世纪 80 年代中期，吉多还在位于阿姆斯特丹的荷兰国家数学与计算机科学研究中心（Centrum Wiskunde & Informatica，CWI）参与 ABC 语言的相关工作。ABC 语言是为编程初学者打造的。ABC 语言带给吉多很大启发，Python 从 ABC 语言中继承了很多东西，比如字符串、列表（List）和字节数列都支持索引（Index）、切片排序和拼接操作等。

在 CWI 工作一段时间后，吉多构思并开发了一门致力于解决问题的编程语言，他觉得现有的编程语言对非计算机专业的人十分不友好。于是，1989 年 12 月，为了打发无聊的圣诞假期，吉多开始写 Python 的第一个版本。值得一提的是“Python”这个名字的由来，Python 有蟒蛇的意思，但吉多起的这个名字和蟒蛇完全没有关系。吉多在实现 Python 期间，阅读了 *Monty Python's Flying Circus* 的剧本，这是一部创作于 20 世纪 70 年代的喜剧。吉多认为他需要一个简短、独特且略显神秘的名字，因此他决定将该语言称为 Python。

1991 年，Python 的第一个解释器诞生了。它是由 C 语言实现的，有很多语法来自 C 语言，又受到 ABC 语言的影响。它有很多来自 ABC 语言的语法，直到今天还很有争议，强制缩进就是其中之一。通常大多数语言都是代码风格自由的，即不在乎缩进有多少，写在哪一行，只要有必要的空格即可。而 Python 是必须要有缩进的，这也导致很多使用其他语言的程序员开玩笑说：“Python 程序员必须会用游标卡尺。”

Python 1.0 于 1994 年 1 月发布，这个版本的主要功能是 lambda、map、filter 和 reduce，但是吉多并不是很喜欢这个版本。

2000 年 10 月，Python 2.0 发布。这个版本的新功能主要是内存管理和循环检测垃圾收集器以及对 Unicode 的支持。该版本尤为重要的变化是开发流程的改变，Python 此时有了一个更“透明”的社区。

2008 年 12 月，Python 3.0 发布。Python 3.x 不向后兼容 Python 2.x，这意味着 Python 3.x 可能无法运行由 Python 2.x 编写的代码。从一定程度上讲，Python 3.x 代表着 Python 语言的未来。

今天的 Python 已经进入“3.0 时代”，Python 社区也在蓬勃发展，当你在此提出一个有关 Python 的问题时，几乎总有人遇到过同样的问题并已经解决。

0.3 Python 的优点和缺点

0.2 节讲解了 Python 的发展历程，下面讲解 Python 的优点和缺点。

先来讲解 Python 的优点。

（1）简单、易学。

Python 的代码就像简单的英语文章一样，语法非常简单，特别适合阅读，使用户能够专注于解决问题，且极其容易上手。Python 摒弃了 C 语言中非常复杂的指针，简化了语法。

（2）有丰富的库。

Python 既有庞大的标准库，又有可定义的第三方库和模块等。它们可以帮助用户处理各种工作，包括 re、json、time、Django、Twisted、Matplotlib、NumPy、pandas、sklearn 等，这被称作 Python 的“功能齐全”理念。

（3）免费、开源。

Python 的所有内容都是免费、开源的，用户可以任意发布软件版本、阅读软件的源码，以及对软件做改动。

（4）具有可移植性。

由于 Python 是开源的，因此目前它已经被移植到大多数平台。Python 避开了对系统的依赖性，几乎可以在任意平台运行使用，例如 Windows、macOS、Linux、Android、iOS 等。

事物通常都有两面性，了解了 Python 的优点，接下来讲解 Python 的缺点。

（1）运行速度相对慢。

Python 是解释型语言，运行速度会比 C、C++ 慢，但是不影响使用。如果用户需要让一段关键的代码的运行速度更快，可以将这部分使用 C 或者 C++ 编写，然后在 Python 中嵌入调用。另外，随着目前硬件水平的大幅度提高，这个缺点基本可以忽略不计。

（2）无法加密。

Python 的开源性导致 Python 代码无法加密，这其实也是可以解决的。如果希望某些算法不公开，那么可以将这部分使用 C 或 C++ 编写，然后在 Python 中嵌入调用，这样就可以完成加密。

（3）强制缩进。

如果用户经常使用 C 语言或者 Java 语言编写程序，那么 Python 的强制缩进语法会让用户很不适应；如果习惯了强制缩进，那么写出的代码会非常美观。

0.4 Python 的应用领域和前景

0.3 节讲解了 Python 的优点和缺点，下面讲解 Python 的应用领域和前景。

（1）Web 开发。

Python 可以快速创建 Web 应用，这得益于其强大的基础库和丰富的网络框架，例如著名的 Django、Flask、Tornado 和 web.py 等。使用这些 Web 框架，用户开发 Web 网站会更加安全与便利。

（2）游戏开发。

Python 也能用来开发互动性的游戏。PySoy 可以提供 3D 引擎，而 pygame 则可以提供开发一款游戏的基本功能和库支持。例如 *Civilization IV*、*Disney's Toontown Online* 和 *Vega Strike* 等游戏都是通过 Python 开发的。

在网络游戏开发中，Python 也有很多应用。相比 Lua，Python 有更高阶的抽象能力，可以用更少的代码描述游戏业务逻辑。

（3）桌面应用程序。

Python 可用于桌面应用程序开发。它提供了可用于开发用户界面的库和模块等，如 tkinter、wxPython 和 PyQt 等，可用于在多个平台上创建桌面应用程序。

（4）网络爬虫。

在网络爬虫领域，Python 非常强大，其几乎可将网络中的一切数据作为资源，通过自动化程序进行有针对性的数据采集以及处理。

现在已经有非常成熟的爬虫工具和框架，如 Requests、Scrapy 和 pyspider 等，可以利用它们高效地构建网络爬虫，获取需要的数据。

（5）云计算。

Python是从事云计算工作的人员必须掌握的一门编程语言，云计算框架OpenStack就是由Python开发的，读者如果想要深入学习云计算框架 OpenStack 并进行二次开发，就需要具备 Python 操作技能。

（6）自动化运维。

Python 是一门综合性语言，能满足绝大部分自动化运维需求，前端和后端都可以做，同时由于大数据时代的到来和人工智能的快速发展，自动化运维可能会替代人工运维。而 Python 语言因其强大的第三方程序库，如 Fabric、Ansible 和 SaltStack 等，在系统运维方面有着非常大的优势。

（7）科学计算与数据可视化。

自 1997 年起，美国国家航天局（National Aeronautics and Space Administration，NASA）就大量使用 Python 进行各种复杂的科学计算，为 Python 积累了丰富的科学计算库。

并且 Python 和其他解释型语言（Shell、JavaScript、PHP）相比，在数据分析、可视化方面有相当完善和优秀的库，例如 NumPy、SciPy、Matplotlib、pandas 等，这可以使 Python 开发人员高效编写科学计算程序。同时基于 Matplotlib、seaborn，Python 又能用于方便地绘制图形，能更直观地展现数据。

（8）金融分析与量化交易。

Python 拥有大量的金融计算库，并且可以提供 C++、Java 等语言的接口以实现高效率的分析，因此成为金融领域快速开发和应用的一门关键语言。由于 Python 是开源的，因此降低了金融计算的成本，而且人们还可以通过广泛的社交网络获得大量 Python 用于金融的应用实例，极大地缩短了金融分析与量化交易的学习路线。

（9）机器学习与人工智能。

机器学习和人工智能是当下较热门的话题，Python 在人工智能领域内的机器学习、神经网络、深度学习等方面，都是主流的编程语言。

目前世界上优秀的人工智能学习框架，比如 Google 公司的 TensorFlow 神经网络框架、Facebook（现更名为 Meta）公司的 PyTorch 神经网络框架以及开源社区的 Keras 神经网络库等，都是用 Python 实现的。

Microsoft 公司的微软认知工具包（Microsoft Cognitive Toolkit，CNTK）也完全支持 Python，并且该公司开发的 VS Code，也已经把 Python 作为一级语言进行支持。

Python 擅长进行科学计算和数据分析，支持各种数学运算，可以绘制出更高质量的 2D 和 3D 图像。

随着“人工智能时代”的来临，Python 是“人工智能时代头牌语言”这件事，几乎可以确定。

0.5 Python 的学习路线

0.4 节讲解了 Python 的应用领域和前景，下面讲解 Python 的学习路线。

想要成为“编程高手”，需要掌握一门好的语言，有一条好的学习路线，再加一份坚持。

这是笔者根据多年的开发经验以及自己的教学经历，整理出来的一条完整的 Python 学习路线。

（1）基础知识。

搭建 Python 开发环境，认识 Python 程序，各种数据类型的操作方法，流程控制，函数等。

（2）核心技术。

面向对象，模块与类库，使用 Python 处理文件，处理错误与异常，迭代器、生成器（Generator）、装饰器（Decorator）等。

（3）高级应用。

Python 与图形，调试 Python 程序，Python 与数据库，Python 与系统编程，Python 与网络编程，Python 与 Office 编程，Python 与 Web 框架，Python 与网络爬虫，Python 设计模式等。

（4）项目实战。

Python 在图像（Pillow）中的应用实战，Python 在语言处理中的应用实战，Python 在科学计算（NumPy）中的应用实战，Python 在数据可视化（Matplotlib）中的应用实战等。

学习 Python 并不是很难：安装环境→编写代码→遇到问题→解决问题→能力提升——就是这么简单！快打开 Python 之门，开始学习 Python 吧！

第 1 章

搭建 Python 开发环境——开启 Python 之旅

本章讲解如何搭建 Python 开发环境，包括在 Windows 上安装 Python、Linux 与 Python、第一个 Python 程序、使用交互界面、打造 Python 开发环境等。

本章要点（已掌握的在方框中打钩）

- □ 在 Windows 上安装 Python
- □ Linux 与 Python
- □ 第一个 Python 程序
- □ 使用交互界面
- □ 打造 Python 开发环境

1.1 在 Windows 上安装 Python

Python 是跨平台的，它可以在 Windows、macOs 和 Linux 操作系统上运行。在 Windows 操作系统上写的 Python 程序，放在 Linux 操作系统上也是能够运行的。

先介绍在 Windows 7 64 位操作系统上如何安装 Python。首先要下载 Python，安装 Python 后会得到 Python 解释器、命令行交互环境，还有简单的集成开发环境（Integrated Development Environment，IDE）。下载和安装步骤如下。

01 Python 下载

在 Python 官网首页选择【Downloads】选项，然后选择【Windows】选项，接着选择 Python 的版本，这里选择 Python 3.7.6，单击【Download Windows x86-64 executable installer】，如图 1-1 所示，完成下载。

- Python 3.7.6 - Dec. 18, 2019

  Note that Python 3.7.6 *cannot* be used on Windows XP or earlier.

  - Download Windows help file
  - Download Windows x86-64 embeddable zip file
  - Download Windows x86-64 executable installer
  - Download Windows x86-64 web-based installer
  - Download Windows x86 embeddable zip file
  - Download Windows x86 executable installer
  - Download Windows x86 web-based installer

图1-1 Python下载

下载完成后可以得到图 1-2 所示的文件。

图1-2 下载的文件

02 Python 安装

❶ 双击图 1-2 所示的文件，弹出图 1-3 所示的窗口，选择【Customize installation】选项进行自定义安装，弹出图 1-4 所示的窗口。

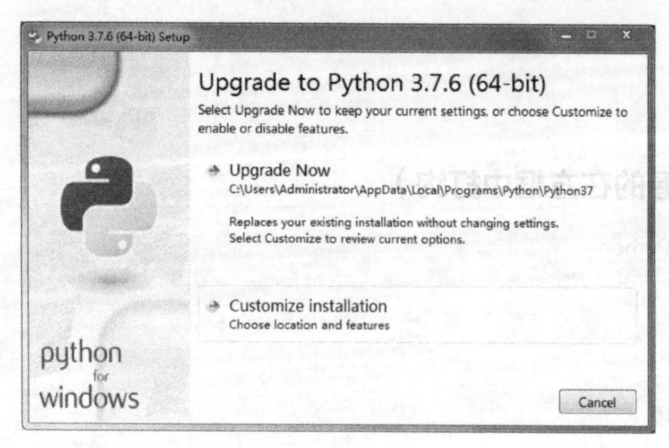

图1-3 自定义安装

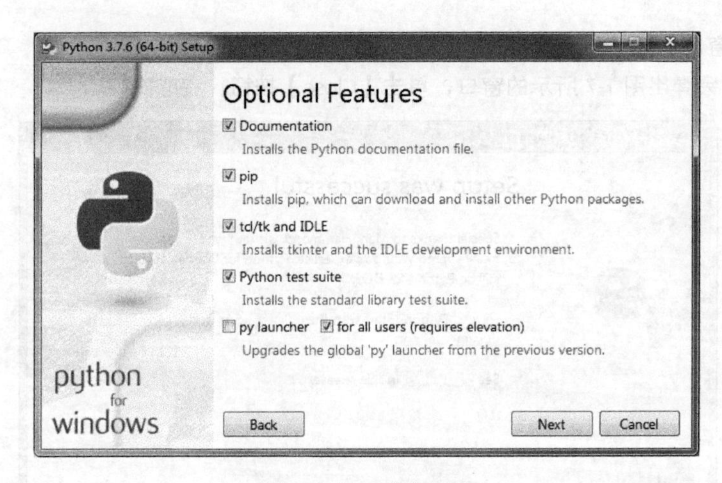

图1-4　选择功能特征

❷ 在图 1-4 所示的窗口中选中所需功能特征对应的复选框，单击【Next】按钮，弹出图 1-5 所示的窗口。

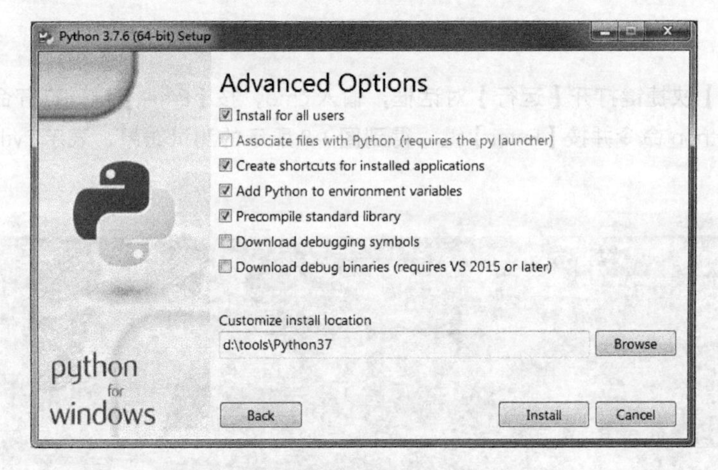

图1-5　高级选项

❸ 在图 1-5 所示的窗口中选中【Install for all users】复选框和【Add Python to environment variables】复选框等，单击【Browse】按钮，选择安装路径，例如，这里安装到【d:\tools\Python37】，单击【Install】按钮进行安装，弹出图 1-6 所示的窗口。

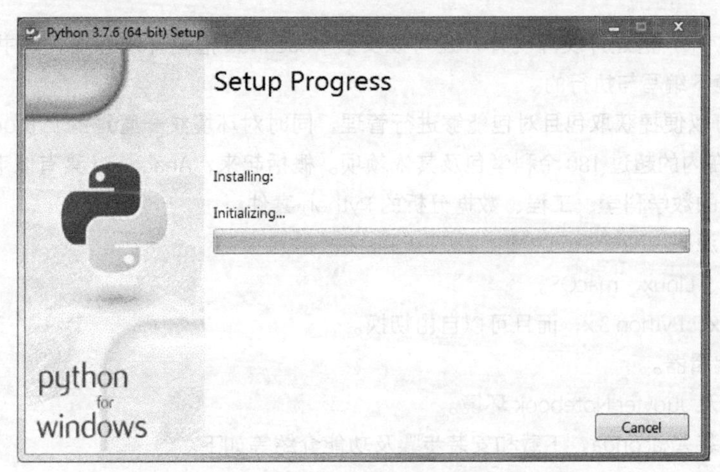

图1-6　安装进度

在图 1-6 所示的窗口中可以看到安装进度，等待安装成功即可。

❹ 安装成功后，会弹出图 1-7 所示的窗口，单击【Close】按钮，完成安装。

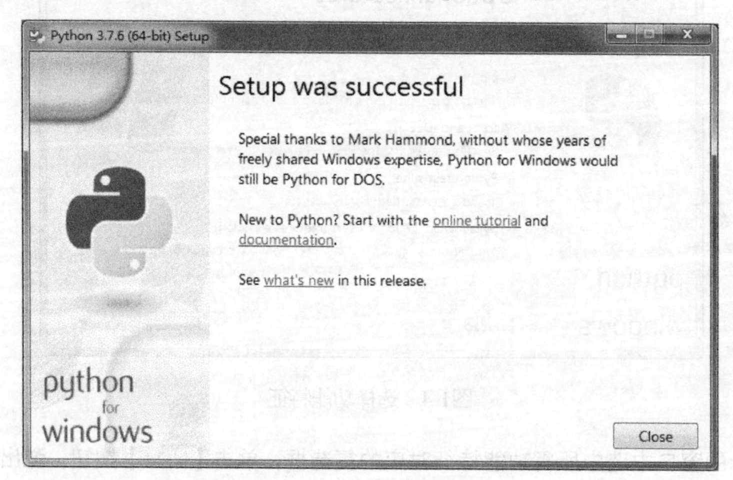

图1-7　安装成功

❺ 使用【Win+R】快捷键打开【运行】对话框，输入 cmd，按【Enter】键，打开命令行（Command，CMD）界面，输入 python 命令并按【Enter】键，得到图 1-8 所示的测试结果，表示 Python 安装成功，可以正常使用。

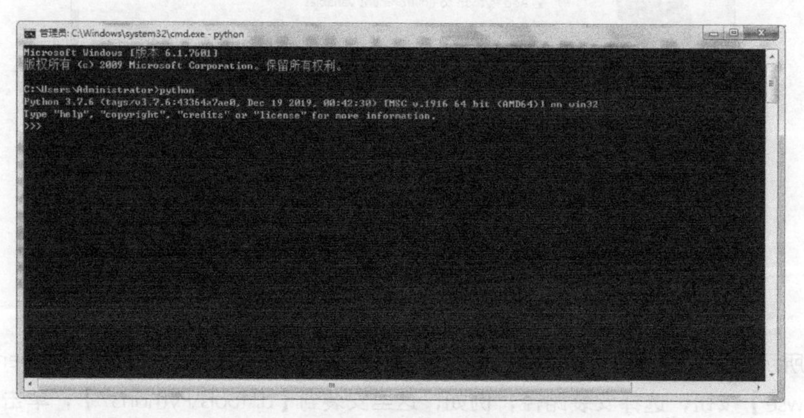

图1-8　测试结果

除了直接安装 Python 搭建开发环境外，还可以安装 Anaconda 搭建开发环境，本书介绍的 Python 程序都是在 Anaconda 环境下编写与执行的。

Anaconda 就是可以便捷获取包且对包能够进行管理，同时对环境统一管理的 Python 发行版。Anaconda 包含 conda、numpy 在内的超过 180 个科学包及其依赖项。概括起来，Anaconda 具有以下特点。

- 包含许多常用的数学科学、工程、数据分析的 Python 套件。
- 免费而且开放源码。
- 支持 Windows、Linux、macOS。
- 支持 Python 2.x、Python 3.x，而且可以自由切换。
- 内建 Spyder 编辑器。
- 包含 conda 以及 Jupyter Notebook 环境。

首先要下载和安装 Anaconda，下载和安装步骤及功能介绍等如下。

01 Anaconda 下载

在 Anaconda 官网可以下载 Anaconda 的各个操作系统的版本，这里选择 Windows 的，然后选择【64-Bit

Graphical Installer】选项，图 1-9 所示，完成下载。

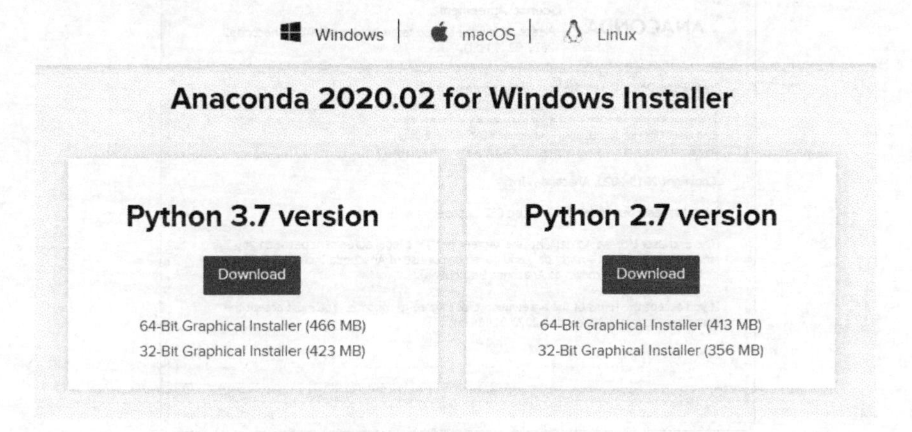

图1-9 Anaconda下载

下载完成后可以得到图 1-10 所示的文件。

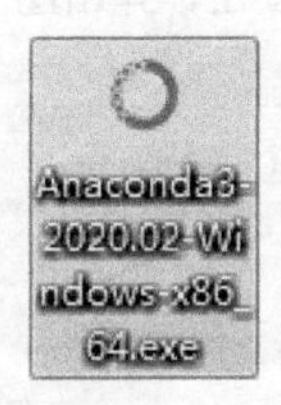

图1-10 下载的文件

02 Anaconda 安装

❶ 双击图 1-10 所示的文件，弹出图 1-11 所示的窗口，单击【Next】按钮，弹出图 1-12 所示的窗口。

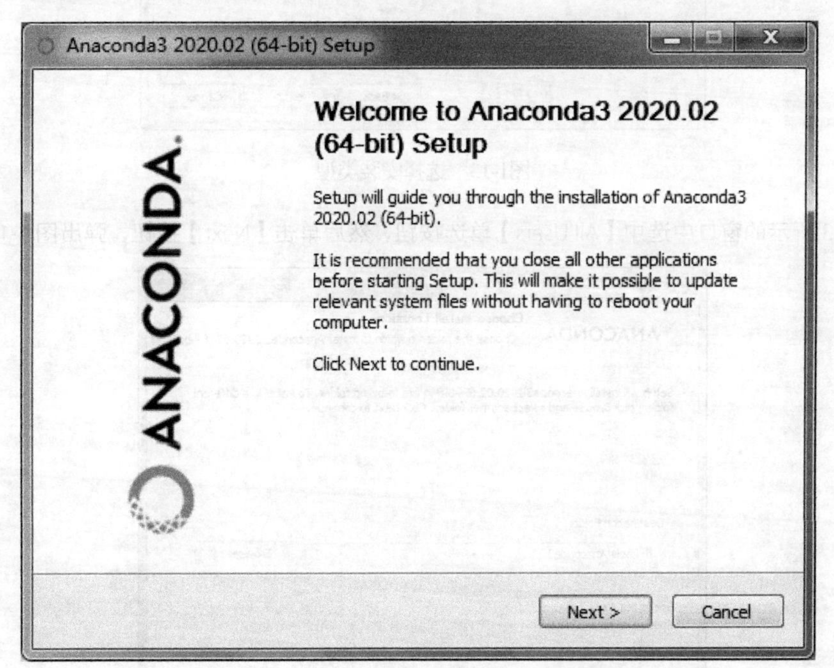

图1-11 欢迎窗口

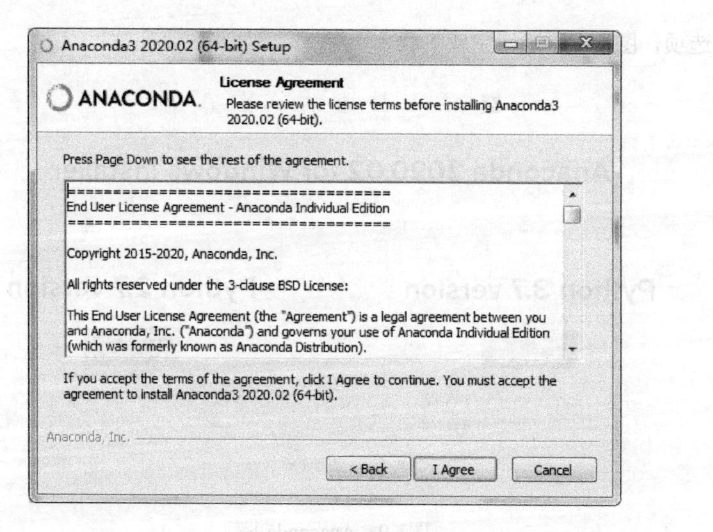

图1-12　许可协议

❷ 在图 1-12 所示的窗口中单击【I Agree】按钮，弹出图 1-13 所示的窗口。

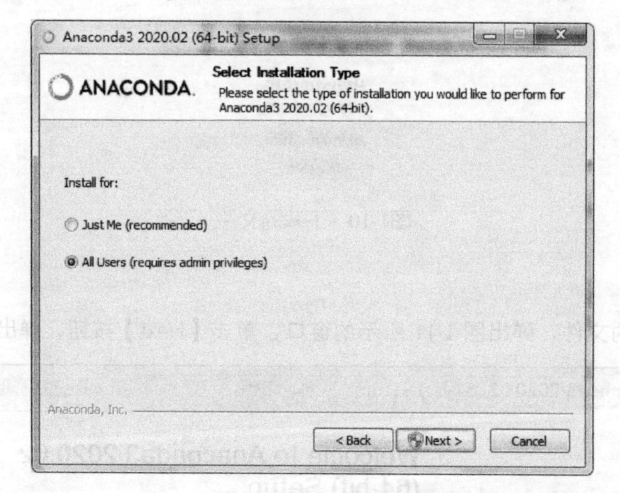

图1-13　选择安装类型

❸ 在图 1-13 所示的窗口中选中【All Users】单选按钮，然后单击【Next】按钮，弹出图 1-14 所示的窗口。

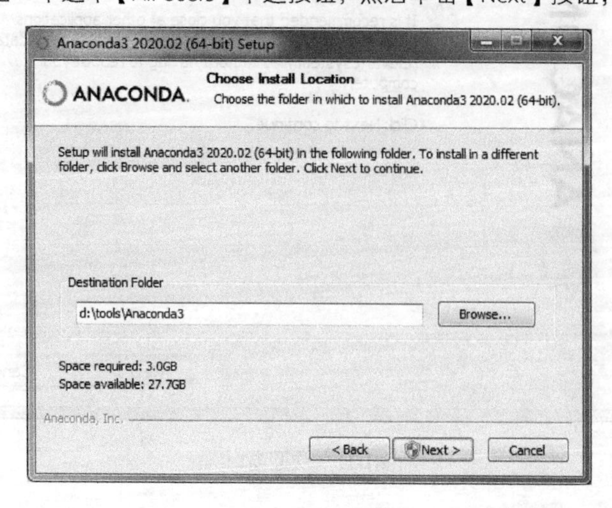

图1-14　选择安装路径

❹ 在图 1-14 所示的窗口中，单击【Browse】按钮，选择安装路径，例如，这里安装到【d:\tools\Anaconda3】，单击【Next】按钮进行安装，弹出图 1-15 所示的窗口。

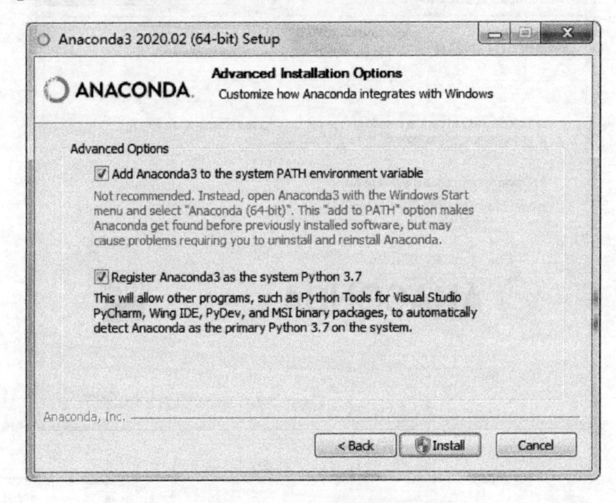

图1-15　高级安装选项

❺ 在图 1-15 所示的窗口中选中【Add Anaconda3 to the system PATH environment variable】复选框和【Register Anaconda3 as the system Python 3.7】复选框，单击【Install】按钮进行安装，弹出图 1-16 所示的窗口。

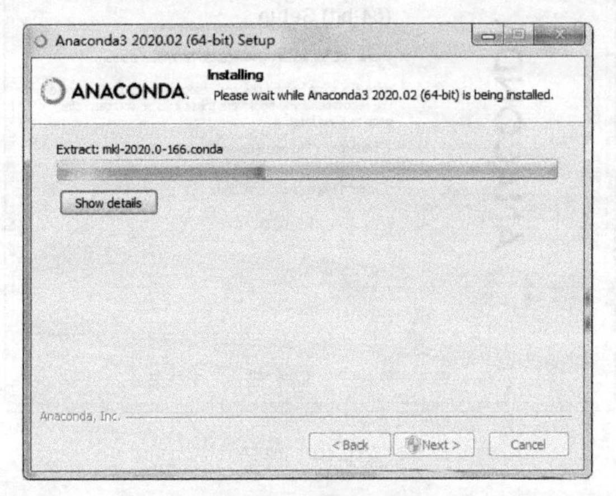

图1-16　安装进度

❻ 在图 1-16 所示的窗口中可以看到安装进度，等待安装完成即可。安装完成后，弹出图 1-17 所示的窗口。

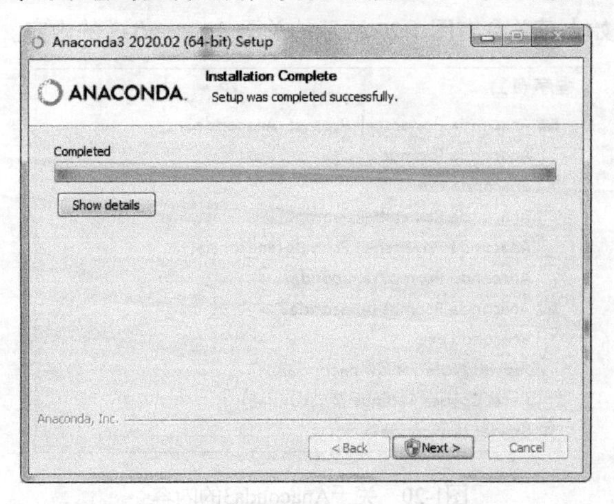

图1-17　安装完成

❼ 在图 1-17 所示的窗口中单击【Next】按钮，弹出图 1-18 所示的窗口。

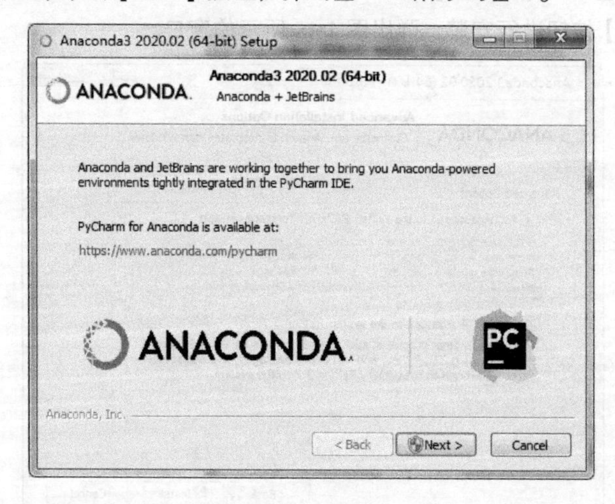

图1-18　介绍

❽ 在图 1-18 所示的窗口中单击【Next】按钮，弹出图 1-19 所示的窗口。

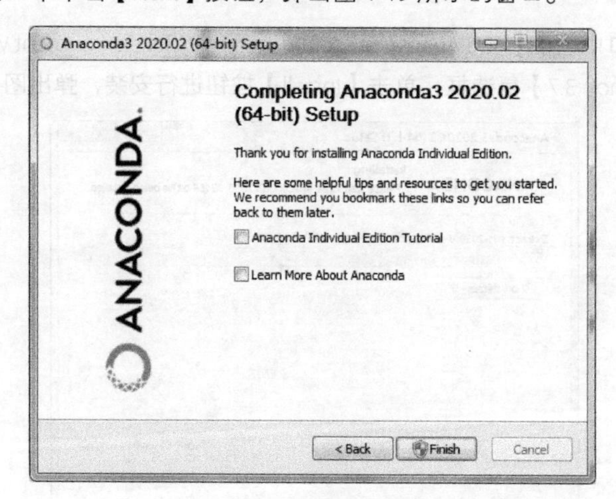

图1-19　提示

❾在图 1-19 所示的窗口中单击【Finish】按钮，完成安装并退出。

03 Anaconda 功能介绍

安装完成之后，在【开始】菜单会有图 1-20 所示的关于 Anaconda3 的内容。

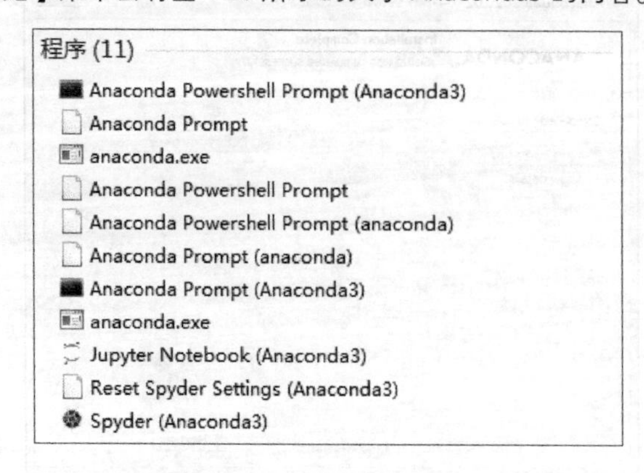

图1-20　关于Anaconda3的内容

（1）命令行界面。

其中的【Anaconda Powershell Prompt(Anaconda3)】和【Anaconda Prompt(Anaconda3)】是命令行界面，它们和 Windows 操作系统中的命令行界面功能类似，用于进入 Anaconda 默认的虚拟环境“base”，如图 1-21 所示。

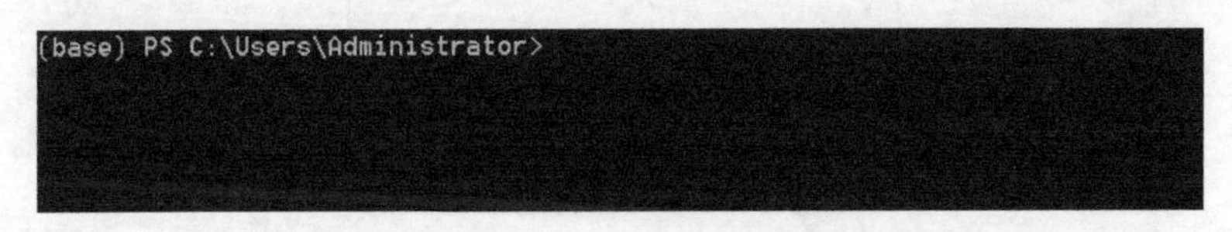

图1-21　Anaconda命令行界面

（2）Jupyter Notebook。

❶ 其中的【Jupyter Notebook(Anaconda3)】是一个可交互的 Web 应用程序，便于创建和共享程序文档，支持实时编写代码、数学方程、可视化和 Markdown 等，用途包括数据清理和转换、数值模拟、统计建模、机器学习等。在命令行界面中，进入一个目录，输入 Jupyter Notebook 命令并按【Enter】键，如图 1-22 所示。

```
Microsoft Windows [版本 6.1.7601]
版权所有 (c) 2009 Microsoft Corporation。保留所有权利。

C:\Users\Administrator>Jupyter Notebook
[W 21:52:12.611 NotebookApp] Error loading server extension jupyter_nbextensions_configurator
    Traceback (most recent call last):
      File "d:\tools\Anaconda3\lib\site-packages\notebook\notebookapp.py", line 1670, in init_server_extensions
        mod = importlib.import_module(modulename)
      File "d:\tools\Anaconda3\lib\importlib\__init__.py", line 127, in import_module
        return _bootstrap._gcd_import(name[level:], package, level)
      File "<frozen importlib._bootstrap>", line 1006, in _gcd_import
      File "<frozen importlib._bootstrap>", line 983, in _find_and_load
      File "<frozen importlib._bootstrap>", line 965, in _find_and_load_unlocked
    ModuleNotFoundError: No module named 'jupyter_nbextensions_configurator'
[I 21:52:12.682 NotebookApp] JupyterLab extension loaded from d:\tools\Anaconda3\lib\site-packages\jupyterlab
[I 21:52:12.682 NotebookApp] JupyterLab application directory is d:\tools\Anaconda3\share\jupyter\lab
[I 21:52:12.705 NotebookApp] Serving notebooks from local directory: C:\Users\Administrator
[I 21:52:12.705 NotebookApp] The Jupyter Notebook is running at:
[I 21:52:12.706 NotebookApp] http://localhost:8888/?token=12f5babcccd068682f64b9a1ede0085b1ed0b1e0bc999c3b
[I 21:52:12.706 NotebookApp]  or http://127.0.0.1:8888/?token=12f5babcccd068682f64b9a1ede0085b1ed0b1e0bc999c3b
[I 21:52:12.706 NotebookApp] Use Control-C to stop this server and shut down all kernels (twice to skip confirmation).
[C 21:52:12.765 NotebookApp]

    To access the notebook, open this file in a browser:
        file:///C:/Users/Administrator/AppData/Roaming/jupyter/runtime/nbserver-55488-open.html
    Or copy and paste one of these URLs:
        http://localhost:8888/?token=12f5babcccd068682f64b9a1ede0085b1ed0b1e0bc999c3b
     or http://127.0.0.1:8888/?token=12f5babcccd068682f64b9a1ede0085b1ed0b1e0bc999c3b
[W 21:52:15.808 NotebookApp] 404 GET /nbextensions/nbextensions_configurator/tree_tab/main.js?v=20200401215212 (::1) 15.00ms ref
8888/tree
```

图1-22　运行Jupyter Notebook

❷ 打开浏览器，访问 http://localhost:8888，如图 1-23 所示。

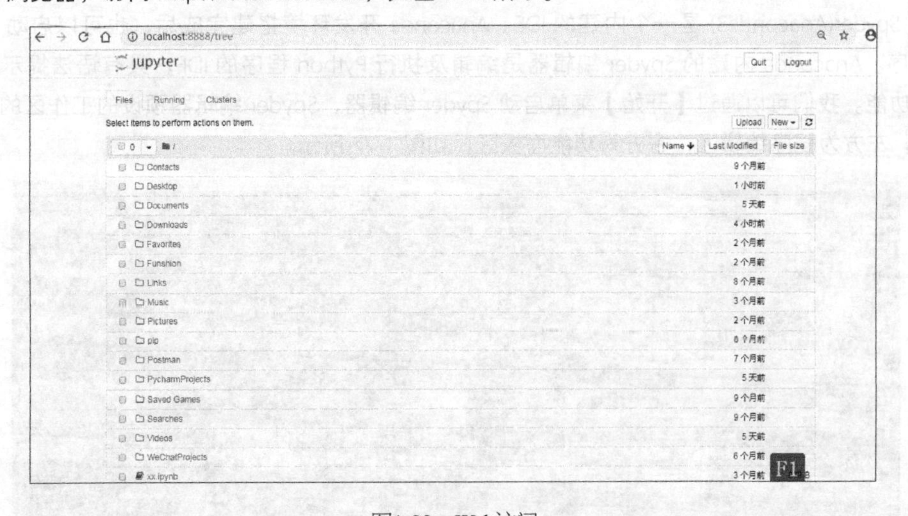

图1-23　Web访问

❸ 在图 1-23 所示的窗口中单击【New】按钮，接着单击【Python 3】选项，就可以创建一个基于 Python 3 的文件，如图 1-24 所示。

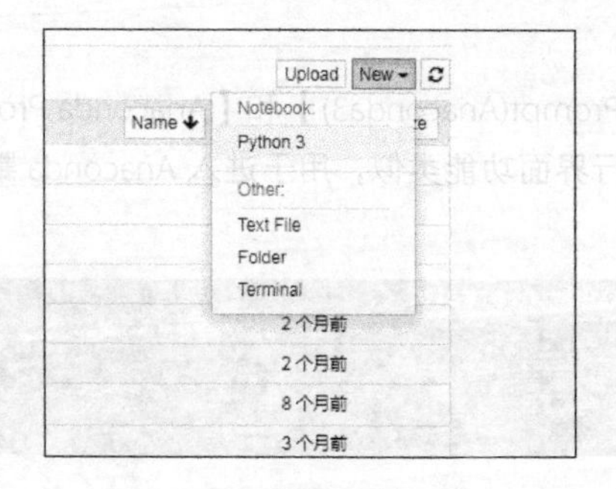

图1-24　创建Python文件

❹ 创建成功后，就可以在其中编写代码，如图 1-25 所示。

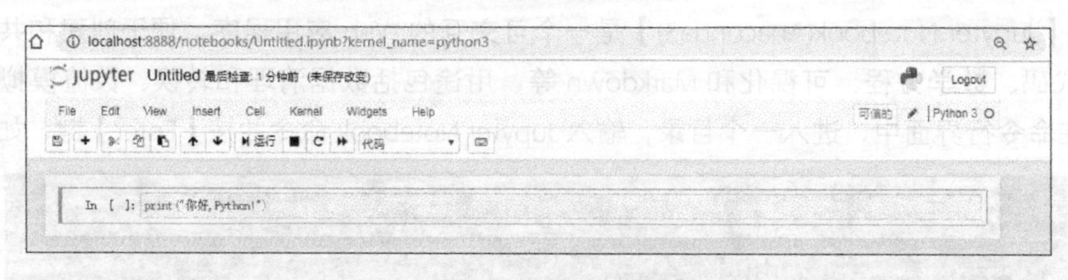

图1-25　编写代码

❺ 在图 1-25 所示的窗口中单击【运行】按钮，运行代码，运行结果如图 1-26 所示。

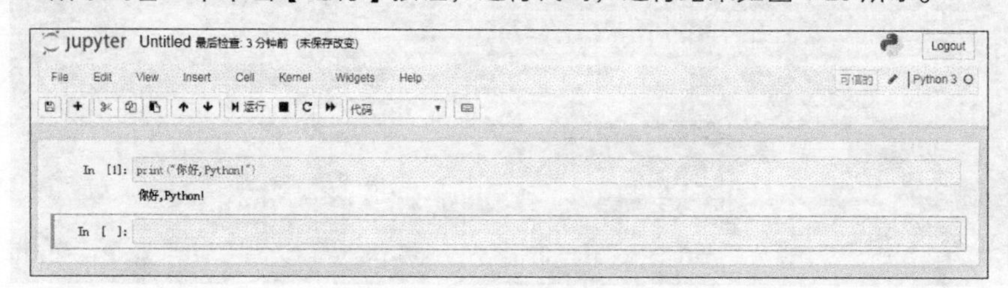

图1-26　运行结果

（3）Spyder。

其中的 Spyder(Anaconda3) 是一个内建的 IDE。Anaconda 开发环境搭建完成后，也可以启动 Spyder 编辑器来编写程序。Anaconda 内建的 Spyder 编辑器是编辑及执行 Python 程序的 IDE，具有语法提示、程序除错与自动缩排功能。我们可以通过【开始】菜单启动 Spyder 编辑器，Spyder 编辑器预设的工作区的上方是菜单栏及工具栏，左方为程序编辑区，右方为功能面板区，如图 1-27 所示。

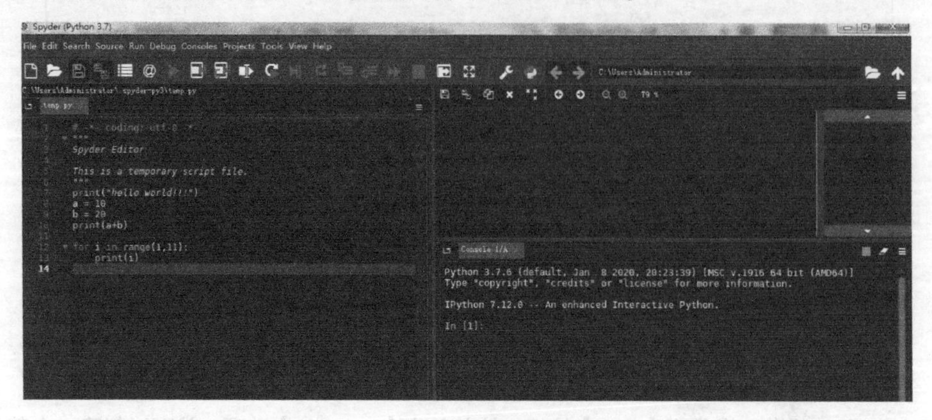

图1-27　Spyder编辑器预设的工作区

04 Anaconda 命令

关于 Anaconda 命令，这里主要介绍与虚拟环境相关的命令。

（1）创建虚拟环境：conda create -n 虚拟环境名 python= 版本号。

（2）删除虚拟环境：conda remove -n 虚拟环境名 --all。

（3）激活虚拟环境：activate 虚拟环境名。

（4）离开虚拟环境：deactivate。

1.2 Linux 与 Python

1.1 节讲解了在 Windows 上安装 Python，下面讲解 Linux 与 Python。

大部分 Linux 操作系统内置了 Python 2 和 Python 3。这里以 Ubuntu 16.04 为例，使用图 1-28 所示的命令查看 Python 的版本。

```
yong@yong-virtual-machine:~$ python -V
Python 2.7.12
yong@yong-virtual-machine:~$ python3 -V
Python 3.5.2
```

图1-28 在Ubuntu 16.04中查看Python的版本

如果是 macOS 10.9 及以下的版本，那么操作系统自带的 Python 版本是 2.7，并没有默认安装 Python 3。如果需要安装 Python 3，那么要参照前文所讲步骤在 Python 官网选择【Download macOS 64-bit installer】选项下载安装文件，如图 1-29 所示，双击运行文件并根据系统提示进行安装。

- Python 3.7.6 - Dec. 18, 2019
  - Download macOS 64-bit/32-bit installer
  - Download macOS 64-bit installer

图1-29 下载安装文件

安装成功后，使用图 1-30 所示的命令查看 Python 的版本。

```
(base) yongmengdembp:~ yongmeng$ python2 -V
Python 2.7.16
(base) yongmengdembp:~ yongmeng$ python3 -V
Python 3.7.6
```

图1-30 查看Python的版本

注意

后文介绍的操作使用的是 Windows 7 64 位操作系统，Python 解释器环境是 Anaconda。

1.3 第一个 Python 程序：Hello World！

1.1~1.2 节讲解了在 Windows 和 Linux 上安装 Python，下面讲解第一个 Python 程序：Hello World!。

一般来说，程序的编写都是从“Hello World！”开始的。

❶ 新建一个文本文件，将其名字改成 HelloWorld.py，在其中写入代码，如图 1-31 所示。

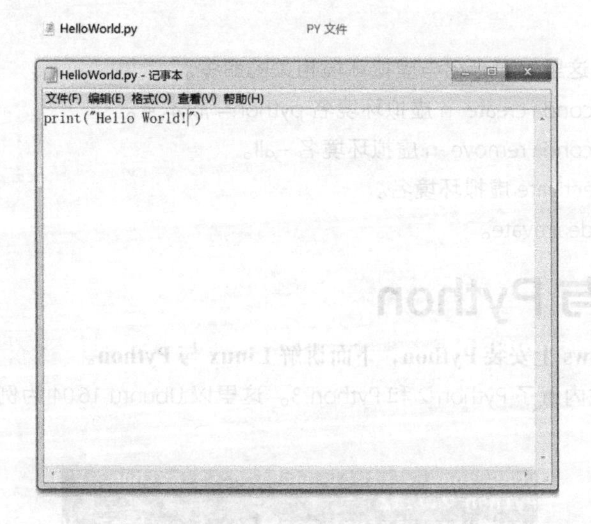

图1-31 HelloWorld.py文件

❷ 在HelloWorld.py文件所在的资源管理器窗口的空白处按住【Shift】键，同时单击鼠标右键，弹出图1-32所示的快捷菜单。

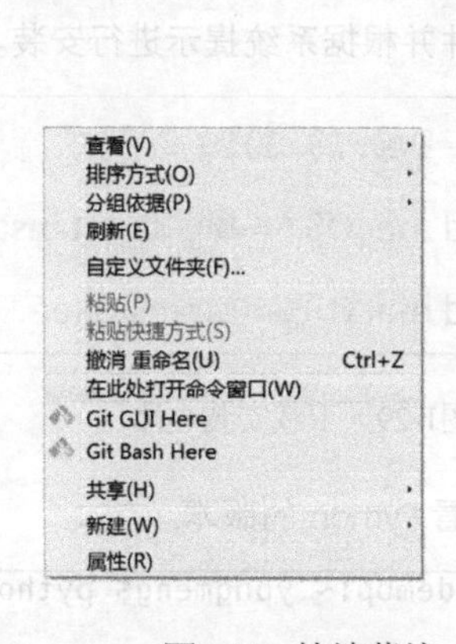

图1-32 快捷菜单

❸ 在图1-32所示的快捷菜单中选择【在此处打开命令窗口】，弹出图1-33所示的命令行界面。

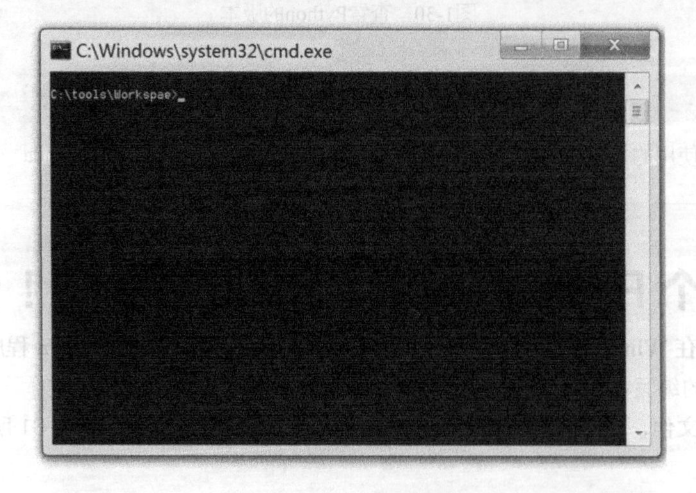

图1-33 命令行界面窗口

❹ 在图 1-33 中输入命令 python HelloWorld.py 并按【Enter】键，得到图 1-34 所示的运行结果。

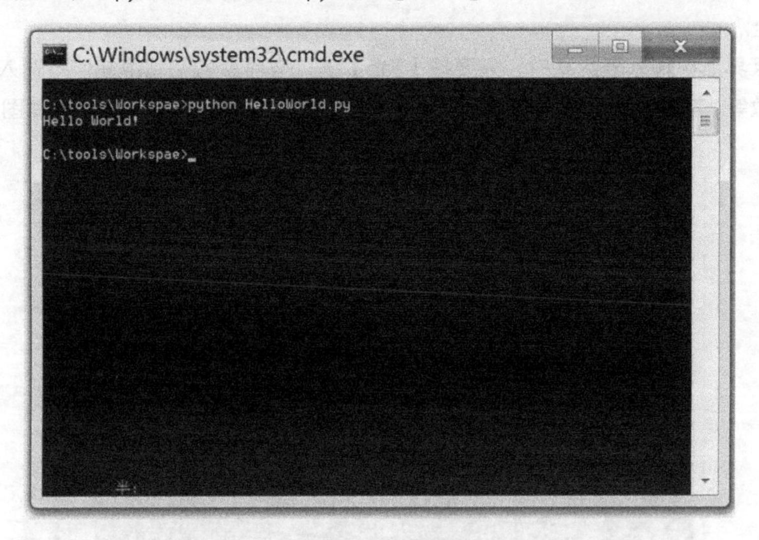

图1-34 运行结果

到此，第一个 Python 程序 Hello World！ 就编写完成了。

1.4 使用交互界面

1.3 节讲解了第一个 Python 程序，下面讲解使用交互界面。

IPython 是 Python 的交互式 Shell，比默认的 Python Shell 好用得多，支持变量自动补全、自动缩进、Bash Shell 命令，内置了许多有用的功能和函数。学习 IPython 将会让使用者以更高的效率来使用 Python，同时 IPython 也是利用 Python 进行科学计算和交互可视化的最佳平台之一。

如果把 Anaconda 作为 Python 解释器，IPython 默认已经安装，可以直接使用。

如果把 Python 3.7 作为 Python 解释器，IPython 需要单独安装，安装命令如下所示。

```
pip install ipython
```

接下来讲解如何进入 IPython 交互界面。使用【Win+R】快捷键打开命令行界面，输入 ipython 命令并按【Enter】键，得到图 1-35 所示的结果，表示已经进入 IPython 交互界面，可以正常使用。

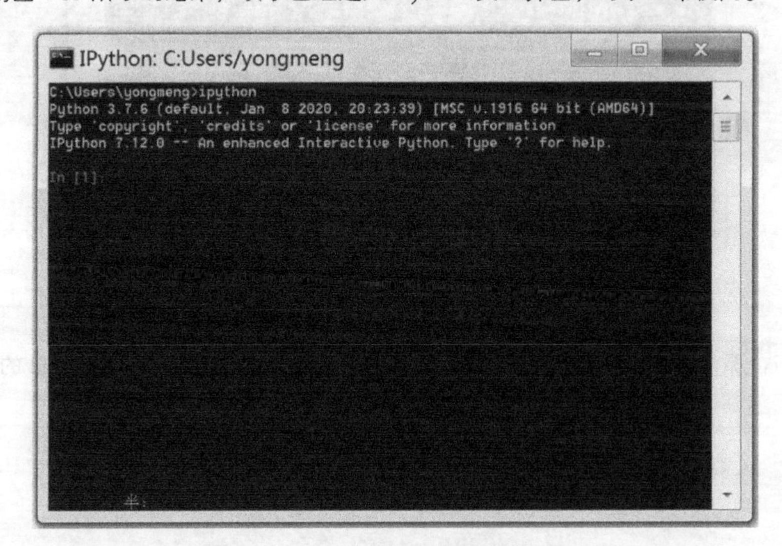

图1-35 进入IPython交互界面

IPython 提供了一些高级功能。

（1）自动补全。

在 IPython 交互界面中输入表达式时，只要按【Tab】键，当前命名空间中任何与输入的字符串相匹配的变量（对象或者函数等）就会被找出来，自动补全并列出字符串以字母 l 开头的方法，如图 1-36 所示。

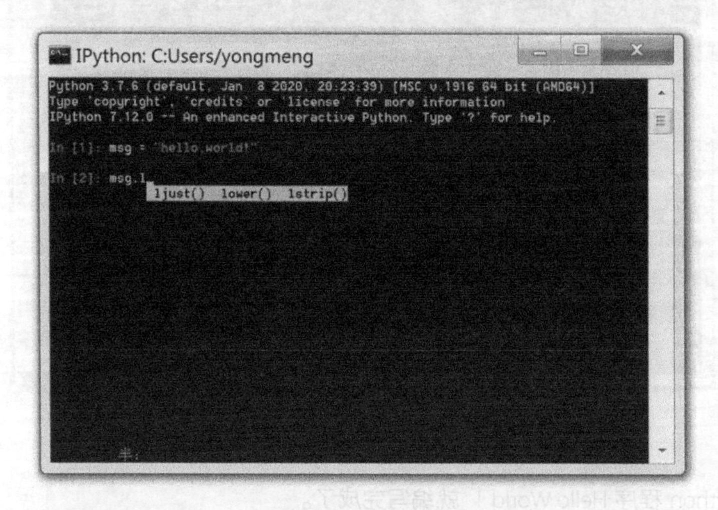

图1-36 自动补全

在图 1-36 所示的界面中，可使用上、下方向键或者接着输入字母选择合适的方法。

（2）内省。

❶ 在变量的前面或者后面加上 ?，就可以将有关该对象的一些通用信息显示出来，这就叫作对象的内省。如图 1-37 所示，使用 ? 将变量 ls 和字符串 msg 方法 lower 的通用信息显示出来。

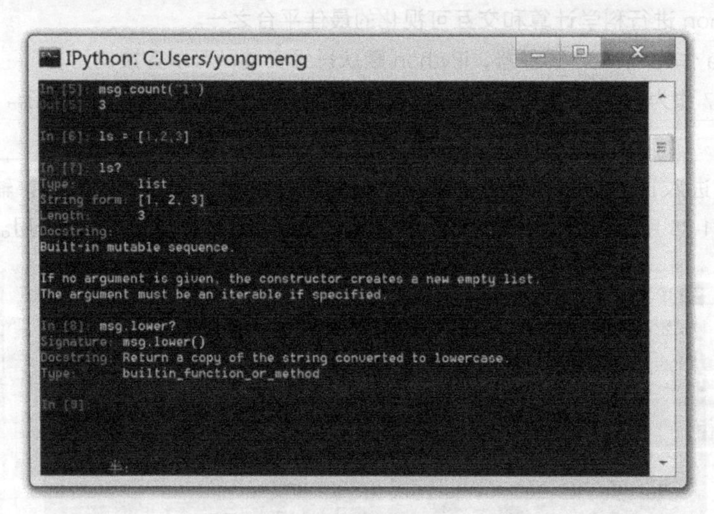

图1-37 内省使用?

❷ 如果使用 ??，那么还可以显示出方法的源码。如图 1-38 所示，使用 ?? 将方法 add 的源码显示出来。

```
IPython: C:Users/yongmeng
If no argument is given, the constructor creates a new empty list.
The argument must be an iterable if specified.

In [11]: def add(a,b):
    ...:     return a+b

In [12]: add?
Signature: add(a, b)
Docstring: <no docstring>
File:      c:\users\yongmeng\<ipython-input-11-1c3082ba8455>
Type:      function

In [13]: add??
Signature: add(a, b)
Docstring: <no docstring>
Source:
def add(a,b):
    return a+b
File:      c:\users\yongmeng\<ipython-input-11-1c3082ba8455>
Type:      function

In [14]:
```

图1-38 内省使用??

❸ 还可以使用通配符字符串查找出所有与该通配符字符串相匹配的名称。图 1-39 所示为使用两个 ** 查找字符串下所有包含 low 的方法。

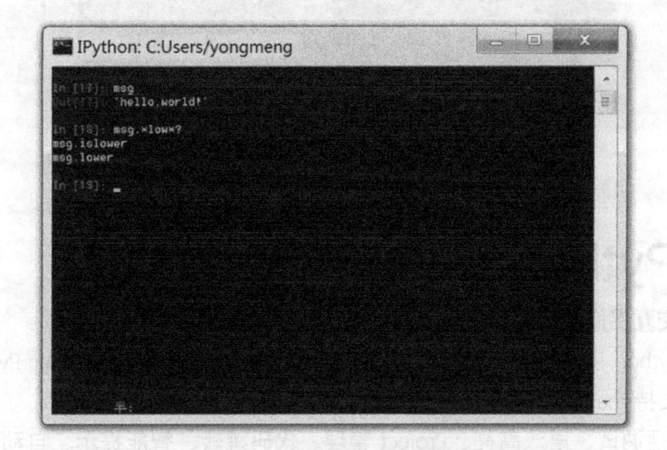

图1-39 内省通配符字符串查找

（3）使用历史命令。

在 IPython Shell 中，要想使用历史命令，简单地使用上、下方向键即可，另外也可以使用 hist 命令（或者 history 命令）查看所有的历史输入。正确的做法是使用 %hist，%hist 是一个“魔法命令”）。图 1-40 所示为使用 %hist 命令查询历史命令。

```
IPython: C:Users/yongmeng
msg.lower

In [19]: %hist
msg = "hello,world!"
msg.lower()
msg.count
msg.count()
msg.count("l")
ls = [1,2,3]
ls?
msg.lower?
msg.lower??
ls??
def add(a,b):
    return a+b
add?
add??
import re
re.*find*?
cls
msg
msg.*low*?
%hist
```

图1-40 查询历史命令

如果在 hist 命令之后加上 -n，即 hist -n，则也可以显示出输入的序号。在任何交互会话中，输入历史和输出历史都会被保存在 In 和 Out 变量中，并用序号作为索引。另外，包含 _、__、___ 和 _i、_ii、_iii 的变量保存着最后 3 个输出和输入对象。_n 和 _in(这里的 n 表示具体的数字) 变量返回第 n 个输出和输入的历史命令。

（4）测量代码运行时间。

可以使用 %timeit“魔法命令”快速测量代码运行时间。相同的命令会在一个循环中多次运行，可将多次运行时长的平均值作为该命令的最终评估时长，-r 选项控制循环的次数。图 1-41 所示为使用 %timeit 命令测量代码运行时间。

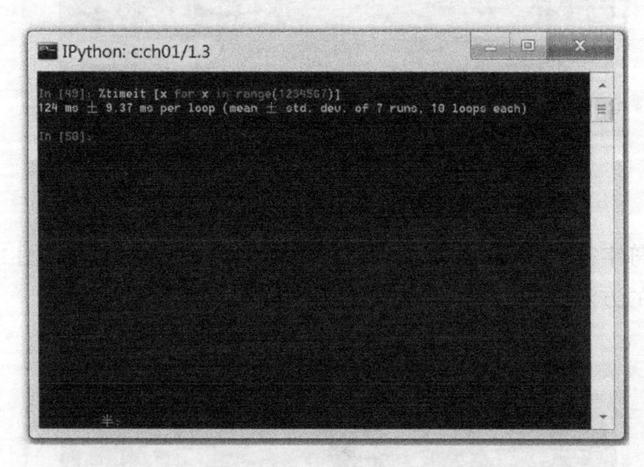

图1-41　测量代码运行时间

1.5 打造 Python 开发环境

1.4 节讲解了使用交互界面，下面讲解打造 Python 开发环境。

为了更好地开发 Python 项目，需要选择优秀的 IDE，这里使用的是 PyCharm。PyCharm 是由 JetBrains 公司开发的 Python IDE，支持 macOS、Windows、Linux 操作系统。

PyCharm 的功能包括调试、语法高亮、Project 管理、代码跳转、智能提示、自动完成、单元测试、版本控制等。PyCharm 的下载和安装步骤等如下。

01 PyCharm 下载

在 PyCharm 官网首页，单击中间的【Download】按钮，在弹出的页面里选择【Windows】选项，选择 Professional 版本，单击【Download】按钮，完成下载，如图 1-42 所示。

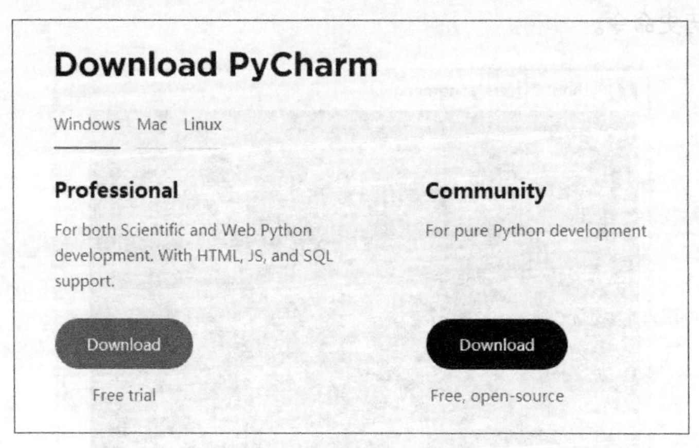

图1-42　PyCharm下载

下载完成后可以得到图 1-43 所示的文件。

图1-43　下载的文件

02 PyCharm 安装

❶ 双击图 1-43 所示的文件，弹出图 1-44 所示的窗口，单击【Next】按钮，弹出图 1-45 所示的窗口。

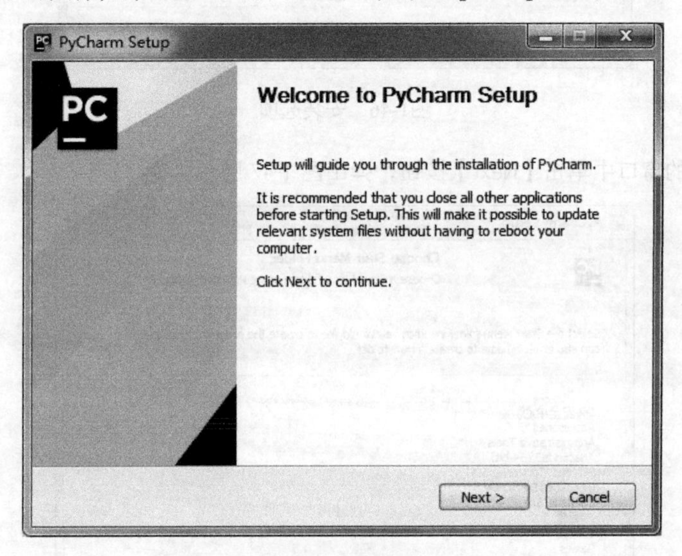

图1-44　欢迎窗口

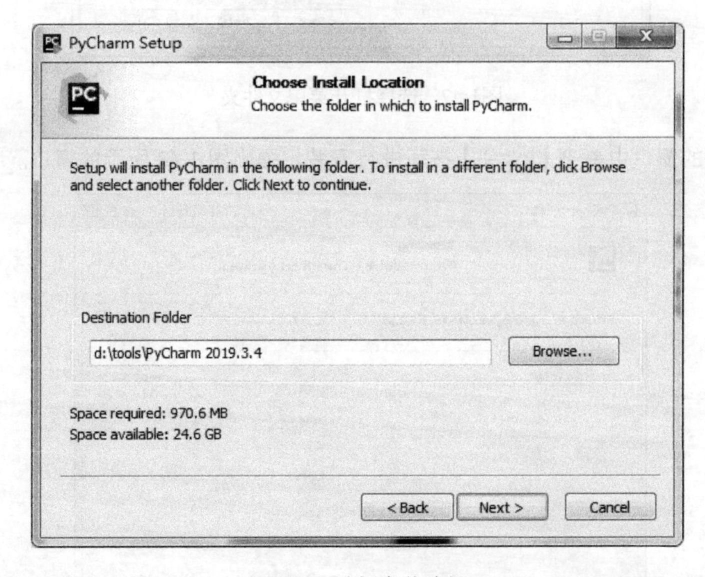

图1-45　选择安装路径

❷ 在图 1-45 所示的窗口中，单击【Browse】按钮，选择安装路径，例如，这里安装到【d:\tools\PyCharm 2019.3.4】，单击【Next】按钮进行安装，弹出图 1-46 所示的窗口。

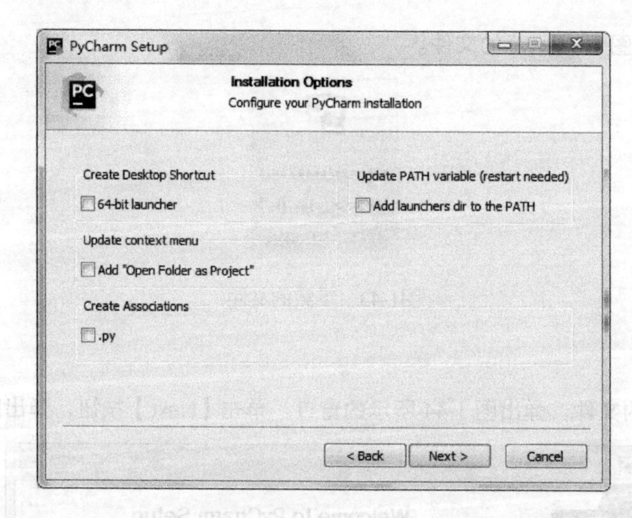

图1-46 安装选项

❸ 在图 1-46 所示的窗口中单击【Next】按钮，弹出图 1-47 所示的窗口。

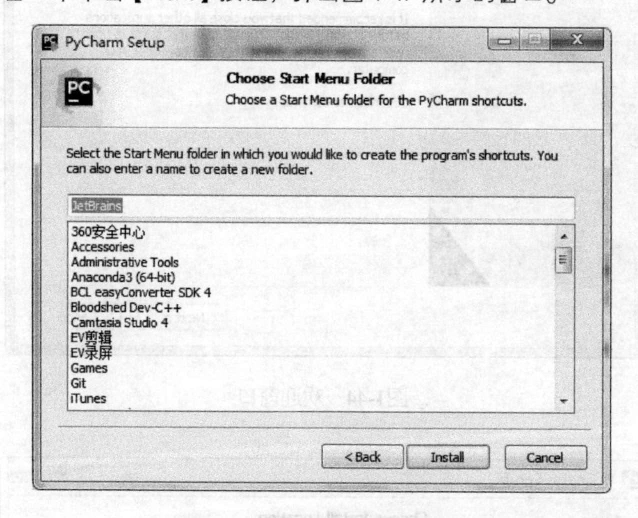

图1-47 选择打开菜单文件夹

❹ 在图 1-47 所示的窗口中单击【Install】按钮进行安装，弹出图 1-48 所示的窗口。

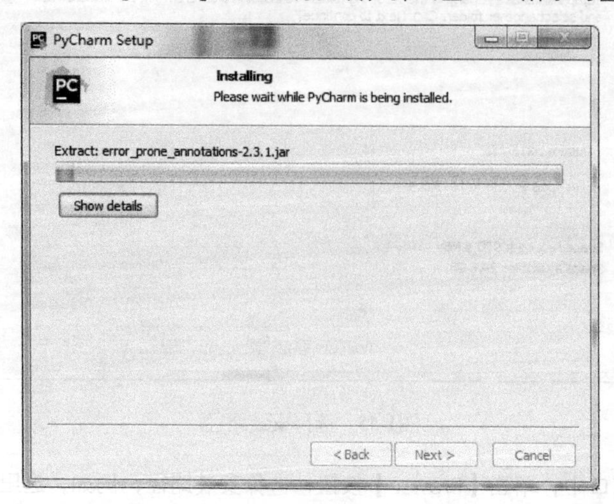

图1-48 安装进度

❺ 在图1-48所示的窗口中可以看到安装进度，等待安装完成即可。安装完成后，弹出图1-49所示的窗口。

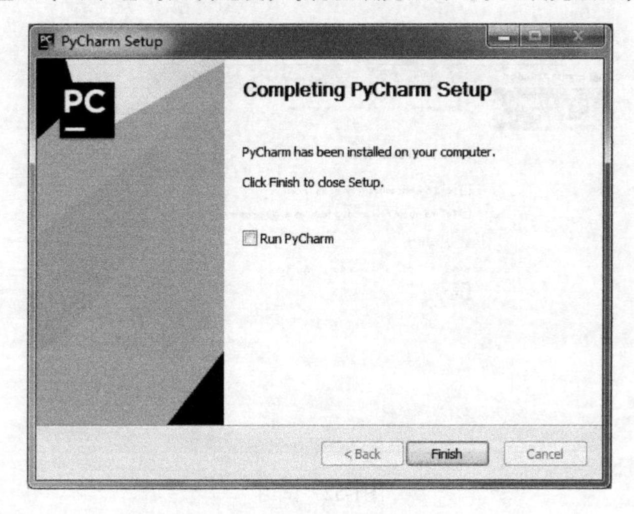

图1-49 安装完成

❻ 在图 1-49 所示的窗口中单击【Finish】按钮，完成安装。

03 PyCharm 使用

❶ 安装完成之后，在【开始】菜单中找到 PyCharm，单击打开后弹出图 1-50 所示的对话框。

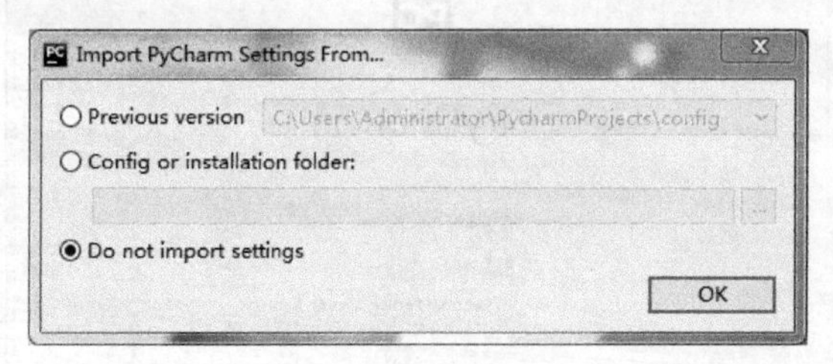

图1-50 配置设置

❷ 在图 1-50 所示的对话框中选中【Do not import settings】单选按钮，单击【OK】按钮，弹出图 1-51 所示的对话框。

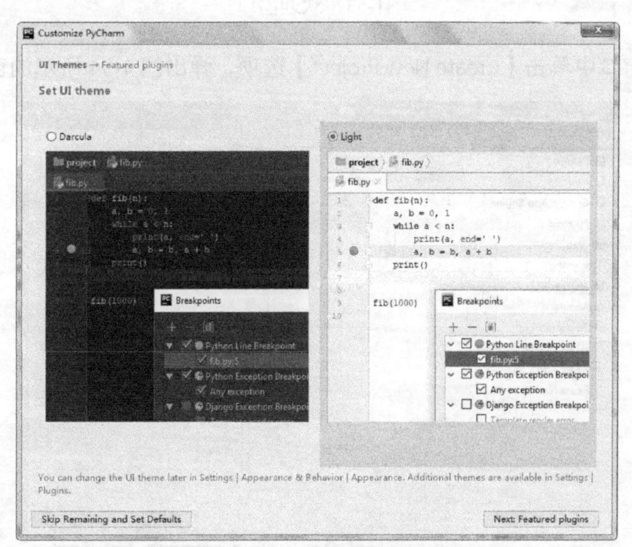

图1-51 自定义PyCharm

❸ 在图 1-51 所示的对话框中选中【Light】单选按钮，单击【Skip Remaining and Set Defaults】按钮，弹出图 1-52 所示的窗口。

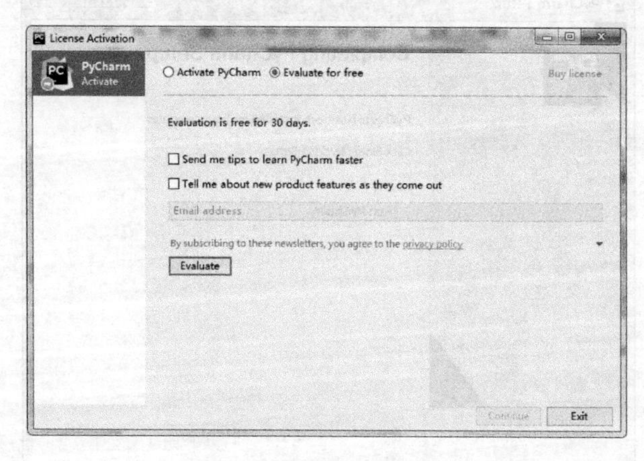

图1-52　试用

❹ 在图 1-52 所示的窗口中选中【Evaluate for free】单选按钮，单击【Evaluate】按钮，再单击【Continue】按钮，弹出图 1-53 所示的窗口。

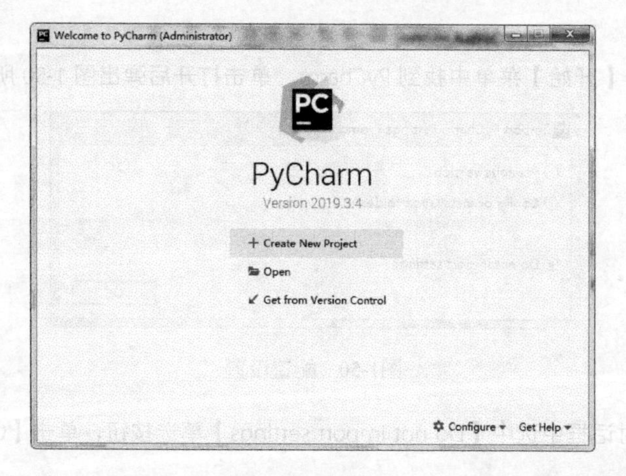

图1-53　欢迎窗口

❺在图 1-53 所示的窗口中单击【Create New Project】选项，弹出图 1-54 所示的窗口。

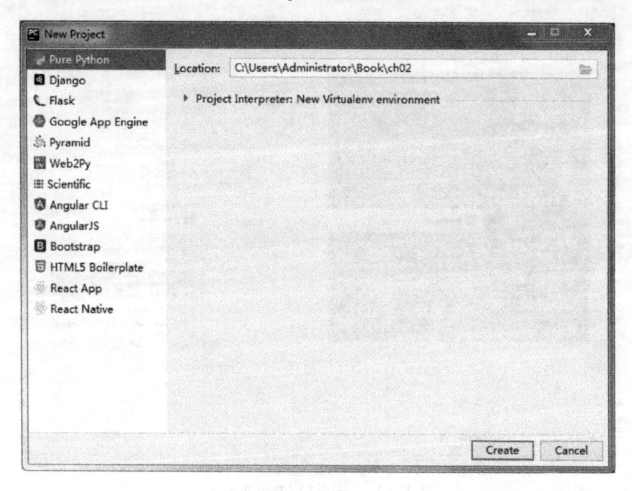

图1-54　创建项目

❻在图 1-54 所示的窗口中选择项目的类型、路径，例如，这里选择【Pure Python】创建普通的 Python 项目，项目的路径设置为【C:\Users\Administrator\Book\ch02】，单击【Create】按钮创建项目，弹出图 1-55 所示的窗口。

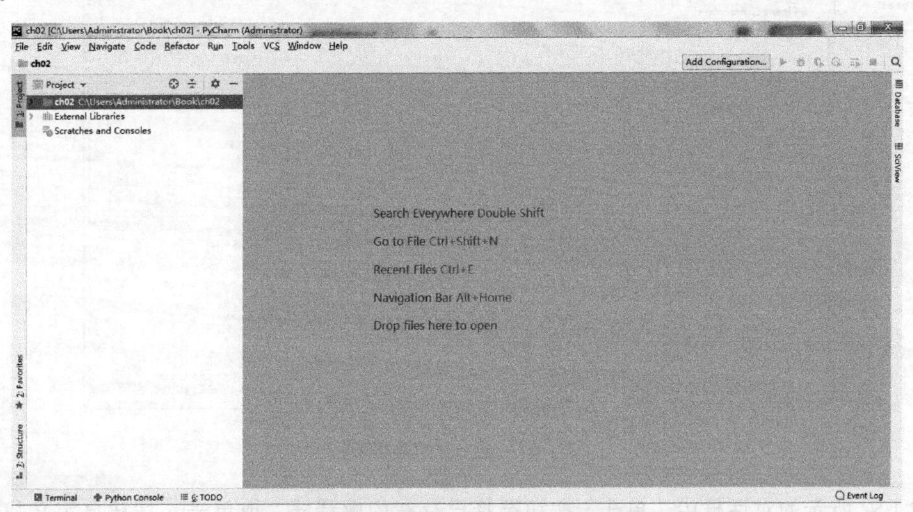

图1-55　项目预览

❼ 在图 1-55 所示的窗口中单击【File】→【Settings】→【Project: ch02】→【Project Interpreter】，弹出图 1-56 所示的对话框。

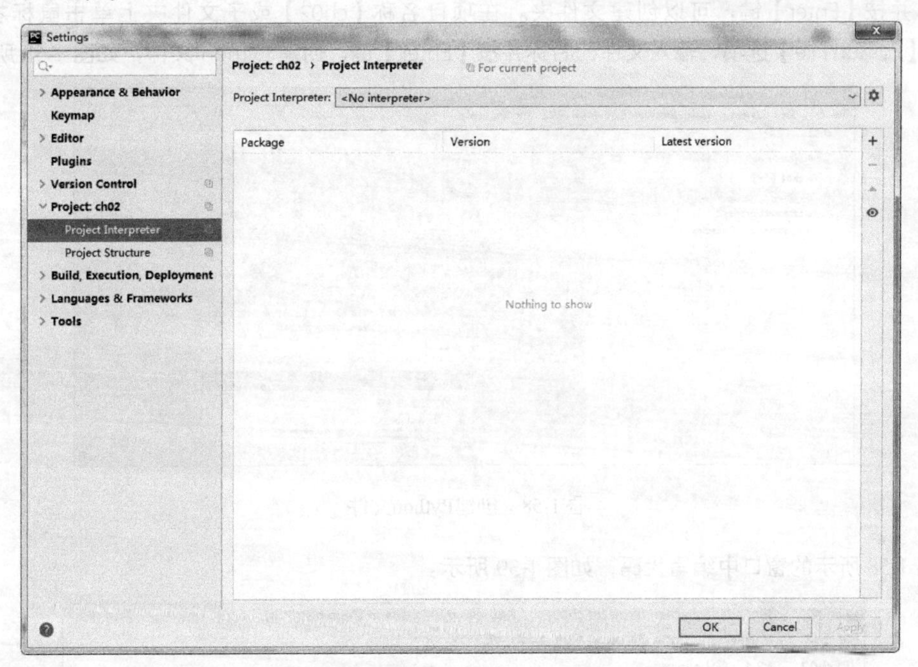

图1-56　查看项目解释器

❽ 在图 1-56 所示的对话框中，单击⚙按钮，单击【Add】→【System Interpreter】，弹出图 1-57 所示的对话框。

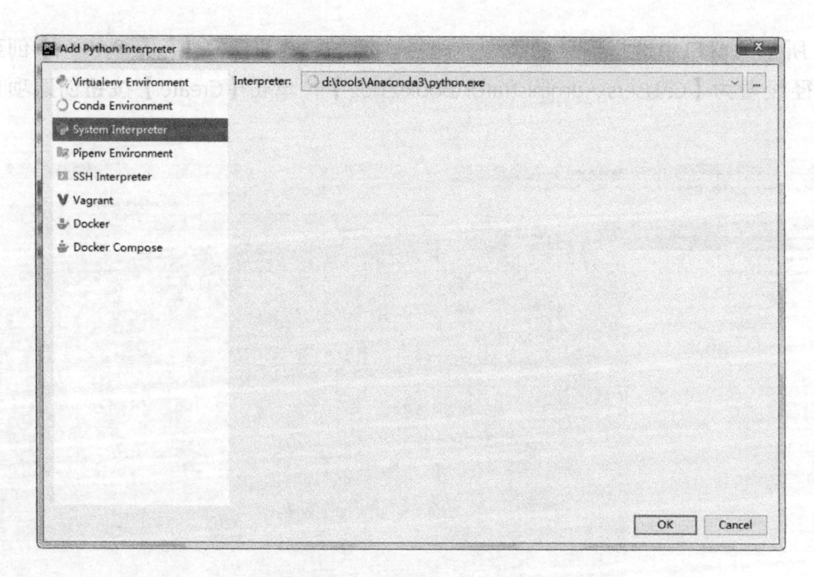

图1-57　查看系统解释器

❾在图 1-57 所示的对话框中，单击按钮选择已存在的解释器，或单击按钮自定义找到【python.exe】解释器，这里选择的是 Anaconda 中的 Python 解释器，单击【OK】按钮，等待安装进程执行完毕后，完成解释器的设置。

解释器设置完毕后，在项目名称【ch02】上单击鼠标右键，选择【New】→【Directory】选项，输入文件夹的名称并按【Enter】键，可以创建文件夹。在项目名称【ch02】或子文件夹上单击鼠标右键，选择【New】→【Python File】选项，输入文件的名称并按【Enter】键，创建 Python 文件，如图 1-58 所示。

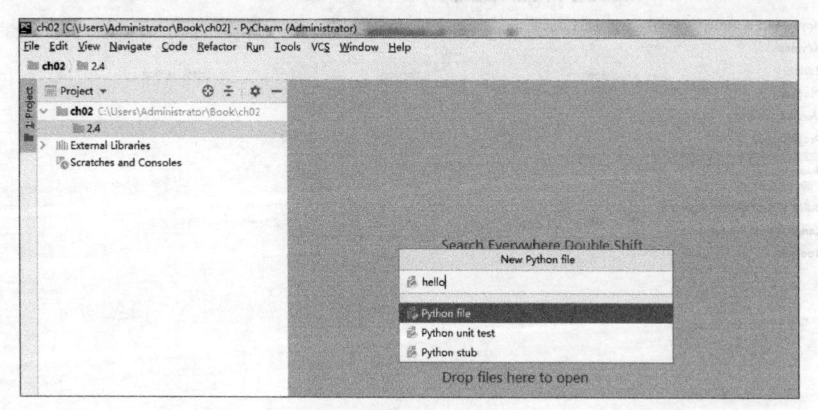

图1-58　创建Python文件

❿在图 1-58 所示的窗口中编写代码，如图 1-59 所示。

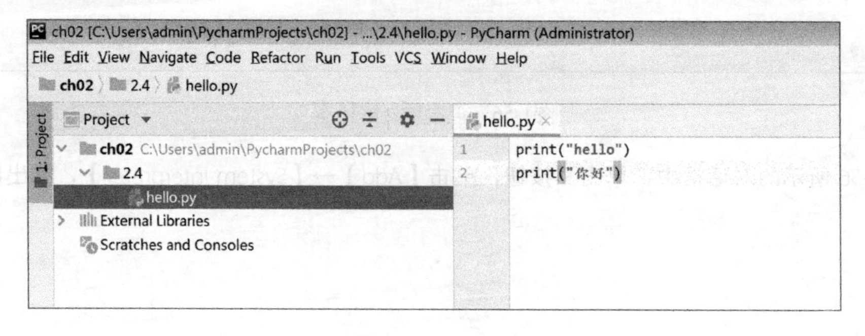

图1-59　编写代码

⑪ 在图 1-59 所示的窗口中，在 Python 代码的空白区域，单击鼠标右键，选中【Run】选项，运行代码，运行结果如图 1-60 所示。

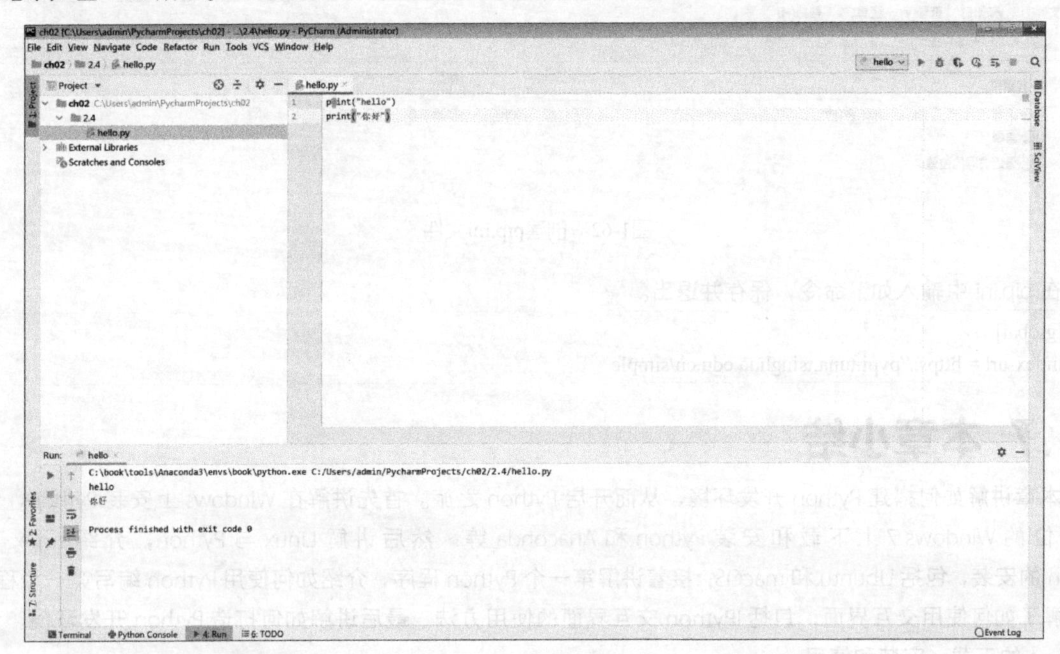

图1-60　运行结果

▶1.6 见招拆招

conda 和 pip 的 Install 命令都是使用默认下载源，在国内访问默认下载源的服务器时下载速度比较慢，这里为了提高下载速度，将 conda 和 pip 的默认下载源修改成清华大学提供的下载源。

01 修改 conda 的默认下载源，提高下载速度

使用【Win+R】快捷键打开命令行界面，输入如下命令。

```
conda config --add channels https://mirrors.tuna.tsinghua.edu.cn/anaconda/pkgs/free
conda config --add channels https://mirrors.tuna.tsinghua.edu.cn/anaconda/pkgs/main
conda config --set show_channel_urls yes
```

运行命令，如图 1-61 所示。

```
C:\Users\Administrator>conda config --add channels https://mirrors.tuna.tsinghua.edu.cn/anaconda/pkgs/free
Warning: 'https://mirrors.tuna.tsinghua.edu.cn/anaconda/pkgs/free' already in 'channels' list, moving to the top

C:\Users\Administrator>conda config --add channels https://mirrors.tuna.tsinghua.edu.cn/anaconda/pkgs/main
Warning: 'https://mirrors.tuna.tsinghua.edu.cn/anaconda/pkgs/main' already in 'channels' list, moving to the top

C:\Users\Administrator>conda config --set show_channel_urls yes

C:\Users\Administrator>
```

图1-61　修改conda下载源

02 修改 pip 的默认下载源，提高下载速度

在 Users 目录中创建一个名为 pip 的文件夹，在 pip 文件夹中创建一个名为 pip.ini 的文件，如图 1-62 所示。

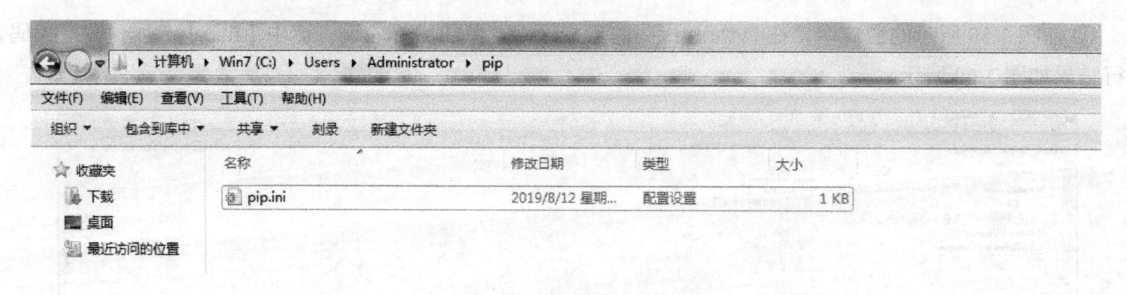

图1-62　创建pip.ini文件

在 pip.ini 中输入如下命令，保存并退出。

```
[global]
index-url = https://pypi.tuna.tsinghua.edu.cn/simple
```

1.7 本章小结

本章讲解如何搭建 Python 开发环境，从而开启 Python 之旅。首先讲解在 Windows 上安装 Python，包括在 64 位的 Windows 7 上下载和安装 Python 和 Anaconda 等；然后讲解 Linux 与 Python，介绍 Linux 下的 Python 的安装，包括 Ubuntu 和 macOS；接着讲解第一个 Python 程序，介绍如何使用 Python 编写第一个程序；还讲解了如何使用交互界面，包括 IPython 交互界面的使用方法；最后讲解如何打造 Python 开发环境，包括 PyCharm 的下载、安装和使用。

第 2 章

认识 Python 程序

本章讲解认识 Python 程序，包括 Python 程序包含哪些内容、标识符和关键字、Python 程序的组成结构、认识 Python 的基本数据类型、认识 Python 的运算符、表达式与语句、编码风格、算法——程序的“灵魂”、Python 程序的执行流程、学会自助等。

本章要点（已掌握的在方框中打钩）

- □ Python 程序包含哪些内容
- □ 标识符和关键字
- □ Python 程序的组成结构
- □ 认识 Python 的基本数据类型
- □ 认识 Python 的运算符
- □ 表达式与语句
- □ 编码风格
- □ 算法——程序的“灵魂”
- □ Python 程序的执行流程
- □ 学会自助

2.1 Python 程序包含哪些内容

高级的程序往往是由一些基础代码加一定的逻辑算法编写成的。Python 中的程序组成包含注释、标识符、数据类型、变量、语句、函数、类、模块、包等。在 Python 中，一个 PY 文件就是一个模块，模块中定义了变量、函数、类等。多个模块放到文件夹中组成一个包，包中必须定义 __init__.py 文件。

在 Anaconda 的安装路径的 Lib 文件夹下存放了与 Python 相关的模块，以 tkinter 为例，打开 tkinter 文件夹，如图 2-1 所示。

名称	类型
__pycache__	文件夹
test	文件夹
__init__.py	PY 文件
__main__.py	PY 文件
colorchooser.py	PY 文件
commondialog.py	PY 文件
constants.py	PY 文件
dialog.py	PY 文件
dnd.py	PY 文件
filedialog.py	PY 文件
font.py	PY 文件
messagebox.py	PY 文件
scrolledtext.py	PY 文件
simpledialog.py	PY 文件
tix.py	PY 文件
ttk.py	PY 文件

图2-1 tkinter文件夹

在图 2-1 中，__init__.py 表示文件夹 tkinter 为 Python 中的包，在此包中有子包 test 和模块 ttk 等。打开 ttk.py 文件，如下所示。

```
1. """Ttk wrapper.
2. This module provides classes to allow using Tk themed widget set.
3. Ttk is based on a revised and enhanced version of
4. TIP #48 (http://tip.tcl.tk/48) specified style engine.
5. Its basic idea is to separate, to the extent possible, the code
6. implementing a widget's behavior from the code implementing its
7. appearance. Widget class bindings are primarily responsible for
8. maintaining the widget state and invoking callbacks, all aspects
9. of the widgets appearance lies at Themes.
10. """
11. __version__ = "0.3.1"
12. __author__ = "Guilherme Polo <ggpolo@gmail.com>"
```

```
13. __all__ = ["Button", "Checkbutton", "Combobox", "Entry", "Frame", "Label",
14.          "Labelframe", "LabelFrame", "Menubutton", "Notebook", "Panedwindow",
15.          "PanedWindow", "Progressbar", "Radiobutton", "Scale", "Scrollbar",
16.          "Separator", "Sizegrip", "Spinbox", "Style", "Treeview",
17.          # Extensions
18.          "LabeledScale", "OptionMenu",
19.          # functions
20.          "tclobjs_to_py", "setup_master"]
21. import tkinter
22. from tkinter import _flatten, _join, _stringify, _splitdict
23. _sentinel = object()
24. # Verify if Tk is new enough to not need the Tile package
25. _REQUIRE_TILE = True if tkinter.TkVersion < 8.5 else False
26. def _load_tile(master):
27.     if _REQUIRE_TILE:
28.         import os
29.         tilelib = os.environ.get('TILE_LIBRARY')
30.         if tilelib:
31.             # append custom tile path to the list of directories that
32.             # Tcl uses when attempting to resolve packages with the package
33.             # command
34.             master.tk.eval(
35.                     'global auto_path; '
36.                     'lappend auto_path {%s}' % tilelib)
37.         master.tk.eval('package require tile') # TclError may be raised here
38.         master._tile_loaded = True
39. ****** 省略部分代码 ******
```

代码的第 1~10 行是多行注释的内容；代码的第 11~20 行用于定义变量；代码的第 21~22 行用于导入（Import）模块；代码的第 26~38 行用于定义函数；代码的第 27 行是 if 语句。

2.2 标识符和关键字

2.1 节讲解了 Python 程序包含哪些内容，下面讲解标识符和关键字（又称关键词）。

简单地理解，标识符就是一个名字，就好像每个人都有属于自己的名字，它的主要作用是作为变量、函数、类、模块以及其他对象等的名字。

Python 中的标识符的命名不是随意的，而是要遵守一定的命名规则。

（1）标识符由字母（A~Z 和 a~z）、下画线和数字组成，但第一个字符不能是数字。

（2）标识符不能和 Python 中的关键字相同。

（3）Python 的标识符不能包含空格、@、% 以及 $ 等特殊字符。

关键字是 Python 已经使用的标识符，所以 Python 不允许开发人员自己定义和关键字相同的标识符。

查看 Python 中的关键字，如图 2-2 所示。

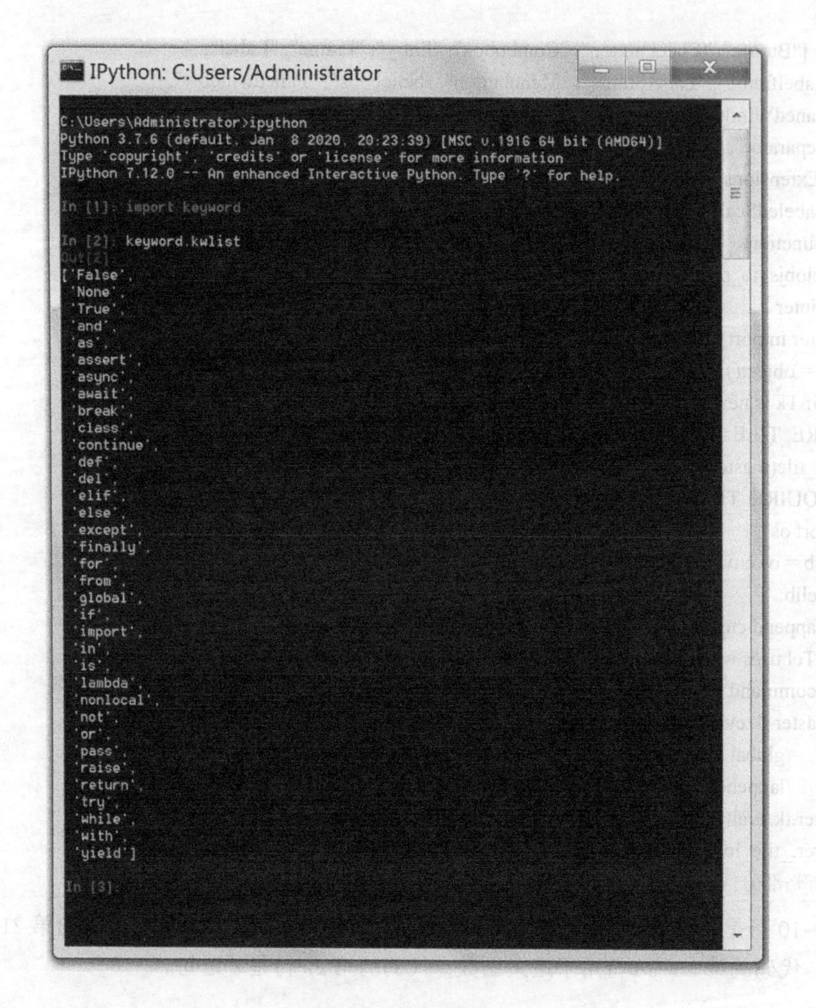

图2-2 查看关键字

标识符除了有命名规则外，还有一些命名规范。

（1）见名知意。

要起一个有意义的名字，尽量做到使人看一眼就知道是什么意思（提高代码的可读性），例如将名字定义为 name，定义学生对象为 student 等。

（2）下画线命名法。

多个单词之间使用下画线隔开，例如 user_name、student_info 等。

（3）驼峰命名法。

类名所有单词首字母大写，其他字母小写；变量名、函数名所有单词中第一个单词小写，其他单词的首字母大写，例如类名 Student、UserView，变量名 userName、studentInfo 等。

2.3 Python 程序的组成结构

2.2 节讲解了标识符和关键字，下面讲解 Python 程序的组成结构。

Python 程序由注释、缩进和程序主题等组成。

01 注释

注释是指用编程者熟悉的语言，在程序中对某些代码进行说明。注释能够大大增强程序的可读性。注意，注释不会参与代码的运行。Python 程序的注释有两种：单行注释和多行注释。

单行注释以 # 开头，# 右边的所有内容被当作说明，它只对一行内容起作用。多行注释是指用三引号（由3 个单引号或双引号构成）标识的内容，它可以对多行内容起作用。

范例 2.3-01 注释的使用（源码路径：ch02/2.3/2.3-01.py）

```
1.  """
2.  注释的使用
3.  作者：王美丽
4.  时间：2020-10-20
5.  """
6.  # 要求输入出生日期，格式是 xxxxyyzz，比如 20021005
7.  birthday = input(“请输入您的出生日期”)
```

【运行结果】

```
请输入您的出生日期
```

【范例分析】

（1）范例代码的第 1~5 行是多行注释。

（2）范例代码的第 6 行是单行注释。

02 缩进

缩进是 Python 编程的重要部分。Python 对缩进有严格的规定。Python 使用不同的缩进代表不同的代码块，同一级别代码块的缩进必须相同。如果不采用合理的代码缩进，将会发生 SyntaxError 异常。一般使用【Tab】表示 4 个空格的缩进。

范例 2.3-02 缩进（源码路径：ch02/2.3/2.3-02.py）

```
1.  import random
2.
3.  num = 1
4.  yin_num = 0
5.  shu_num = 0
6.  while num <= 3:
7.      if shu_num == 2 or yin_num == 2:
8.          break
9.      user = int(input(' 请出拳 0（石头） 1（剪刀） 2（布）'))
10.     if user > 2:
11.         print(' 出拳的值不能大于 2')
12.     else:
13.         data = [' 石头 ', ' 剪刀 ', ' 布 ']
14.         com = random.randint(0, 1)
15.         print(" 您出的是 {}，计算机出的是 {}".format(data[user], data[com]))
16.         if user == com:
17.             print(' 平局 ')
18.             continue
19.         elif (user == 0 and com == 1) or (user == 1 and com == 2) or (user == 2 and com == 0):
20.             print(' 您赢了 ')
21.             yin_num += 1
```

```
22.         else:
23.             print(' 您输了 ')
24.             shu_num += 1
25.             pass
26.     num += 1
```

【运行结果】

```
请出拳 0（石头）1（剪刀）2（布）1
您出的是剪刀，计算机出的是剪刀
平局
请出拳 0（石头）1（剪刀）2（布）2
您出的是布，计算机出的是石头
您赢了
请出拳 0（石头）1（剪刀）2（布）0
您出的是石头，计算机出的是剪刀
您赢了
```

【范例分析】

（1）范例代码的第 6~26 行是 while 结构，结构内部使用了缩进。

（2）范例代码的第 7 行和第 10 行是 if 结构，缩进一样，所属级别是相同的，都是 while 的语句。

（3）范例代码的第 16 行的 if 结构的缩进比第 12 行的 else 结构的缩进增加了一级，所以第 16 行的 if 结构语句是属于第 12 行的 else 结构语句的。

03 程序主题

程序主题就是由程序中诸多元素构成的有序的、结构化的集合文本。程序最终要按照这个文本编译运行。

2.4 认识 Python 的基本数据类型

2.3 节讲解了 Python 程序的组成结构，下面讲解 Python 的基本数据类型。

Python 中的变量不需要声明。每个变量在使用前都必须赋值，赋值以后该变量才会被创建。在 Python 中，变量就是变量，它没有类型，这里所说的“类型”是变量所指的内存中的对象的类型。

Python 的基本数据类型包括数字类型和字符串类型，可以使用内置函数 type() 查看数据类型。

范例 2.4-01 基本数据类型（源码路径：ch02/2.4/2.4-01.py）

```
1.  # 整数
2.  age = 22
3.  print(age,type(age))
4.
5.  # 浮点数
6.  price = 3.5
7.  print(price,type(price))
8.
9.  # 布尔值
10. flag = True
11. print(flag,type(flag))
12.
13. # 字符串
```

```
14.  name = " 张三 "
15.  print(name, type(name))
16.
17.  # 转换
18.  print(bool(10), bool(0), bool(3.14))
19.  print(int(True), int(False), int(3.567))
20.  print(float(3), float(True), float(False))
21.  print(int("3"),float("3.56"))
22.  print(str(12),str("3.14"),str(True))
```

【运行结果】

```
22 <class 'int'>
3.5 <class 'float'>
True <class 'bool'>
张三 <class 'str'>
True False True
1 0 3
3.0 1.0 0.0
3 3.56
12 3.14 True
```

【范例分析】

（1）范例代码的第 2 行，22 为整数类型，整数类型指的是各种整数，使用内置函数 type 获取变量存储的值的类型。

（2）范例代码的第 6 行，3.5 为浮点数类型，浮点数类型指的是各种小数。

（3）范例代码的第 10 行，True 为布尔类型，布尔类型只有两个值：True 和 False。

（4）范例代码的第 14 行，张三为字符串类型，字符串类型指的是各种字符的组合。

（5）范例代码的第 18 行，内置函数 bool 可以将其他类型转换成布尔类型，0 为 False，其他为 True。

（6）范例代码的第 19 行，内置函数 int 可以将其他类型转换成整数类型，这里是取整，并不是四舍五入。

（7）范例代码的第 20 行，内置函数 float 可以将其他类型转换成浮点数类型。

（8）范例代码的第 21 行，将字符串类型转换成数字类型。注意浮点数字符串只能转换成浮点数，不能直接转换成整数。

（9）范例代码的第 22 行，内置函数 str 可以将其他类型转换成字符串类型。

2.5 认识 Python 的运算符

2.4 节讲解了 Python 的基本数据类型，下面讲解 Python 的运算符。

Python 中常用的运算符有算术运算符、赋值运算符、复合赋值运算符、比较运算符和逻辑运算符等。

01 算术运算符

下面以 a=10、b=20 为例讲解算术运算符，详情如表 2-1 所示。

表 2-1 算术运算符

运算符	描述	举例
+	加	两个数相加，a + b 的输出结果为 30
-	减	得到负数或是一个数减另一个数，a - b 的 输出结果为 -10

续表

运算符	描述	举例
*	乘	两个数相乘或是返回一个被重复若干次的字符串， a * b 的输出结果为 200
/	除	两个数相除，b / a 的输出结果为 2.0。 不管操作数是什么类型，都返回包含余数的浮点数
//	取整除	返回商的整数部分，9//2 的输出结果为 4 ，9.0//2.0 的输出结果为 4.0。它去除余数并且针对整数操作数返回整数。如果有任何操作数是浮点数类型，则返回浮点数
%	取余	返回余数，b % a 的输出结果为 0
**	幂	返回 x 的 y 次幂，a**b 表示 10 的 20 次方，输出结果为 100 000 000 000 000 000 000

02 赋值运算符

赋值运算符是常用的运算符，用于将右侧的值赋给左侧的变量，详情如表 2-2 所示。

表 2-2 赋值运算符

运算符	描述	举例
=	赋值运算符	把 = 右侧的值赋给左侧的变量，num=1+2*3，则 num 的值为 7

03 复合赋值运算符

复合赋值运算符将赋值运算符与算术运算符结合起来使用，详情如表 2-3 所示。

表 2-3 复合赋值运算符

运算符	描述	举例
+=	加法赋值运算符	c += a 等效于 c = c + a
-=	减法赋值运算符	c -= a 等效于 c = c - a
*=	乘法赋值运算符	c *= a 等效于 c = c * a
/=	除法赋值运算符	c /= a 等效于 c = c / a
%=	取余赋值运算符	c %= a 等效于 c = c % a
**=	幂赋值运算符	c **= a 等效于 c = c ** a
//=	取整除赋值运算符	c //= a 等效于 c = c // a

04 比较运算符

使用比较运算符得到的结果是布尔类型，详情如表 2-4 所示。

表 2-4 比较运算符

运算符	描述	举例
==	检查两个操作数的值是否相等，如果值相等，则条件变为真	如 a=3、b=3，则 a == b 为 True
!=	检查两个操作数的值是否相等，如果值不相等，则条件变为真	如 a=1、b=3，则 a != b 为 True
>	检查左操作数的值是否大于右操作数的值，如果是，则条件成立	如 a=7、b=3，则 a > b 为 True
>=	检查左操作数的值是否大于或等于右操作数的值，如果是，则条件成立	如 a=3、b=3，则 a >= b 为 True
<	检查左操作数的值是否小于右操作数的值，如果是，则条件成立	如 a=7、b=3，则 a < b 为 False
<=	检查左操作数的值是否小于或等于右操作数的值，如果是，则条件成立	如 a=3、b=3，则 a <= b 为 True

05 逻辑运算符

逻辑运算符一般用于多个条件的判断，详情如表 2-5 所示。

表 2-5 逻辑运算符

运算符	逻辑表达式	描述
and	x and y	布尔“与” 。如果 x 为 False，则返回 False，否则返回 y 的计算值
or	x or y	布尔“或” 。如果 x 为 True，则返回 True，否则返回 y 的计算值
not	not x	布尔“非” 。如果 x 为 True，则返回 False，否则返回 True

范例 2.5-01 运算符的使用（源码路径：ch02/2.5/2.5-01.py）

```
1.  a = 21
2.  b = 10
3.  c = 0
4.
5.  c = a + b
6.  print("c 的值为：", c)
7.
8.  c /= a
9.  print("c 的值为：", c)
10.
11. if (a == b):
12.     print("a 等于 b")
13. else:
14.     print("a 不等于 b")
15.
16. if (a and b):
17.     print(" 变量 a 和 b 都为 True")
18. else:
19.     print(" 变量 a 和 b 有一个不为 True")
```

【运行结果】

```
c 的值为： 31
c 的值为： 1.4761904761904763
a 不等于 b
变量 a 和 b 都为 True
```

【范例分析】

（1）范例代码的第 1~3 行定义变量，使用赋值运算符赋值。

（2）范例代码的第 5 行使用算术运算符计算两个值的和。

（3）范例代码的第 8 行使用复合赋值运算符进行计算后重新给变量赋值。

（4）范例代码的第 11 行使用比较运算符，得到布尔类型的结果，并用于 if 条件判断。

（5）范例代码的第 16 行使用逻辑运算符，将结果用于 if 条件判断。

06 运算符的优先级

一个表达式中往往包含许多运算符，运算符的优先级会决定程序执行的顺序，这对执行结果有重大影响。要安排运算符执行的先后顺序，就需要依据优先级来建立运算规则。小时候上数学课时，我们都背诵过口诀“先乘除，后加减”，这就是优先级的基本概念。在处理包含多个运算符的表达式时，有一些规则与步骤必须要遵守，常见的运算符优先级从高到低如表 2-6 所示。

表 2-6 运算符的优先级

运算符	说明
( )	圆括号
- +	负数 正数
* / %	乘法运算 除法运算 取余运算

续表

运算符	说明
+ -	加法运算 减法运算
> >= < <=	比较运算大于 比较运算大于或等于 比较运算小于 比较运算小于或等于
== !=	比较运算等于 比较运算不等于
not and or	逻辑运算 NOT 逻辑运算 AND 逻辑运算 OR

注意

当使用多个运算符时建议使用圆括号，这样可以提高代码的正确性和可读性。

范例 2.5-02 优先级（源码路径：ch02/2.5/2.5-02.py）

```
1. a = 2
2. b = 5
3. c = 6 * (24 / a + (5 + a) / b)
4.
5. print("a=", a)
6. print("b=", b)
7. print("6*(24/a + (5+a)/b)=", c)
```

【运行结果】

```
a= 2
b= 5
6*(24/a + (5+a)/b)= 80.4
```

【范例分析】

范例代码的第 3 行含有多个运算符，圆括号的优先级是最高的。

2.6 表达式与语句

2.5 节讲解了 Python 的运算符，下面讲解表达式与语句。

表达式是值、变量和运算符的组合。单独的值可作为一个表达式，单独的变量也可作为一个表达式。语句是一段可执行代码，常见的有赋值语句、if 语句、while 语句、for 语句等。

范例 2.6-01 表达式与语句（源码路径：ch02/2.6/2.6-01.py）

```
1. year = input(" 输入年份：")
2. year = int(year)
3. ret = (year % 4 == 0 and year % 100 != 0) or (year % 400 == 0)
4.
```

```
5. if ret:
6.     print(" 是闰年 ")
7. else:
8.     print(" 不是闰年 ")
```

【运行结果】

```
输入年份：2020
是闰年
```

【范例分析】

（1）范例代码的第 1 行使用 input 内置函数通过键盘输入值，赋值给变量 year。

（2）范例代码的第 2 行使用 int 内置函数将字符串转换成整数，因为字符串不能参与数值计算。

（3）范例代码的第 3 行使用多个运算符，判断输入的年份是否是闰年。

（4）范例代码的第 5~8 行使用 if 条件语句，根据判断条件输出结果。

2.7 编码风格

2.6 节讲解了表达式与语句，下面讲解编码风格。

好的编码风格，会让代码看起来更加优美，并且不容易出错。Python 编码风格可以参考 PEP 8（Python 代码样式指南）。PEP 8 由吉多·范罗苏姆（Guido van Rossum）、巴里·华沙（Barry Warsaw）和尼克·科格伦（Nick Coghlan）撰写，是 Python 的较接近编程风格的手册。编程者应该尽可能让自己编写的代码遵守 PEP 8，由此代码会更具 Python 风格。下面讲解 PEP 8 中常见的编码风格。

01 缩进

每一级缩进使用 4 个空格。

续行应该与其包含的元素对齐，要么使用圆括号、方括号或花括号内的隐式行连接来垂直对齐，要么使用换行缩进对齐。当使用换行缩进时，应该考虑到第一行不应该有参数，以及使用缩进以表示是续行。

图 2-3 所示为缩进推荐写法，图 2-4 所示为缩进不推荐写法。

```
1
2   # 与左括号对齐
3
4   foo = long_function_name(var_one, var_two,
5
6                            var_three, var_four)
7
8   # 用更多的缩进来与其他行区分
9
10  def long_function_name(
11
12          var_one, var_two, var_three,
13
14          var_four):
15
16      print(var_one)
17
18  # 换行缩进应该再换一行
19
20  foo = long_function_name(
21
22      var_one, var_two,
23
24      var_three, var_four)
```

图2-3　缩进推荐写法

```
1   # 没有使用垂直对齐时，禁止把参数放在第一行
2
3   foo = long_function_name(var_one, var_two,
4
5       var_three, var_four)
6
7   # 当缩进没有与其他行区分时，要增加缩进
8
9   def long_function_name(
10
11      var_one, var_two, var_three,
12
13      var_four):
14
15      print(var_one)
```

图2-4 缩进不推荐写法

02 行的最大长度

所有行限制的最大长度（即字符数）为 79。

没有结构化限制的大块文本（文档字符串或者注释），每行的最大长度为 72。

03 空行

顶层函数和类的定义，前后用两个空行隔开。

04 导入

导入通常位于分开的行。

类里的方法定义用一个空行隔开，导入总是位于文件的顶部，在模块注释和文档字符串之后、全局变量与常量之前。

导入应该按照以下顺序分组：标准库导入、相关第三方库导入、本地应用 / 库特定导入。在每一组导入之间要加入空行。

推荐使用绝对路径导入，因为如果导入系统没有正确的配置（比如包里的一个目录在 sys.path 的路径后），使用绝对路径更易于阅读，并且性能更好（至少能提供更详细的错误信息）。

图 2-5 所示为导入推荐写法，图 2-6 所示为导入不推荐写法。

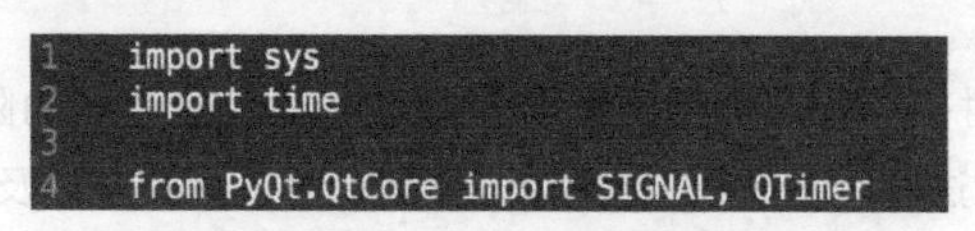

图2-5 导入推荐写法

```
1   import sys, os
```

图2-6 导入不推荐写法

05 注释

与代码相矛盾的注释比没有注释还糟糕，当更改代码时，应优先更新对应的注释。

注释通常应该是完整的句子。如果一个注释是一个短语或句子，则它的第一个单词应该大写，除非它是以小写字母开头的标识符。

如果注释很短，末尾的句号可以省略。块注释（Block Comment）一般由完整句子的一个或多个段落组成，并且每句末尾有一个句号。

在句尾结束的时候应该使用两个空格。

当用英文写注释时，应遵循 Strunk and White （源自 *Strunk and White, The Elements of Style* 一书）的编写风格。

对于非英语国家的 Python 程序员，建议使用英文写注释，这有利于代码被使用其他语言的人阅读。

06 块注释

块注释通常适合用于“跟随”它们的某些（或全部）代码，并需缩进到与代码相同的级别。块注释的每一行开头使用一个 # 和一个空格（除非在块注释内部缩进文本）。

块注释内部的段落通过只有一个 # 的空行分隔。

07 行内注释

行内注释是与代码语句同行的注释。行内注释和代码至少要用两个空格分隔。行内注释由 # 和一个空格开头。

事实上，如果代码状态明显的话，行内注释是不必要的，因为其可能会使人分散注意力。

08 文档说明

要为所有的公共模块、函数、类以及方法编写文档说明。

对非公共的方法则没有必要，但是应该有描述方法具体作用的文档说明。这个文档说明应该位于 def 那一行之后。

特别需要注意的是，多行文档说明使用的结尾三引号应该自成一行，如图 2-7 所示。

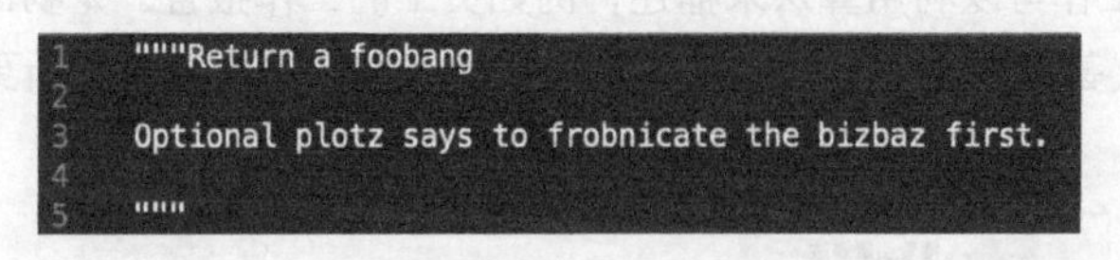

```
1  """Return a foobang
2
3  Optional plotz says to frobnicate the bizbaz first.
4
5  """
```

图2-7　多行文档说明

另外，对于单行的文档说明，结尾的三引号应该和文档在同一行。

09 约定俗成的命名规则

（1）应避免的名字：不要使用小写字母 l、大写字母 O 或者大写字母 I 作为单字符变量名。因为在有些字体里，这些字母不容易和数字 0 与 1 区分。

（2）类名：类名一般应首字母大写。在接口被文档化并且主要被用于调用的情况下，可以使用函数的命名风格代替。

> **注意**
>
> 对于内置变量的命名有一个单独的约定：大部分内置变量用单个单词（或者两个单词连接在一起）表示，首字母大写的命名法只适用于异常名或者内部的常量。

（3）函数名：函数名应该小写，如果想提高可读性可以用下画线分隔。大小写混合的函数名形式仅为了兼容原来以大小写混合为主的风格，保持兼容性。

（4）函数和方法的参数名：始终要将 self 作为实例方法的第一个参数，将 cls 作为类静态方法的第一个参数。如果函数的参数名和已有的关键字冲突，则在参数名后加单一下画线比使用缩写或随意拼写更好，即 class_ 比 clss 更好。（用同义词来避免这种冲突可能更好。）

10 编程建议

代码应该用不损害其他 Python 实现的方式编写（如 PyPy、Jython、IronPython、CPython、Psyco 等）。比如，不要依赖于 CPython 中高效的内置字符连接语句 a += b 或者 a = a + b 等。这种优化甚至在 CPython 中都是脆弱的（它只适用于某些类型），并且没有出现在不使用引用计数的实现中。在性能要求比较高的库中，可以用 .join() 代替。这可以确保字符关联在不同的实现中都可以按照线性时间发生。和诸如 None 这样的单例对象进行比较的时候应该始终用 is 或者 is not，不要用等号运算符。

另外，在写 if x 的时候，请注意表达的意思是否是 if x is not None。举个例子，当测试一个默认值为 None 的变量或者参数是否被设置为其他值的时候，这个其他值应该是在上下文中能成为布尔类型 False 的值。

使用 is not，而不是 not…is 。虽然这两种表达式在功能上完全相同，但前者易于阅读，所以优先考虑。

图 2-8 所示为推荐写法，图 2-9 所示为不推荐写法。

```
1    if foo is not None
```

图2-8 推荐写法

```
1    if not foo is None
```

图2-9 不推荐写法

2.8 算法——程序的“灵魂”

2.7 节讲解了编码风格，下面讲解算法——程序的“灵魂”。

算法是计算思维的一部分，不但是人类利用计算机解决问题的技巧之一，也是程序设计领域中较重要的部分。算法是程序的“灵魂”，常常作为设计计算机程序的首要内容。算法可被看作一个计划，每一个指示与步骤都是计划过的，这个计划里面包含解决问题的每一个步骤与指示。

算法是指解题方案的准确而完整的描述，是一系列解决问题的清晰指令，算法代表着用系统的方法描述解决问题的策略机制。也就是说，通过算法，能够对一定规模的输入，在有限时间内获得所要求的输出。

日常生活中也有许多工作可以利用算法来描述，例如员工的工作报告、宠物的饲养过程、厨师准备美食的食谱、学生的功课表等，甚至连我们平时经常使用的搜索引擎都必须借由不断更新算法来运作，搜索引擎算法如图 2-10 所示。

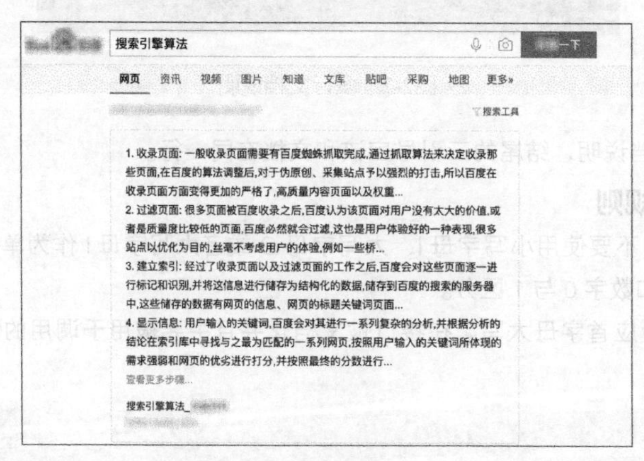

图2-10 搜索引擎算法

在程序设计里，算法更是不可或缺的一环。了解了算法的定义后，我们继续说明算法具备的 5 个特征，如图 2-11 所示。

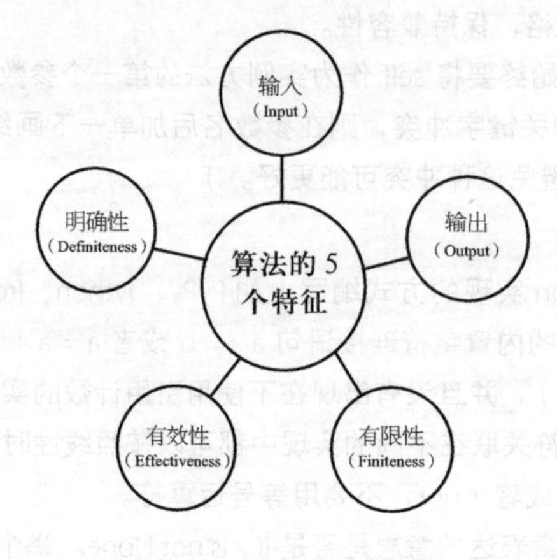

图2-11 算法的5个特征

算法的 5 个特征的详情如表 2-7 所示。

表 2-7　算法的 5 个特征

算法特征	内容与说明
输入（Input）	0 个或多个输入，这些输入必须有清楚的描述或定义
输出（Output）	至少会有一个输出结果，不可以没有输出结果
明确性（Definiteness）	每一个指令或步骤必须是简洁、明确且不含糊的
有限性（Finiteness）	在有限步骤后一定会结束，不会产生无穷回路
有效性（Effectiveness）	步骤清楚且可行，能让使用者用纸和笔计算出答案

用什么方法来表达算法较合适呢？其实算法的主要目的是让人们在了解了执行流程与步骤后，去学习处理事情的办法，所以我们只要能够清楚表现算法的 5 个特征即可。

常用的算法表示法为文字叙述（如中文、英文、数字等），特点是使用文字或通过语言叙述来说明演算步骤。有些算法则是利用可读性高的高级语言（如 Python、C、C++、Java 等）与伪语言（Pseudo-language）来实现的。

当然，流程图（Flow Diagram）也是一种非常通用的算法表示法，可以使用某些图形符号来表示程序的执行流程。为了保证流程图的可读性及一致性，目前通用的是美国国家标准学会（American National Standards Institute，ANSI）制定的统一图形符号。表 2-8 列出了一些常见的图形符号。

表 2-8　常见的图形符号

名称	说明	图形符号
起止符号	表示程序的开始或结束	
输入 / 输出符号	表示数据的输入或输出	
程序符号	表示程序中的一般步骤，是程序中较常用的图形符号	
决策判断符号	条件判断的图形符号	
文件符号	导向某份文件	
流向符号	符号之间的连接线，箭头方向表示工作流向	
连接符号	上下流程图的连接点	

例如绘制输入一个数值，并判别其是奇数还是偶数的流程图，如图 2-12 所示。

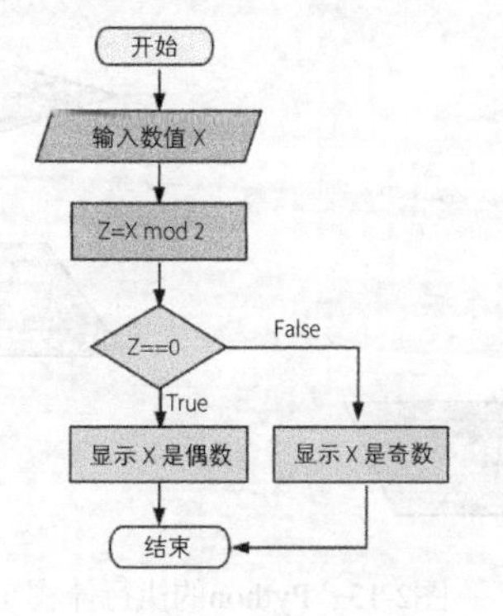

图2-12　流程图

注意

算法和程序有所不同，因为程序不一定要满足有限性的要求。如操作系统或机器上的运作程序，除非关机，否则永远在等待循环（Waiting Loop），这不符合算法的有限性特征。

2.9 Python 程序的执行流程

2.8 节讲解了算法——程序的“灵魂”，下面讲解 Python 程序的执行流程。

先讲解编译型语言和解释型语言。

计算机是不能够识别高级语言的，所以当我们执行用高级语言编写的程序时，就需要一个“翻译机”把高级语言转换成计算机能读懂的机器语言，具体分为两种情况，第一种是编译，第二种是解释。

编译型语言写成的程序，在执行之前，需要通过编译器进行编译，变成机器语言的文件，执行时不需要翻译，直接执行就可以了，典型的例子就是 C 语言。

解释型语言就没有这个编译的过程，而是在程序执行的时候，通过解释器对程序逐行解释，然后直接执行，典型的例子是 Ruby。

通过以上内容，可以总结出编译型语言和解释型语言的优缺点。因为编译型语言在程序执行之前就已经对程序进行翻译，执行时少了翻译的过程，所以效率比较高。但是我们也不能一概而论，一些解释型语言也可以通过解释器的优化在对程序进行翻译时对整个程序进行优化，从而在效率上超过编译型语言。

一般将 Python 定义为解释型语言。严格来说，Python 是先编译成字节码，再解释、执行的一门编程语言。

PYC 文件的主要作用是持久化编译结果，提高下次的执行效率，而会不会持久化，一般要看 import 机制。另外也可以通过命令行手动编译和实现持久化：python -m py_compile test.py。

PYC 和 PY 文件都可以交给解释器直接处理，只不过处理的步骤不一样。Python 的执行流程如图 2-13 所示。

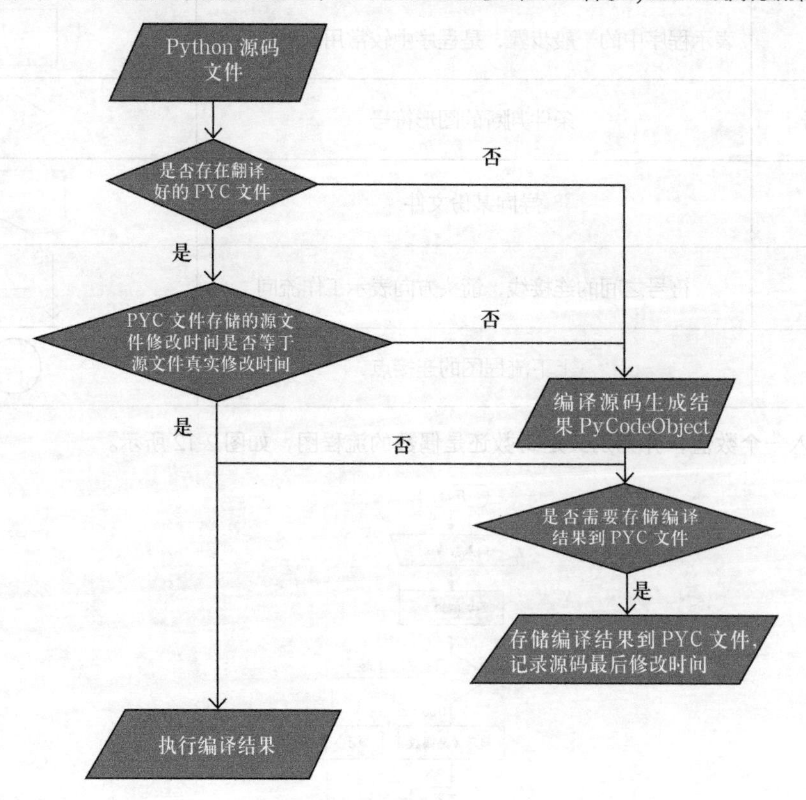

图2-13 Python的执行流程

2.10 学会自助

2.9 节讲解了 Python 程序的执行流程，下面讲解学会自助。

在实现程序的时候，经常会遇到一些问题，解决方法有很多种，较常使用的是 Debug 断点调试。

在正式讲解之前，先了解一下"Debug"这个词的由来。

1937 年，美国青年霍华德·艾肯（Howard Aiken）找到 IBM 公司，后者为其投资 200 万美元用于研制计算机。艾肯把第一台成品起名为马克 1 号（mark1），又叫"自动序列受控计算机"，从这时起 IBM 公司由生产制表机、肉铺磅秤、咖啡研磨机等的公司，正式跨进"计算机"领域。为马克 1 号编制程序的是哈佛大学的数学家格雷丝·霍珀（Grace Hopper），有一天，她在调试程序时出现故障。拆开继电器后，她发现有只飞蛾被夹扁在触点中间，从而"卡"住了机器，使其无法运行。于是，霍珀诙谐地把程序故障统称为"臭虫（Bug）"，把排除程序故障称为 Debug，而这些奇怪的"称呼"，后来成为计算机领域的行话。

Debug 断点调试是编程人员需学习的重要技能。只有学会使用 Debug 以后，才能知道程序的"走向"如何。接下来通过图 2-14 所示的代码讲解 PyCharm 中的 Debug 功能。

```
1   def sum_demo(x, y):
2       for _ in range(2):
3           x += 1
4           y += 1
5           result = x + y
6       return result
7
8
9   if __name__ == '__main__':
10      result = sum_demo(1, 1)
11      print(result)
```

图2-14　断点调试的代码

01 断点

根据需要，在图 2-14 左侧的灰色区域中通过单击打断点。如图 2-15 所示，可以在第 10 行打 1 个断点。

```
1   def sum_demo(x, y):
2       for _ in range(2):
3           x += 1
4           y += 1
5           result = x + y
6       return result
7
8
9   if __name__ == '__main__':
10 ●    result = sum_demo(1, 1)
11      print(result)
```

图2-15　打断点

02 开始调试模式

❶ 如图 2-16 所示，单击虫子样式的小图标，开始调试。

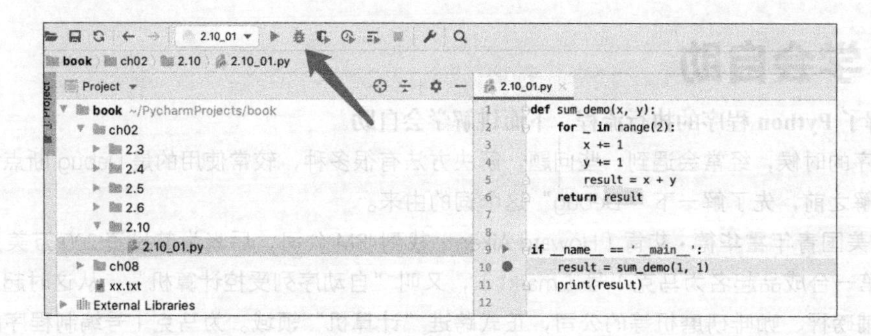

图2-16 开始调试

❷ 调试开始后，程序会暂停在断点处，如图 2-17 所示，高亮处表示程序运行到这一行时暂停，（这一行还未运行）界面被划分后的说明已在图中标识。

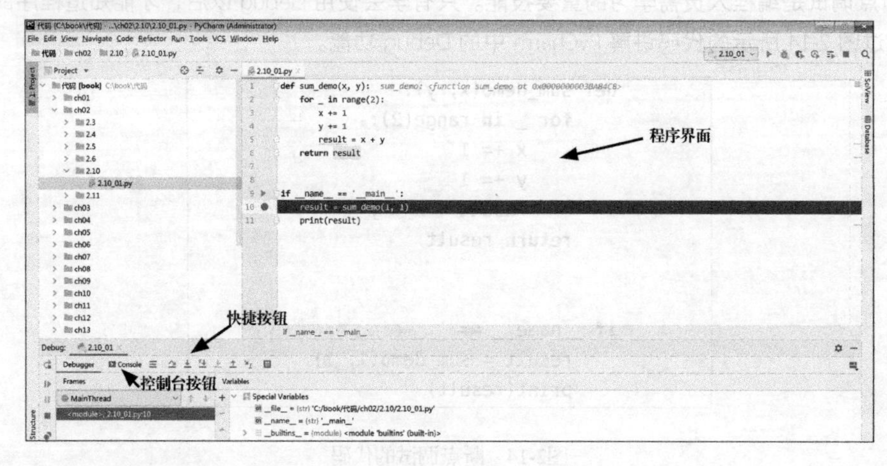

图2-17 程序暂停在断点处

❸ 为了快速调试，推荐使用快捷键，详情如下。

- F8：跳过，进入下一行代码。
- F7：进入，进入函数内部。
- Shift+F8：跳出断点。
- F9：跳到下一个断点处。

❹ 在图 2-17 所示的界面中，使用【F7】键进入断点，如图 2-18 所示，进入了第 2 行代码，相关变量的值也可以观察到。断点调试主要是观察变量的变化和程序的“走向”。

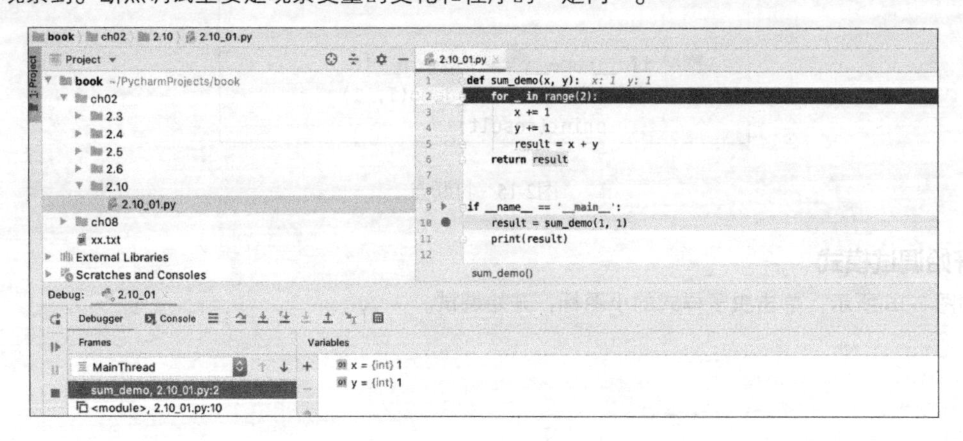

图2-18 断点调试

❺如果不需要调试了，可以单击关闭按钮■，然后单击断点，即可取消断点，调试结束。

2.11 见招拆招

❶ 在程序中，经常会遇到同一变量需要多处修改的情况，PyCharm 提供了简单的解决方式。如图 2-19 所示，这里需要修改 a 的变量名为 num_a。

```
1  a = 2
2  b = 5
3  c = 6 * (24 / a + (5 + a) / b)
4
5  print("a=", a)
6  print("b=", b)
7  print("6*(24/a + (5+a)/b)=", c)
```

图2-19　程序代码

❷ 双击变量 a，单击鼠标右键，选择【Refactor】，在弹出的级联菜单中选择【Rename】，如图 2-20 所示。

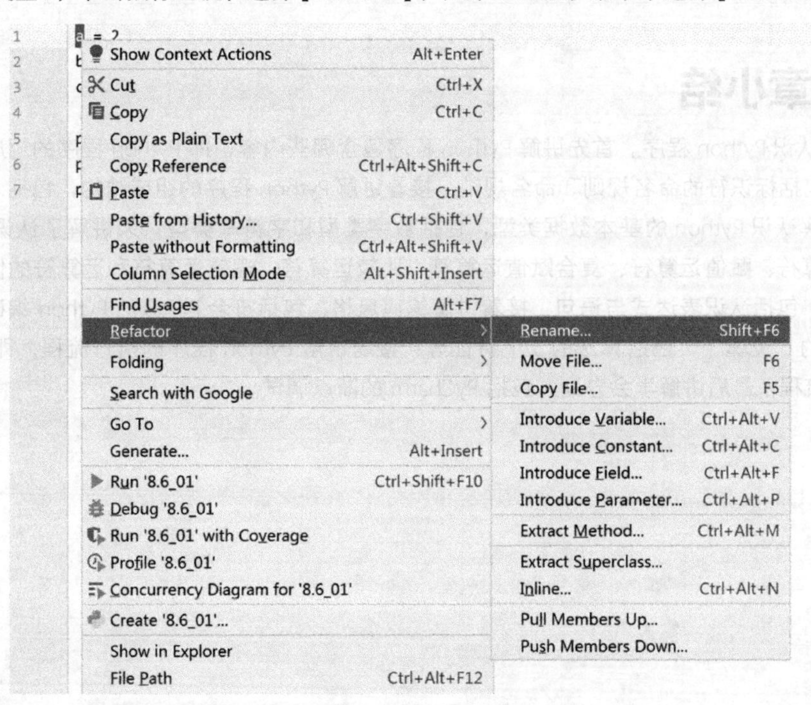

图2-20　选择【Rename】

❸ 选择【Rename】后，弹出图 2-21 所示的对话框，将 a 的变量名修改为 num_a。

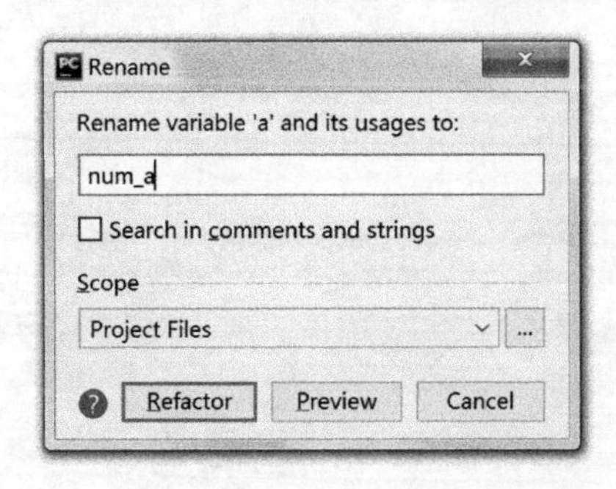

图2-21　修改变量名

❹ 在图 2-21 所示的对话框中修改好变量名后，单击【Refactor】按钮，修改成功。修改结果如图 2-22 所示。

```
1  num_a = 2
2  b = 5
3  c = 6 * (24 / num_a + (5 + num_a) / b)
4
5  print("a=", num_a)
6  print("b=", b)
7  print("6*(24/a + (5+a)/b)=", c)
```

图2-22　修改结果

注意

此方法不能用于修改字符串中的内容。

2.12 本章小结

本章讲解的是认识 Python 程序。首先讲解 Python 程序包含哪些内容，即 Python 程序的组成；然后讲解标识符和关键字，包括标识符的命名规则和命名规范；接着讲解 Python 程序的组成结构，包括注释、缩进和程序主题；随后讲解认识 Python 的基本数据类型，包括数字类型和字符串类型；又讲解了认识 Python 的运算符，包括算术运算符、赋值运算符、复合赋值运算符、比较运算符、逻辑运算符和运算符的优先级；然后讲解表达式与语句，包括认识表达式与语句；接着讲解编码风格，包括符合 PEP 8 的 Python 编码风格；还讲解了算法——程序的“灵魂”，包括算法的 5 个特征等；接着讲解 Python 程序的执行流程，即 Python 作为解释型语言的执行流程；最后讲解学会自助，包括 PyCharm 的断点调试。

第3章 进阶——各种数据类型的操作方法

本章讲解进阶——各种数据类型的操作方法，包括列表的基本操作、集合的基本操作、元组的基本操作、字典的基本操作、字符串的基本操作、数据类型之间的转换等。

本章要点（已掌握的在方框中打钩）

- □ 列表的基本操作
- □ 集合的基本操作
- □ 元组的基本操作
- □ 字典的基本操作
- □ 字符串的基本操作
- □ 数据类型之间的转换

3.1 列表的基本操作

在 Python 中如果需要存储多个值就需要使用集合（Set）容器，这里先讲解列表的基本操作。

序列是 Python 中最基本的数据结构之一，包括列表、集合、元组、字典、字符串等。序列中的每个元素都分配有一个数字，表示它的位置或索引，第一个元素的索引是 0，第二个元素的索引是 1，依次类推。序列可以进行的操作包括索引、切片、加、乘等。此外，Python 已经内置确定序列的长度以及确定最大和最小元素的方法。

列表是最常用的 Python 数据类型之一，它以方括号内用逗号分隔的值的形式出现。列表的数据项不需要具有相同的类型。列表常用的方法如表 3-1 所示。

表 3-1 列表常用的方法

方法	描述
list.append(x)	把一个元素添加到列表的结尾，相当于 a[len(a):]=[x]
list.extend(L)	通过添加指定列表的所有元素来扩充列表，相当于 a[len(a):]=L
list.insert(i, x)	在指定位置插入一个元素。第一个参数是准备插入其前面的那个元素的索引，例如 a.insert(0,x) 会将元素插到整个列表之前，而 a.insert(len(a),x) 相当于 a.append(x)
list.remove(x)	删除列表中值为 x 的第一个元素。如果没有这样的元素，就会返回错误提示
list.pop([i])	从列表的指定位置删除元素，并将其返回。如果没有指定索引，返回最后一个元素。元素随即从列表中被删除。（方法中 i 两边的方括号表示这个参数是可选的，而不是要求输入方括号，通常会在 Python 库参考手册中遇到这样的标记）
list.clear	删除列表中的所有项，相当于 dela[:]
list.index(x)	返回列表中第一个值为 x 的元素的索引。如果没有匹配的元素，就会返回错误提示
list.count(x)	返回 x 在列表中出现的次数
list.sort	对列表中的元素进行排序
list.reverse	反向排列列表中的元素
list.copy	返回列表的浅复制，相当于 a[:]

范例 3.1-01 列表的基本操作（源码路径：ch03/3.1/3.1-01.py）

```
1. #定义列表
2. a = [66.25, 333, 333, 1, 1234.5]
3. #统计
4. print(a.count(333), a.count(66.25), a.count('x'))
5. #插入
6. a.insert(2, -1)
7. #追加
8. a.append(333)
9. print(a)
10. #查询索引
11. print(a.index(333))
12. #删除
13. a.remove(333)
14. print(a)
15. #反向
16. a.reverse()
17. print(a)
18. #排序
19. a.sort()
20. print(a)
```

【运行结果】

```
2 1 0
[66.25, 333, -1, 333, 1, 1234.5, 333]
1
[66.25, -1, 333, 1, 1234.5, 333]
[333, 1234.5, 1, 333, -1, 66.25]
[-1, 1, 66.25, 333, 333, 1234.5]
```

【范例分析】

（1）范例代码的第 2 行，创建列表对象并存储一些数据。列表使用的是方括号。

（2）范例代码的第 4~20 行，调用列表对象常用的方法。insert、remove 或 sort 等用于修改列表的方法没有返回值。

3.2 集合的基本操作

3.1 节讲解了列表的基本操作，下面讲解集合的基本操作。

列表存储的数据是有序、可以重复的，集合存储的数据是无序、不可以重复的，所以经常使用集合进行去重。集合常用的方法如表 3-2 所示。

表 3-2 集合常用的方法

方法	描述
set.add(value)	新增一个值，然后去重
set.remove(value)	删除一个值
set3 = set1 | set2	计算 set1 和 set2 的并集
set3 = set1 & set2	计算 set1 和 set2 的交集
set3 = set1 - set2	计算 set1 和 set2 的差集

范例 3.2-01 集合的基本操作（源码路径：ch03/3.2/3.2-01.py）

```
1. # 定义集合
2. set1 = {1,2,3,2,2,3}
3. print(set1)
4. set2 = {2,3,4}
5. print(set2)
6.
7. # 新增
8. set1.add(110)
9. set1.add(1)
10. print(set1)
11.
12. # 删除
13. set1.remove(110)
14. print(set1)
15.
16. # 求并集
17. set3 = set1 | set2
18. print(set3)
```

【运行结果】

```
{1, 2, 3}
```

```
{1, 2, 3}
{1, 2, 3, 110}
{1, 2, 3}
{1, 2, 3, 4}
```

【范例分析】

（1）范例代码的第 2 行，创建集合对象并存储一些数据。集合使用的是花括号，集合只存储唯一的值，所以这里 set1 = {1,2,3}。

（2）范例代码的第 7~18 行，调用集合对象常用的方法。集合可以用于计算交集、并集、差集等。

3.3 元组的基本操作

3.2 节讲解了集合的基本操作，下面讲解元组（Tuple）的基本操作。

元组是不可变的，可以将其理解为只读的列表，列表的查询方法元组都有。

范例 3.3-01 元组的基本操作（源码路径：ch03/3.3/3.3-01.py）

```
1. #定义元组
2. a = (66.25, 333, 333, 1, 1234.5)
3. #统计
4. print(a.count(333), a.count(66.25), a.count('x'))
5. #查询索引
6. print(a.index(333))
```

【运行结果】

```
2 1 0
1
```

【范例分析】

（1）范例代码的第 2 行，创建元组对象并存储一些数据。元组使用的是圆括号。注意如果元组中只有一个值 100，则需要这样定义：a =(100,)。

（2）范例代码的第 4~6 行，调用元组对象常用的方法。元组相当于只读的列表，所以列表的查询方法元组都可以使用，比如 count、index 等。

3.4 字典的基本操作

3.3 节讲解了元组的基本操作，下面讲解字典（Dict）的基本操作。

列表、集合和元组是存储值的，而字典是存储键值对（Key-Value）的。字典常用的方法如表 3-3 所示。

表 3-3 字典常用的方法

方法	描述
dict[key] = value	如果键不存在，就是往字典里新增一个键值对，否则就是修改对应的值。由于一个键只能对应一个值，所以，多次让一个键对应不同的值，后面的值会把前面的 value “冲掉”
dict.pop(key)	根据键删除指定的值，并将此值放回
del dict[key]	根据键删除指定的值
dict.clear	清空字典里的键值对
value = dict[key]	根据键查询值
dict.get(key,[default])	根据键查询值，如果无法查询则返回默认值

续表

方法	描述
len(dict)	计算字典元素个数，即键的总数
str(dict)	以字符串形式输出字典内容
dict.keys	以列表形式返回字典所有的键
dict.values	以列表形式返回字典所有的值
dict.items	以列表形式返回字典中所有的（键，值）元组数组
key in dict	如果键在字典中存在则返回 True；否则返回 False
dict.copy	返回一个新的字典，内容一样，地址不同
dict.fromkeys(seq[, val])	创建一个新字典，以序列 seq 中的元素作为字典的键，val 为字典中所有键对应的初始值
dict.setdefault(key, default=None)	和 get 类似， 但如果键不存在于字典中，将会添加键并将值设为 default。如果键在字典中存在，则返回这个键所对应的值。如果键不存在于字典中，则向字典中插入这个键，并且以 default 作为这个键的值，并返回 default。default 的默认值为 None
dict.update(dict2)	把字典 dict2 的键值对更新到 dict 里

范例 3.4-01 字典的基本操作（源码路径：ch03/3.4/3.4-01.py）

```
1. # 定义字典
2. stu = {'sid':1, 'sname': 'TOM', 'sag':22}
3. print(stu)
4. # 根据键获取值
5. sname = stu['sname']
6. print(sname)
7. sage = stu.get('sage')
8. print(sage)
9. # 修改
10. stu['age'] = 23
11. print(stu)
12. # 删除
13. del stu['sage']
14. print(stu)
15. # 复制
16. stu2 = stu.copy()
17. print(stu2)
18. # 获取所有的键
19. print(stu.keys())
20. # 遍历字典
21. for k, v in stu.items():
22.     print(k, v)
```

【运行结果】

```
{'sid': 1, 'sname': 'TOM', 'sage': 22}
TOM
22
{'sid': 1, 'sname': 'TOM', 'sage': 22, 'age': 23}
{'sid': 1, 'sname': 'TOM', 'age': 23}
{'sid': 1, 'sname': 'TOM', 'age': 23}
```

```
dict_keys(['sid', 'sname', 'age'])
sid 1
sname TOM
age 23
```

【范例分析】

（1）范例代码的第 2 行，创建字典对象并存储一些数据。字典使用的是花括号。

（2）范例代码的第 5~7 行，都是根据键获取值，不同的是第 5 行如果获取不到值会报异常，而第 7 行获取不到值会默认值为 None，推荐使用第 7 行这种方式。

（3）范例代码的第 10 行，如果键存在就修改键对应的值，否则就新增键值对。

（4）范例代码的第 13 行，根据键删除值。

（5）范例代码的第 16 行，copy 返回新的对象，数据内容与原对象内容一样，只是地址不同。

（6）范例代码的第 19 行，获取所有的键。

（7）范例代码的第 21 行，遍历字典，items 返回键值对序列。

3.5 字符串的基本操作

3.4 节讲解了字典的基本操作，下面讲解字符串的基本操作。

在 Python 3 中，字符串是以统一码（Unicode）进行编码的，也就是说，Python 的字符串支持多语言。

创建字符串很简单，为变量分配一个值即可，如下所示。

```
1.  var1 = 'Hello World!'
2.  var2 = "hi,pitter"
3.  print(var1)  # 输出 Hello World!
4.  print(var2)  # 输出 hi,pitter
```

访问字符串中的值，Python 不支持单字符类型，单字符在 Python 中也作为字符串使用。在 Python 中访问子字符串，可以通过在方括号里写入索引来截取字符串，如下所示。

```
1.  ret1 = var1[2]
2.  print(ret1)  # 输出 l
3.  ret2 = var2[2:4]
4.  print(ret2)  # 输出 ,p
```

要注意的是 Python 中的索引也支持负数，比如 -1 标识最后一个值。

在 Python 中，可以截取字符串的一部分并与其他字段拼接，得到新的字符串，如下所示。

```
1.  ret3 = var1[2]+var2[2:4]
2.  print(ret3)  # 输出 l,p
```

有的时候需要使用转义字符，Python 用标识转义字符，如表 3-4 所示。

表 3-4 转义字符

转义字符	描述
\（在行尾时）	续行符
\\	反斜线符号
\'	单引号
\"	双引号
\a	响铃
\b	退格（Backspace）
\e	转义
\000	空

续表

转义字符	描述
\n	换行符
\v	纵向制表符
\t	横向制表符
\r	回车符
\f	换页符
\oyy	八进制数 yy 代表的字符，例如 \o12 代表换行符
\xyy	十六进制数 yy 代表的字符，例如 \x0a 代表换行符
\other	其他的字符以普通格式输出

变量 a 值为字符串“Hello”，变量 b 值为字符串“Python”，字符串运算符如表 3-5 所示。

表 3-5 字符串运算符

字符串运算符	描述	举例
+	字符串连接	a + b 输出结果为 HelloPython
*	重复输出字符串	a*2 输出结果为 HelloHello
[]	通过索引获取字符串中的字符	a[1] 输出结果为 e
[:]	截取字符串中的一部分，遵循左闭右开原则，str[0,2] 是不包含第三个字符的	a[1:4] 输出结果为 ell
in	成员运算符，如果字符串中包含给定的字符则返回 True	'H' in a 输出结果为 True
not in	成员运算符，如果字符串中不包含给定的字符则返回 True	'M' not in a 输出结果为 True
r	原始字符串，所有的字符串都是直接按照字面意思来使用，没有转义或不能输出的字符。原始字符串除在字符串的第一个引号前加上字母 r（大小写均可）以外，与普通字符串有着几乎完全相同的语法	print(r'\n')
%	格式化字符串	print(" 我叫 % 今年 %d 岁！" % (' 小明 ', 10)) 输出结果为我叫小明今年 10 岁！

Python 中提供了丰富的字符串内置方法，如表 3-6 所示。

表 3-6 字符串内置方法

字符串内置方法	描述
capitalize	将字符串的第一个字符转换为大写形式
center(width, fillchar)	返回一个指定宽度（width）的居中的字符串，fillchar 为填充的字符，默认为空格
count(str, beg= 0,end=len(string))	返回 str 在 string 里出现的次数，如果 beg 或者 end 指定则返回指定范围内 str 出现的次数
encode(encoding='UTF-8',errors='strict')	以 encoding 指定的编码格式编码字符串，如果出错默认报 ValueError 异常，除非 errors 指定的是 ignore 或者 replace
endswith(suffix, beg=0, end=len(string))	检查字符串是否以 obj 结束，如果 beg 或者 end 指定则检查指定范围内是否以 obj 结束，如果是返回 True，否则返回 False
expandtabs(tabsize=8)	把字符串中的 tab 符号转换为空格，tab 符号默认的空格数是 8
find(str, beg=0,end=len(string))	检查 str 是否包含在字符串中，如果指定范围 beg 和 end，则检查其是否包含在指定范围内，如果包含返回开始的索引，否则返回- 1
index(str, beg=0,end=len(string))	跟 find 方法一样，只不过如果 str 不在字符串中会报异常

续表

字符串内置方法	描述
isalnum	如果字符串中至少有一个字符并且所有字符都是数字返回 True，否则返回 False
isalpha	如果字符串中至少有一个字符并且所有字符都是字母返回 True，否则返回 False
isdigit	如果字符串中只包含数字返回 True，否则返回 False
islower	如果字符串中包含至少一个区分大小写的字符，并且这些字符（区分大小写的）都是小写形式返回 True，否则返回 False
isnumeric	如果字符串中只包含数字返回 True，否则返回 False
isspace	如果字符串中只包含空格返回 True，否则返回 False
istitle	如果字符串是标题化的（见 title）返回 True，否则返回 False
isupper	如果字符串中包含至少一个区分大小写的字符，并且这些字符（区分大小写的）都是大写形式返回 True，否则返回 False
join(seq)	以指定字符串作为分隔符，将 seq 中的所有元素（以字符串表示）合并为一个新的字符串
len(string)	返回字符串长度
ljust(width[, fillchar])	返回一个原字符串左对齐，并使用 fillchar 填充至指定宽度（width）的新字符串，fillchar 默认为空格
lower	将字符串中的所有大写字母转换为小写字母
lstrip	截掉字符串左边的空格或指定字符
maketrans	创建字符映射的转换表，对于接受两个参数的较简单的调用方式，第一个参数是字符串，表示需要转换的字符，第二个参数也是字符串，表示转换的目标
max(str)	返回字符串 str 中 ASCII 值最大的字母
min(str)	返回字符串 str 中 ASCII 值最小的字母
replace(old, new [, max])	将字符串中的 old 替换成 new，如果 max 被指定，则替换不超过 max 次
rfind(str, beg=0,end=len(string))	类似于 find，不过是从右边开始查找
rindex(str, beg=0, end=len(string))	类似于 index，不过是从右边开始
rjust(width[, fillchar])	返回一个原字符串右对齐，并使用 fillchar 填充至指定宽度（width）的新字符串，fillchar 默认为空格
rstrip	删除字符串末尾的空格
split(str="", num=string.count(str))	num=string.count(str) 以 str 为分隔符截取字符串，如果 num 有指定值，则仅截取 num+1 个子字符串
splitlines([keepends])	按照行分隔（\r、\r\n、\n），返回一个将各行内容作为元素的新列表。如果参数 keepends 为 False，不包含换行符；如果为 True，则保留换行符
startswith(substr, beg=0,end=len(string))	检查字符串是否是以指定子字符串 substr 开头，是返回 True，否则返回 False。如果 beg 和 end 指定，则在指定范围内检查
strip([chars])	在字符串上执行 lstrip 和 rstrip
swapcase	将字符串中的大写字符转换为小写字符，小写字符转换为大写字符
title	返回标题化的字符串，即所有单词都是首字母大写，其余字母均为小写形式
translate(table, deletechars="")	根据给出的表（包含 256 个字符）转换 string 的字符，要过滤掉的字符放到 deletechars 参数中
upper	将字符串中的小写字母转换为大写字母
zfill (width)	返回宽度为 width 的字符串，原字符串右对齐，前面填充 0
isdecimal	检查字符串是否只包含十进制字符，如果是返回 True，否则返回 False

范例 3.5-01 字符串的基本操作（源码路径：ch03/3.5/3.5-01.py）

```
1. # 定义字符串
2. strs = 'this is string example!!!'
3. # 首字母大写
4. print( "strs.capitalize():", strs.capitalize())
5.
6. strs = "[www.baidu.com]"
7. # 居中对齐
8. print("strs.center(40, '*'):", strs.center(40, '*'))
9.
10. strs = "www.baidu.com www.sina.com"
11. sub = 'a'
12. # 统计
13. print("strs.count('a'): ", strs.count(sub))
14. sub = 'bai'
15. print("strs.count('com', 0, 10): ", strs.count(sub, 0, 10))
16.
17. strs = "Python 教程 "
18. # 编码
19. str_utf8 = strs.encode("UTF-8")
20. str_gbk = strs.encode("GBK")
21. print(str)
22. print("UTF-8 编码：", str_utf8)
23. print("GBK 编码：", str_gbk)
24. # 解码
25. print("UTF-8 解码：", str_utf8.decode('UTF-8', 'strict'))
26. print("GBK 解码：", str_gbk.decode('GBK', 'strict'))
27.
28. strs = 'String example...wow!!!'
29. suffix = '!!'
30. # 判断结尾
31. print(strs.endswith(suffix))
32. print(strs.endswith(suffix, 20))
33. suffix = 'run'
34. print(strs.endswith(suffix))
35. print(strs.endswith(suffix, 0, 19))
36.
37. strs = "this is\tstring example...wow!!!"
38. print(" 原始字符串： " + strs)
39. # 空格替换
40. print(" 替换 \\t 符号：" + strs.expandtabs())
41. print(" 使用 16 个空格替换 \\t 符号： " + strs.expandtabs(16))
42.
43. str1 = "String example...wow!!!"
44. str2 = "exam";
45. # 查找
46. print(str1.find(str2))
47. print(str1.find(str2, 5))
48. print(str1.find(str2, 10))
49.
50. str1 = "String example...wow!!!"
```

```
51. str2 = "exam";
52. # 查找
53. print(str1.index(str2))
54. print(str1.index(str2, 5))
55. # 查找不到会报异常
56. # print (str1.index(str2, 10))
57.
58. strs = "python2019"
59. # 判断字母和数字
60. print(strs.isalnum())
61. strs = "www.baidu.com"
62. print(strs.isalnum())
63.
64. strs = "python2019"
65. # 判断字母
66. print(strs.isalpha())
67. strs = "python"
68. print(strs.isalpha())
69.
70. strs = "python2019"
71. # 判断数字
72. print(strs.isdigit())
73. strs = "2019"
74. print(strs.isdigit())
75.
76. strs = "Python example...wow!!!"
77. # 判断大小写
78. print(strs.islower())
79. strs = "python example...wow!!!"
80. print(strs.islower())
81.
82. strs = "Python2019"
83. # 判断数字
84. print(strs.isnumeric())
85. strs = "23443434"
86. print(strs.isnumeric())
87.
88. strs = "      "
89. # 判断空格
90. print(strs.isspace())
91. strs = "Python example...wow!!!"
92. print(strs.isspace())
93.
94. strs = "This Is String Example...Wow!!!"
95. # 判断 title 格式
96. print(strs.istitle())
97. strs = "This is string example...wow!!!"
98. print(strs.istitle())
99.
100. strs = "THIS IS STRING EXAMPLE...wow!!!"
101. # 判断大写
```

```
102. print(strs.isupper())
103. strs = "THIS is string example...wow!!!"
104. print(strs.isupper())
105.
106. s1 = "-"
107. s2 = ""
108. seq = ("r", "u", "n", "o", "o", "b")
109. # 合并集合
110. print(s1.join(seq))
111. print(s2.join(seq))
112.
113. strs = "python"
114. # 获取字符串长度
115. print(len(strs))
116.
117. strs = "Python example...wow!!!"
118. # 对齐
119. print(strs.ljust(50, '*'))
120.
121. strs = "Python EXAMPLE...wow!!!"
122. # 转换大小写
123. print(strs.lower())
124. print(strs.upper())
125.
126. strs = " this is string example...wow!!!";
127. # 裁剪
128. print(strs.lstrip());
129. strs = "88888888this is string example...wow!!!8888888";
130. print(strs.lstrip('8'));
131.
132. intab = "aeiou"
133. outtab = "12345"
134. # 转换
135. trantab = strs.maketrans(intab, outtab)
136. strs = "this is string example...wow!!!"
137. print(strs.translate(trantab))
138.
139. strs = "python"
140. # 输出字符串中 ASCII 值最大 / 最小的字符
141. print(" 值最大的字符：" + max(strs))
142. print(" 值最小的字符：" + min(strs))
143.
144. strs = "www.baidu.com"
145. print(" 旧地址：", str)
146. # 替换
147. print(" 新地址：", strs.replace("baidu", "sina"))
148. strs = "this is string example...wow!!!"
149. print(strs.replace("is", "was", 3))
150.
151. str1 = "this is really a string example...wow!!!"
152. str2 = "is"
```

```
153. # 查找
154. print(str1.rfind(str2))
155. print(str1.rfind(str2, 0, 10))
156. print(str1.rfind(str2, 10, 0))
157. print(str1.find(str2))
158. print(str1.find(str2, 0, 10))
159. print(str1.find(str2, 10, 0))
160.
161. str1 = "this is really a string example...wow!!!"
162. str2 = "is"
163. # 查找
164. print(str1.rindex(str2))
165.
166. strs = "this is string example...wow!!!"
167. # 对齐
168. print(strs.rjust(50, '*'))
169.
170. strs = " this is string example...wow!!! "
171. # 裁剪
172. print(strs.rstrip())
173. strs = "*****this is string example...wow!!!*****"
174. print(strs.rstrip('*'))
175.
176. strs = "this is string example...wow!!!"
177. # 分隔
178. print(strs.split())
179. print(strs.split('i', 1))
180. print(strs.split('w'))
181.
182. strs = 'ab c\n\nde fg\rkl\r\n'.splitlines()
183. print(strs)
184. # 按换行符分隔
185. strs = 'ab c\n\nde fg\rkl\r\n'.splitlines(True)
186. print(strs)
187.
188. str = "this is string example...wow!!!"
189. # 判断开头
190. print(str.startswith('this'))
191. print(str.startswith('string', 8))
192. print(str.startswith('this', 2, 4))
193.
194. str = "*****this is **string** example...wow!!!*****"
195. # 裁剪
196. print(str.strip('*'))
197.
198. str = "this is string example...wow!!!"
199. # 填充 0
200. print("str.zfill : ", str.zfill(40))
201. print("str.zfill : ", str.zfill(50))
```

【运行结果】

```
strs.capitalize() : This is string example!!!
strs.center(40, '*') : ************[www.baidu.com]*************
strs.count('a') : 2
strs.count('com', 0, 10) : 1
<class 'str'>
UTF-8 编码： b'Python\xe6\x95\x99\xe7\xa8\x8b'
GBK 编码： b'Python\xbd\xcc\xb3\xcc'
UTF-8 解码： Python 教程
GBK 解码： Python 教程
True
True
False
False
原始字符串：this isstring example...wow!!!
替换 \\t 符号：this is string example...wow!!!
使用 16 个空格替换 \\t 符号 : this is         string example...wow!!!
7
7
-1
7
7
True
False
False
True
False
True
False
True
False
True
True
False
True
False
True
False
r-u-n-o-o-b
runoob
6
Python example...wow!!!**************************
python example...wow!!!
PYTHON EXAMPLE...wow!!!
this is string example...wow!!!
this is string example...wow!!!8888888
th3s 3s str3ng 2x1mpl2....w4w!!!
最大值字符：y
最小值字符：h
旧地址：<class 'str'>
新地址：www.sina.com
thwas was string example...wow!!!
5
5
```

```
-1
2
2
-1
5
******************this is string example...wow!!!
  this is string example...wow!!!
*****this is string example...wow!!!
['this', 'is', 'string', 'example...wow!!!']
['th', 's is string example...wow!!!']
['this is string example....', 'o', '!!!']
['ab c', '', 'de fg', 'kl']
['ab c\n', '\n', 'de fg\r', 'kl\r\n']
True
True
False
this is **string** example...wow!!!
str.zfill : 00000000this is string example...wow!!!
str.zfill : 000000000000000000this is string example...wow!!!
```

【范例分析】

字符串是最常见的数据类型之一，提供了很多的功能和方法，可以对照语法一一实现。

3.6 数据类型之间的转换

3.1 节 ~3.5 节讲解了 Python 的各种序列和字符串的基本操作，下面讲解数据类型之间的转换。

在 Python 中使用内置方法 str，可以将任何类型都转换成字符串。Python 中的序列之间也可以相互转换。

范例 3.6-01　数据类型之间的转换（源码路径：ch03/3.6/3.6-01.py）

```
1.  # 1、字典
2.  dict = {'name': 'Zara', 'age': 7, 'class': 'First'}
3.  # 字典转换为字符串，返回 <type 'str'> {'age': 7, 'name': 'Zara', 'class': 'First'}
4.  print(type(str(dict)), str(dict))
5.  # 字典转换为元组，返回 ('age', 'name', 'class')
6.  print(tuple(dict))
7.  # 字典转换为元组，返回 (7, 'Zara', 'First')
8.  print(tuple(dict.values()))
9.  # 字典转换为列表，返回 ['age', 'name', 'class']
10. print(list(dict))
11. # 字典转换为列表
12. print(list(dict.values()))
13. # 2、元组
14. tup = (1, 2, 3, 4, 5)
15. # 元组转换为字符串，返回 (1, 2, 3, 4, 5)
16. print(str(tup))
17. # 元组转换为列表，返回 [1, 2, 3, 4, 5]
18. print(list(tup))
19. # 元组不可以转换为字典
20. # 3、列表
21. nums = [1, 3, 5, 7, 8, 13, 20]
22. # 列表转换为字符串，返回 [1, 3, 5, 7, 8, 13, 20]
```

```
23. print(str(nums))
24. #列表转换为元组，返回 (1, 3, 5, 7, 8, 13, 20)
25. print(tuple(nums))
26. #列表不可以转换为字典
27. #4、字符串
28. #字符串转换为元组，返回 (1, 2, 3)
29. print(tuple(eval("(1,2,3)")))
30. #字符串转换为列表，返回 [1, 2, 3]
31. print(list(eval("(1,2,3)")))
32. #字符串转换为字典，返回 <type 'dict'>
33. print(type(eval("{'name':'ljq', 'age':24}")))
```

【运行结果】

```
<class 'str'> {'name': 'Zara', 'age': 7, 'class': 'First'}
('name', 'age', 'class')
('Zara', 7, 'First')
['name', 'age', 'class']
['Zara', 7, 'First']
(1, 2, 3, 4, 5)
[1, 2, 3, 4, 5]
[1, 3, 5, 7, 8, 13, 20]
(1, 3, 5, 7, 8, 13, 20)
(1, 2, 3)
[1, 2, 3]
<class 'dict'>
```

【范例分析】

（1）范例代码的第 4 行，使用内置方法 str 将字典转换为字符串。

（2）范例代码的第 6 行，使用内置方法 tuple 将字典的键转换为元组。

（3）范例代码的第 8 行，使用内置方法 tuple 将字典的值转换为元组。

（4）范例代码的第 10 行，使用内置方法 list 将字典的键转换为列表。

（5）范例代码的第 29~33 行，使用内置方法 eval，eval 有去外层字符串的作用，eval("(1,2,3)")，将字符串去掉后得到元组类型，使用内置方法 tuple 和 list 分别将字典转换为元组和列表类型。同理，eval("{'name':'ljq', 'age':24}") 去掉字符串后得到字典类型。

▶3.7 见招拆招

字符串的 join 方法可以将列表类型的数据使用一定的符号拼接成字符串。但是经常会遇到这样的问题：运行如下代码，程序会出现异常，如图 3-1 所示。

```
1. nums = [1,2,3,4]
2. ret = "-".join(nums)
3. print(ret)
```

```
Traceback (most recent call last):
  File "C:/tools/Workspae/book/ch03/3.7/3.7 01.py", line 2, in <module>
    ret = "-".join(nums)
TypeError: sequence item 0: expected str instance, int found
```

图3-1　异常

原因是字符串的 join 方法要求列表中的数据必须是字符串类型，这里需要将列表中的整数转换为字符串类型，代码如下。

```
1.  nums = [1,2,3,4]
2.  nums = [str(i) for i in nums]
3.  ret = "-".join(nums)
4.  print(ret)
```

第 2 行代码使用列表生成式将 nums 中的每个值取出，然后转换成字符串类型，最后返回一个新的列表，将 nums 指向新的列表，这样就可以使用字符串中的 join 方法了。

3.8 实战演练

计算机 2000 年问题又叫作“千年虫”，是指在某些使用了计算机程序的智能系统（包括计算机系统、自动控制芯片等）中，由于年份只使用两位十进制数来表示，如 1992 年被表示为 92、2000 年被表示为 00，因此当系统进行（或涉及）跨世纪的日期（如 2000 年），处理和运算时（如多个日期之间的计算或比较等）就会出现错误的结果（如将 2000 年解释为 1900 年），进而引发各种各样的系统功能紊乱甚至崩溃。因此从根本上说，千年虫是一种程序处理日期方面的计算机程序故障，而非病毒。

序列 [89,98,00,76,68,37,58,90] 保存了 10 条 1900 年后的银行存储时间信息，为了避免出现千年虫问题，编写一个程序，对目前的序列中存在千年虫问题的数据进行修改，输出修改后的序列数据。

3.9 本章小结

本章讲解各种数据类型的操作方法。首先讲解列表、集合、元组和字典的基本操作，包括序列的常用方法；然后讲解字符串的内置方法；最后讲解数据类型之间的转换，包括序列转换为字符串和序列之间的相互转换。

第 4 章

程序的执行顺序——流程控制

本章讲解程序的执行顺序——流程控制，包括顺序结构、分支结构与判断语句、循环结构与循环语句等。

本章要点（已掌握的在方框中打钩）

- □ 顺序结构
- □ 分支结构与判断语句
- □ 循环结构与循环语句

4.1 顺序结构

在程序执行的过程中，各条语句的执行顺序对程序的结果是有直接影响的。只有在清楚每条语句的执行顺序的前提下，才能通过控制语句的执行顺序来实现所需功能。程序的 3 种基本结构是顺序结构、分支结构和循环结构。

顺序结构是程序中较简单的流程控制结构，它是指代码按照顺序依次执行，程序中的大多数代码都是这样执行的，如图 4-1 所示。

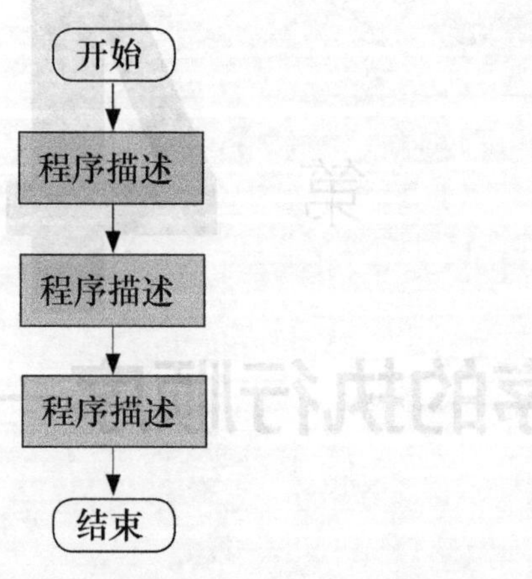

图4-1　顺序结构

范例 4.1-01　顺序结构（源码路径：ch04/4.1/4.1-01.py）

```
1. print(" 程序开始 ")
2. print(" 程序功能 1")
3. print(" 程序功能 2")
4. print(" 程序功能 3")
5. print(" 程序结束 ")
```

【运行结果】

```
程序开始
程序功能 1
程序功能 2
程序功能 3
程序结束
```

【范例分析】

顺序结构的代码的执行特点是语句从上往下、从左到右依次执行。

4.2 学会选择——分支结构与判断语句

4.1 节讲解了顺序结构，下面讲解分支结构与判断语句。

分支结构也被称为选择结构。分支结构有特定的语法规则，代码要执行具体的逻辑运算，从而进行判断，逻辑运算的结果有两个，所以需要进行选择，按照不同的选择执行不同的代码，如图 4-2 所示。

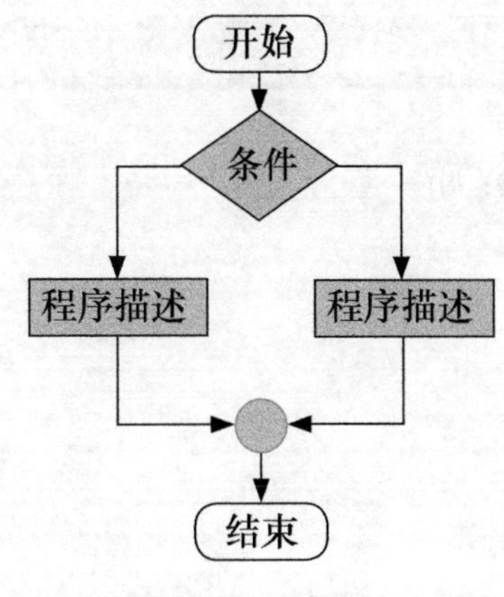

图4-2 分支结构

01 if 条件语句

if 条件语句是最简单的分支结构之一，语法如下，当判断条件（布尔表达式）为 True（真）时执行语句块，否则不执行。

```
if( 布尔表达式 ) {
语句块
}
```

范例 4.2-01 if条件语句（源码路径：ch04/4.2/4.2-01.py）

```
1. print(" 请根据提示进行操作。")
2. age = int(input(" 请输入男士的年龄："))
3. if age > 22:
4.     print(" 符合法定结婚年龄 ")
5. print(" 结束。")
```

【运行结果】

```
请根据提示进行操作。
请输入男士的年龄：33
符合法定结婚年龄
结束。
```

【范例分析】

（1）范例代码的第 2 行，通过键盘输入数字并转换成整数。

（2）范例代码的第 3 行，使用 if 条件语句，如果判断条件为真，执行 if 语句块第 4 行代码，否则直接执行第 5 行代码。

02 if... else 条件语句

if...else 条件语句的语法如下，当判断条件（布尔表达式）为真时执行语句块 1，否则执行语句块 2。

```
if( 布尔表达式 ) {
语句块 1
}else{
  语句块 2
}
```

范例 4.2-02 if…else条件语句（源码路径：ch04/4.2/4.2-02.py）

```
1. print(" 请根据提示进行操作。")
2. age = int(input(" 请输入男士的年龄："))
3. if age > 22:
4.     print(" 符合法定结婚年龄 ")
5. else:
6.     print(" 不符合法定结婚年龄 ")
7. print(" 结束。")
```

【运行结果】

```
请根据提示进行操作。
请输入男士的年龄：16
不符合法定结婚年龄
结束。
```

【范例分析】

（1）范例代码的第 2 行，通过键盘输入数字并转换成整数。

（2）范例代码的第 3 行，使用 if 条件语句，如果判断条件为真，执行 if 语句块第 4 行代码，否则执行 else 语句块第 6 行代码。

03 if…elif…else 条件语句

if…elif…else 条件语句的语法如下，当布尔表达式 1 为真时执行语句块 1，否则判断布尔表达式 2 是否为真，为真执行语句块 2，否则执行语句块 3。

```
if( 布尔表达式 1) {
语句块 1
}elif( 布尔表达式 2){
  语句块 2
}else{
  语句块 3
}
```

注意

根据需要 elif 可以使用多次，else 可以不使用。

范例 4.2-03 if…elif…else条件语句（源码路径：ch04/4.2/4.2-03.py）

```
1. print(" 请根据提示进行操作。")
2. age = int(input(" 请输入您的年龄："))
3. if age >= 18:
4.     print("adult")
5. elif age >= 6:
6.     print("teenager")
7. elif age >= 3:
8.     print("kid")
9. else:
10.     print("baby")
11. print(" 结束。")
```

【运行结果】

```
请根据提示进行操作。
请输入您的年龄：8
teenager
结束。
```

【范例分析】

（1）范例代码的第 2 行，通过键盘输入数字并转换成整数。

（2）范例代码的第 3 行，使用 if 条件语句，如果判断条件为真，执行 if 语句块第 4 行代码，否则执行第 5 行代码再次判断。如果判断条件为真，执行 elif 语句块第 6 行代码，否则执行第 7 行代码再次判断。如果 elif 条件都为假，执行 else 语句块第 10 行代码。注意 if…elif…else 结构一次只会执行一个语句块，从上往下判断，任何一个判断条件为真都会执行对应的语句块，然后 if…elif…else 结构结束。

4.3 循环结构与循环语句

4.2 节讲解了分支结构与判断语句，下面讲解循环结构与循环语句。

循环语句可以在满足循环条件的情况下，反复执行某一段代码，这段被重复执行的代码被称为循环体语句。当反复执行循环体时，需要在合适的时候把循环判断条件修改为 False，从而结束循环，否则循环将一直执行下去，形成死循环。循环结构如图 4-3 所示。

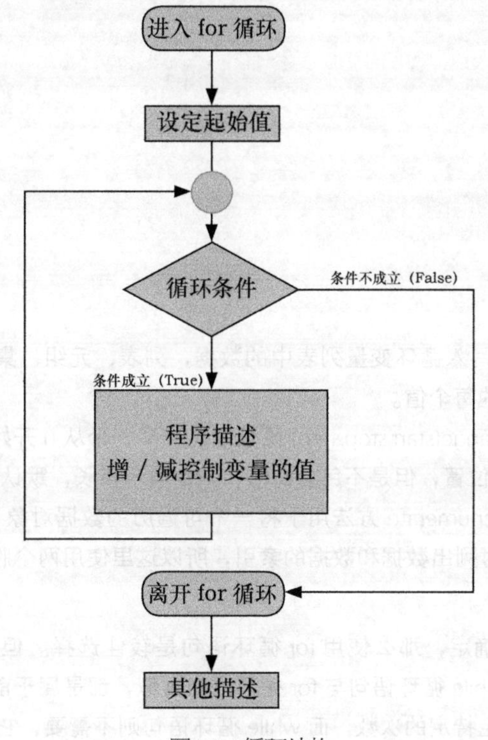

图4-3 循环结构

01 for 语句

for 语句是常用的循环语句，语法如下。每次循环获取可迭代对象序列里的下一个值，直到获取最后一个值；每次成功获取下一个值，就会执行语句块。如果无法获取下一个值，则程序结束。

```
for 临时变量 in 可迭代对象 :
    语句块
```

范例 4.3-01 for语句（源码路径：ch04/4.3/4.3-01.py）

```
1. for i in ["Python","Java","Php"]:
2.     print(i)
3.
4. for i in range(10):
5.     print(i)
6.
7. for index,value in enumerate(["Python","Java","Php"]):
8.     print(index,value)
```

【运行结果】

```
Python
Java
Php
0
1
2
3
4
5
6
7
8
9
0 Python
1 Java
2 Php
```

【范例分析】

（1）范例代码的第 1 行，写入循环变量列表中的数据，列表、元组、集合、字典都是可迭代对象，都可以使用 for 循环迭代获取其中的每个值。

（2）范例代码的第 4 行，range(start,stop,step) 函数默认产生一个从 0 开始的整数列表，start 表示整数的开始位置；stop 表示整数的结束位置，但是不包含此值；step 表示步长，默认值为 1。

（3）范例代码的第 7 行，enumerate 方法用于将一个可遍历的数据对象（如列表、元组或字符串等）组合为索引序列，使用 for 每次同时列出数据和数据的索引，所以这里使用两个临时变量来接收索引和数据值。

02 while 循环语句

如果所要执行的循环次数确定，那么使用 for 循环语句是较佳选择。但对于某些不确定次数的循环，while 循环语句就派上用场了。while 循环语句与 for 循环语句类似，都是属于前测试型循环。两者之间较明显的不同在于 for 循环语句需要给定特定的次数，而 while 循环语句则不需要，它只要在判断条件持续为 True 的情况下就能一直执行。

while 循环结构内的语句可以是一个语句或是多个语句形成的程序区块。在实际的 Python 语法中，while 关键字后面到冒号之前的条件表达式是用来判断是否执行循环的测试条件，语法格式如下。

```
初始化计数器的值
while 条件表达式：
    代码 1
    代码 2
    改变计数器的值
```

一般先初始化计数器的值，作为判断条件。如果条件表达式成立则执行循环体中的代码，执行完循环体中的代码后，继续判断条件表达式是否成立。如果成立则继续执行循环体中的代码，直到条件表达式不成立后退出循环，程序继续往下执行。

范例 4.3-02　while语句（源码路径：ch04/4.3/4.3-02.py）

```
1.  ls = ["Python", "Java", "Php"]
2.  # 初始化计数器
3.  i = 0
4.  length = len(ls)
5.  while i < length:
6.      print(i, ls[i])
7.      # 改变计数器
8.      i += 1
```

【运行结果】

```
0 Python
1 Java
2 Php
```

【范例分析】

（1）范例代码的第 3 行，初始化计数器为 0，因为列表索引是从 0 开始的。注意计数器要根据需要赋值，而不是每次都要赋值为 0。

（2）范例代码的第 5 行，循环判断条件，如果条件为真，执行 while 语句块中的内容，否则 while 循环结束。

（3）范例代码的第 8 行，改变计数器的值，否则可能会形成死循环。

03 break 和 continue 语句

“break”有中断的意思，break 语句主要用于跳出最近的 for、while 循环，并将控制权交给所在区块之外的下一行代码。也就是说，break 语句主要用于中断目前循环的执行。

范例 4.3-03　break语句（源码路径：ch04/4.3/4.3-03.py）

```
1.  for letter in "Hello,World": # 第一个实例
2.      if letter == "o":
3.          break
4.      print(" 当前字母为 :", letter)
5.
6.  var = 10  # 第二个实例
7.  while var > 0:
8.      print(" 当期变量值为：", var)
9.      var = var - 1
10.     if var == 5:
11.         break
12.
13. print("bye!")
```

【运行结果】

```
当前字母为：H
当前字母为：e
当前字母为：l
当前字母为：l
当期变量值为：10
当期变量值为：9
当期变量值为：8
当期变量值为：7
当期变量值为：6
bye!
```

【范例分析】

（1）如果第 2 行代码条件为真，则执行第 3 行代码 break 跳出循环，循环结束，直接执行第 6 行代码。

（2）如果第 10 行代码条件为真，则执行第 11 行代码 break 跳出循环，循环结束，直接执行第 13 行代码。

continue 语句则是指继续下一次循环。也就是说，如果想要终止的不是整个循环，而是想要在某个特定的条件下才终止某次循环就可使用 continue 语句。continue 语句只会直接略过当前循环中尚未执行的程序代码，并跳至循环区块的开头继续下一次循环，而不会离开循环。

范例 4.3-04　continue语句（源码路径：ch04/4.3/4.3-04.py）

```
1.  for letter in "Hello,World": # 第一个实例
2.     if letter == "o":
3.        continue
4.     print(" 当前字母为：", letter)
5.
6.  var = 10  # 第二个实例
7.  while var > 0:
8.     var = var - 1
9.     if var == 5:
10.       continue
11.    else:
12.       print(" 当期变量值为：", var)
13.
14. print("bye!")
```

【运行结果】

```
当前字母为：H
当前字母为：e
当前字母为：l
当前字母为：l
当前字母为：,
当前字母为：W
当前字母为：r
当前字母为：l
当前字母为：d
当期变量值为：9
当期变量值为：8
当期变量值为：7
当期变量值为：6
当期变量值为：4
```

```
当期变量值为：3
当期变量值为：2
当期变量值为：1
当期变量值为：0
bye!
```

【范例分析】

（1）如果第 2 行代码条件为真，则执行第 3 行代码 continue 结束本次循环进入下一次循环，所以循环继续执行，最后只有字母“o”没有被输出。

（2）如果第 9 行代码条件为真，则执行第 10 行代码 continue 结束本次循环进入下一次循环，所以循环继续执行，最后只有“5”没有被输出。

4.4 见招拆招

循环中再嵌套循环称为多重循环，常见的是双重循环。对于双重循环，外层循环循环一次，内层循环循环所有。

范例 4.4-01　使用双重循环输出九九乘法表（源码路径：ch04/4.4/4.4-01.py）

```
1. for i in range(1, 10):
2.     for j in range(1, i + 1):
3.         print(j, '*', i, '=', i * j, end="\t")
4.     print()
```

【运行结果】

```
1 * 1 = 1
1 * 2 = 2	2 * 2 = 4
1 * 3 = 3	2 * 3 = 6	3 * 3 = 9
1 * 4 = 4	2 * 4 = 8	3 * 4 = 12	4 * 4 = 16
1 * 5 = 5	2 * 5 = 10	3 * 5 = 15	4 * 5 = 20	5 * 5 = 25
1 * 6 = 6	2 * 6 = 12	3 * 6 = 18	4 * 6 = 24	5 * 6 = 30	6 * 6 = 36
1 * 7 = 7	2 * 7 = 14	3 * 7 = 21	4 * 7 = 28	5 * 7 = 35	6 * 7 = 42	7 * 7 = 49
1 * 8 = 8	2 * 8 = 16	3 * 8 = 24	4 * 8 = 32	5 * 8 = 40	6 * 8 = 48	7 * 8 = 56	8 * 8 = 64
1 * 9 = 9	2 * 9 = 18	3 * 9 = 27	4 * 9 = 36	5 * 9 = 45	6 * 9 = 54	7 * 9 = 63	8 * 9 = 72	9 * 9 = 81
```

【范例分析】

范例代码第 1 行的 for 循环中嵌套了范例代码第 2 行的 for 循环，这样就组成了双重循环。外层循环控制九九乘法表的行数，内层循环控制九九乘法表每行要输出的内容。

> **注意**
>
> break 和 continue 只能作用于最近所属的循环，并不会作用于外部其他循环。

4.5 实战演练

等额本息是指一种贷款的还款方式，指在还款期内，每月偿还同等数额的贷款（包括本金和利息）。等额本息和等额本金是不一样的概念，等额本金是指另一种贷款的还款方式，指在还款期内把贷款数总额等分，每月偿还同等数额的本金和剩余贷款在该月所产生的利息，由于每月的还款本金固定，而利息越来越少，因此借款人起初还款压力较大，但是随着时间的推移每月还款数额会越来越少。

编写一个 Python 程序，根据贷款年限、贷款金额和还款方式等，计算月供还款的流水数据。

4.6 本章小结

本章讲解程序的执行顺序——流程控制。首先讲解顺序结构，包括程序按照从上到下、从左到右的顺序依次执行；然后讲解学会选择——分支结构与判断语句，包括 if、if…else 和 if…elif…else 条件语句；最后讲解循环结构与循环语句，包括循环的两种方式 for 和 while，以及 break 和 continue 语句。

第 5 章

减少工作量的“大功臣”——函数

本章讲解减少工作量的“大功臣”——函数，包括输入与输出函数、认识内置函数、用户自定义函数等。

本章要点（已掌握的在方框中打钩）

□ 输入与输出函数
□ 认识内置函数
□ 用户自定义函数

5.1 输入与输出函数

内置函数 input 接收标准输入数据，用户可以通过控制台输入信息，当用户按【Enter】键后，输入信息将作为字符串返回，语法如下。

```
变量 = input(" 提示字符串 ")
```

范例 5.1-01 input（输入）（源码路径：ch05/5.1/5.1-01.py）

```
1. name = input(" 输入姓名：")
2. print(name,type(name))
3. age = input(" 输入年龄：")
4. print(age,type(age))
```

【运行结果】

```
输入姓名：张三
张三 <class 'str'>
输入年龄：22
22 <class 'str'>
```

【范例分析】

input 返回的是字符串信息，所以用户输入姓名和年龄后返回结果的类型都是字符串类型。用户可以根据需要进行数据类型的转换，比如使用 int(age) 将 age 转换成整数类型。

内置函数 print 用来输出指定的字符串或数值到标准输出设备，默认情况下是输出到屏幕，语法如下。

```
print( 内容 1[, 内容 2,..., sep= 分隔字符 , end= 结束字符 ])
```

sep 表示分隔字符，可以用来输出多项内容，内容之间必须以分隔字符分隔，默认的分隔字符为空格符。end 表示结束字符，是指在所有内容输出完毕后会自动加入的字符，系统的预设值为换行字符，即 n. 正因为是这样的预设值，当执行下一次的输出动作时才会输出到下一行。

范例 5.1-02 print（输出）（源码路径：ch05/5.1/5.1-02.py）

```
1. name = " 王美丽 "
2. age = 22
3. languages = [" 汉语 "," 英语 "," 法语 "]
4. print(" 个人信息如下：")
5. print(" 姓名：",name,", 年龄：",age)
6. print(" 掌握的语言：",end="")
7. for i in languages:
8.     print(i,end=" ")
```

【运行结果】

```
个人信息如下：
姓名： 王美丽 , 年龄： 22
掌握的语言：汉语 英语 法语
```

【范例分析】

（1）范例代码的第 4 行，print 将信息输出后，会自动换行。

（2）范例代码的第 6 行，print 将信息输出后，因为 end 设置为 ""，所以表示信息输出空字符串，不会再换行，与代码第 8 行的输出放在一行。

print 也支持格式化功能，主要是由 % 字符与其后面的参数来输出指定格式的变量或数值，语法如下。

```
print(" 内容 "%( 参数 ))
```

常用的格式化符号如表 5-1 所示。

表 5-1 常用的格式化符号

格式化符号	说明
%s	格式化字符串
%d	格式化整数
%u	格式化无符号整数
%o	格式化无符号八进制数
%x	格式化无符号十六进制数
%X	格式化无符号十六进制数（大写）
%f	格式化浮点数，可指定精度
%e	用科学记数法格式化浮点数
%E	作用同 %e，用科学记数法格式化浮点数
%g	格式化浮点数，根据值的大小采用 %e 或 %f
%G	格式化浮点数，类似于 %g
%p	用十六进制数格式化变量的地址

范例 5.1-03 格式化（源码路径：ch05/5.1/5.1-03.py）

```
1. name = " 王美丽 "
2. age = 22
3. score = 15.567
4. languages = [" 汉语 "," 英语 "," 法语 "]
5. print(" 个人信息如下：")
6. print(" 姓名：%s\n 年龄：%d\n 掌握的语言：%s\n 平均分：%0.2f"%(name,age,languages,score))
```

【运行结果】

```
个人信息如下：
姓名：王美丽
年龄：22
掌握的语言：[' 汉语 ',' 英语 ',' 法语 ']
平均分：15.57
```

【范例分析】

范例代码的第 6 行，使用了格式化符号，%s 表示格式化为字符串，%d 表示格式化为整数，%0.2f 表示格式化为保留 2 位小数的浮点数。注意参数与占位符的个数是一一对应的。

Python 除了使用 % 占位符的方式来格式化字符串之外，还提供了 format 方法来完成字符串的格式化。常用的 format 方法的参数如表 5-2 所示。

表 5-2 常用的 format 方法的参数

格式化符号	说明
{:.2f}	保留小数点后两位
{:+.2f}	带符号保留小数点后两位
{:.0f}	不带小数

续表

格式化符号	说明
{:0>2d}	数字补 0 (填充左边 , 宽度为 2)
{:x<4d}	数字补 x (填充右边 , 宽度为 4)
{:,}	以逗号分隔的数字格式
{:.2%}	百分比格式
{:.2e}	指数格式
{:>10d}	右对齐 (宽度为 10)
{:<10d}	左对齐 (宽度为 10)
{:^10d}	中间对齐 (宽度为 10)
{:b} {:d} {:o} {:x} {:#x} {:#X}	进制

范例 5.1-04　格式化（源码路径：ch05/5.1/5.1-04.py）

```
1.  print("{:.2f}".format(3.1415926))
2.  print("{:.2%}".format(0.75678))
3.  print("{:.2e}".format(12345678))
4.  print("{:>10d}".format(13))
5.  msg = "i am {}, age {}.".format("tom", 18)
6.  print(msg)
7.  msg = "i am {0}, age {1}, really {0}".format("tom", 18)
8.  print(msg)
9.  msg = "i am {name}, age {age}, really {name}".format(name="tom", age=18)
10. print(msg)
```

【运行结果】

```
3.14
75.68%
1.23e+07
        13
i am tom, age 18.
i am tom, age 18, really tom
i am tom, age 18, really tom
```

【范例分析】

（1）范例代码的第 1 行，表示保留 2 位小数。

（2）范例代码的第 2 行，表示用百分比格式保留 2 位小数。

（3）范例代码的第 3 行，表示用科学记数法保留 2 位小数。

（4）范例代码的第 4 行，表示右对齐总长度为 10，不足补空格。

（5）范例代码的第 5 行，表示多个参数一一对应。

（6）范例代码的第 7 行，表示多个参数时使用索引，相同的索引使用同一个参数值。

（7）范例代码的第 9 行，表示多个参数时使用键，相同的键使用同一个参数值。

5.2 认识内置函数

5.1 节讲解了输入与输出函数，下面讲解认识内置函数。

Python 解释器内置了很多函数，用户可以在任何时候不需要导入而直接使用它们，如表 5-3 所示。

表 5-3 内置函数

函数	函数	函数	函数	函数
abs	delattr	hash	memoryview	set
all	dict	help	min	setattr
any	dir	hex	next	slice
ascii	divmod	id	object	sorted
bin	enumerate	input	oct	staticmethod
bool	eval	int	open	str
breakpoint	exec	isinstance	ord	sum
bytearray	filter	issubclass	pow	super
bytes	float	iter	print	tuple
callable	format	len	property	type
chr	frozenset	list	range	vars
classmethod	getattr	locals	repr	zip
compile	globals	map	reversed	__import__
complex	hasattr	max	round	

范例 5.2-01 内置函数（源码路径：ch05/5.2/5.2-01.py）

```
1. # abs 函数：求绝对值
2. print('abs(45) 的值：', abs(45))
3. print('abs(-45) 的值：', abs(-45))
4. print('abs(45+23) 的值：', abs(45 + 23))
5.
6. # all 函数：判断是否全部为真
7. print(all(['a', 'b', 'c', '']))
8. print(all(['a', 'b', 'c', 'd']))
9. print(all([0, 1, 2, 3, 4, 5, 6]))
10.
11. # any 函数：判断是否全部为假
12. print(any(['a', 'b', 'c', '']))
13. print(any(['a', 'b', 'c', 'd']))
14. print(any([0, '', False]))
15.
16. # eval 函数：执行字符串表达式
17. x = 10
18. print(eval('3*x'))
19. print(eval('pow(2,2)'))
20. print(eval('3+5'))
21.
22. # max 函数：求最大值
23. print("max(80, 100, 1000) : ", max(80, 100, 1000))
```

```
24. print("max(-20, 100, 400) : ", max(-20, 100, 400))
25. print("max(-80, -20, -10) : ", max(-80, -20, -10))
26. print("max(0, 100, -400) : ", max(0, 100, -400))
```

【运行结果】

```
abs(45) 的值：45
abs(-45) 的值：45
abs(45+23) 的值：68
False
True
False
True
True
False
30
4
8
max(80, 100, 1000) :  1000
max(-20, 100, 400) :  400
max(-80, -20, -10) :  -10
max(0, 100, -400) :  100
```

【范例分析】

（1）abs 函数用于返回数值的绝对值。

（2）all 函数用于判断给定的可迭代参数中的所有元素是否都为真，如果是返回 True，否则返回 False。元素除了是 0、空格、False 外都算为真。

（3）any 函数用于判断给定的可迭代参数中的所有元素是否全部为假，如果是返回 False，如果有一个为真，则返回 True。

（4）eval 函数用于执行字符串表达式，并返回表达式的值。

（5）max 函数用于返回给定参数的最大值，参数可以为序列。

▶5.3 用户自定义函数

5.2 节讲解了认识内置函数，下面讲解用户自定义函数。

函数是组织好的、可重复使用的、用来实现单一或相关联功能的代码片段。

函数能提高应用的模块性和代码的重复利用率。目前已经知道 Python 提供了许多内置函数，比如 print。但用户也可以自己创建函数，这被叫作用户自定义函数。

根据函数的参数和返回值，函数可以被分为 4 种类型。

（1）无参无返。

```
def 函数名 ():
    函数体
```

（2）无参有返。

```
def 函数名 ():
函数体
return 返回值
```

（3）有参无返。

```
def 函数名 ( 参数 1, 参数 2…):
函数体
```

（4）有参有返。

```
def 函数名 ( 参数 1, 参数 2…):
函数体
return 返回值
```

函数名必须遵循标识符的命名规则：由数字、字母、下画线组成，并且不能以数字开头，不能使用关键字。函数需要先定义后调用。函数不调用是不能运行的。函数可以多次调用。

return 关键字在函数体结尾处使用，表示函数结束并返回结果。如果单独使用 return 或函数中没有 return，表示函数结束并返回 None。

范例 5.3-01 函数的4种类型（源码路径：ch05/5.3/5.3-01.py）

```
1.  def f1():
2.      for i in range(1, 11):
3.          print(i, "hello")
4.
5.
6.  def f2():
7.      num = 0
8.      for i in range(1, 11):
9.          num += i
10.     return num
11.
12.
13. def f3(a, b):
14.     ret = a + b
15.     print(ret)
16.
17.
18. def f4(a, b):
19.     ret = a + b
20.     return ret
21.
22.
23. if __name__ == "__main__":
24.     f1()
25.     print(f2())
26.     f3(1, 2)
27.     print(f4(1,2))
```

【运行结果】

```
1 hello
2 hello
3 hello
4 hello
5 hello
6 hello
7 hello
8 hello
```

```
9 hello
10 hello
55
3
3
```

【范例分析】

（1）范例代码的第 1~3 行，定义无参无返函数 f1，此时函数只是定义还没有运行，在范例代码的第 24 行调用函数 f1，运行函数体中的代码。

（2）范例代码的第 6~10 行，定义无参有返函数 f2，此时函数只是定义还没有运行，在范例代码的第 25 行调用函数 f2，运行函数体中的代码，返回结果并输出。

（3）范例代码的第 13~15 行，定义有参无返函数 f3，此时函数只是定义还没有运行，在范例代码的第 26 行调用函数 f3，传入参数的对应值，运行函数体中的代码。

（4）范例代码的第 18~20 行，定义有参有返函数 f4，此时函数只是定义还没有运行，在范例代码的第 27 行调用函数 f4，传入参数的对应值，运行函数体中的代码，返回结果并输出。

5.4 实战演练

有一对兔子，从出生后第三个月起每个月都生一对兔子，小兔子长到第三个月后每个月又生一对兔子，假如兔子都不死，问每个月的兔子总数为多少?

5.5 本章小结

本章讲解减少工作量的“大功臣”——函数。首先讲解了输入和输出函数，包括使用内置函数 input 完成输入，使用内置函数 print 完成输出和使用格式化参数完成字符串的格式化；然后讲解了认识内置函数，包括常见的内置函数的使用；最后讲解了用户自定义函数，根据参数和返回值的不同将自定义函数分为 4 种，这里讲解了 4 种函数的定义和使用。

第 6 章

Python 核心——面向对象

本章讲解 Python 核心——面向对象，包括理解面向对象编程、类与实例、构造函数、类的属性与内置属性、类的方法与内置方法、继承、重载、多态、封装、元类与新式类、垃圾回收等。

本章要点（已掌握的在方框中打钩）

- □ 理解面向对象编程
- □ 抽象与具体：类与实例
- □ 构造函数
- □ 类的属性与内置属性
- □ 类的方法与内置方法
- □ 继承
- □ 重载
- □ 多态
- □ 封装
- □ 元类与新式类
- □ 垃圾回收

6.1 理解面向对象编程

在面向对象编程中，一切都是对象，那么对象是什么？具有相同或相似性质的一组对象的抽象是类，类是对一类事物的描述，是抽象的、概念上的定义；对象是实际存在的该类事物的个体，因而也被称为实例。

对象的抽象化是类，类的具体化就是对象，也可以说类的实例是对象。类用于描述一系列对象，类概述每个对象应包括的数据以及每个对象的行为特征。因此，可以把类理解成某种概念、定义，它规定了某类对象所共同具有的数据和行为特征。例如，可以把猫、狗等动物看成动物类，猫、狗等动物就是这个类的对象，对象有自己的属性和行为。动物的品种、颜色等都是动物的属性，动物的奔跑、叫等都是动物的行为。概括地讲，面向对象编程是一种从组织结构上模拟客观世界的方法。

6.2 抽象与具体：类与实例

6.1 节讲解了面向对象编程，下面讲解抽象与具体：类与实例。

环顾周围，读者会发现很多对象，比如桌子、椅子、同学、老师等。桌椅属于办公用品，师生都是人类。那么什么是类呢？什么是实例对象呢？

类是一组相关属性和行为的集合，可以将其看成一类事物的模板，我们可以使用事物的属性和行为来描述该类事物。

现实中，一类事物的属性就是该事物的状态信息，一类事物的行为就是该事物能够做什么。举一个例子，使用类描述小猫。小猫的属性有名字、体重、年龄、颜色等，小猫的行为有走、跑、叫等。

实例对象是一类事物的具体体现。对象是类的实例，必然具备该类事物的属性和行为。举一个例子，小猫类的一个实例，张三家的那只小猫的属性有 tom、5kg、2 years、yellow 等，行为有沿着墙根走、蹦跶着跑、喵喵叫等。

类与实例对象的关系是抽象和具体的关系，猫的抽象和具体如图 6-1 所示。

（1）类是对一类事物的描述，是抽象的。

（2）对象是一类事物的实例，是具体的。

（3）类是对象的模板，对象是类的实体。

图6-1　猫的抽象和具体

6.3 构造函数

6.2 节讲解了抽象与具体：类与实例，下面讲解构造函数。

使用类创建对象的时候会自动调用构造函数，构造函数是一种特殊的方法，与普通方法的区别是构造函数专门用于根据类创建类的实例对象，其也可以理解为初始化对象的一种手段。每当创建对象的时候，就会调用构造函数，如果是无参构造函数，那么创建的对象就是空对象，没有任何初始值。而如果自定义有参数的构造函数，并且在构造器中为对象的属性赋值的话，创建对象的时候，就会同时为创建的对象的属性赋值。

Python 中的构造函数是 __init__ 函数，每次创建对象时，__init__ 都会被优先执行。

范例 6.3-01　未使用构造函数__init__（源码路径：ch06/6.3/6.3-01.py）

```
1.  class Cat:
2.      def run(self):
3.          print(" 奔跑 ")
4.
5.      def miao(self):
6.          print(" 喵喵 ")
7.
8.
9.  if __name__ == '__main__':
10.     cat1 = Cat()
11.     cat1.run()
12.     cat1.miao()
13.
14.     cat2 = Cat()
15.     cat2.run()
16.     cat2.miao()
```

【运行结果】

```
奔跑
喵喵
奔跑
喵喵
```

【范例分析】

（1）范例代码的第 1~6 行，创建 Cat 类，有两个方法 run 和 miao。

（2）范例代码的第 10 行，创建 Cat 类的实例对象 cat1，因为 Cat 类中没有定义构造函数，所以此时 Cat 类是没有自定义的属性的。

（3）范例代码的第 11~12 行，通过实例对象 . 实例方法的形式调用实例对象的方法。

范例 6.3-02　使用构造函数__init__（源码路径：ch06/6.3/6.3-02.py）

```
1.  class Cat:
2.      def __init__(self, name, weight, age, color):
3.          self.name = name
4.          self.weight = weight
5.          self.age = age
6.          self.color = color
7.
8.      def run(self):
9.          print(self.name," 奔跑 ")
10.
```

```
11.     def miao(self):
12.         print(self.name," 喵喵 ")
13.
14.
15. if __name__ == '__main__':
16.     cat1 = Cat("tom",5,2,"yellow")
17.     cat1.run()
18.     cat1.miao()
19.
20.     cat2 = Cat("jack",2,1,"white")
21.     cat2.run()
22.     cat2.miao()
```

【运行结果】

```
tom 奔跑
tom 喵喵
jack 奔跑
jack 喵喵
```

【范例分析】

（1）范例代码的第 2~6 行，定义 Cat 类的构造函数，并初始化 4 个属性，构造函数只有在创建对象的时候才会被调用。

（2）范例代码的第 16 行，Cat("tom",5,2,"yellow") 创建 Cat 类的实例对象，因为 Cat 类中已经定义构造函数，所以先调用构造函数，将 "tom",5,2,"yellow"4 个值传给 name、weight、age、color。这里 self 会自动赋值，表示当前创建的对象，不需要用户再赋值。通过 self. 属性名 = 值的形式完成对象属性的设置。将创建好的对象 Cat("tom",5,2,"yellow") 赋值给变量 cat1，这里称 cat1 是 Cat 的实例对象。

（3）范例代码的第 17 行，通过实例对象，实例方法的形式调用实例对象的方法，在方法执行中，self.name 表示获取当前对象的属性 name，这里完成了属性的获取。

6.4 类的属性与内置属性

6.3 节讲解了构造函数，下面讲解类的属性和内置属性。

类的属性按使用范围可分为公有属性和私有属性。公有属性是在类中和类外都能调用的属性。私有属性是不能在类外及被类以外的调用的，以双下画线开始的变量就是私有属性。

范例 6.4-01 类的属性（源码路径：ch06/6.4/6.4-01.py）

```
1.  class People(object):
2.      color = "yellow"
3.      __age = 30
4.
5.      def think(self):
6.          self.color = "black"
7.          print("I am a %s" % self.color)
8.          print(self.__age)
9.
10.
```

```
11. if __name__ == '__main__':
12.     ren = People()
13.     print(ren)
14.     print(ren.color)
15.     ren.think()
```

【运行结果】

```
<__main__.People object at 0x103910c90>
yellow
I am a black
30
```

【范例分析】

（1）范例代码的第 2 行，创建公有属性 color，在类的内部，实例对象和类对象能访问，在类的外部也能访问。

（2）范例代码的第 3 行，创建私有属性 __age，只能在类的内部使用实例对象 self 或类对象访问。如果在类的外部访问，使用 ren.__age 会报错：AttributeError:'People' object has no attribute '__age'。

类还有内置属性，是系统在定义类的时候默认添加的，其名称包含前后双下画线，比如 __dict__、__class__ 和 __doc__ 等。

范例 6.4-02 内置属性（源码路径：ch06/6.4/6.4-02.py）

```
1. class Test(object):
2.     """ 描述类信息，这是一个测试类 """
3.
4.     def fun(self):
5.         pass
6.
7.
8. print(Test.__doc__)
9.
10.
11. class Person(object):
12.     def __init__(self):
13.         self.name = "xiaoli"
14.
15.
16. p = Person()
17. print(p.__module__)
18. print(p.__class__)
19.
20.
21. class Province(object):
22.     country = "China"
23.
24.     def __init__(self, name, count):
25.         self.name = name
26.         self.count = count
27.
```

```
28.     def func(self, *args, **kwargs):
29.         print("func")
30.
31.
32. print(Province.__dict__)
33.
34. obj1 = Province(" 山东 ", 10000)
35.
36. print(obj1.__dict__)
```

【运行结果】

```
描述类信息，这是一个测试类
__main__
<class '__main__.Person'>
{'__module__': '__main__', 'country': 'China', '__init__': <function Province.__init__ at 0x11378b7a0>, 'func': <function Province.func at 0x11378b830>, '__dict__': <attribute '__dict__' of 'Province' objects>, '__weakref__': <attribute '__weakref__' of 'Province' objects>, '__doc__': None}
{'name': ' 山东 ', 'count': 10000}
```

【范例分析】

（1）范例代码的第 8 行，__doc__ 表示类的描述信息，也就是注释信息。

（2）范例代码的第 17 和第 18 行，__module__ 表示当前操作的对象在哪个模块，__class__ 表示当前操作的对象在哪个类。

（3）范例代码的第 32 和第 36 行，__dict__ 表示类或对象中的所有属性，类的实例属性属于对象，类中的类属性和方法等属于类。

6.5 类的方法与内置方法

6.4 节讲解了类的属性和内置属性，下面讲解类的方法和内置方法。

类的方法按使用范围可分为公有方法和私有方法。公有方法是在类中和类外都能调用的方法。私有方法是不能在类外及被其他类调用，以双下画线开始的方法就是私有方法。

范例 6.5-01 公有和私有方法（源码路径：ch06/6.5/6.5-01.py）

```
1.  class Book:
2.      def __init__(self, name, author, price):
3.          self.name = name
4.          self.author = author
5.          self.price = price
6.
7.      def __check_name(self):
8.          if self.name == '':
9.              return False
10.         else:
11.             return True
12.
13.     def get_name(self):
14.         if self.__check_name():
```

```
15.         print(self.name, self.author)
16.     else:
17.         print('No value')
18.
19.
20. if __name__ == '__main__':
21.     b = Book('python', ' 张三 ', 88)
22.     b.get_name()
23.     # b.__check_name()
```

【运行结果】

```
python 张三
```

【范例分析】

（1）范例代码的第 7 行，创建私有方法 __check_name，只能在类的内部使用实例对象 self 访问。如果在类的外部访问，使用 b.__check_name 会报错：AttributeError:'People' object has no attribute '__age'。

（2）范例代码的第 13 行，创建公有方法 get_name，在类的内部实例对象能访问，在类的外部也能访问。

类还有内置方法，是系统在定义类的时候默认添加的，其名称包含前后双下画线，比如 __init__、__del__ 和 __call__ 等。

范例 6.5-02　内置方法（源码路径：ch06/6.5/6.5-02.py）

```
1. class Person2(object):
2.     def __init__(self, name):
3.         self.name = name
4.         self.age = 19
5.
6.
7. pp = Person2("xiaobai")
8.
9.
10. class Foo(object):
11.     def __del__(self):
12.         pass
13.
14.
15. f = Foo()
16.
17.
18. class Foo2(object):
19.     def __init__(self):
20.         print("__init__")
21.
22.     def __call__(self, *args, **kwargs):
23.         print("__call__")
24.
25.
26. ff = Foo2()
```

```
27. ff()
28.
29.
30. class Test2(object):
31.     def __str__(self):
32.         return "str"
33.
34.
35. t = Test2()
36. print(t)
37.
38.
39. class Test3(object):
40.     def __getitem__(self, item):
41.         print("getitem", item)
42.
43.     def __setitem__(self, key, value):
44.         print("setitem key = ", key, " value = ", value)
45.
46.     def __delitem__(self, key):
47.         print("delitem", key)
48.
49.
50. t = Test3()
51. result = t["k1"]
52. t["k2"] = "xiaolan"
53. del t["k1"]
```

【运行结果】

```
__init__
__call__
str
getitem k1
setitem key =  k2  value =  xiaolan
delitem k1
```

【范例分析】

（1）范例代码的第 2 行，__init__ 表示初始化方法，通过类创建对象时会自动触发执行。

（2）范例代码的第 11 行，__del__ 表示当对象在内存中被释放时会自动触发执行，此方法一般无须定义，__del__ 的调用是由解释器在进行垃圾回收时自动触发执行的。

（3）范例代码的第 22 行，__call__ 表示对象后面加括号的时候执行，__init__ 方法的执行是由创建对象触发的，即对象 = 类名 ()，而 __call__ 方法的执行则是由对象后加括号触发的，即对象 () 或类 ()()。

（4）范例代码的第 31 行，__str__ 表示如果一个类中定义了 __str__ 方法，那么在输出对象时，默认输出该方法的返回值。

（5）范例代码的第 40 行，获取属性，自动触发执行 __getitem__；范例代码的第 43 行，设置属性，自动触发执行 __setitem__；范例代码的第 46 行，删除属性，自动触发执行 __delitem__。__getitem__、__setitem__ 和 __delitem__ 分别用于获取、设置、删除属性。

6.6 继承

面向对象编程语言的一个主要功能就是“继承”。生活中的继承一般指的是子女继承父辈的财产。代码中的继承是指这样一种能力：子类可以使用现有类的所有功能，并可在无须重新编写原来的类的情况下对这些功能进行扩展。

通过继承创建的新类称为子类或派生类，被继承的类称为基类、父类或超类，继承的过程，就是从一般到特殊的过程。在 Python 语言中，一个子类可以继承自多个父类，继承图示如图 6-2 所示。

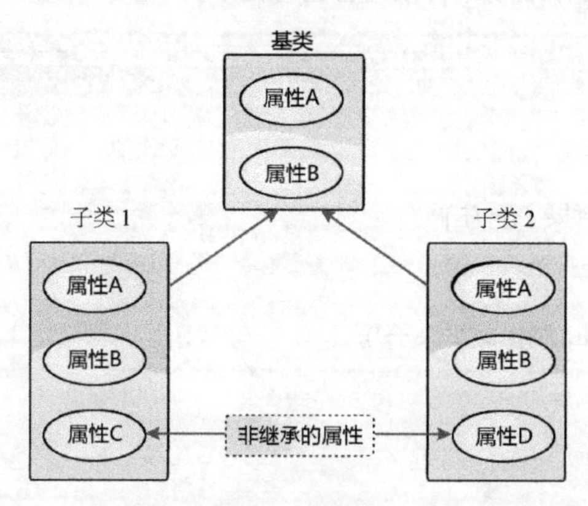

图6-2 继承图示

01 单继承

例如，一个制作煎饼果子的老师傅，在“煎饼果子界”摸爬滚打多年，研发了一套精湛的制作煎饼果子的技术。老师傅要把这套技术传授给他唯一的徒弟（daqiu）。

范例 6.6-01 单继承（源码路径：ch06/6.6/6.6-01.py）

```
1. class Master(object):
2.     def __init__(self):
3.         self.kongfu = '[ 古法煎饼果子配方 ]'
4.
5.     def make_cake(self):
6.         print(f' 运用 {self.kongfu} 制作煎饼果子 ')
7.
8.
9. class Prentice(Master):
10.     pass
11.
12.
13. daqiu = Prentice()
14  print(daqiu.kongfu)
15. daqiu.make_cake()
```

【运行结果】

```
[ 古法煎饼果子配方 ]
运用 [ 古法煎饼果子配方 ] 制作煎饼果子
```

【范例分析】

（1）范例代码的第 1 行，定义类 Master，其继承自 object，Python 中所有的类都直接或间接继承自

object。

（2）范例代码的第 9 行，定义类 Prentice，其继承自 Master，内部使用 pass，表示没有定义其他的属性或方法。

（3）范例代码的第 13 行，创建 Prentice 对象，然后在第 14 行调用 kongfu 属性，在第 15 行调用 make_cake 方法，kongfu 和 make_cake 都是通过继承获取的。

02 多继承

多年后，daqiu 老了，想要把所有技术传授给自己的徒弟。

范例 6.6-02 多继承（源码路径：ch06/6.6/6.6-02.py）

```
1. class Master(object):
2.     def __init__(self):
3.         self.kongfu = '[ 古法煎饼果子配方 ]'
4.
5.     def make_cake(self):
6.         print(f' 运用 {self.kongfu} 制作煎饼果子 ')
7.
8.
9. class School(object):
10.     def __init__(self):
11.         self.kongfu = '[ 社会大学煎饼果子配方 ]'
12.
13.     def make_cake(self):
14.         print(f' 运用 {self.kongfu} 制作煎饼果子 ')
15.
16.
17. class Prentice(School, Master):
18.     pass
19.
20.
21. daqiu = Prentice()
22. print(daqiu.kongfu)
23. daqiu.make_cake()
```

【运行结果】

```
[ 社会大学煎饼果子配方 ]
运用 [ 社会大学煎饼果子配方 ] 制作煎饼果子
```

【范例分析】

（1）范例代码的第 17 行，定义类 Prentice，其继承自 School 和 Master 两个父类，属于多继承。

（2）范例代码的第 21 行，创建 Prentice 对象，然后在第 22 行调用 kongfu 属性，在第 23 行调用 make_cake 方法，kongfu 和 make_cake 都是通过继承获取的。通过运行结果可以看出，如果一个类继承自多个父类，则优先继承第一个父类的同名属性和方法。

6.7 重载

重载是指对继承的父类方法进行重新定义。重载不仅可以重新定义方法，还可以重新定义运算符。因为经过继承的类不一定能满足当前类的需求。用户可以在当前类中只修改部分内容，以满足自己的需求。

daqiu 掌握了老师傅传授的技术后，潜心钻研出一套全新的、配方独特的制作煎饼果子的技术。

范例 6.7-01 重载（源码路径：ch06/6.7/6.7-01.py）

```
1.  class Master(object):
2.      def __init__(self):
3.          self.kongfu = '[ 古法煎饼果子配方 ]'
4.
5.      def make_cake(self):
6.          print(f' 运用 {self.kongfu} 制作煎饼果子 ')
7.
8.
9.  class School(object):
10.     def __init__(self):
11.         self.kongfu = '[ 社会大学煎饼果子配方 ]'
12.
13.     def make_cake(self):
14.         print(f' 运用 {self.kongfu} 制作煎饼果子 ')
15.
16.
17. class Prentice(School, Master):
18.     def __init__(self):
19.         self.kongfu = '[ 独创煎饼果子技术 ]'
20.
21.     def make_cake(self):
22.         print(f' 运用 {self.kongfu} 制作煎饼果子 ')
23.
24.
25. daqiu = Prentice()
26. print(daqiu.kongfu)
27. daqiu.make_cake()
```

【运行结果】

```
[ 独创煎饼果子技术 ]
运用 [ 独创煎饼果子技术 ] 制作煎饼果子
```

【范例分析】

（1）范例代码的第 17 行，Prentice 继承自 School 和 Master，School 和 Master 作为父类定义了 kongfu 属性和 make_cake 方法，Prentice 作为子类也定义了 kongfu 属性和 make_cake 方法。

（2）范例代码的第 25 行，创建 Prentice 对象，然后在第 26 行调用 kongfu 属性，在第 27 行调用 make_cake 方法。通过运行结果可以看出，如果子类和父类拥有同名属性和方法，则子类创建对象调用属性和方法的时候，调用的是子类里面的同名属性和方法，重写了父类的同名属性和方法。

▶6.8 多态

多态指的是一类事物有多种形态，一个抽象类有多个子类，因而多态的概念依赖于继承。

多态是一种使用对象的方式，子类重写父类方法，调用不同子类对象的相同父类方法，可以产生不同的运行结果。多态的好处是调用灵活，有了多态，更容易编写出通用的代码，开发出通用的程序，以适应需求的不断变化。

实现步骤：定义父类，并提供公共方法；定义子类，并重写父类方法；传递子类对象给调用者，可以看到不同子类的运行效果不同。

范例 6.8-01　多态（源码路径：ch06/6.8/6.8-01.py）

```
1.  class Dog(object):
2.      def work(self):
3.          pass
4.
5.
6.  class ArmyDog(Dog):
7.      def work(self):
8.          print(' 追击敌人 ...')
9.
10.
11.  class DrugDog(Dog):
12.      def work(self):
13.          print(' 追查违禁品 ...')
14.
15.
16.  class Person(object):
17.      def work_with_dog(self, dog):
18.          dog.work()
19.
20.
21.  ad = ArmyDog()
22.  dd = DrugDog()
23.
24.  daqiu = Person()
25.  daqiu.work_with_dog(ad)
26.  daqiu.work_with_dog(dd)
```

【运行结果】

```
追击敌人 ...
追查违禁品 ...
```

【范例分析】

（1）范例代码的第 1 行，定义父类 Dog，提供公共方法 work。

（2）范例代码的第 6 行，定义子类 ArmyDog，其继承自父类 Dog，重写父类方法 work。

（3）范例代码的第 11 行，定义子类 DrugDog，其继承自父类 Dog，重写父类方法 work。

（4）范例代码的第 16~18 行，在 Person 中的方法 work_with_dog 的参数为 dog，在方法内部调用 dog.work 方法。

（5）范例代码的第 21 和第 22 行，创建 ArmyDog 的对象 ad 和 DrugDog 的对象 dd。

（6）范例代码的第 25 和第 26 行，调用方法 work_with_dog，通过运行结果可以看出，传入 ad 和 dd 输出不同的结果，父类作为参数，传入不同的子类对象可以得到不同的结果。

▶6.9 封装

封装是指将类中的一些功能与属性隐藏，不让外界直接访问（或间接访问），能对外隐藏类中一些属性与方法的实现细节，让内部的属性与方法具有安全保障。

范例 6.9-01 封装（源码路径：ch06/6.9/6.9-01.py）

```
1.  class Student(object):
2.      def __init__(self, name, num, age, sex):
3.          self.__name = name
4.          self.__num = num
5.          self.__age = age
6.          self.__sex = sex
7.
8.      def print_std(self):
9.          print('name:%s\nstunum:%d\nage:%d\nsex:%s\n' % (self.__name, self.__num, self.__age, self.__sex))
10.
11.     def attclass(self):
12.         if self.__num > 0 and self.__num <= 50:
13.             print('class one')
14.         elif self.__num > 50 and self.__num <= 100:
15.             print('class two')
16.         else:
17.             print('class three')
18.
19.
20. tom = Student('tom', 65, 20, 'boy')
21. tom.num = 20
22. tom.print_std()
23. tom.attclass()
24. # print(tom.__name)
```

【运行结果】

```
name:tom
stunum:65
age:20
sex:boy

class two
```

【范例分析】

（1）范例代码的第 3~6 行定义 4 个私有变量，要让内部属性不被外部访问，可以在属性的名称前加上双下画线 __。在 Python 中，实例的变量名如果以 __ 开头，就变成私有变量。

（2）范例代码的第 21 行，新增一个属性 num，但并不是修改私有变量 num。

（3）范例代码的第 22 行，调用 print_std，在类的内部可以访问私有变量。

（4）范例代码的第 24 行，如果在类的外部调用私有变量 name，则会报错：AttributeError：'Student' object has no attribute '__name'。

6.10 元类与新式类

新式类在创建的时候继承自内置对象（或者是继承内置类型，如 list、dict 等），而经典类是直接声明的。

讲解元类之前，我们先回顾一下 Python 中的面向对象和类。

面向对象这种编程思想被大家所熟知，它是把对象作为程序的基本单元，把数据和功能封装在里面，能够实现很好的复用性、灵活性和扩展性。

面向对象中有两个基本概念：类和对象。类是描述如何创建一个对象的代码片段，用来描述具有相同属性和方法的对象的集合，它定义了该集合中每个对象所共有的属性和方法，对象是类的实例。

```
In : class ObjectCreator(object):
...:     pass
...:
In : my_object = ObjectCreator()
In : my_object
```

而 Python 中的类并不仅限于此。

```
In : print(ObjectCreator)
<class '__main__.ObjectCreator'>
```

ObjectCreator 可以被输出，所以它的类也是对象！既然类是对象，那就能动态地创建它们，就像创建任何其他对象那样。在日常工作中有时就会有动态创建类的需求，比如在 mock（模拟）数据的时候，有一个 func 接收参数。

```
In : def func(instance):
...:     print(instance.a, instance.b)
...:     print(instance.method_a(10))
...:
```

正常使用时传入的 instance 是符合需求的（有 a、b 属性和 method_a 方法），但是当想单独调试 func 的时候，则需要“创造”一个。假如不用元类，应该这样写。

```
In : def generate_cls(a, b):
...:     class Fake(object):
...:         def method_a(self, n):
...:             return n
...:     Fake.a = a
...:     Fake.b = b
...:     return Fake
...:
In : ins = generate_cls(1, 2)()
In : ins.a, ins.b, ins.method_a(10)
Out: (1, 2, 10)
```

但是这不算是动态创建的——类名（Fake）不方便改变。要创建的类需要的属性和方法越多，就要对应地增加越多的代码，不灵活。

```
In : def method_a(self, n):
...:     return n
...:
In : ins = type('Fake', (), {'a': 1, 'b': 2, 'method_a': method_a})()
In : ins.a, ins.b, ins.method_a(10)
Out: (1, 2, 10)
```

到了这里，列出了 type 方法，它能让用户了解对象的类型。

```
In : type(1)
Out: int
In : type('1')
Out: str
In : type(ObjectCreator)
Out: type
In : type(ObjectCreator())
```

```
Out: __main__.ObjectCreator
```

另外，type 如前文所述还可以动态地创建类：type 可以把对于类的描述作为参数，并返回一个类。用来创建类的工具就是元类，如图 6-3 所示。

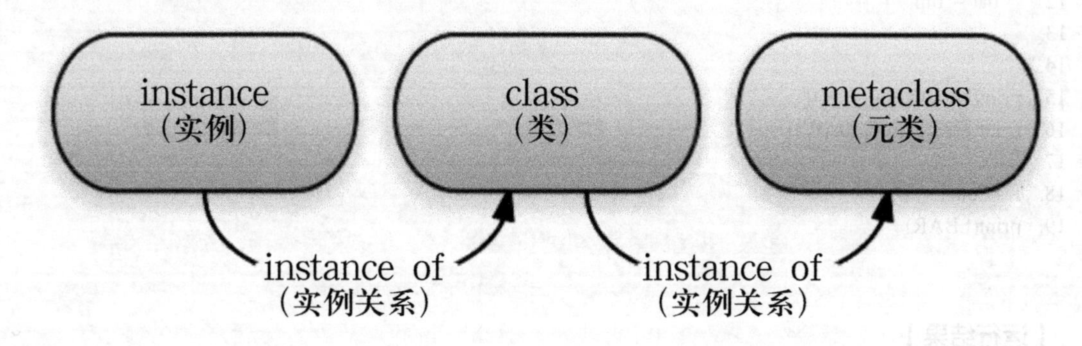

图6-3 元类

这种用法就是由于 type 实际上是一个元类，作为元类的 type 在 Python 中被用于在后台创建所有的类。

```
MyClass = type('MyClass', (), {})
```

在 Python 中有个说法："Everything is an object"。整数、字符串、函数和类等都是对象。以下这些都是由一个类创建的。

```
In : age = 35
In : age.__class__
Out: int
In : name = 'bob'
In : name.__class__
Out: str
...
```

现在，任何 __class__ 中的特定 __class__ 是什么？

```
In : age.__class__.__class__
Out: type
In : name.__class__.__class__
Out: type
...
```

也可以把 type 称为类工厂，type 是 Python 中的内建元类，当然，用户也可以自行创建元类。

范例 6.10-01 元类（源码路径：ch06/6.10/6.10-01.py）

```
1. class UpperAttrMetaClass(type):
2.     def __new__(cls, future_class_name, future_class_parents, future_class_attr):
3.         newAttr = {}
4.         for name, value in future_class_attr.items():
5.             if not name.startswith("__"):
6.                 newAttr[name.upper()] = value
7.
8.         return super(UpperAttrMetaClass, cls).__new__(cls, future_class_name, future_class_parents, newAttr)
```

```
9.
10.
11. class Foo(object, metaclass=UpperAttrMetaClass):
12.     bar = 'bip'
13.
14.
15. print(hasattr(Foo, 'bar'))
16. print(hasattr(Foo, 'BAR'))
17.
18. f = Foo()
19. print(f.BAR)
```

【运行结果】

```
False
True
bip
```

【范例分析】

（1）范例代码的第 1 行，定义 UpperAttrMetaClass，继承自 type，相当于自定义元类。

（2）范例代码的第 2 行，对象创建的时候先调用 __new__ 方法，内部逻辑实现如果不是以 __ 开头的属性，则将属性名修改成大写。

（3）范例代码的第 8 行，调用父类 type 的方法，完成类的创建。

（4）范例代码的第 11~12 行，定义类 Foo，指定元类为 UpperAttrMetaClass，这样在创建类 Foo 的时候，将小写的属性 bar 修改为大写的 BAR。

▶6.11 垃圾回收

现在的高级语言如Java、C#等，都采用了垃圾回收机制，而不再是C、C++里用户自己管理内存的方式。自己管理内存较为自由，可以任意申请内存，但这如同一把双刃剑，为内存泄露，悬空指针等缺陷或漏洞（bug）埋下隐患。

对于一个字符串、列表、类甚至数值等都是对象，且定位简单、易用的语言，自然不会让用户去处理如何分配和回收内存的问题。Python 也同 Java 一样采用了垃圾回收机制，不过不一样的是，Python 采用的是以引用计数机制为主、标记–清除和分代回收两种机制为辅的策略。

先讲解引用计数机制，Python 里的每一个东西都是对象，它们的核心就是结构体。

```
typedef struct_object {
    int ob_refcnt;
    struct_typeobject *ob_type;
} PyObject;
```

PyObject 是每个对象必有的内容，其中 ob_refcnt 被作为引用计数。当一个对象有新的引用时，它的 ob_refcnt 就会增加；当引用它的对象被删除时，它的 ob_refcnt 就会减少；当引用计数为 0 时，该对象的“生命”就结束了。

01 引用计数机制的优点

（1）简单。

（2）实时。一旦没有引用，内存就直接被释放，不用像其他机制需等到特定时机。实时还带来一个好处，即处理回收内存的时间被分摊。

02 引用计数机制的缺点

（1）维护引用计数会消耗资源。

（2）循环引用。

```
list1 = []
list2 = []
list1.append(list2)
list2.append(list1)
```

list1 与 list2 相互引用，如果不存在其他对象对它们的引用，则 list1 与 list2 的引用计数也仍然为 1，所占用的内存永远无法被回收，这将是致命的。对于如今功能强大的硬件，缺点（1）尚可接受，但是循环引用会导致内存泄露，Python 注定将引入新的回收机制。(标记–清除和分代回收)。

容器对象（比如列表、集合、字典等）都可以包含对其他对象的引用，所以都可能产生循环引用。而标记 - 清除计数就是用于解决循环引用的问题。

在了解标记 - 清除前，需要明确一点，内存中有两块区域——堆区与栈区，在定义变量时，变量名存放于栈区，变量值存放于堆区，内存管理回收的则是堆区的内容。

标记–清除的做法是当有效内存空间被耗尽的时候，就会停止整个程序，然后进行两项工作，第一项则是标记，第二项是清除。

标记的过程其实就是遍历所有的 GC Roots 对象（栈区中的所有内容或者线程都可以作为 GC Roots 对象），然后将所有 GC Roots 对象可以直接或间接访问到的对象标记为存活的对象。

清除的过程将遍历堆中所有的对象，将没有标记的对象全部清除。

接下来讲解分代回收。基于引用计数的回收机制，每次回收内存都需要把所有对象的引用计数遍历一遍，这是非常消耗时间的，于是引入分代回收来提高回收效率，采用“空间换时间”的策略。

分代回收的核心思想是，若在多次扫描的情况下都没有被回收的变量，分代回收机制就会认为该变量是常用变量，分代回收对其扫描的频率会降低。

分代指的是根据存活时间来为变量划分不同等级（也就是不同的代）。

新定义的变量，放到新生代这个等级中，假设每隔 1 分钟扫描新生代一次，如果发现变量依然被引用，那么该对象的权重（权重的本质就是一个整数）加 1。当变量的权重大于某个设定值（假设为 3）时，会将它移动到更高一级的青春代，青春代的分代回收扫描的频率低于新生代的（扫描时间间隔更久），假设 5 分钟扫描青春代一次，这样每次分代回收需要扫描的变量的总个数就变少了，节省了扫描的总时间。接下来，青春代中的对象也会以同样的方式被移动到老年代中。也就是等级越高，被垃圾回收机制扫描的频率越低。

回收依然是使用引用计数作为回收的依据。

分代回收的缺点是，例如一个变量刚刚从新生代移入青春代，该变量的绑定关系就解除了，该变量应该被回收，青春代的扫描频率低于新生代的，所以该变量的回收时间被延迟。

6.12 实战演练

食品保质期通常指预包装食品在标签指明的储存条件下保持品质的期限。在此期限内，产品完全适于销售，并保持标签中不必说明或已经说明的特有品质。一般食品的保质期不仅仅涉及时间这一个维度，还涉及食品的储存环境，应该在具体保存状态下分析食品的保质期。

编写一个 Python 程序，判断食品是否过期。

6.13 本章小结

本章讲解 Python 核心——面向对象。首先讲解理解面向对象编程、类与实例，包括对面向对象、类、对象的理解等；然后讲解构造方法、类的属性与内置属性、类的方法与内置方法，包括使用构造函数初始化参数、类的属性和方法的定义与使用等；接着讲解继承、重载、多态、封装等，最后讲解元类与新式类、垃圾回收，包括对元类的理解和使用、垃圾回收的策略等。

第 7 章 解读模块与类库

本章讲解解读模块与类库，包括认识模块与类库、使用模块与类库、自定义模块、Python 的扩展、认识标准库、使用正则表达式、使用第三方模块等。

本章要点（已掌握的在方框中打钩）

- □ 认识模块与类库
- □ 使用模块与类库
- □ 自定义模块
- □ Python 的扩展
- □ 认识标准库
- □ 使用正则表达式
- □ 使用第三方模块

7.1 认识模块与类库

01 模块

模块是由类、函数和变量组成的，模块文件的扩展名是 .py 或 .pyc（经过编译的 PY 文件）。在使用模块之前，需要先使用 import 语句导入模块。图 7-1 所示为 Python 中自带的模块 random 对应的文件 random.py。

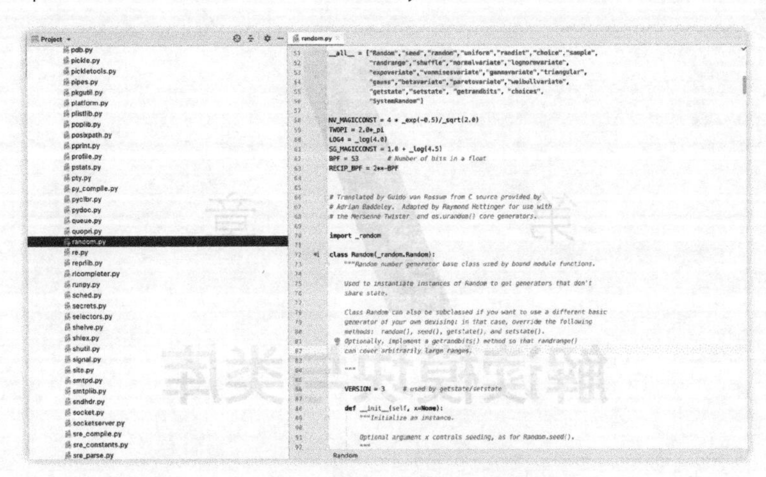

图7-1 random.py模块文件

02 类库

类库也称为包，由相同文件夹下的一组模块组成，类库的使用方法和模块的使用方法类似。

在 Python 模块组成的每一个类库中，都有一个 __init__.py 文件（这个文件定义了类库的属性和方法），然后有一些模块文件和子目录，假如子目录中也有 __init__.py 那么它就是这个类库的子类库。当将一个类库作为模块导入（比如从 xml 导入 dom）的时候，实际上导入了它的 __init__.py 文件。

类库是一个带有特殊文件 __init__.py 的目录。__init__.py 文件其实可以什么也不定义、可以只是一个空文件，但是必须存在。如果 __init__.py 不存在，这个目录就仅是一个目录，而不是一个类库，它就不能被导入或者包含其他的模块和嵌套类库。图 7-2 所示为 Python 中自带的模块 json。

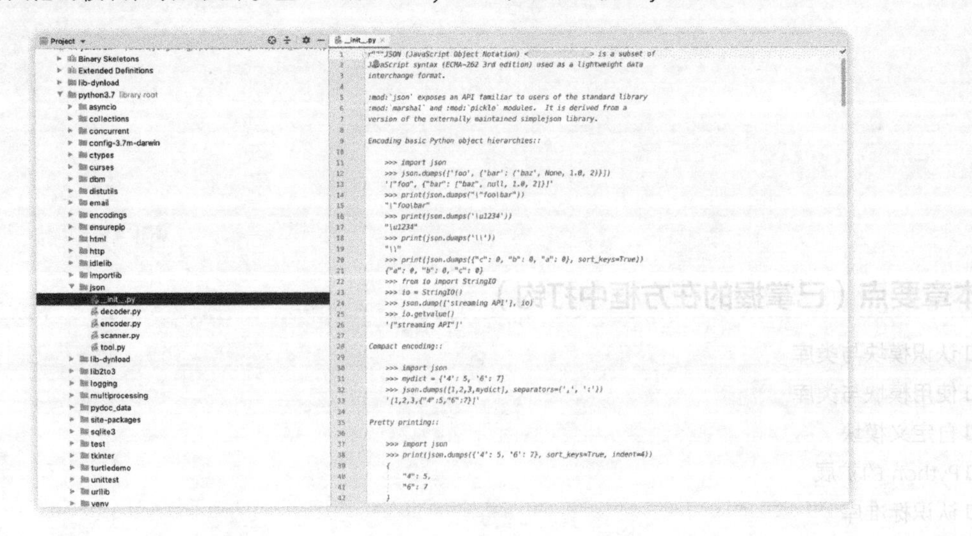

图7-2 json模块

▶7.2 使用模块与类库

7.1 节讲解了认识模块与类库，下面讲解使用模块与类库。

01 模块

导入模块的方式有以下五种。

- import 模块名。

导入模块的方式：

import 模块名

import 模块名 1, 模块名 2...

调用功能的方式：

模块名 . 功能名 ()

- from 模块名 import 功能名。

from 模块名 import 功能 1, 功能 2, 功能 3...

- from 模块名 import *。
- import 模块名 as 别名。
- from 模块名 import 功能名 as 别名。

范例 7.2-01 使用模块（源码路径：ch07/7.2/7.2-01.py）

```
1. import math
2.
3. print(math.sqrt(9))
4.
5. from math import sqrt
6.
7. print(sqrt(9))
8.
9. from math import *
10.
11. print(sqrt(9))
12.
13. import time as tt
14.
15. tt.sleep(2)
16. print('hello')
17.
18. from time import sleep as sl
19.
20. sl(2)
21. print('hello')
```

【运行结果】

```
3.0
3.0
3.0
hello
hello
```

【范例分析】

（1）范例代码的第 1~3 行，先导入 math 模块，然后调用 math.sqrt 功能。

（2）范例代码的第 5~7 行，导入 math 模块的 sqrt 功能，直接调用 sqrt，不需要加前缀 math。

（3）范例代码的第 9~11 行，导入 math 模块的所有功能，当然包括 sqrt，直接调用 sqrt，不需要加前缀 math。

（4）范例代码的第 13 和 18 行，导入模块后使用 as 修改别名，调用的时候使用别名。

02 类库

当前类库被其他模块通过 import 导入使用时，_ _init_ _.py 中的代码会自动执行，其他的内容与导入模块的基本相同。

范例 7.2-02 使用类库（源码路径：ch07/7.2/7.2-02.py）

```
1. import json
2.
3. data = [
4.     { "sid" : 1, "sname" : "zhangsan" , "score" : 45.6},
5.     { "sid" : 2, "sname" : "lisi" , "score" : 66.5},
6.     { "sid" : 3, "sname" : "wangwu" , "score" : 65.1},
7. ]
8. ret = json.dumps(data,indent=4)
9. print(ret)
```

【运行结果】

```
[
    {
        "sid": 1,
        "sname": "zhangsan",
        "score": 45.6
    },
    {
        "sid": 2,
        "sname": "lisi",
        "score": 66.5
    },
    {
        "sid": 3,
        "sname": "wangwu",
        "score": 65.1
    }
]
```

【范例分析】

（1）范例代码的第 1 行，先导入 json 模块，调用 json 模块中的 _ _init_ _.py。

如图 7-3 所示为 json 模块中的 _ _init_ _.py 的部分代码，这里定义了一些功能代码，当 json 模块被导入后，这些功能代码已经被加载，可以使用。

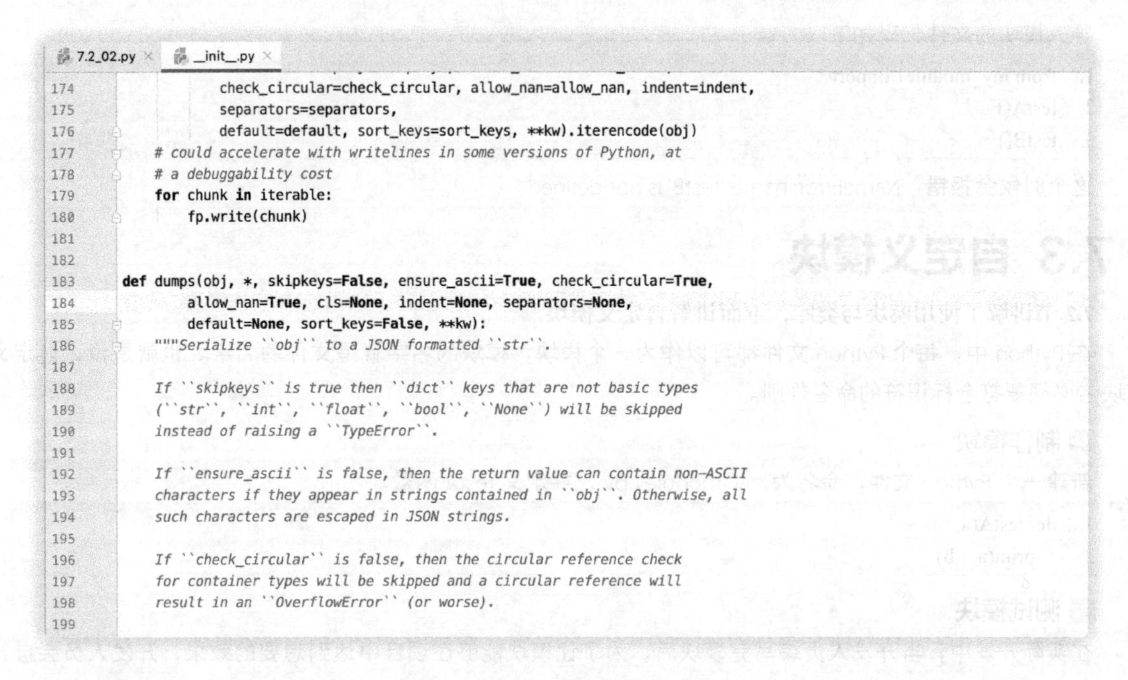

图7-3 json模块中的_ _init_ _.py文件

（2）范例代码的第 8 行，使用 dumps 功能，需要加上 json 前缀。如果使用 from json import dumps 这种方式的话，可以直接使用 dumps 而不需要加 json 前缀，这些与导入模块是相似的。

03 模块定位顺序

导入一个模块时，Python 解释器对模块位置的搜索顺序如下。

（1）当前目录。

（2）如果不在当前目录，Python 则搜索在 shell 变量 PYTHON PATH 下的每个目录。

（3）如果都找不到，Python 会查看默认路径。UNIX 中，默认路径一般为 /usr/local/lib/python/。

模块搜索路径存储在 system 模块的 sys.path 变量中，变量中包含当前目录、PYTHON PATH 和由安装过程决定的默认目录。

注意

文件名不要和已有模块名重复，否则会导致模块功能无法使用；使用 from 模块名 import 功能名的时候，如果功能名重复，则调用到的是最后定义或导入的功能。

04 _ _all_ _

如果一个模块文件中有_ _all_ _变量，当使用 from ... import * 导入时，则只能导入这个列表中的元素。

my_module1 模块代码如下。

```
1.  __all__ = ['testA']
2.
3.  def testA():
4.      print('testA')
5.
6.  def testB():
7.      print('testB')
```

导入模块的文件代码如下。

```
1. from my_module1 import *
2. testA()
3. testB()
```

这个时候会报错：NameError: name 'testB' is not defined。

7.3 自定义模块

7.2 节讲解了使用模块与类库，下面讲解自定义模块。

在 Python 中，每个 Python 文件都可以作为一个模块，模块的名字就是文件的名字。也就是说，自定义模块名必须要符合标识符的命名规则。

01 制作模块

新建一个 Python 文件，命名为 my_module1.py，并定义 testA 函数。

```
1. def testA(a, b):
2.     print(a + b)
```

02 测试模块

在实际开发中，当开发人员编写完模块后，为了让模块能够在项目中达到想要的效果，开发人员会自行在 PY 文件中添加一些测试信息。例如，在 my_module1.py 文件中添加测试代码。

```
1. def testA(a, b):
2.     print(a + b)
3. testA(1, 1)
```

此时，无论是当前文件，还是其他已经导入该模块的文件，在运用的时候都会自动执行对 testA 函数的调用。

解决办法如下。

```
1. def testA(a, b):
2.     print(a + b)
3. # 只在当前文件中调用该函数，在其他导入的文件内不符合该条件，则不执行对 testA 函数的调用
4. if __name__ == '__main__':
5.     testA(1, 1)
```

03 调用模块

```
1. import my_module1
2. my_module1.testA(1, 1)
```

使用 import 导入模块 my_module1，然后调用该模块中的函数 testA。

04 注意事项

如果使用 from ... import ... 或 from ... import * 导入多个模块，且模块内有同名功能，那么调用这个同名功能的时候，调用到的是后面导入的模块的功能。

```
1. # 模块 1 代码
2. def my_test(a, b):
3.     print(a + b)
4. # 模块 2 代码
5. def my_test(a, b):
6.     print(a - b)
7.
8. # 导入模块和调用功能的代码
```

```
9.  from my_module1 import my_test
10. from my_module2 import my_test
11. # my_test 函数是模块 2 中的函数
12. my_test(1, 1) # 结果是 0
```

7.4 Python 的扩展

7.3 节讲解了自定义模块，下面讲解 Python 的扩展。

在 Python 中，对于一些和系统相关的模块或者对性能要求很高的模块，通常会将其 C 化。

大部分的 Python 的扩展都是用 C 语言写的，很容易移植到 C++ 中。一般来说，所有能被整合或者导入其他 Python 脚本的代码，都可以称为扩展。扩展可以只用 Python 来写，也可以用 C 或者 C++ 之类的编译型语言来扩展。

很多时候，开发人员需要写 Python 的 C 扩展，例如，为了提高速度，用一些 C 的库等。

就算是相同架构的两台计算机之间最好也不要互相共享二进制文件，最好在各计算机上编译 Python 代码和扩展。因为可能有编译器或者中央处理器（Central Processing Unit，CPU）之间的些许差异。

需要扩展 Python 语言的理由如下。

（1）添加额外的（非 Python 的）功能。提供 Python 核心功能中没有提供的部分，比如创建新的数据类型或者将 Python 嵌入其他已经存在的应用程序，则必须编译。

（2）性能瓶颈的效率提升。解释型语言一般比编译型语言运行速度慢，想要提高性能，全部改写成编译型语言的内容并不划算。好的做法是先做性能测试，找出性能瓶颈部分，然后把瓶颈部分在扩展中实现，这也是一个比较简单、有效的做法。

（3）保持专有源码的私密。脚本语言有一个共同的缺陷：都是执行源码，保密性便没有了。把一部分代码从 Python 转到编译语言就可以保持专有源码的私密，不容易被反向工程。涉及特殊算法、加密方法，以及软件安全时，这样做就显得很重要。另一种对代码保密的方法是只发布预编译后的 PYC 文件，这是一种折中的方法。

接下来讲解完成 Python 3 的扩展，实现两个功能：求一个整数的绝对值和求一个字符串的逆序。

范例 7.4-01 使用Python 3的扩展（源码路径：ch07/7.4/7.4-01.py）

```
1.  #include<stdio.h>
2.  #include<stdlib.h>
3.  #include<string.h>
4.  #include<Python.h>
5.
6.  int my_abs(int n){
7.      if(n<0)
8.          n = n * -1;
9.      return n;
10. }
11.
12. void my_reverse(char *s){
13.     if(s){
14.         int len = strlen(s);
15.         int i;
16.         char t;
17.         for(i= 0;i<(len-1)/2;i++){
18.             t = s[i];
```

```
19.             s[i] = s[len-1-i];
20.             s[len-1-i] = t;
21.         }
22.     }
23.
24. }
25.
26. void test(void){
27.     printf("test my_abs:\n");
28.     printf("|-8590|=%d\n",my_abs(-8590));
29.     printf("|-0|=%d\n",my_abs(-0));
30.     printf("|5690|=%d\n",my_abs(-5690));
31.
32.     printf("test my_reverse:\n");
33.     char s0[10] = "apple";
34.     char s1[20] = "I love you!";
35.     char *s2 = NULL;
36.     my_reverse(s0);
37.     my_reverse(s1);
38.     my_reverse(s2);
39.     printf("'apple' reverse is '%s'\n",s0);
40.     printf("'I love you!' reverse is '%s'\n",s1);
41.     printf("null reverse is %s\n",s2);
42. }
43.
44. static PyObject *Extest_abs(PyObject *self,PyObject *args){
45.     int num;
46.     if(!(PyArg_ParseTuple(args,"i",&num))){
47.         return NULL;
48.     }
49.     return (PyObject*)Py_BuildValue("i",my_abs(num));
50. }
51.
52. static PyObject *Extest_reverse(PyObject *self,PyObject *args){
53.     char *s;
54.     if(!(PyArg_ParseTuple(args,"z",&s))){
55.         return NULL;
56.     }
57.     my_reverse(s);
58.     return (PyObject*)Py_BuildValue("s",s);
59. }
60.
61. static PyObject *Extest_test(PyObject *self,PyObject *args){
62.     test();
63.     return (PyObject*)Py_BuildValue("");
64. }
65.
66. static PyMethodDef ExtestMethods[] = {
67.     {"abs",Extest_abs,METH_VARARGS},
68.     {"reverse",Extest_reverse,METH_VARARGS},
69.     {"test",Extest_test,METH_VARARGS},
```

```
70.     {NULL,NULL},
71.  };
72.
73.  static struct PyModuleDef ExtestModule = {
74.     PyModuleDef_HEAD_INIT,
75.     "Extest",
76.     NULL,
77.     -1,
78.     ExtestMethods
79.  };
80.
81.  void PyInit_Extest(){
82.     PyModule_Create(&ExtestModule);
83.  }
```

【范例分析】

（1）范例代码的第 1~4 行，先导入头文件，这类似于 Python 的类库的导入。

（2）范例代码的第 6 和 12 行，使用 C 实现求绝对值和逆序的功能函数。

（3）范例代码的第 44 和 52 行，利用模板来包装函数，接收传递的值，计算结果后将其转为对象。

（4）范例代码的第 66 行，为每个模块增加 PyMethodDef ExtestMethods 数组。

（5）范例代码的第 73 和 81 行，编写初始化函数。

实例文件 setup.py 的具体实现代码如下所示。

```
1.  from distutils.core import setup,Extension
2.
3.  MOD = 'Extest'
4.  setup(name=MOD,ext_modules=[Extension(MOD,sources=['my_extend.c'])])
```

【范例分析】

（1）范例代码的第 1 行，先导入 Python 相关的扩展模块。

（2）范例代码的第 3 行，定义模块名称。

（3）范例代码的第 4 行，安装模块。

接下来完成编译和安装。

```
1.  python setup.py build
2.  python setup.py install
```

完成后，在 Python 解释器中可以看到新添加的扩展模块，如图 7-4 所示。

```
▼ site-packages
  ▶ certifi
  ▶ certifi-2020.4.5.1-py3.7.egg-info
  ▶ pip
  ▶ pip-20.0.2-py3.7.egg-info
  ▶ pkg_resources
  ▶ setuptools
  ▶ setuptools-46.1.3.post20200330-py3.7.egg-info
  ▶ wheel
  ▶ wheel-0.34.2-py3.7.egg-info
    easy_install.py
    Extest.cpython-37m-darwin.so
    Extest-0.0.0-py3.7.egg-info
```

图7-4　新添加的扩展模块

目前 Python 的 C 扩展已经完成，接下来可以使用。

实例文件 test.py 的具体实现代码如下所示。

```
1. import Extest
2.
3. Extest.test()
4. print(Extest.abs(-1))
5. print(Extest.reverse("hello"))
```

【运行结果】

```
test my_abs:
|-8590|=8590
|-0|=0
|5690|=5690
test my_reverse:
'apple' reverse is 'elppa'
'I love you!' reverse is '!uoy evol I'
null reverse is (null)
1
olleh
```

【范例分析】

（1）范例代码的第 1 行，先导入扩展的模块 Extest。

（2）范例代码的第 3~5 行，调用 test、abs 和 reverse 函数。

▶7.5 认识标准库

7.4 节讲解了 Python 的扩展，下面讲解认识标准库。

Python 标准库非常庞大，其提供的组件（控件）涉及范围十分广泛。这个库包含多个内置模块，Python 程序员必须依靠它们来实现系统级功能，例如文件输入 / 输出（Input/Output，I/O），此外还有大量用 Python 编写的模块，其提供了日常编程中许多问题的标准解决方案。其中有些模块经过专门设计，通过将特定平台功能抽象化为平台中立的应用程序接口（Application Programming Interface，API）来增强 Python 程序的可移植性。

Windows 版本的 Python 安装程序通常包含整个标准库，往往还包含许多额外控件。对于 UNIX 操作系统，Python 通常会分成一系列的软件包，因此可能需要使用操作系统所提供的包管理工具来获取部分或全部可选控件。

os 模块提供了不少与操作系统相关的函数。

```
import os
os.getcwd()
'/Users/yongmeng/PycharmProjects/book'
os.chdir('../')
os.getcwd()
'/Users/yongmeng/PycharmProjects'
os.system('mkdir today')
0\
```

▶7.6 使用正则表达式

在 7.5 节已经讲解了认识标准库，下面讲解使用正则表达式。

字符串是编程时涉及的较多的一种数据结构，对字符串进行操作的需求几乎无处不在。比如判断一个字符串是否是合法的 E-mail 地址，虽然可以先编程提取 @ 前后的子串，再分别判断是否是单词和域名，但这样做不但麻烦，而且代码难以复用。

正则表达式是一种用来匹配字符串的强有力的工具。它的设计思想是用一种描述性的语言来给字符串定义一个规则，凡是符合规则的字符串，我们就认为它“匹配”了，否则该字符串就是不合法的。

所以我们判断一个字符串是否是合法的 E-mail 地址的方法是：

（1）创建一个匹配 E-mail 地址的正则表达式；

（2）通过用该正则表达式匹配用户的输入来判断是否合法。

因为正则表达式也是用字符串表示的，所以要首先了解常用的元字符，如表 7-1 所示。

表 7-1 常见的元字符

<table>
<tr><th>编号</th><th>元字符</th><th>描述</th></tr>
<tr><td>1</td><td>\</td><td>将下一个字符标记为特殊字符，或一个向后引用，或一个八进制转义字符。例如，\\n 匹配 \n，\n 匹配换行符；序列 \\ 匹配 \ 而 \(则匹配 (。即多种编程语言中都有的转义字符的概念</td></tr>
<tr><td>2</td><td>^</td><td>匹配输入字符串行首。如果设置了 RegExp 对象的 Multiline 属性，^ 也匹配 \n 或 \r 之后的位置</td></tr>
<tr><td>3</td><td>$</td><td>匹配输入字符串行尾。如果设置了 RegExp 对象的 Multiline 属性，$ 也匹配 \n 或 \r 之前的位置</td></tr>
<tr><td>4</td><td>*</td><td>匹配前面的子表达式任意次。例如，zo* 能匹配 z，也能匹配 zo 以及 zoo。* 等价于 {0,}</td></tr>
<tr><td>5</td><td>+</td><td>匹配前面的子表达式 1 次或多次（大于等于 1 次）。例如，zo+ 能匹配 zo 以及 zoo，但不能匹配 z。+ 等价于 {1,}</td></tr>
<tr><td>6</td><td>?</td><td>匹配前面的子表达式 0 次或 1 次。例如，do(es)? 可以匹配 do 或 does。? 等价于 {0,1}</td></tr>
<tr><td>7</td><td>{n}</td><td>n 是一个非负整数，表示匹配确定的 n 次。例如，o{2} 不能匹配 Bob 中的 o，但是能匹配 food 中的两个 o</td></tr>
<tr><td>8</td><td>{n,}</td><td>n 是一个非负整数，表示至少匹配 n 次。例如，o{2,} 不能匹配 Bob 中的 o，但能匹配 foooood 中的所有 o。o{1,} 等价于 o+，o{0,} 则等价于 o*</td></tr>
<tr><td>9</td><td>{n,m}</td><td>m 和 n 均为非负整数，其中 n<=m，表示最少匹配 n 次且最多匹配 m 次。例如，o{1,3} 将匹配 fooooood 中的前 3 个 o 为一组，后 3 个 o 为一组。o{0,1} 等价于 o?。请注意逗号和两个数之间不能有空格</td></tr>
<tr><td>10</td><td>?</td><td>当该字符紧跟在任何一个其他限制符（*、+、?、{n}、{n,}、{n,m}）后面时，匹配模式是非贪婪的。非贪婪模式会尽可能少地匹配所搜索的字符串，而默认的贪婪模式则会尽可能多地匹配所搜索的字符串。例如，对于字符串 oooo，o+ 将尽可能多地匹配 o，得到结果 [oooo]，而 o+? 将尽可能少地匹配 o，得到结果 [‘o’，‘o’，‘o’，‘o’]</td></tr>
<tr><td>11</td><td>.</td><td>匹配除 \n 和 \r 之外的任何单个字符。要匹配包括 \n 和 \r 在内的任何字符，请使用像 [\s\S] 的模式</td></tr>
<tr><td>12</td><td>(pattern)</td><td>匹配 pattern 并获取这一匹配。所获取的匹配可以从产生的 Matches 集合得到，在 VBScript 中使用 SubMatches 集合，在 JScript 中则使用 $0…$9 属性。要匹配圆括号字符，请使用 \(或 \)</td></tr>
<tr><td>13</td><td>(?:pattern)</td><td>非获取匹配，匹配 pattern 但不获取匹配结果，不进行存储供以后使用。这在使用字符 (|) 来组合一个模式的各个部分时很有用。例如 industr(?:y|ies) 就是一个比 industry|industries 更简略的表达式</td></tr>
<tr><td>14</td><td>(?=pattern)</td><td>非获取匹配，正向肯定预查，在任何匹配 pattern 的字符串开始处匹配查找字符串，该匹配不需要获取匹配结果供以后使用。例如，Windows(?=95|98|NT|2000) 能匹配 Windows 2000 中的 Windows，但不能匹配 Windows 3.1 中的 Windows。预查不消耗字符，也就是说，在一个匹配发生后，在最后一次匹配之后立即开始下一次匹配的搜索，而不是从包含预查的字符之后开始</td></tr>
</table>

续表

编号	元字符	描述
15	(?!pattern)	非获取匹配，正向否定预查，在任何不匹配 pattern 的字符串开始处匹配查找字符串，该匹配不需要获取匹配结果供以后使用。例如 Windows(?!95|98|NT|2000) 能匹配 Windows 3.1 中的 Windows，但不能匹配 Windows 2000 中的 Windows
16	(?<=pattern)	非获取匹配，反向肯定预查，与正向肯定预查类似，只是方向相反。例如，(?<=95|98|NT|2000)Windows 能匹配 2000 Windows 中的 Windows，但不能匹配 3.1 Windows 中的 Windows。 Python 的正则表达式没有完全按照正则表达式规范实现，所以一些高级特性建议使用其他语言，如 Java、Scala 等
17	(?<!patte_n)	非获取匹配，反向否定预查，与正向否定预查类似，只是方向相反。例如 (?<!95|98|NT|2000) Windows 能匹配 3.1 Windows 中的 Windows，但不能匹配 2000 Windows 中的 Windows。
18	x|y	匹配 x 或 y。例如，z|food 能匹配 z 或 food(此处请谨慎)。[zf]ood 则匹配 zood 或 food
19	[xyz]	字符集合，匹配所包含的任意一个字符。例如，[abc] 可以匹配 plain 中的 a
20	[^xyz]	负值字符集合，匹配未包含的任意字符。例如，[^abc] 可以匹配 plain 中的 plin 任一字符
21	[a-z]	字符范围，匹配指定范围内的任意字符。例如，[a-z] 可以匹配 a~z 的任意小写字母字符。只有连字符在字符组内部时，并且出现在两个字符之间时，才能表示字符的范围；如果超出字符组的开头，则只能表示连字符本身
22	[^a-z]	负值字符范围，匹配不在指定范围内的任意字符。例如，[^a-z] 可以匹配不在 a~z 的任意字符
23	\b	匹配一个单词的边界，也就是指单词和空格间的位置（正则表达式的“匹配”有两种概念，一种是匹配字符，另一种是匹配位置，这里的 \b 就是匹配位置）。例如，er\b 可以匹配 never 中的 er，但不能匹配 verb 中的 er；\b1_ 可以匹配 1_23 中的 1_，但不能匹配 21_3 中的 1_
24	\B	匹配非单词边界。er\B 能匹配 verb 中的 er，但不能匹配 never 中的 er
25	\cx	匹配由 x 指明的控制字符。例如，\cM 匹配一个 Control-M 或回车符。x 的值必须为 A~Z 或 a~z 之一。否则，将 c 视为一个原意的 c 字符
26	\d	匹配一个数字字符，等价于 [0-9]。grep 要加上 -P，Perl 正则支持
27	\D	匹配一个非数字字符，等价于 [^0-9]。grep 要加上 -P，Perl 正则支持
28	\f	匹配一个换页符，等价于 \x0c 和 \cL
29	\n	匹配一个换行符，等价于 \x0a 和 \cJ
30	\r	匹配一个回车符，等价于 \x0d 和 \cM
31	\s	匹配任何不可见字符，包括空格、制表符、换页符等。等价于 [\f\n\r\t\v]
32	\S	匹配任何可见字符，等价于 [^\f\n\r\t\v]
33	\t	匹配一个制表符，等价于 \x09 和 \cI
34	\v	匹配一个垂直制表符，等价于 \x0b 和 \cK
35	\w	匹配包括下画线的任何单词字符，类似但不等价于 [A-Za-z0-9_]，这里的单词字符使用 Unicode 字符集
36	\W	匹配任何非单词字符，等价于 [^A-Za-z0-9_]
37	\xn	匹配 n，其中 n 为十六进制转义值。十六进制转义值必须为确定的两个数字的长度。例如，\x41 匹配 A。\x041 则等价于 \x04&1。正则表达式中可以使用 ASCII
38	\num	匹配 num，其中 num 是一个正整数，是对所获取的匹配的引用。例如，(.)\1 匹配两个连续的相同字符
39	\n	标识一个八进制转义值或一个向后引用。如果 \n 之前至少有 n 个获取的子表达式，则 n 为向后引用。否则，如果 n 为八进制数字（0~7），则 n 为一个八进制转义值

续表

编号	元字符	描述
40	\nm	标识一个八进制转义值或一个向后引用。如果 \nm 之前至少有 nm 个获取的子表达式，则 nm 为向后引用。如果 \nm 之前至少有 n 个获取的子表达式，则 n 为一个后跟字符 m 的向后引用。如果前面的条件都不满足，若 n 和 m 均为八进制数字，则 \nm 将匹配八进制转义值 nm
41	\nml	如果 n 为八进制数字，且 m 和 l 均为八进制数字，则匹配八进制转义值 nml
42	\un	匹配 n，其中 n 是一个用 4 个十六进制数字表示的 Unicode 字符。例如，\u00A9 匹配版权符号（©）
43	\p{P}	小写 p 是 property 的意思，表示 Unicode 属性，用于 Unicode 正则表达式的前缀。花括号内的 P 表示 Unicode 字符集 7 个字符属性之一：标点字符。 其他 6 个属性如下。 L：字母。 M：标记符号（一般不会单独出现）。 Z：分隔符（比如空格、换行符等）。 S：符号（比如数学符号、货币符号等）。 N：数字（比如阿拉伯数字、罗马数字等）。 C：其他字符。
44	\< \>	匹配词的开始（\<）或结束（\>）。例如正则表达式 \<the\> 能够匹配字符串 for the wise 中的 the，但是不能匹配字符串 otherwise 中的 the。注意：这个元字符不是所有的软件都支持的
45	()	将 () 之间的表达式定义为"组"，并且将匹配这个表达式的字符保存到一个临时区域（一个正则表达式中最多可以保存 9 个），它们可以用 \1~\9 的符号来引用
46	|	将两个匹配条件进行逻辑或运算。例如正则表达式 (him|her) 匹配 it belongs to him 和 it be longs to her，但是不能匹配 it belongs to them。注意：这个元字符不是所有的软件都支持的

01 re 模块

了解了元字符后，用户就可以在 Python 中使用正则表达式了。Python 提供 re 模块，其包含所有正则表达式的功能。由于 Python 的字符串本身也用 \ 转义，所以要特别注意。

```
s = 'Hello\\-001' # Python 的字符串
# 对应的正则表达式字符串变成：
# 'Hello\-001'
```

因此本书强烈建议使用 Python 的 r 前缀，就不用考虑转义的问题了。

```
s = r'Hello\-001' # Python 的字符串
# 对应的正则表达式字符串不变：
# 'Hello\-001'
```

先看看如何判断正则表达式是否匹配。

```
>>> import re
>>> re.match(r'^\d{3}\-\d{3,8}$', '010-12345')
<re.Match object; span=(0, 9), match='010-12345'>
>>> re.match(r'^\d{3}\-\d{3,8}$', '010 12345')
```

match 方法用于判断是否匹配，如果匹配成功，返回一个 Match 对象，否则返回 None。常见的判断方法如下。

```
test = ' 用户输入的字符串 '
```

```
if re.match(r' 正则表达式 ', test):
    print('ok')
else:
    print('failed')
```

02 切分字符串

用正则表达式切分字符串比用固定的字符更灵活，请看正常的切分代码。

```
>>> 'a b   c'.split(' ')
['a', 'b', '', '', 'c']
```

无法识别连续的空格，用正则表达式试一试。

```
>>> re.split(r'\s+', 'a b   c')
['a', 'b', 'c']
```

无论多少个空格都可以正常分割。加入其他的符号试一试。

```
>>> re.split(r'[\s\,]+', 'a,b, c  d')
['a', 'b', 'c', 'd']
>>> re.split(r'[\s\,\;]+', 'a,b;; c  d')
['a', 'b', 'c', 'd']
```

03 分组

除了简单地判断是否匹配之外，正则表达式还有提取子串的强大功能。用 () 表示的就是要提取的分组。比如，^(\d{3})-(\d{3,8})$ 分别定义了两个组，可以直接从匹配的字符串中提取出区号和本地号码。

```
>>> m = re.match(r'^(\d{3})-(\d{3,8})$', '010-12345')
>>> m
<re.Match object; span=(0, 9), match='010-12345'>
>>> m.group(0)
'010-12345'
>>> m.group(1)
'010'
>>> m.group(2)
'12345'
```

如果正则表达式中定义了组，就可以在 Match 对象上用 group 方法提取出子串。注意到 group(0) 永远是原始字符串，group(1)、group(2)……表示第 1、2……个子串。提取子串非常有用。再来看一个例子。

```
>>> t = '19:05:30'
>>> m = re.match(r'^(0[0-9]|1[0-9]|2[0-3]|[0-9])\:(0[0-9]|1[0-9]|2[0-9]|3[0-9]|4[0-9]|5[0-9]|[0-9])\:(0[0-9]|1[0-9]|2[0-9]|3[0-9]|4[0-9]|5[0-9]|[0-9])$', t)
>>> m.groups()
('19', '05', '30')
```

04 贪婪匹配

需要特别指出的是，正则匹配默认是贪婪匹配，也就是匹配尽可能多的字符。举例如下，匹配出数字后面的 0。

```
>>> re.match(r'^(\d+)(0*)$', '102300').groups()
('102300', '')
```

由于 \d+ 采用贪婪匹配，直接把后面的 0 全部匹配了，结果 0* 只能匹配空字符串。

必须让 \d+ 采用非贪婪匹配（也就是尽可能少地匹配字符），才能把后面的 0 匹配出来，加上 ? 就可以让 \d+ 采用非贪婪匹配。

```
>>> re.match(r'^(\d+?)(0*)$', '102300').groups()
('1023', '00')
```

05 编译

当用户在 Python 中使用正则表达式时，re 模块内部会做两件事情：

（1）编译正则表达式，如果正则表达式的字符串本身不合法，则会报错；

（2）用编译后的正则表达式匹配字符串。

如果一个正则表达式要重复使用若干次，出于效率的考虑，可以预编译该正则表达式，接下来重复使用时就不需要编译这个步骤了，直接匹配。

```
>>> import re
>>> re_telephone = re.compile(r'^(\d{3})-(\d{3,8})$')
>>> re_telephone.match('010-12345').groups()
('010', '12345')
>>> re_telephone.match('010-8086').groups()
('010', '8086')
```

调用 compile 后生成 Regular Expression 对象，由于该对象自己包含了正则表达式，所以调用对应的方法时不用给出正则字符串。

范例 7.6-01 验证E-mail地址（源码路径：ch07/7.6/7.6-01.py）

```
1. import re
2.
3. text = input("Please input your E-mail address：\n")
4. if re.match(r'^[0-9a-zA-Z_]{0,19}@[0-9a-zA-Z]{1,13}\.[com,cn,net]{1,3}$', text):
5.     print('E-mail address is Right!')
6. else:
7.     print('Please reset your right E-mail address!')
```

【运行结果】

```
Please input your E-mail address：
*******@qq.com
E-mail address is Right!
```

【范例分析】

（1）范例代码的第 4 行，使用 re.match 验证输入的 E-mail 地址，第一个参数是正则表达式，第二个参数是输入的 E-mail 地址字符串。

（2）如果验证通过，进入 if 指令，否则进入 else 指令。

7.7 使用第三方模块

7.6 节讲解了使用正则表达式，下面讲解使用第三方模块。

除了内建的模块外，Python 还有大量的第三方模块。

基本上，所有的第三方模块都会在 PyPI 上注册，只要找到对应的模块名字，即可用 pip 安装。

01 Chardet

字符串编码一直是令人非常头疼的问题，尤其是我们在处理一些不规范的第三方网页的时候。虽然 Python 提供了 Unicode 表示的 Str 和 Bytes 两种数据类型，并且可以通过 encode() 和 decode() 方法转换。

对于未知编码的 Bytes，要把它转换成 Str，需要先“猜测”编码。猜测的方式是先收集各种编码的特征字符，根据特征字符做出判断，就能有很大概率“猜对”。

但是，写这个检测编码的功能太费时费力，chardet这个第三方库就正好就派上了用场。用它来检测编码，简单易用。

```
pip install chardet
```

范例 7.7-01 编码解码（源码路径：ch07/7.7/7.7-01.py）

```
1.  import chardet
2.
3.  data = 'Hello, Python!'.encode('ascii')
4.  print(chardet.detect(data))
5.
6.  data = ' 离离原上草，一岁一枯荣。'.encode('gbk')
7.  print(chardet.detect(data))
8.
9.  data = ' 离离原上草，一岁一枯荣。'.encode('utf-8')
10. print(chardet.detect(data))
```

【运行结果】

```
{'encoding': 'ascii', 'confidence': 1.0, 'language': ''}
{'encoding': 'GB2312', 'confidence': 0.7407407407407407, 'language': 'Chinese'}
{'encoding': 'utf-8', 'confidence': 0.99, 'language': ''}
```

常见的编码格式如表 7-2 所示。

表 7-2 常见的编码格式

编码	解释
UNICODE	统一码，也叫万国码、单一码，是计算机科学领域里的一项业界标准
GBK	汉字内码扩展规范
ASCIl	美国信息交换标准代码
UTF-8	针对 Unicode 的一种可变长度字符编码

【范例分析】

（1）范例代码的第 1 行，导入模块。

（2）范例代码的第 3 行，对字符串进行指定格式的编码得到字节。

（3）范例代码的第 4 行，对字节进行解码并检测编码格式。

02 psutil

用 Python 编写脚本简化日常的运维工作是 Python 的一个重要用途。在 Linux 下，有许多系统命令可以让我们时刻监控系统运行的状态，如 ps、top、free 等。要获取这些系统信息，在 Python 中可以通过 subprocess 模块调用并获取结果。但这样做很麻烦，尤其是要写很多解析代码。

在 Python 中获取系统信息的另一个好办法是使用 psutil 这个第三方模块。顾名思义，psutil 为 process and system utilities，它不仅可以通过一两行代码实现系统监控，还可以跨平台使用，支持 Linux、UNIX、macOS 和 Windows 等操作系统，是系统管理员和运维人员不可或缺的必备模块。

psutil 的安装命令如下所示。

```
pip install psutil
```

范例 7.7-02 获取信息（源码路径：ch07/7.7/7.7-02.py）

```
1. import psutil
2.
3. print("CPU 逻辑数量：", psutil.cpu_count())
4. print("CPU 物理核心：", psutil.cpu_count(logical=False))
5. print("统计 CPU 的用户 / 系统 / 空闲时间：",psutil.cpu_times())
6.
7. for x in range(3):
8.     print("CPU 使用率：",psutil.cpu_percent(interval=1, percpu=True))
9.
10. print("获取内存信息 ( 物理内存和交换内存信息 ) ：",psutil.virtual_memory(),psutil.swap_memory())
11.
12. print("磁盘分区信息：",psutil.disk_partitions())
13. print("磁盘使用情况：",psutil.disk_usage('/'))
14. print("磁盘 I/O：",psutil.disk_io_counters())
15. print("获取网络读 / 写字节 / 包的个数：",psutil.net_io_counters())
16. print("获取网络接口状态：",psutil.net_if_stats())
17.
18. print("所有进程 ID：",psutil.pids())
19. p = psutil.Process(3003)
20. print("进程名称：",p.name())
21. print("进程 exe 路径：",p.exe())
22. print("进程工作目录：",p.cwd())
23. print("父进程 ID：",p.ppid())
```

【运行结果】

pip install psutil
CPU 逻辑数量： 8
CPU 物理核心： 4
统计 CPU 的用户 / 系统 / 空闲时间： scputimes(user=16929.58, nice=0.0, system=22410.74, idle=197455.43)
CPU 使用率： [44.0, 4.0, 42.0, 2.0, 38.6, 3.0, 30.7, 2.0]
CPU 使用率： [42.6, 2.0, 37.0, 2.0, 33.3, 0.0, 24.2, 1.0]
CPU 使用率： [50.0, 6.9, 48.0, 5.0, 43.6, 5.0, 38.6, 5.0]

获取内存信息 (物理内存和交换内存信息)： svmem(total=17179869184, available=9811636224, percent=42.9, used=6417641472, free=5070143488, active=4292980736, inactive=806031360, wired=2124660736) sswap(total=1073741824, used=158859264, free=914882560, percent=14.8, sin=11340464128, sout=8192)

磁盘分区信息： [sdiskpart(device='/dev/disk1s5', mountpoint='/', fstype='apfs', opts='ro,local,rootfs,dovolfs,journaled, multilabel'), sdiskpart(device='/dev/disk1s1', mountpoint='/System/Volumes/Data', fstype='apfs', opts='rw,local,dovolfs,dontbrowse, journaled,multilabel'), sdiskpart(device='/dev/disk1s4', mountpoint='/private/var/vm', fstype='apfs', opts='rw,local,dovolfs,dontbrowse, journaled,multilabel'), sdiskpart(device='/dev/disk0s3', mountpoint='/Volumes/ 未命名 ', fstype='hfs', opts='rw,local,dovolfs,journaled,multilabel')]

磁盘使用情况： sdiskusage(total=350001016832, used=10944761856, free=123510857728, percent=8.1)

磁盘 I/O： sdiskio(read_count=822377, write_count=524556, read_bytes=35623988736, write_bytes=37763768832, read_time=1005132, write_time=475821)

获取网络读 / 写字节 / 包的个数： snetio(bytes_sent=47583232, bytes_recv=115007488, packets_sent=253854, packets_recv=302556, errin=0, errout=0, dropin=0, dropout=0)

获取网络接口状态： {'lo0': snicstats(isup=True, duplex=<NicDuplex.NIC_DUPLEX_UNKNOWN: 0>, speed=0, mtu=16384), 'gif0': snicstats(isup=False, duplex=<NicDuplex.NIC_DUPLEX_UNKNOWN: 0>, speed=0, mtu=1280), 'stf0': snicstats(isup=False, duplex=<

```
【中间省略部分内容 ......】
父进程 ID：875
```

【范例分析】

（1）范例代码的第 1 行，导入模块。

（2）范例代码的第 3~23 行，使用模块的功能方法。

03 requests

虽然 Python 标准库中的 urllib2 模块已经包含我们平常使用的大多数功能，但是它的 API 使用起来让人感觉不太好，而 requests 自称“HTTP for Humans”，说明使用起来更简洁、方便。

requests 继承了 urllib2 的所有特性。requests 支持超文本传输协议（Hyper Text Transfer Protocol，HTTP）连接保持和连接池，支持使用 cookie 保持会话，支持文件上传，支持自动确定响应内容的编码，支持国际化的统一资源定位符（Uniform Resource Locator，URL）和 POST 数据自动编码等。

requests 的文档非常完备，中文文档也相当不错。requests 几乎能完全满足当前网络的需求，支持 Python 3。

requests 的安装命令如下所示。

```
pip install requests
```

范例 7.7-03 爬百度贴吧（源码路径：ch07/7.7/7.7-03.py）

```
1.  import psutil
2.  import requests
3.  import os
4.
5.  def tieba(kw, start, end):
6.      # 设置文件夹的路径
7.      dir_name = './tieba/' + kw + '/'
8.      # 如果此路径不存在就创建
9.      if not os.path.exists(dir_name):
10.         os.makedirs(dir_name)
11.     payload = {'kw': kw, 'ie': 'utf-8'}
12.     # 构造 pn 查询参数
13.     for i in range(int(start), int(end) + 1):
14.         # 根据 pn 和 i 关系计算出 pn
15.         pn = (i - 1) * 50
16.         payload['pn'] = str(pn)
17.         # 发起请求
18.         response = requests.get(base_url, params=payload)
19.         html = response.content.decode('utf-8')
20.
21.         # 存入相对应的文件
22.         with open(dir_name + str(i) + '.html', 'w', encoding='utf-8') as f:
23.             f.write(html)
24.
25.
26. if __name__ == '__main__':
27.     base_url = 'https://tieba.baidu.com/f?'
28.     kw = input('贴吧名称：')
29.     start = input('起始：')
```

```
30.    end = input('结束：')
31.    tieba(kw, start, end)
```

【运行结果】

```
贴吧名称：python
起始：1
结束：10
```

生成的文件如图 7-5 所示。

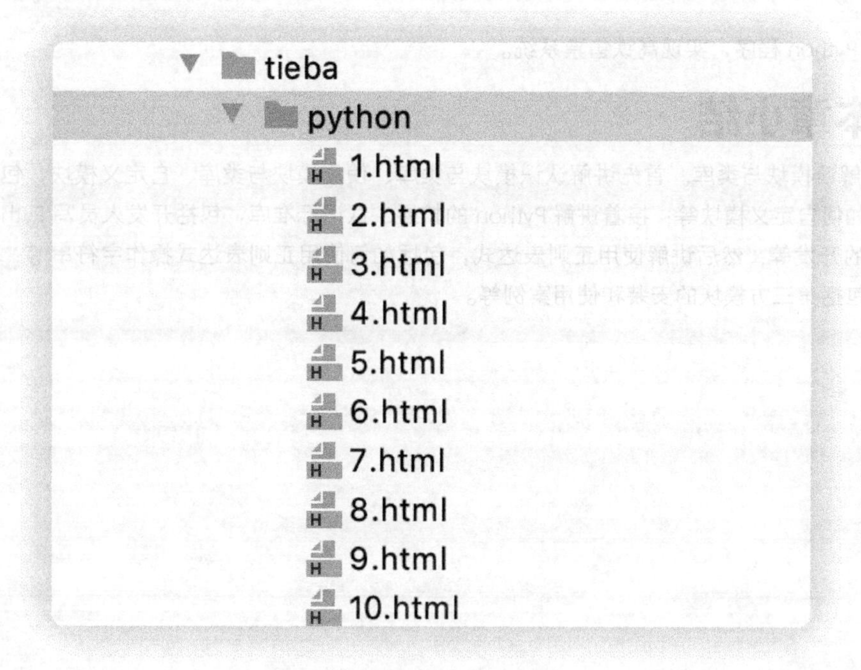

图7-5 生成的文件

【范例分析】

（1）范例代码的第 1~3 行，导入模块。

（2）范例代码的第 18 行，发送 get 请求并传递参数，获取响应对象。

（3）范例代码的第 19 行，通过响应对象获取响应内容，然后将响应内容写到文件中。

7.8 实战演练

假设高铁的一节车厢的座位有 20 行，每行有 5 列。每个座位初始显示“有票”，用户输入座位的位置信息，比如“13,5”，然后按【Enter】键，则该座位显示为“已售”，如图 7-6 所示。

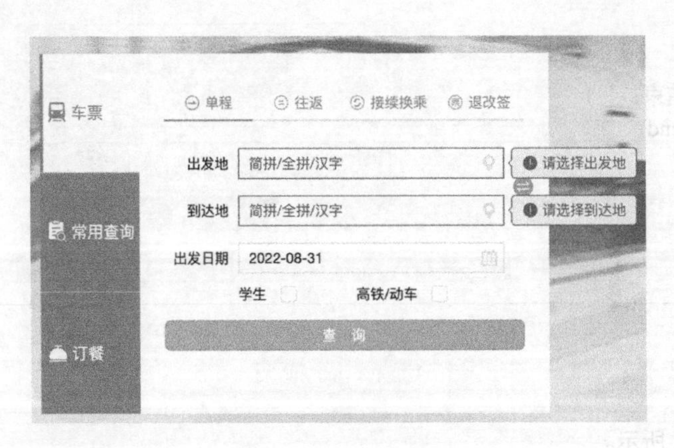

图7-6　高铁售票系统

编写一个 Python 程序，实现高铁售票系统。

7.9 本章小结

本章讲解解读模块与类库。首先讲解认识模块与类库、使用模块与类库、自定义模块，包括模块和类库的基本内容和如何自定义模块等；接着讲解 Python 的扩展、认识标准库，包括开发人员写 Python 的 C 扩展，完成高效代码的开发等；然后讲解使用正则表达式，包括如何使用正则表达式操作字符串等；最后讲解使用第三方模块，包括第三方模块的安装和使用案例等。

第 8 章

使用 Python 处理文件

本章讲解使用 Python 处理文件，包括认识文件、打开与关闭文件的方法、操作文件的方法、相关模块与方法等。

本章要点（已掌握的在方框中打钩）

- □ 认识文件
- □ 打开与关闭文件的方法
- □ 操作文件的方法
- □ 相关模块与方法

8.1 认识文件

在程序运行的过程中，所有的计算数据都存储在内存中。一旦程序运行结束再重新运行，之前计算的数据就会全部消失。因此在程序运行的过程中，如果要将计算得到的数据永久保存下来，可以通过写入文件加以保存，下次程序重新运行时，通过读取文件来重新获取计算数据。

在计算机中，文件是以计算机磁盘为载体存储在计算机上的信息集合。文件可以是文本文档、图片、程序等。文件通常具有包含3个字母的文件扩展名，用于指示文件的类型（图片文件的扩展名为.jpg、.png等，视频文件的扩展名为.mp4、.avi等）。

在磁盘上读/写文件的功能都是由操作系统提供的，操作系统不允许普通的程序直接操作磁盘，所以读/写文件就是请求操作系统打开一个文件对象，然后通过操作系统提供的接口从这个文件对象中读取数据，或者把数据写入这个文件对象。Python内置的open方法用于返回文件对象，可以利用这个返回的文件对象完成文件的读/写。

8.2 打开与关闭文件的方法

8.1节讲解了认识文件，下面讲解打开与关闭文件的方法。

可以打开的文件主要有以下两种类型。

（1）文本文件：这些文件包含文本，包括字母、数字、标点符号和一些特殊字符（如换行符）等。

（2）二进制文件：这些文件不包含文本，可能包含音乐、图片或其他类型的数据。

文件读/写的步骤如下。

（1）打开文件，或者新建一个文件。

（2）读/写数据。

（3）关闭文件。

文件对象使用Python内置的open方法获取，语法如下。

```
open(file, mode='r', buffering=-1, encoding=None, errors=None, newline=None, closefd=True, opener=None)
```

一般只设置3个参数，即file、mode、encoding，open方法的3个参数如表8-1所示。

表8-1 open方法的3个参数

编号	参数	描述
1	file	必选，文件的路径
2	mode	文件读/写的模式，详情见表8-2
3	encoding	编码格式，一般设置成UTF-8

mode参数如表8-2所示。

表8-2 mode参数

编号	参数	描述
1	r	以只读方式打开文件，文件的指针将会放在文件的开头，这是默认模式
2	w	打开一个文件只用于写入。如果该文件已存在则将其覆盖。如果该文件不存在，则创建新文件
3	a	打开一个文件用于追加。如果该文件已存在，文件指针将会放在文件的结尾。也就是说，新的内容将会被写入已有内容之后。如果该文件不存在，则创建新文件进行写入
4	rb	以二进制格式打开一个文件用于只读，文件指针将会放在文件的开头，这是默认模式
5	wb	以二进制格式打开一个文件只用于写入。如果该文件已存在则将其覆盖。如果该文件不存在，则创建新文件

续表

编号	参数	描述
6	ab	以二进制格式打开一个文件用于追加。如果该文件已存在，文件指针将会放在文件的结尾。也就是说，新的内容将会被写入已有内容之后。如果该文件不存在，则创建新文件进行写入
7	r+	打开一个文件用于读/写，文件指针将会放在文件的开头
8	w+	打开一个文件用于读/写。如果该文件已存在则将其覆盖。如果该文件不存在，则创建新文件
9	a+	打开一个文件用于读/写。如果该文件已存在，文件指针将会放在文件的结尾。文件打开时会是追加模式。如果该文件不存在，则创建新文件用于读/写
10	rb+	以二进制格式打开一个文件用于读/写，文件指针将会放在文件的开头
11	wb+	以二进制格式打开一个文件用于读/写。如果该文件已存在则将其覆盖。如果该文件不存在，则创建新文件
12	ab+	以二进制格式打开一个文件用于追加。如果该文件已存在，文件指针将会放在文件的结尾。如果该文件不存在，则创建新文件用于读/写

打开文件之前，需要知道要对文件做些什么。如果要把文件作为输入（只查看文件中有什么，而不做任何改变），就是要打开文件完成读操作。如果要创建一个全新的文件或者用某个全新的文件替换现有的文件，就是要打开文件完成写操作。如果要为一个现有文件增加内容，就是要打开文件完成追加操作。

范例 8.2-01 打开与关闭文件（源码路径：ch08/8.2/8.2-01.py）

```
1. file = open("./files/content.txt", "r", encoding="utf-8")  # 打开文件进行读取
2. print(file)
3. file.close()  # 关闭文件对象
```

【运行结果】

```
<_io.TextIOWrapper name='./files/content.txt' mode='r' encoding='utf-8'>
```

【范例分析】

（1）范例代码的第 1 行，指定文件的路径 ./files/content.txt，文件的模式是 r，文件的编码格式为 utf-8，意思是打开指定路径的文件以 UTF-8 的方式进行读取，返回对应的文件对象。

（2）如果路径不存在，在读的模式下会报异常 FileNotFoundError，在写的模式下会自动创建此文件。

（3）如果编码格式与文本本身的编码格式不一致，在读/写文本的时候会报异常 UnicodeDecodeError。一般纯文本文件的编码格式是 GBK 或者 UTF-8。

（4）读/写纯文本文件（例如 TXT、PY 文件等）时可以指定按照字符进行读/写并且指定编码格式，读/写二进制文件（例如 JPG、MP4 文件等）时只能按照字节进行读/写并且不可以指定编码格式。计算机数据都是以二进制方式存储的，所以读/写二进制文件的方式适合任何文件。

（5）范例代码的第 3 行，关闭文件对象。文件对象使用完毕后必须关闭，因为文件对象会占用操作系统的资源。

文件对象使用完毕之后，要手动调用 close 方法进行关闭，Python 还提供了简化的写法。

范例 8.2-02 使用with结构进行读（源码路径：ch08/8.2/8.2-02.py）

```
1. with open("./files/content.txt", "r", encoding="utf-8") as file:  # 打开文件进行读取
2.     print(file)
```

【运行结果】

```
<_io.TextIOWrapper name='./files/content.txt' mode='r' encoding='utf-8'>
```

【范例分析】

open 方法把得到的文件对象赋值给变量 file，然后在 with 语句中就可以使用 file 进行文件读 / 写。当 with 语句结束时，会自动关闭 file 对象。另外，如果在打开文件时出现异常（比如 FileNotFoundError）或者读 / 写时出现异常，with 语句依然可以自动关闭 file 对象，释放对应的系统资源。

8.3 操作文件的方法

8.2 节讲解了打开与关闭文件的方法，下面讲解操作文件的方法。

open 方法的返回值是一个 file 对象，file 对象常用方法如表 8-3 所示。

表 8-3 file 对象常用方法

编号	方法	描述
1	file.close	关闭文件。文件被关闭后不能再进行读 / 写操作
2	file.flush	刷新文件内部缓冲区，直接把内部缓冲区的数据写入文件，而不是被动地等待输出缓冲区写入
3	file.fileno	返回一个整数类型的文件描述符（filedescriptorFD 整数类型），可以用在如 os 模块的 read 方法等一些底层操作上
4	file.isatty	如果文件连接到一个终端设备则返回 True，否则返回 False
5	file.next	返回文件下一行
6	file.read([size])	从文件读取指定的字节数，如果未给定或为负则读取所有
7	file.readline([size])	读取整行，包括 \n 字符
8	file.readlines([sizeint])	读取所有行并返回列表，若给定 sizeint>0，则返回总和大约为 sizeint 字节的行，实际读取值可能比 sizeint 大，因为需要填充缓冲区
9	file.seek(offset)	设置文件当前位置
10	file.tell	返回文件当前位置
11	file.truncate([size])	从文件的首行首字符开始截断，截断文件为 size 个字符，若无 size 则表示从当前位置截断；截断之后后面的所有字符被删除，其中 Windows 操作系统下的换行代表 2 个字符大小
12	file.write(str)	将字符串写入文件，返回的是写入的字符串的长度
13	file.writelines(sequence)	向文件写入一个序列字符串列表，如果需要换行则要加入每行的换行符

范例 8.3-01 读文本文件（源码路径：ch08/8.3/8.3-01.py）

```
1. with open("./files/f1.txt", "r", encoding="utf-8") as file:
2.     print(file.read()) # 读所有
3.
4. with open("./files/f1.txt", "r", encoding="utf-8") as file:
5.     print(file.read(3)) # 读 3 个字符
6.
7. with open("./files/f1.txt", "r", encoding="utf-8") as file:
8.     print(file.readlines()) # 读所有行
9.
10. with open("./files/f1.txt", "r", encoding="utf-8") as file:
```

```
11.     print(file.readline()) # 读 1 行
12.
13. with open("./files/f1.txt", "r", encoding="utf-8") as file:
14.     print(file.read(3)) # 读 3 个字符
15.     file.seek(2) # 从头移动指针偏移 2 个字符
16.     print(file.readline()) # 读 1 行
```

【运行结果】

```
hello
world
hi
python
hel
['hello\n', 'world\n', 'hi\n', 'python']
hello

hel
llo
```

【范例分析】

（1）f1.txt 内容如下。

```
hello
world
hi
python
```

（2）范例代码的第 1 行，模式为 r，表示读文本文件。

（3）范例代码的第 2 行，file.read() 表示读当前文本文件中所有字符。

（4）范例代码的第 5 行，file.read(3) 表示读当前文本文件中前 3 个字符。

（5）范例代码的第 8 行，file.readlines() 表示读当前文本文件中所有行，组成列表返回。

（6）范例代码的第 11 行，file.readline() 表示读当前文本文件中 1 行。

（7）范例代码的第 15 行，file.seek(2) 表示从头移动指针偏移 2 个字符。

范例 8.3-02　写文本文件（源码路径：ch08/8.3/8.3-02.py）

```
1. with open("./files/f2.txt", "w", encoding="utf-8") as file:
2.     file.write(" 你好 ") # 写字符串
3.     file.write("\n")
4.     file.write(" 世界 \n")
5.     file.writelines(["hi\n", "python"]) # 写多行字符串
6.
7. with open("./files/f2.txt", "a", encoding="utf-8") as file:
8.     file.write("\n 大家好 ") # 追加写
9.     file.write("\n 我是新来的 ")
10.
11. with open("./files/f2.txt", "r", encoding="utf-8") as file:
12.     print(file.read())
```

【运行结果】

```
你好
世界
hi
python
大家好
我是新来的
```

【范例分析】

（1）范例代码的第 1 行，模式为 w，表示写文本文件。如果文本文件不存在，则自动创建文本文件；如果文本文件存在，则清空文本文件。

（2）范例代码的第 2 行，file.write() 表示写字符串。

（3）范例代码的第 5 行，file.writelines() 表示写多行字符串。

（4）范例代码的第 7 行，模式为 a，表示追加写文本文件，简单理解就是接着写。

范例 8.3-03 读/写字节文件（源码路径：ch08/8.3/8.3-03.py）

```
1.  with open("./files/f3.png", "rb") as file:  # 读字节
2.      print(file.read(5))  # 读 5 个字节
3.
4.  with open("./files/f3.png", "rb") as file1:  # 读字节
5.      with open("./files/f3_2.png", "wb") as file2:  # 写字节
6.          content = file1.read()  # 读 file1 中的所有字节
7.          file2.write(content)  # 将字节写入 file2
```

【运行结果】

```
b'\x89PNG\r'
```

【范例分析】

（1）完成文件的复制，将 f3.png 进行复制得到 f3_2.png。

（2）范例代码的第 1 行，模式为 rb，表示读字节，不需要指定编码格式。

（3）范例代码的第 2 行，file1.read(5) 表示读 5 个字节。

（4）范例代码的第 5 行，模式为 wb，表示写字节，不需要指定编码格式。

（5）范例代码的第 6 行，file1.read() 表示读 file1 中的所有字节。

（6）范例代码的第 7 行，file2.write(content) 表示写字节到 file2。

范例 8.3-04 文件备份（源码路径：ch08/8.3/8.3-04.py）

需求：用户输入当前目录下的任意文件名，程序完成对该文件的备份（备份文件名为 xx[备份] 扩展名，例如 test[备份].txt）。

思路分析如下。

（1）接收用户输入的文件名。

（2）规划备份文件名。

（3）向备份文件写入数据。

```
1. # 用户输入目标文件 sound.txt.mp3
2. old_name = input(' 请输入您要备份的文件名：')
3. # print(old_name)
4. # print(type(old_name))
5.
6. # 规划备份文件的名字
7. # 提取扩展名 — 找到名字中的点 — 将名字和扩展名分离—最右侧的点才是扩展名的点 — 在字符串中查
找某个子串 rfind
8. index = old_name.rfind('.')
9.
10. # 判断
11. if index > 0:
12.     # 提取扩展名
13.     postfix = old_name[index:]
14.
15. # 组织新名字 = 原名字 + [ 备份 ] + 扩展名
16. # 原名字就是字符串中的一部分子串 -- 切片 [ 开始 : 结束 : 步长 ]
17. new_name = old_name[:index] + '[ 备份 ]' + postfix
18. print(new_name)
19.
20. # 在备份文件中写入数据（数据和原文件的一样）
21. # 打开原文件和备份文件
22. old_f = open(old_name, 'rb')
23. new_f = open(new_name, 'wb')
24.
25. # 读取原文件，写入备份文件
26. # 如果不确定目标文件的大小，循环读取与写入，当没有读取出来的数据时就终止循环
27. while True:
28.     con = old_f.read(1024)
29.     if len(con) == 0:
30.         # 表示读取完成
31.         break
32.
33.     new_f.write(con)
34.
35. # 关闭文件
36. old_f.close()
37. new_f.close()
```

【运行结果】

```
请输入您要备份的文件名：files/f3.png
files/f3[ 备份 ].png
```

【范例分析】

（1）将 files/f3.png 进行复制得到备份文件 files/f3[备份].png。

（2）范例代码的第 8 行，通过 rfind 找到文件扩展名中的点的位置。

（3）范例代码的第 13 行，通过字符串的切片获取扩展名。

（4）范例代码的第 17 行，拼接得到新的文件名。

（5）范例代码的第 22~23 行，打开两个文件，这里使用字节操作，这样具有通用性。

（6）范例代码的第 27~33 行，循环读取 1024 个字节，然后判断是否读取成功，如果读取成功则将字节写入，否则退出循环，结束。这里的 read(1024) 相当于自定义的缓冲区。

（7）范例代码的第 36~37 行，关闭文件，释放资源。

范例 8.3-05　登录日志（源码路径：ch08/8.3/8.3-05.py）

需求：创建一个办公自动化（Office Automation，OA）系统的登录界面，每次登录时，将用户的登录日志写入文件，并且实现可以在程序中查看用户的登录日志。

思路分析如下。

（1）接收用户输入的用户名和密码。

（2）判断用户名是否合法。

（3）判断密码是否合法。

（4）判断用户名和密码是否正确。

（5）登录成功后写日志。

（6）登录成功后读日志。

```
1.  import time# 导入模块
2.
3.
4.  def show_info():
5.      """
6.      显示界面信息
7.      """
8.      print(" 输入提示数字，执行相应操作 \n0：退出 \n1：查看登录日志 \n")
9.
10.
11.  def write_loginfo(username):
12.      """
13.      将用户名和登录时间写入日志
14.      :param username: 用户名
15.      """
16.      with open("./files/log.txt", "a") as f:
17.          string = " 用户名：{}\t\t 登录时间：{}\n".format(username, time.strftime("%Y-%m-%d %H:%M:%S",
18.  time.localtime(time.time())))
19.          f.write(string)
20.
21.  def read_loginfo():
22.      """
23.      读取日志
24.      """
25.      with open("./files/log.txt", "r") as f:
26.          while True:
27.              line = f.readline()
28.              if line == "":
29.                  break # 跳出循环
```

```
30.            print(line)  # 输出一行内容
31.
32.
33.  def check_login(username, password):
34.      """
35.      检查用户名和密码是否正确
36.      :param username: 用户名
37.      :param password: 密码
38.      :return: True 登录成功  False 登录失败
39.      """
40.      with open("./files/user.txt", "r") as f:
41.         while True:
42.            line = f.readline().strip()
43.            if line == "":
44.               break  # 跳出循环
45.            else:
46.               if line == username + "-" + password:
47.                  return True  # 登录成功
48.      return False
49.
50.
51.  def main():
52.      """
53.      程序入口
54.      :return:
55.      """
56.
57.      while True:
58.         # 输入用户名
59.         username = input(" 请输入用户名：")
60.         # 检测用户名
61.         while len(username) < 2 or len(username) > 10:
62.            print(" 用户名长度为 2~10 位 ")
63.            username = input(" 请输入用户名：")
64.         # 输入密码
65.         password = input(" 请输入密码：")
66.         # 检测密码
67.         while len(password) < 6 or len(password) > 10:
68.            print(" 密码长度为 6~10 位 ")
69.            password = input(" 请输入密码：")
70.         # 检测用户名和密码
71.         if (check_login(username, password)):
72.            print(" 登录成功 ")
73.            break
74.         else:
75.            print(" 登录失败 ")
76.      write_loginfo(username)  # 写入日志
77.      show_info()  # 提示信息
78.      num = int(input(" 输入操作数字：")) # 输入数字
79.      while True:
```

```
80.         if num == 0:
81.             print(" 退出成功 ")
82.             break
83.         elif num == 1:
84.             print(" 查看登录日志 ")
85.             read_loginfo()
86.             show_info()
87.             num = int(input(" 输入操作数字："))
88.         else:
89.             print(" 您输入的数字有误 ")
90.             show_info()
91.             num = int(input(" 输入操作数字："))
92.
93.
94. if __name__ == "__main__":
95.     main()
```

【运行结果】

```
请输入用户名：zhang
请输入密码：123456
登录失败
请输入用户名：zh
请输入密码：333
密码长度为 6~10 位
请输入密码：12324
密码长度为 6~10 位
请输入密码：zhangsan
登录失败
请输入用户名：zhangsan
请输入密码：111111
登录成功
输入提示数字，执行相应操作
0：退出
1：查看登录日志

输入操作数字：1
查看登录日志
用户名：wangwu              登录时间：2020-04-19 14:36:40

用户名：zhangsan            登录时间：2020-04-19 14:36:52

用户名：zhangsan            登录时间：2020-04-19 19:24:57

输入提示数字，执行相应操作
0：退出
1：查看登录日志

输入操作数字：0
退出成功
```

【范例分析】

（1）user.txt 内容如下。

```
zhangsan-111111
lisi-222222
wangwu-333333
zhaoliu-444444
```

（2）log.txt 内容如下。

```
用户名：wangwu　　　　　登录时间：2020-04-19 14:36:40
用户名：zhangsan　　　　登录时间：2020-04-19 14:36:52
用户名：zhangsan　　　　登录时间：2020-04-19 19:24:57
```

（3）范例代码的第 4~8 行，定义方法显示界面。

（4）范例代码的第 11~19 行，定义方法将用户名和登录时间以一定的格式写入日志文件。

（5）范例代码的第 21~30 行，定义方法循环逐行读取并输出日志信息。

（6）范例代码的第 33~48 行，定义方法检查用户名和密码是否正确，判断登录是否成功。

（7）范例代码的第 51~91 行，定义方法使程序入口开始运行，提示用户输入用户名和密码，判断用户名和密码的格式，如果不正确重新输入；用户名和密码的格式正确后，判断用户名和密码是否正确，如果不正确重新输入；用户名和密码正确后，将登录信息写入日志；最后提示用户选择退出还是查看日志，如果选择退出，结束循环表示程序退出，如果用户选择查看日志，循环输出日志信息。

8.4 相关模块与方法

8.2 节 ~8.3 节讲解了打开与关闭文件的方法和操作文件的方法，下面讲解文件的删除、重命名、查找等功能。

Python 提供了丰富且强大的模块可以完成这些功能，Python 常见的与文件操作相关的模块如下所示：

（1）os 模块；

（2）shutil 模块；

（3）io 模块；

（4）json 模块。

本节介绍这些模块的使用方法。

01 os 模块

os 模块是与操作系统交互的接口，提供统一的操作系统接口方法，在用 Python 处理文件时经常要用到 os 模块。os 模块常用的方法如表 8-4 所示。

表 8-4　os 模块常用的方法

编号	方法	描述
1	os.getcwd	获取当前工作目录，即当前 Python 脚本工作的目录路径
2	os.chdir("dirname")	改变当前脚本工作目录，相当于 Shell 下的 cd
3	os.curdir	返回当前目录，Windows 下为 .
4	os.pardir	获取当前目录的父目录字符串名，Windows 下为 ..
5	os.makedirs("dirname1/dirname2")	可生成多层递归目录
6	os.removedirs("dirname1")	若目录为空，则删除，并递归到上一级目录；若其也为空，则删除，依次类推
7	os.mkdir("dirname")	生成单级目录；相当于 Shell 下的 mkdir dirname
8	os.rmdir("dirname")	删除单级空目录，若目录不为空则无法删除，相当于 Shell 下的 rmdir dirname

续表

编号	方法	描述
9	os.listdir("dirname")	列出指定目录下的所有文件和子目录，包括隐藏文件，并以列表方式输出
10	os.remove("path")	删除一个文件
11	os.rename("oldname","newname")	重命名文件 / 目录
12	os.walk("path")	递归遍历 path 信息
13	os.sep	输出操作系统特定的路径分隔符，Windows 下为 \\，Linux 下为 /
14	os.linesep	输出当前操作系统使用的行结束符，Windows 下为 \t\n，Linux 下为 \n
15	os.pathsep	输出用于分割文件路径的字符串，Windows 下为 ;，Linux 下为 :
16	os.name	输出字符串指示当前使用的操作系统，Windows 下为 nt;，Linux 下为 posix
17	os.system("bash command")	运行 Shell 命令，直接显示
18	os.popen("bash command").read()	运行 Shell 命令，获取执行结果
19	os.environ	获取系统环境变量
20	os.path.abspath(path)	返回 path 规范化的绝对路径，os.path.split(path) 将 path 分割成目录和文件名二元组返回
21	os.path.dirname(path)	返回 path 的目录
22	os.path.exists(path)	如果 path 存在，则返回 True；如果 path 不存在，则返回 False
23	os.path.isabs(path)	如果 path 是绝对路径，则返回 True，否则返回 False
24	os.path.isfile(path)	如果 path 是一个存在的文件，则返回 True，否则返回 False
25	os.path.isdir(path)	如果 path 是一个存在的目录，则返回 True，否则返回 False
26	os.path.join(path1[, path2[, ...]])	将多个路径组合后返回，第一个绝对路径之前的参数将被忽略
27	os.path.getatime(path)	返回 path 所指向的文件或者目录的最后访问时间
28	os.path.getmtime(path)	返回 path 所指向的文件或者目录的最后修改时间
29	os.path.getsize(path)	返回 path 的大小

范例 8.4-01　os模块的使用（源码路径：ch08/8.4/8.4-01.py）

```
1.  # 导入模块
2.  import os
3.
4.  # 1. rename 方法：重命名
5.  os.rename("1.txt", "10.txt")
6.
7.  # 2. remove 方法：删除文件
8.  os.remove("10.txt")
9.
10. # 3. mkdir 方法：创建文件夹
11. os.mkdir("code")
12. os.makedirs("code/aa/bb")
13.
14. # 4.rmdir 方法：删除文件夹
```

```
15. os.rmdir("code")
16.
17. # 5. getcwd 方法：返回当前文件所在目录路径
18. print(os.getcwd())
19.
20. # 6. chdir 方法：改变目录路径
21. # 在 aa 里面创建 bb 文件夹：切换目录到 aa，创建 bb
22. os.mkdir("aa")
23. os.chdir("aa")
24. os.mkdir("bb")
25.
26. # 7. listdir 方法：获取某个文件夹下的所有文件，返回一个列表
27. print(os.listdir())
28. print(os.listdir("aa"))
29.
30. # 8. rename 方法：将文件夹 bb 重命名为 bbbb
31. os.rename("bb", "bbbb")
```

【运行结果】

```
['8.4_03.py', '8.4_02.py', '.DS_Store', 'bb', 'files', '8.4_01.py', '8.4_04.py']
['old.txt', 'data.json', 'new.txt']
```

【范例分析】

（1）范例代码的第 5 行，rename 方法可以重命名文件，也可以重命名文件夹。

（2）范例代码的第 8 行，remove 方法用于删除文件。

（3）范例代码的第 11、12 行，mkdir 方法只能创建一层文件夹，上层文件夹必须存在，makedirs 方法可以创建多层文件夹。

（4）范例代码的第 15 行，rmdir 方法用于删除文件夹。

（5）范例代码的第 18 行，getcwd 方法用于获取当前路径。

（6）范例代码的第 23 行，chdir 方法用于改变目录路径。

（7）范例代码的第 27、28 行，listdir 方法用于列出当前路径下的所有文件，得到的是列表。

02 shutil 模块

shutil 模块提供了一系列有关文件和文件集合的高阶操作，特别是提供了一些支持文件复制和删除的方法。对于单个文件的操作，请参阅 os 模块相关内容。shutil 模块常用的方法如表 8-5 所示。

表 8-5 shutil 模块常用的方法

编号	方法	描述
1	shutil.copyfileobj(fsrc, fdst[, length])	将文件对象 fsrc 的内容复制到文件对象 fdst。整数值 length 如果给出则为缓冲区大小
2	shutil.copyfile(src, dst, *, follow_symlinks=True)	将 src 文件的内容复制到 dst 文件并返回 dst
3	shutil.copymode(src, dst, *, follow_symlinks=True)	从 src 复制权限位到 dst。文件的内容、所有者和分组将不受影响
4	shutil.copystat(src, dst, *, follow_symlinks=True)	从 src 复制权限位、最近访问时间、最近修改时间到 dst

续表

编号	方法	描述
5	shutil.copy(src, dst, *, follow_symlinks=True)	将文件 src 复制到文件或目录 dst。src 和 dst 应为字符串。如果 dst 指定了一个目录，那么文件将使用 src 中的基准文件名并复制到 dst。返回新创建文件所对应的路径
6	shutil.copytree(src, dst, symlinks=False, ignore=None, copy_function=copy2, ignore_dangling_symlinks=False)	递归地复制以 src 为根路径的整个目录树到目标目录，返回目标目录
7	shutil.rmtree(path, ignore_errors=False, onerror=None)	删除一个完整的目录树
8	shutil.move(src, dst, copy_function=copy2)	递归地将一个文件或目录 src 移至另一位置 dst 并返回目标位置
9	shutil.disk_usage(path)	以元组的形式返回一个磁盘统计信息，其中包含 total、used 和 free 属性，分别表示总计、已使用和未使用空间的字节数
10	shutil.chown(path, user=None, group=None)	修改给定 path 的 user 和 group
11	shutil.which(cmd, mode=os.F_OK | os.X_OK, path=None)	返回当给定的 cmd 被调用时将要运行的可执行文件的路径。如果没有 cmd 会被调用则返回 None
12	shutil.make_archive(base_name, format[, root_dir[, base_dir[, verbose[, dry_run[, owner[, group[, logger]]]]]]])	创建一个归档文件（例如 ZIP 或 TAR 文件）并返回其名称
13	shutil.get_archive_formats	返回支持的归档格式列表。所返回序列中的每个元素为一个元组 (name,description)
14	shutil.register_archive_format(name, function[, extra_args[, description]])	为 name 格式注册一个归档程序
15	shutil.unregister_archive_format(name)	从支持的格式中删除归档格式 name
16	shutil.unpack_archive(filename[, extract_dir[, format]])	解压一个归档文件。filename 是归档文件的完整路径
17	shutil.register_unpack_format(name, extensions, function[, extra_args[, description]])	注册一个解压格式。name 为格式名称而 extensions 为对应该格式的扩展名列表，例如 ZIP 文件的扩展名为 .zip
18	shutil.unregister_unpack_format(name)	撤销注册一个解压格式。name 为格式名称
19	shutil.get_unpack_formats	返回所有已注册的解压格式列表。所返回序列中的每个元素为一个元组 (name,extensions,description)

范例 8.4-02　shutil模块的使用（源码路径：ch08/8.4/8.4-02.py）

```
1. # 导入模块
2. import shutil
3.
4. # 复制文件对象
5. shutil.copyfileobj(open("./files/old.txt", "r"), open("./files/new.txt", "w"))
6. # 复制文件
7. shutil.copyfile("./files/old.txt", "./files/new.txt")
8. # 复制文件和权限
9. shutil.copy("./files/old.txt", "./files/new.txt")
10. # 递归复制
11. shutil.copytree("folder1", "folder2", ignore=shutil.ignore_patterns('*.pyc', 'tmp*'))
```

```
12. #递归删除
13. shutil.rmtree('folder1')
14. #递归移动
15. shutil.move('folder1', 'folder3')
16. #压缩
17. path = shutil.make_archive("files", 'zip', root_dir='./files')
18. print(path)
19. #解压
20. shutil.unpack_archive(path, "./files2")
```

【范例分析】

（1）范例代码的第 5 行，copyfileobj 方法用于复制文件对象。将第 1 个参数文件对象 fsrc 的内容复制到第 2 个参数文件对象 fdst。还有第 3 个参数 length，如果给出则为缓冲区大小。特别地，length 为负值表示复制数据时不对源数据进行分块循环处理；默认情况下会分块读取数据以避免不受控制的内存消耗。注意，如果 fsrc 对象的当前文件位置不为 0，则只有从当前文件位置到文件末尾的内容会被复制。

（2）范例代码的第 7 行，copyfile 方法用于复制文件。将第 1 个参数 src 文件的内容（不含元数据）复制到第 2 个参数 dst 文件并返回 dst。src 和 dst 是字符串形式的路径。dst 必须是完整的目标文件名，如果 src 和 dst 指定了同一文件，则将引发 SameFileError 异常。目标位置必须是可写的；否则将引发 OSError 异常。如果 dst 已经存在，它将被替换。特殊文件如字符或块设备以及管道无法用此方法来复制。

（3）范例代码的第 9 行，copy 方法用于复制文件和权限。将第 1 个参数文件 src 复制到第 2 个参数文件或目录 dst。src 和 dst 应为字符串。如果 dst 指定了一个目录，那么文件将使用 src 中的基准文件名并复制到 dst。返回新创建文件所对应的路径。

（4）范例代码的第 11 行，copytree 方法用于递归复制。递归地复制以第 1 个参数 src 为根路径的整个目录树到第 2 个参数 dst，返回目标目录。dst 的目标目录不必已存在，它本身和还不存在的父目录都将被自动创建。

（5）范例代码的第 13 行，rmtree 方法用于递归删除一个完整的目录树。第 1 个参数 path 必须指向一个目录（但不能是一个目录的符号链接）。如果第 2 个参数 ignore_errors 为真，删除失败导致的错误将被忽略；如果为假或是省略，此类错误将通过调用由第 3 个参数 onerror 所指定的处理程序来处理，或者如果此参数被省略则将引发异常。

（6）范例代码的第 15 行，move 方法用于递归地将一个文件或目录 src 移至另一位置 dst 并返回目标位置。如果目标是已存在的目录，则 src 会被移至该目录下。如果目标已存在但不是目录，它可能会被覆盖，具体取决于 os.rename 方法用于的语义。如果目标是在当前文件系统中，则会使用 os.rename 方法用于。在其他情况下，src 将被复制至 dst，使用的方法为 copy_function，然后目标会被删除。对于符号链接，则将在 dst 之下或以其本身为名称创建一个指向 src 目标的新符号链接，并且 src 将会被删除。

（7）范例代码的第 17 行，make_archive 方法用于创建一个归档文件（例如 ZIP 或 TAR 文件）并返回其名称。第 1 个参数 base_name 是要创建的文件的名称，包括路径和去除任何特定格式的扩展名。第 2 个参数 format 是归档格式，为 zip(如果 zlib 模块可用)、tar、gztar(如果 zlib 模块可用)、bztar(如果 bz2 模块可用)或 xztar(如果 lzma 模块可用)中的一个。root_dir 是一个目录，它将作为归档文件的根目录。第 3 个参数 base_dir 是要执行归档的起始目录，也就是说 base_dir 将成为归档文件中所有文件和目录共有的路径前缀。root_dir 和 base_dir 默认均为当前目录。

（8）范例代码的第 20 行，unpack_archive 方法用于解压一个归档文件。第 1 个参数 filename 是归档文件的完整路径。第 2 个参数 extract_dir 是归档文件解压的目标目录名称。如果 extract_dir 未提供，则将使用当前工作目录。第 3 个参数 format 是归档格式，应为 zip、tar、gztar、bztar 或 xztar 之一，或者任何通过 register_unpack_format 方法用于注册的其他格式。如果 format 未提供，unpack_archive 方法用于将使用归档文件的扩展名来检查是否注册了对应该扩展名的解压器。在未找到任何解压器的情况下，将引发 ValueError 异常。

03 io 模块

io 模块提供了 Python 处理各种 I/O 的主要工具。两种主要的 I/O 分别为文本 I/O、二进制 I/O，二者用于在内存中读 / 写数据，一般在不使用文件临时读 / 写少量数据的时候使用，操作方法与直接读 / 写文件的方法是基本相同的。io 模块常用的两种类型如表 8-6 所示。

表 8-6 io 模块常用的两种类型

编号	类型	描述
1	StringIO	在内存中读 / 写字符
2	BytesIO	在内存中读 / 写字节

范例 8.4-03 用io模块在内存中读/写（源码路径：ch08/8.4/8.4-03.py）

```
1.  # 导入模块
2.  from io import StringIO, BytesIO
3.
4.  # 创建对象
5.  f = StringIO()
6.  # 写
7.  f.write('hello')
8.  f.write(' ')
9.  f.write('world!')
10. # 读
11. print(f.getvalue())
12.
13. # 创建对象
14. f = StringIO('Hello!\nHi!\nGoodbye!')
15. while True:
16.     s = f.readline()
17.     if s == '':
18.         break
19.     print(s.strip())
20.
21. # 创建对象
22. f = BytesIO()
23. # 写
24. f.write(' 中文 '.encode('utf-8'))
25. # 读
26. print(f.getvalue())
27.
28. # 创建对象
29. f = BytesIO(b'\xe4\xb8\xad\xe6\x96\x87')
30. # 读
31. print(f.read())
```

【运行结果】

```
hello world!
Hello!
Hi!
Goodbye!
b'\xe4\xb8\xad\xe6\x96\x87'
b'\xe4\xb8\xad\xe6\x96\x87'
```

【范例分析】

（1）范例代码的第 5 行，创建在内存中读 / 写字符的对象，对象内没有数据。

（2）范例代码的第 7 行，write 方法用于写字符数据。

（3）范例代码的第 11 行，getvalue 方法用于读所有字符数据，相当于 open 方法返回的文件对象的 read 方法。

（4）范例代码的第 14 行，创建在内存中读 / 写字符的对象，对象内有数据。

（5）范例代码的第 16 行，readline 方法用于读 1 行字符数据，相当于 open 方法返回的文件对象的 readline 方法。

（6）范例代码的第 22 行，创建在内存中读 / 写字节的对象，对象内没有数据。

（7）范例代码的第 24 行，write 方法用于写字节数据，使用 encode 编码字符得到字节数据。

（8）范例代码的第 26 行，getvalue 方法用于读所有字节数据，相当于 open 方法返回的文件对象的 read 方法。

（9）范例代码的第 29 行，创建在内存中读 / 写字节的对象，对象内有数据。

（10）范例代码的第 31 行，read 方法用于读所有字节数据，相当于 open 方法返回的文件对象的 read 方法。

04 json 模块

先了解下 JS 对象标记（JavaScript Object Notation，JSON），JSON 是一种轻量级的数据交换格式，JSON 数据格式与 Python 数据格式基本一致。JSON 数据格式与 Python 数据格式转换如表 8-7 所示。

表 8-7 JSON 数据格式与 Python 数据格式转换

编号	JSON	Python
1	object	dict
2	array	list
3	string	str
4	number (int)	int
5	number (real)	float
6	true	True
7	false	False
8	null	None

json 模块提供了 Python 中专门处理用于 JSON 数据的方法：dumps、dump、loads 和 load。json 模块常用的 4 种方法如表 8-8 所示。

表 8-8 json 模块常用的 4 种方法

编号	方法	描述
1	json.dumps(obj, *, skipkeys=False, ensure_ascii=True, check_circular=True, allow_nan=True, cls=None, indent=None, separators=None, default=None, sort_keys=False, **kw)	将 Python 中的对象 obj 转换成 JSON 格式的字符串，ensure_ascii 设置为 False，表示支持中文，indent 用于进行格式化

续表

编号	方法	描述
2	json.dump(obj, fp, *, skipkeys=False, ensure_ascii=True, check_circular=True, allow_nan=True, cls=None, indent=None, separators=None, default=None, sort_keys=False, **kw)	将 Python 中的对象 obj 转换成 JSON 格式的字符串，存储到文件对象 fp 中
3	json.loads(s, *, encoding=None, cls=None, object_hook=None, parse_float=None, parse_int=None, parse_constant=None, object_pairs_hook=None, **kw)	将 JSON 格式的字符串 s 转换成 Python 中的对象并返回，encoding 用于设置编码格式
4	json.load(fp, *, cls=None, object_hook=None, parse_float=None, parse_int=None, parse_constant=None, object_pairs_hook=None, **kw)	将文件对象 fp 中的 JSON 格式的字符串转换成 Python 中的对象并返回

范例 8.4-04 用json模块在内存中读/写（源码路径：ch08/8.4/8.4-04.py）

```
1.  # 导入模块
2.  import json
3.
4.  python_data = ['foo', {'bar': ('baz', None, 1.0, 2)}]
5.
6.  # 转换
7.  json_data = json.dumps(python_data)
8.  print(json_data, type(json_data))
9.
10. # 转换并格式化
11. json_data = json.dumps(python_data, indent=4)
12. print(json_data, type(json_data))
13.
14. # 转换并写入文件
15. with open("./files/data.json", "w", encoding="utf-8") as file:
16.     json.dump(python_data, file)
17.
18. # 转换
19. python_data = json.loads(json_data)
20. print(python_data, type(python_data))
21.
22. # 读文件并转换
23. with open("./files/data.json", "r", encoding="utf-8") as file:
24.     python_data = json.load(file)
25.     print(python_data, type(python_data))
```

【运行结果】

```
["foo", {"bar": ["baz", null, 1.0, 2]}] <class 'str'>
[
    "foo",
    {
        "bar": [
            "baz",
            null,
            1.0,
            2
        ]
```

```
}
] <class 'str'>
['foo', {'bar': ['baz', None, 1.0, 2]}] <class 'list'>
['foo', {'bar': ['baz', None, 1.0, 2]}] <class 'list'>
```

【范例分析】

（1）data.json 内容如下。

```
["foo", {"bar": ["baz", null, 1.0, 2]}]
```

（2）范例代码的第 7 行，将 Python 中的数据对象转换成 JSON 格式的字符串。

（3）范例代码的第 11 行，将 Python 中的数据对象转换成 JSON 格式的字符串。字符串默认是在一行的，所以使用参数 indent 格式化字符串，使其像代码一样有一定的格式，更加美观、方便查看，但是这样会增加数据的长度，不利于传输。

（4）范例代码的第 15~16 行，将 Python 中的数据对象转换成 JSON 格式的字符串并写入文件。

（5）范例代码的第 19 行，将 JSON 格式的字符串转换成 Python 中的数据对象。

（6）范例代码的第 23~25 行，读取文件中的 JSON 格式的字符串并将其转换成 Python 中的数据对象。

8.5 见招拆招

编码格式的问题

在对文件读/写的时候，经常会遇到编码格式报错的问题。比如这里的 file.txt，默认的编码格式是 ANSI（不同的国家和地区制定了不同的标准，在简体中文 Windows 操作系统中，ANSI 编码代表 GBK 编码），运行如下代码，如果使用 UTF-8 编码格式读取就会报错。

```
with open("./files/file.txt", "r", encoding="utf-8") as file:
    content = file.read()
    print(content)
```

编码错误如图 8-1 所示。

```
Traceback (most recent call last):
  File "C:/Users/      /PycharmProjects/book/ch08/8.5/8.5 01.py", line 2, in <module>
    content = file.read()
  File "C:\tools\Anaconda3\envs\book env\lib\codecs.py", line 322, in decode
    (result, consumed) = self._buffer_decode(data, self.errors, final)
UnicodeDecodeError: 'utf-8' codec can't decode byte 0xc8 in position 0: invalid continuation byte
```

图8-1 编码错误

怎么解决呢？有两种办法，如下所示。

（1）在对 file.txt 读/写的时候指定编码格式为 GBK，这样读/写就不会出错，运行结果如下所示。

```
with open("./files/file.txt", "r", encoding="gbk") as file:
    content = file.read()
    print(content)
```

（2）修改文件 file.txt 的编码格式，使用记事本打开文件，单击【文件】，选择【另存为】，将编码格式 ANSI 修改成 UTF-8，如图 8-2 所示。

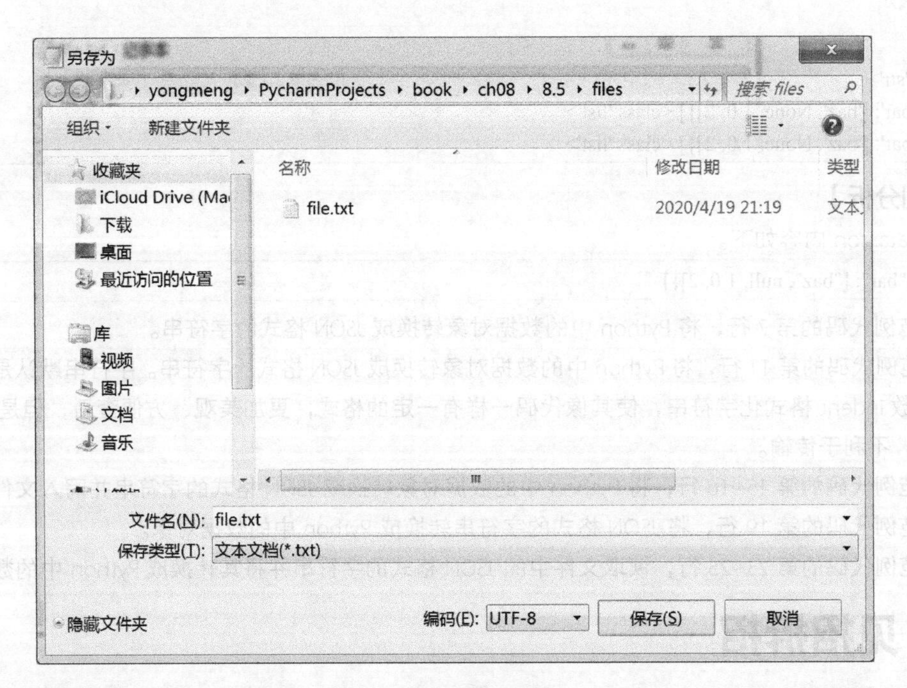

图8-2　修改编码格式

在图 8-2 所示的对话框中单击【保存】按钮，弹出图 8-3 所示的提示框。

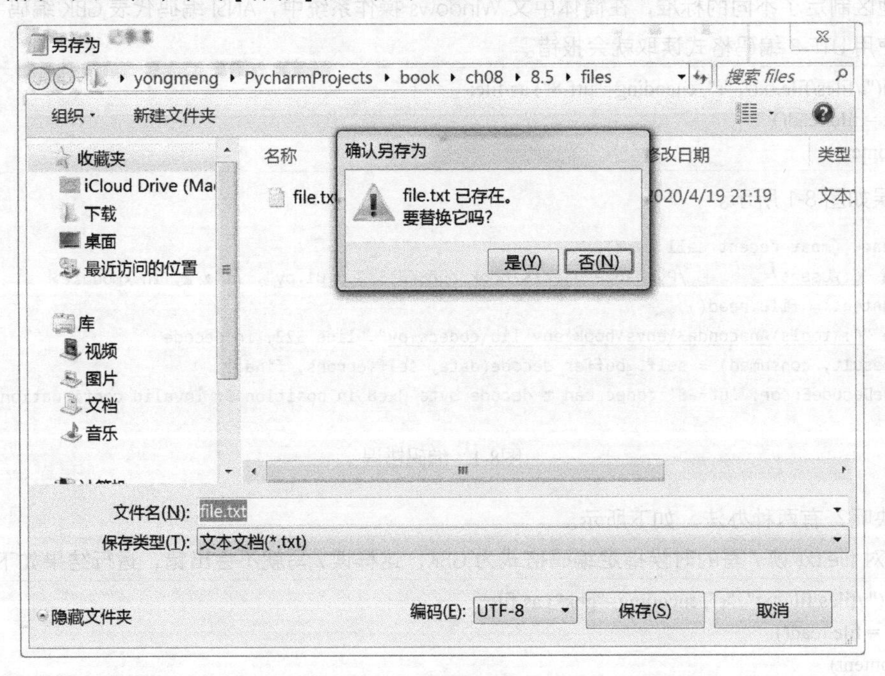

图8-3　弹出提示框

在图 8-3 所示的提示框中单击【是】按钮，重新运行代码，完成。

▶8.6 实战演练

（1）文件搜索器。

创建一个文件搜索器界面，输入要搜索的文件名字，在本地进行搜索，列出搜索到的信息，如图 8-4 所示。

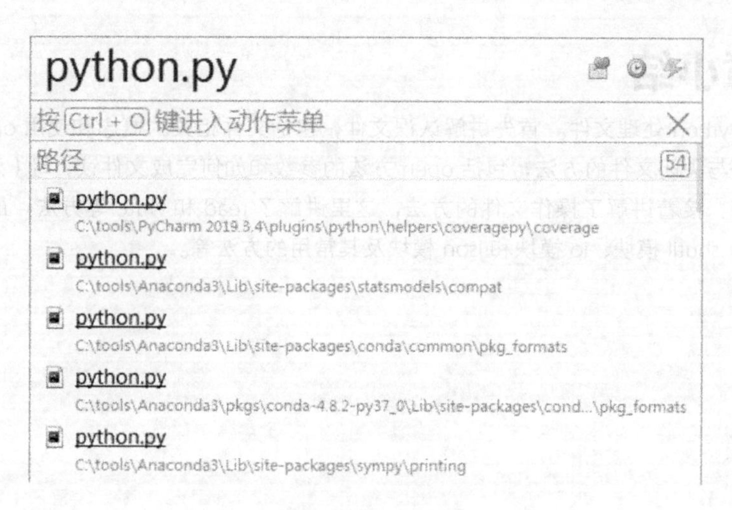

图8-4　文件搜索器

（2）客服自助系统。

客服为了快速回答买家的问题，设置了自动回复的功能，当有买家咨询时，客服自助系统会先使用设置好的内容进行回复，如图 8-5 所示。

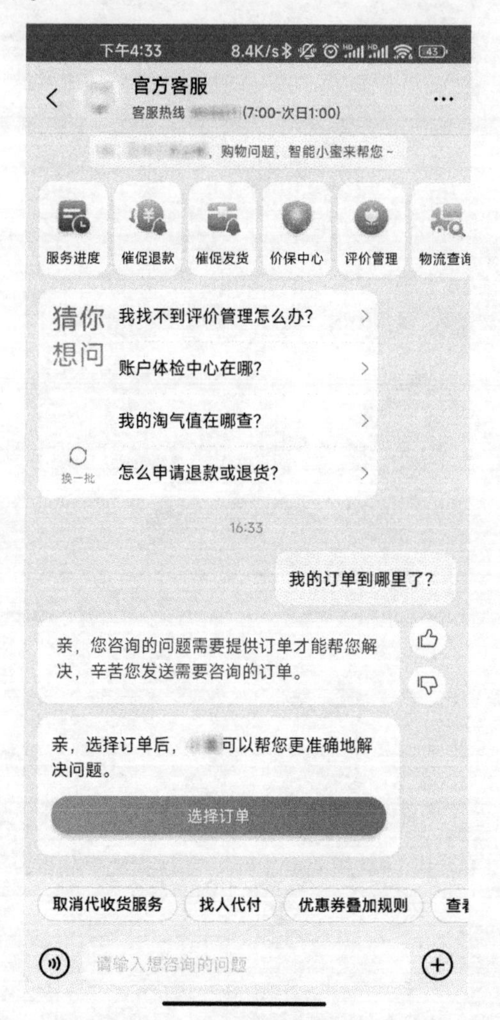

图8-5　客服自助系统

8.7 本章小结

本章讲解使用 Python 处理文件。首先讲解认识文件，包括文件相关的概念和使用 open 方法获取文件对象等；然后讲解打开与关闭文件的方法，包括 open 方法的参数和如何完成文件读 / 写（涉及文本文件和二进制文件的读 / 写）等；接着讲解了操作文件的方法，这里讲解了 read 和 write 等方法；最后讲解相关模块与方法，包括 os 模块、shutil 模块、io 模块和 json 模块及其常用的方法等。

第 9 章

处理错误与异常

本章讲解如何处理错误与异常，包括常见的错误和异常、try...except 语句、异常类、抛出异常、自定义异常、异常和函数、合理使用异常等。

本章要点（已掌握的在方框中打钩）

- □ 常见的错误和异常
- □ try...except 语句
- □ 异常类
- □ 抛出异常
- □ 自定义异常
- □ 异常和函数
- □ 合理使用异常

9.1 常见的错误和异常

当检测到一个错误时，解释器就无法继续执行了，会出现错误提示，这就是所谓的“异常”。

例如：以 r 方式打开一个不存在的文件。

```
open('test.txt', 'r')
```

如果文件 test.txt 不存在，会报如下异常。

```
Traceback (most recent call last):
  File "D:/PycharmProjects/book/ch09/9.1/9.1_01.py", line 1, in <module>
    open('test.txt', 'r')
FileNotFoundError: [Errno 2] No such file or directory: 'test.txt'
```

例如：除法运算。

```
12/0
```

如果除数为 0，会报如下异常。

```
Traceback (most recent call last):
  File "D:/PycharmProjects/book/ch09/9.1/9.1_02.py", line 1, in <module>
    10/0
ZeroDivisionError: division by zero
```

9.2 try...except 语句

9.1 节讲解了常见的错误和异常，下面讲解 try...except 语句。

捕捉异常可以使用 try...except 语句。

try...except 语句用来检测 try 语句块中的错误，从而让 except 语句块捕获异常信息并处理。如果不想在异常发生时结束程序，只需在 try 里捕获它。

基本语法如下。

```
try:
    可能发生错误的代码
except 异常 :
    捕获到该异常执行的代码
else:
    没有异常执行的代码
finally:
    无论是否有异常执行的代码
```

01 体验

如果尝试执行的代码的异常和要捕获的异常不一致，则无法捕获异常。一般 try 下方只放一行尝试执行的代码。

```
print(" 程序开始 ")
try:
    print(num)
except NameError:
    print(' 有错误 ')
print(" 程序结束 ")
```

运行结果如下。

```
程序开始
有错误
程序结束
```

02 捕获多个指定异常

当捕获多个异常时，可以把要捕获的异常的名字放到 except 后，并使用元组的方式编写代码。

```
try:
    print(1/0)
except (NameError, ZeroDivisionError):
    print(' 有错误 ')
```

运行结果如下。

```
有错误
```

03 捕获异常描述信息

当捕获到异常时可以使用 as 将异常对象传递给变量。

```
try:
    print(num)
except (NameError, ZeroDivisionError) as result:
    print(result)
```

运行结果如下。

```
name 'num' is not defined
```

04 捕获所有异常

Exception 是所有程序异常类的父类，可以用于捕获所有异常。

```
try:
    print(num)
except Exception as result:
    print(result)
```

运行结果如下。

```
name 'num' is not defined
```

05 异常的 else

else 表示的是如果没有异常要执行的代码。

```
try:
    print(num)
except Exception as result:
    print(result)
try:
    print(1)
except Exception as result:
    print(result)
else:
    print(' 我是 else，是没有异常的时候执行的代码 ')
```

运行结果如下。

```
name 'num' is not defined
```

06 异常的 finally

finally 表示的是无论是否有异常都要执行的代码，例如关闭文件。

```
try:
    f = open('test.txt', 'r')
except Exception as result:
    f = open('test.txt', 'w')
else:
```

```
    print(' 没有异常，真开心 ')
finally:
    f.close()
```

运行结果如下。

```
没有异常，真开心
```

范例 9.2-01　异常处理（源码路径：ch09/9.2/9.2-01.py）

```
1.  def process(num1, num2, file):
2.      try:
3.          with open(file, 'r', encoding='utf-8') as f:
4.              print(f.read())
5.          result = num1 / num2
6.          with open(file, 'w', encoding='utf-8') as f:
7.              f.write(str(result))
8.      except ZeroDivisionError:
9.          print(f'{num2} can not be zero')
10.     except FileNotFoundError:
11.         print(f'file {file} not found')
12.     except Exception as e:
13.         print(f'exception, {e.args}')
14.
15.
16. process(10, 0, "test3.txt")
```

【运行结果】

```
0 can not be zero
```

【范例分析】

（1）范例代码使用 try...except 处理异常。

（2）范例代码使用多个 except 语句块处理多种类型的异常。

9.3 异常类

9.2 节讲解了 try...except 语句，下面讲解异常类和实例。

在 Python 中不同的异常可以用不同的类型去标识，不同的类对象标识不同的异常，一个异常标识一种错误，Python 中的标准异常如表 9-1 所示。

表 9-1　Python 中的标准异常

异常名称	描述
BaseException	所有异常的父类
SystemExit	解释器请求退出
KeyboardInterrupt	用户中断执行
Exception	常规错误的父类
StopIteration	迭代器没有更多的值
GeneratorExit	生成器发生异常来通知退出
StandardError	所有的内建标准异常的父类
ArithmeticError	所有数值计算错误的父类

续表

异常名称	描述
FloatingPointError	浮点数计算错误
OverflowError	数值计算超出最大限制
ZeroDivisionError	除数为零或取模所有数据类型
AssertionError	断言语句失败
AttributeError	对象没有对应属性
EOFError	没有内建输入，到达文件结束符（End-Of-File，EOF）标记
EnvironmentError	操作系统错误的父类
IOError	输入 / 输出操作失败
OSError	操作系统错误
WindowsError	系统调用失败
ImportError	导入模块 / 对象失败
LookupError	无效数据查询的父类
IndexError	序列中没有对应索引
KeyError	映射中没有对应键
MemoryError	内存溢出错误 (对于 Python 解释器不是致命的)
NameError	未声明 / 初始化对象 (没有属性)
UnboundLocalError	访问未初始化的本地变量
ReferenceError	弱引用（Weak Reference）试图访问已经进行过垃圾回收的对象
RuntimeError	一般的运行时错误
NotImplementedError	尚未实现的方法
SyntaxError	Python 语法错误
IndentationError	缩进错误
TabError	【Tab】键和空格混用
SystemError	一般的解释器系统错误
TypeError	对类型无效的操作
ValueError	传入无效的参数
UnicodeError	Unicode 相关的错误
UnicodeDecodeError	Unicode 解码时的错误
UnicodeEncodeError	Unicode 编码时的错误
UnicodeTranslateError	Unicode 转换时的错误
Warning	警告的父类
DeprecationWarning	关于被弃用的特征的警告
FutureWarning	关于构造将来语义会有改变的警告
OverflowWarning	旧的关于自动更改为长整数（long）的警告
PendingDeprecationWarning	关于特征将会被废弃的警告
RuntimeWarning	可疑的运行时行为（Runtime Behavior）的警告
SyntaxWarning	可疑的语法的警告
UserWarning	关于用户代码生成的警告

当程序发生异常，解释器创建对应的异常对象时，可以使用 try...except 语句捕捉异常对象。

9.4 抛出异常

9.3 节讲解了异常类，下面讲解抛出异常。

要引发异常，可使用 raise 语句，并将一个类（必须是 Exception 的子类）或实例作为参数。将类作为参数时，会自动创建一个实例，如图 9-1 所示。

```
In [1]: raise Exception
---------------------------------------------------------------------------
Exception                                 Traceback (most recent call last)
<ipython-input-1-2aee0157c87b> in <module>
----> 1 raise Exception

Exception:

In [2]: raise Exception("出异常了")
---------------------------------------------------------------------------
Exception                                 Traceback (most recent call last)
<ipython-input-2-2ef77e089b05> in <module>
----> 1 raise Exception("出异常了")

Exception: 出异常了

In [3]: raise ZeroDivisionError("除数不能为0")
---------------------------------------------------------------------------
ZeroDivisionError                         Traceback (most recent call last)
<ipython-input-3-194fdea1dccd> in <module>
----> 1 raise ZeroDivisionError("除数不能为0")

ZeroDivisionError: 除数不能为0
```

图9-1　使用raise抛出异常

在第一个示例（raise Exception）中，引发的是通用异常，没有指出出现了什么错误。在第二个示例中，添加了错误消息“出异常了”。

9.5 自定义异常

9.4 节讲解了抛出异常，下面讲解自定义异常。

虽然内置异常涉及的范围很广，能够满足很多需求，但有时用户可能想自己创建异常类。例如，密码长度不足，则报异常（用户输入密码时，如果输入的密码的长度不足 3 位，则报错，即抛出自定义异常并捕获该异常）。

范例 9.5-01　自定义异常（源码路径：ch09/9.5/9.5-01.py）

```
1.  class ShortInputError(Exception):
2.      def __init__(self, length, min_len):
3.          self.length = length
4.          self.min_len = min_len
5.
6.      def __str__(self):
7.          return f'你输入的密码的长度是 {self.length}，不能少于 {self.min_len} 个字符'
8.
9.
10. def main():
11.     try:
12.         con = input('请输入密码：')
13.         if len(con) < 3:
```

```
14.             raise ShortInputError(len(con), 3)
15.         except Exception as result:
16.             print(result)
17.         else:
18.             print(' 密码已经输入完成 ')
19.
20.
21.     main()
```

【运行结果】

```
请输入密码：11
你输入的密码长度是 2，不能少于 3 个字符
```

【范例分析】

（1）范例代码中 ShortInputError 是自定义的异常类，需要继承 Exception 或 Exception 的子类。

（2）范例代码的第 6~7 行，使用 __str__ 方法设置抛出异常的描述信息。

（3）范例代码的第 13~14 行，如果不满足条件，那么使用 raise 抛出自定义异常对象。

（4）范例代码的第 15 行，使用 Exception 接收所有异常，然后在第 16 行输出，也可以写到文件中，记录日志。

9.6 异常和函数

9.5 节讲解了自定义异常，下面讲解异常和函数。

异常和函数有着天然的联系。如果不处理函数中引发的异常，它将向上传播到调用函数的地方。如果在那里也未得到处理，异常将继续传播，直至到达主程序（全局作用域）。如果在主程序中也没有异常处理程序，那么程序将终止并显示栈跟踪消息。

异常如果没有被处理，则会一直往外抛出。

```
import time
try:
    f = open('test.txt')
    try:
        while True:
            content = f.readline()
            if len(content) == 0:
                break
            time.sleep(2)
            print(content)
    except:
        # 如果在读取文件的过程中产生了异常，那么就会捕获到
        # 比如按【Ctrl+C】快捷键
        print(' 意外终止了读取数据 ')
    finally:
        f.close()
        print(' 关闭文件 ')
except:
    print(" 没有这个文件 ")
```

当内层代码发生异常时，内层的 except 会捕捉异常，但是如果是内层的 finally 发生异常，则异常会抛出，外层的 except 会捕捉异常。

范例 9.6-01　异常和函数（源码路径：ch09/9.6/9.6-01.py）

```
1.	def faulty():
2.	    raise Exception('Something is wrong')
3.
4.
5.	def ignore_exception():
6.	    faulty()
7.
8.
9.	def handle_exception():
10.	    try:
11.	        faulty()
12.	    except:
13.	        print('Exception handled')
14.
15.
16.	ignore_exception()
```

【运行结果】

```
Traceback (most recent call last):
  File "D:/PycharmProjects/book/ch09/9.6/9.6_01.py", line 16, in <module>
    ignore_exception()
  File "D:/PycharmProjects/book/ch09/9.6/9.6_01.py", line 6, in ignore_exception
    faulty()
  File "D:/PycharmProjects/book/ch09/9.6/9.6_01.py", line 2, in faulty
    raise Exception('Something is wrong')
Exception: Something is wrong
```

【范例分析】

（1）faulty 中引发的异常依次从 faulty 和 ignore_exception 向外传播，最终导致显示一条栈跟踪消息。

（2）调用 handle_exception 时，异常最终会传播到 handle_exception，并被这里的 try...except 语句处理。

9.7 合理使用异常

9.6 节讲解了异常和函数，下面讲解合理使用异常。

异常处理并不是很复杂。如果你知道代码可能会引发某种异常，且不希望出现这种异常时程序终止并显示栈跟踪消息，可添加必要的 try...except 或 try...finally 语句（或结合使用）来处理它。

有时候，可使用条件语句来达成实现异常处理的目标，但这样编写出来的代码可能不那么自然，可读性也没那么高。另外，有些任务使用 if...else 完成看似很自然，但实际上使用 try...except 来完成要好得多。下面来看两个示例。

假设有一个字典，要实现在指定的键存在时输出与之相关联的值，否则什么都不做。实现这种功能的代码可以类似于下面这样。

```
def describe_person(person):
    print('Description of', person['name'])
    print('Age：', person['age'])
    if 'occupation' in person:
            print('Occupation:', person['occupation'])
```

如果调用函数describe person，并向它提供一个包含姓名Throatwobbler Mangrove和年龄42（但不包含职业）的字典，输出将如下所示。

```
Description of Throatwobbler Mangrove
Age: 42
```

如果在这个字典中添加职业camper，输出将如下所示。

```
Description of Throatwobbler Mangrove
Age: 42
Occupation: camper
```

这段代码很直观，但效率不高（虽然这里的重点是代码简洁），因为它必须两次查找occupation键：一次检查这个键是否存在（在条件中），另一次获取这个键关联的值，以便将其输出。下面是另一种解决方案。

```
def describe_person(person):
    print('Description of', person['name'])
    print('Age:', person['age'])
try:
    print('Occupation:', person['occupation'])
except KeyError:
    pass
```

在这里，假设存在occupation键。如果这种假设正确，就能省事：直接获取并输出值，而无须检查这个键是否存在。如果这个键不存在，将引发KeyError异常，而except语句将捕获这个异常。

你可能会发现，检查对象是否包含特定的属性时，try...except也很有用。例如，假设要检查一个对象是否包含属性write，可使用类似于下面的代码。

```
try:
    obj.write
except AttributeError:
    print('The object is not writeable')
else:
    print('The object is writeable')
```

在这里，try语句只是访问属性write，而没有使用它做任何事情。如果引发了AttributeError异常，说明对象没有属性write，否则就说明有这个属性。这种解决方案可替代getattr的解决方案，而且更自然。具体使用哪种解决方案，很大程度上取决于个人喜好。

请注意，这里在效率方面的提高并不明显（实际上是微乎其微的）。一般而言，除非程序存在性能方面的问题，否则不应过多考虑这样的优化。关键是在很多情况下，相比于使用if...else，使用try...except语句更自然，也更符合Python的风格。因此你应养成尽可能使用try...except语句的习惯。

9.8 见招拆招

错误和异常有什么区别?

01 错误

从软件方面来说，错误是语法或逻辑上的。语法错误指示软件结构上有错误，导致不能被解释器解释或编译器无法编译。这些错误必须在程序执行前纠正。当程序的语法修改正确后，剩下的就是逻辑错误了。逻辑错误可能是由不完整或不合法的输入所致；在其他情况下，还可能是逻辑无法生成、计算或输出结果需要的过程无法执行所致。这些错误通常分别被称为域错误和范围错误。

当Python检测到一个错误时，解释器就会指出当前流已经无法继续执行，这时候就出现了异常。

02 异常

对异常的较好描述是：它是因为程序出现了错误而在正常控制流以外采取的行为。这个行为又分为两个阶段：首先是引起异常发生的阶段，然后是检测和采取可能的措施的阶段。

第一个阶段是在引发了一个异常条件（有时候也叫作例外的条件）后发生的。只要检测到错误并且意识到异常条件，解释器就会引发异常。引发也可以叫作触发或者生成，解释器通过它通知当前控制流有错误发生。

Python 也允许程序员自己引发异常，无论异常是 Python 解释器还是程序员引发的，异常就是错误发生的信号，当前流将被打断，用来处理这个错误并采取相应的操作，这就是第二个阶段。

对异常的处理发生在第二个阶段。异常引发后，可以调用很多不同的操作，可以是忽略错误（记录错误但不采取任何措施，采取补救措施后将终止程序），或是减轻问题的影响后设法继续执行程序。所有的这些操作都代表一种“继续”，或是控制的分支，关键是程序员在错误发生时可以指示程序如何执行。

类似 Python 这样支持引发和处理异常（这更重要）的语言，可以让程序员在错误发生时更直接地控制它们。这样程序员不仅能检测错误，还可以在它们发生时采取更可靠的补救措施。

由于有了运行时管理错误的能力，程序的健壮性有了很大的提高。

▶9.9 实战演练

实现一个“迷你计算器”，使用异常处理提高程序的健壮性。

▶9.10 本章小结

本章讲解如何处理错误与异常。首先讲解常见的错误和异常，然后讲解 try...except 语句，包括如何处理异常和多种写法等；接着讲解异常类，包括 Python 中的标准异常；其次讲解抛出异常和自定义异常，包括如何抛出异常和自定义异常类；最后讲解异常和函数以及合理使用异常，包括异常的传播以及合理使用异常可以提高程序的健壮性等。

第 10 章

使 Python 更强大的工具——迭代器、生成器、装饰器

本章讲解使 Python 更强大的工具——迭代器、生成器、装饰器，包括迭代与可迭代对象、迭代器与生成器、“神器”——装饰器等。

本章要点（已掌握的在方框中打钩）

- □ 迭代与可迭代对象
- □ 迭代器与生成器
- □ “神器”——装饰器

10.1 迭代与可迭代对象

直接作用于 for 循环的数据类型有以下两类。

一类是集合数据类型，如 list 、 tuple 、 dict 、 set 、 str 等。

另一类是生成器，包括生成器和带 yield 的生成器函数。

迭代是访问集合元素的一种方式。可以直接作用于 for 循环的对象统称为可迭代 Iterable 对象。

可以使用 isinstance 判断一个对象是否是 Iterable 对象。

```
In [50]: from collections import Iterable

In [51]: isinstance([], Iterable)
Out[51]: True

In [52]: isinstance({}, Iterable)
Out[52]: True

In [53]: isinstance('abc', Iterable)
Out[53]: True

In [54]: isinstance((x for x in range(10)), Iterable)
Out[54]: True

In [55]: isinstance(100, Iterable)
Out[55]: False
```

10.2 迭代器与生成器

10.1 节讲解了迭代与可迭代对象，下面讲解迭代器与生成器。

迭代器是一个可以记住遍历的位置的对象。迭代器对象从集合的第一个元素开始访问，直到所有的元素被访问完才结束。迭代器只能往前访问不能后退访问。

01 迭代器

可以被 next 函数调用并不断返回下一个值的对象称为迭代器（ Iterator ）对象。

可以使用 isinstance 判断一个对象是否是 Iterator 对象。

```
In [56]: from collections import Iterator

In [57]: isinstance((x for x in range(10)), Iterator)
Out[57]: True

In [58]: isinstance([], Iterator)
Out[58]: False

In [59]: isinstance({}, Iterator)
Out[59]: False

In [60]: isinstance('abc', Iterator)
Out[60]: False

In [61]: isinstance(100, Iterator)
Out[61]: False
```

02 iter 函数

生成器都是 Iterator 对象，但 list、dict、str 虽然是 Iterable 对象，却不是 Iterator 对象。

把 list、dict、str 等 Iterable 对象转换成 Iterator 对象可以使用 iter 函数。

```
In [62]: isinstance(iter([]), Iterator)
Out[62]: True

In [63]: isinstance(iter('abc'), Iterator)
Out[63]: True
```

迭代器的特点如下。

- 凡是可作用于 for 循环的对象都是 Iterable 对象。
- 凡是可作用于 next 函数的对象都是 Iterator 对象。
- 集合数据类型如 list 、dict 、str 等是 Iterable 对象但不是 Iterator 对象，不过可以通过 iter 函数将其转换为 Iterator 对象。
- 可在使用集合的时候，减少占用的内存。

03 生成器

通过列表生成式，我们可以直接创建一个列表。但是，受到内存的限制，列表容量肯定是有限的。而且，创建一个包含 100 万个元素的列表会占用很大的内存，如果我们仅需要访问前面几个元素，那后面绝大多数元素占用的内存都白白浪费了。所以，如果列表元素可以按照某种算法推算出来，那我们是否可以在循环的过程中不断推算出后续的元素呢？这样就不必创建完整的列表，从而能节省大量的内存。在 Python 中，这种一边循环一边计算的机制，称为生成器。

04 创建生成器的方法 1

要创建一个生成器，有很多种方法。第一种方法很简单，只要把列表生成式的 [] 改成 () 即可。

```
In [15]: L = [ x*2 for x in range(5)]


In [16]: L
Out[16]: [0, 2, 4, 6, 8]

In [17]: G = ( x*2 for x in range(5))

In [18]: G
Out[18]: <generator object <genexpr> at 0x7f626c132db0>
```

创建 L 和 G 的区别仅在于最外层的 [] 和 ()，L 是一个列表，而 G 是一个生成器。我们可以直接输出 L 的每一个元素，但怎么输出 G 的每一个元素呢？如果要一个一个输出，可以通过 next 函数获得生成器的下一个返回值。

```
In [19]: next(G)
Out[19]: 0

In [20]: next(G)
Out[20]: 2

In [21]: next(G)
Out[21]: 4
```

```
In [22]: next(G)
Out[22]: 6

In [23]: next(G)
Out[23]: 8

In [24]: next(G)
---------------------------------------------------------------------------
StopIteration                             Traceback (most recent call last)
<ipython-input-24-380e167d6934> in <module>()
----> 1 next(G)

StopIteration:

In [26]: G = ( x*2 for x in range(5))

In [27]: for x in G:
   ....:     print(x)
   ....:
0
2
4
6
8

In [28]:
```

生成器保存的是算法，每次调用 next(G)，就计算出 G 的下一个元素的值，直到计算到最后一个元素，没有更多的元素时，抛出 StopIteration 异常。当然，这种不断调用 next 函数的方法实在是太麻烦了，正确的方法是使用 for 循环，因为生成器也是 Iterable 对象。所以，我们创建一个生成器后，基本上永远不会调用 next 函数，而是通过 for 循环来迭代它，并且不需要关心 StopIteration 异常。

05 创建生成器的方法 2

生成器非常强大。如果推算的算法比较复杂，用类似列表生成式的 for 循环无法实现的时候，还可以用函数来实现。

比如，著名的斐波那契（Fibonacci）数列：除第一个和第二个数外，任意一个数都可由其前面两个数相加得到，如 1, 1, 2, 3, 5, 8, 13, 21, 34, ...。

斐波那契数列用列表生成式无法写出，但是，用函数输出它却很容易。

```
In [28]: def fib(times):
   ....:     n = 0
   ....:     a,b = 0,1
   ....:     while n<times:
   ....:         print(b)
   ....:         a,b = b,a+b
   ....:         n+=1
   ....:     return 'done'
```

```
   ....:

In [29]: fib(5)11235
Out[29]: 'done'
```

仔细观察，可以看出，fib 函数实际上是定义了斐波那契数列的推算规则，可以从第一个元素开始，推算出后续任意的元素，这种逻辑其实非常类似生成器的逻辑。

也就是说，上面的函数和生成器仅“一步之遥”。要把 fib 函数转变成生成器，只需要把 print(b) 改为 yield b 就可以了。

```
In [30]: def fib(times):
   ....:     n = 0
   ....:     a,b = 0,1
   ....:     while n<times:
   ....:         yield b
   ....:         a,b = b,a+b
   ....:         n+=1
   ....:     return 'done'
   ....:

In [31]: F = fib(5)

In [32]: next(F)
Out[32]: 1

In [33]: next(F)
Out[33]: 1

In [34]: next(F)
Out[34]: 2

In [35]: next(F)
Out[35]: 3

In [36]: next(F)
Out[36]: 5

In [37]: next(F)
---------------------------------------------------------------------------
StopIteration                             Traceback (most recent call last)
<ipython-input-37-8c2b02b4361a> in <module>()
----> 1 next(F)

StopIteration: done
```

在上面 fib 函数的例子中，我们在循环过程中不断调用 yield，就会不断中断。当然要给循环设置一个条件来退出循环，不然就会生成一个无限数列。同样，把函数转变成生成器后，我们基本上不会用 next 函数来获取下一个返回值，而是直接使用 for 循环来迭代。

```
In [38]: for n in fib(5):
   ....:     print(n)
   ....:     11235

In [39]:
```

但是用 for 循环调用生成器时，会发现得不到生成器的 return 语句的返回值。如果想要得到返回值，必须捕获 StopIteration 异常，返回值包含在 StopIteration 的 value 中。

```
In [39]: g = fib(5)

In [40]: while True:
   ...:     try:
   ...:         x = next(g)
   ...:         print("value:%d"%x)
   ...:     except StopIteration as e:
   ...:         print(" 生成器返回值：%s"%e.value)
   ...:         break
   ...:
value:1
value:1
value:2
value:3
value:5
生成器返回值：done

In [41]:
```

06 send

执行到 yield 时，gen 函数作用暂时保存，返回 i 的值；temp 接收下次 c.send(“python”)，send 发送过来的值，c.next() 等价于 c.send(None)。

```
In [10]: def gen():
   ....:     i = 0
   ....:     while i<5:
   ....:         temp = yield i
   ....:         print(temp)
   ....:         i+=1
   ....:
```

使用 next 函数。

```
In [11]: f = gen()

In [12]: next(f)
Out[12]: 0

In [13]: next(f)
None
Out[13]: 1

In [14]: next(f)
None
Out[14]: 2

In [15]: next(f)
None
Out[15]: 3

In [16]: next(f)
None
Out[16]: 4

In [17]: next(f)
```

```
None
---------------------------------------------------------------------------
StopIteration                             Traceback (most recent call last)
<ipython-input-17-468f0afdf1b9> in <module>()
----> 1 next(f)

StopIteration:
```

使用 _ _next_ _ 方法。

```
In [18]: f = gen()

In [19]: f._ _next_ _()
Out[19]: 0

In [20]: f._ _next_ _()
None
Out[20]: 1

In [21]: f._ _next_ _()
None
Out[21]: 2

In [22]: f._ _next_ _()
None
Out[22]: 3

In [23]: f._ _next_ _()
None
Out[23]: 4

In [24]: f._ _next_ _()
None
---------------------------------------------------------------------------
StopIteration                             Traceback (most recent call last)
<ipython-input-24-39ec527346a9> in <module>()
----> 1 f._ _next_ _()

StopIteration:
```

使用 send。

```
In [43]: f = gen()

In [44]: f._ _next_ _()
Out[44]: 0

In [45]: f.send('haha')
haha
Out[45]: 1

In [46]: f._ _next_ _()None
Out[46]: 2

In [47]: f.send('haha')
haha
Out[47]: 3
```

In [48]:

生成器是这样一个函数，它记住第一次返回时在函数体中的位置。对生成器函数的第二次（或第 n 次）调用跳转至该函数中间，而上次调用的所有局部变量都保持不变。

生成器不仅“记住”了它的数据状态，还“记住”了它在流控制构造（在命令式编程中，这种构造不只包括数据值）中的位置。

生成器的特点如下。

- 节约内存。
- 迭代到下一次的调用时，所使用的参数都是第一次调用时保留的，即所有函数调用的参数都是第一次调用时保留的，而不是新创建的。

范例 10.2-01　文件读取（源码路径：ch10/10.2/10.2-01.py）

```
1.  def read_file(fpath):
2.     BLOCK_SIZE = 1024
3.     with open(fpath, 'rb') as f:
4.        while True:
5.           block = f.read(BLOCK_SIZE)
6.           if block:
7.              yield block
8.           else:
9.              return
10.
11.
12.  for i in read_file("./test.txt"):
13.      print(i)
```

【运行结果】

略

【范例分析】

（1）如果直接对文件对象调用 read 方法，会导致不可预测的内存占用。

（2）这里利用固定长度的缓冲区来不断读取文件内容。通过 yield，不再需要编写读文件的迭代类，就可以轻松实现文件读取。

10.3 “神器”——装饰器

10.2 节讲解了迭代器与生成器，下面讲解“神器”——装饰器。

在学习装饰器之前，先了解闭包等。

01 函数引用

```
def test1():
   print("--- in test1 func----")
# 调用函数
test1()
# 引用函数
ret = test1

print(id(ret))
print(id(test1))
# 通过引用调用函数
```

```
ret()
```

运行结果如下。

```
--- in test1 func----140212571149040140212571149040
--- in test1 func----
```

02 什么是闭包

```
# 定义一个函数
def test(number):
    # 在函数内部再定义一个函数，并且这个函数用到了外部函数的变量，那么将这个函数以及用到的变量称为闭包
    def test_in(number_in):
        print("in test_in 函数 , number_in is %d"%number_in)
        return number+number_in
    # 其实这里返回的就是闭包的结果
    return test_in

# 给 test 函数赋值，这里的 20 就是赋值给参数 number
ret = test(20)
# 注意这里的 100 其实是赋值给参数 number_in
print(ret(100))
# 注意这里的 200 其实是赋值给参数 number_in
print(ret(200))
```

运行结果如下。

```
in test_in 函数 , number_in is 100120
in test_in 函数 , number_in is 200220
```

对于内部函数对外部函数作用域中变量（非全局变量）的引用，则称内部函数为闭包。

```
# closeure.py
def counter(start=0):
    count=[start]
    def incr():
        count[0] += 1
        return count[0]
    return incr
```

启动 Python 解释器。

```
>>>import closeure
>>>c1=closeure.counter(5)
>>>print(c1())6
>>>print(c1())7
>>>c2=closeure.counter(100)
>>>print(c2())101
>>>print(c2())102
```

nonlocal 访问外部函数的局部变量。

```
def counter(start=0):
    def incr():
        nonlocal start
        start += 1
        return start
    return incr

c1 = counter(5)
```

```
print(c1())
print(c1())

c2 = counter(50)
print(c2())
print(c2())

print(c1())
print(c1())

print(c2())
print(c2())
```

闭包的特点如下。

- 闭包优化了变量，原来需要类对象完成的工作，闭包也可以完成。
- 由于闭包引用了外部函数的局部变量，因此外部函数的局部变量没有及时释放，会消耗内存。

装饰器是在闭包的基础上完成的。

装饰器是程序开发中经常会用到的功能，用好了装饰器，开发效率会大大提高。但对很多初次接触装饰器的人来讲，不太容易理解。

01 先明白这段代码

```
#### 第一次 ####
def foo():
    print('foo')

foo     # 表示是函数
foo()  # 表示执行 foo 函数
#### 第二次 ####
def foo():
    print('foo')

foo = lambda x: x + 1

foo()  # 执行 lambda 表达式，不再是原来的 foo 函数，因为 foo 重新指向了另外一个匿名函数
```

02 需求来了

某初创公司有 *N* 个业务部门和 1 个基础平台部门。基础平台部门负责提供底层的功能，如数据库操作、Redis 调用、监控 API 等功能。业务部门使用基础功能时，只需调用基础平台部门提供的功能即可。

```
############### 基础平台部门提供的功能 ###############
def f1():
    print('f1')
def f2():
    print('f2')
def f3():
    print('f3')
def f4():
    print('f4')
############### 业务部门 A 调用基础平台部门提供的功能 ###############

f1()
f2()
f3()
```

```
f4()
############### 业务部门 B 调用基础平台部门提供的功能 ###############

f1()
f2()
f3()
f4()
```

目前公司有条不紊地运转着，但是，以前基础平台部门的开发人员在写代码时没有关注与验证相关的问题，即基础平台部门提供的功能可以被任何人使用。现在需要对基础平台部门提供的所有功能进行重构，为其添加验证机制，即执行功能前先进行验证。

“老大”把工作交给小 A，他是这么做的，如下所示。

跟每个业务部门交涉，每个业务部门自己写代码，调用基础平台部门提供的功能之前先进行验证。这样一来基础平台部门就不需要做任何修改了。太棒了，有充足的时间去打游戏了 ......

当天小 A 被开除了 ......

老大把工作交给小 AA，他是这么做的，如下所示。

```
    ############### 基础平台部门提供的功能 ###############
def f1():
    # 验证 1
    # 验证 2
    # 验证 3
    print('f1')
def f2():
    # 验证 1
    # 验证 2
    # 验证 3
    print('f2')
def f3():
    # 验证 1
    # 验证 2
    # 验证 3
    print('f3')
def f4():
    # 验证 1
    # 验证 2
    # 验证 3
    print('f4')
############### 业务部门不变 ############### ### 业务部门 A 调用基础平台部门提供的功能 ###

f1()
f2()
f3()
f4()
### 业务部门 B 调用基础平台部门提供的功能 ###

f1()
f2()
f3()
f4()
```

过了一周小 AA 被开除了。老大把工作交给小 AAA，他只对基础平台部门的代码进行重构，其他业务部门无须做任何修改。

```
############### 基础平台部门提供的功能 ###############
def check_login():
    # 验证 1
    # 验证 2
    # 验证 3
    pass

def f1():

    check_login()

    print('f1')
def f2():

    check_login()

    print('f2')
def f3():

    check_login()

    print('f3')
def f4():

    check_login()

    print('f4')
```

老大看了小 AAA 的实现，嘴角露出了一丝欣慰的笑，语重心长地跟小 AAA 聊天。

老大说：“写代码要遵循开放封闭原则，虽然这个原则是适用于面向对象开发的，但是也适用于函数式编程，简单来说，它规定已经实现的功能代码不允许被修改，但可以被扩展。封闭是针对已实现的功能代码块，开放是针对扩展进行开发。”

如果将开放封闭原则应用于上述需求，那么就不允许在函数 f1 、f2、f3、f4 的内部修改代码。老大给了小 AAA 一个实现方案，如下所示。

```
def w1(func):
    def inner():
        # 验证 1
        # 验证 2
        # 验证 3
        func()
    return inner

@w1
def f1():
    print('f1')
@w1
def f2():
    print('f2')
@w1
```

```
def f3():
    print('f3')
@w1
def f4():
    print('f4')
```

上述代码也仅是对基础平台部门的代码进行修改，可以实现在其他人调用函数 f1、f2、f3、f4 之前都进行验证操作，并且其他业务部门无须做任何修改。

小 AAA 紧张地问了一下这段代码的内部执行原理是什么。

老大正要生气，但是看小 AAA 平时工作努力，决定和小 AAA 交个好朋友。

老大开始详细地讲解。

单独以 f1 为例，如下所示。

```
def w1(func):
    def inner():
        # 验证 1
        # 验证 2
        # 验证 3
        func()
    return inner

@w1def f1():
    print('f1')
```

Python 解释器会从上到下解释代码，步骤如下。

- def w1(func)：将 w1 函数加载到内存。
- @w1：调用装饰器。

没错，从表面上看解释器仅会解释这两句代码，因为函数在没有被调用之前其内部代码不会被执行。

从表面上看解释器着实会执行这两句代码，但是 @w1 这一句代码却有大文章，@ 函数名是 Python 的一种语法糖。

上例 @w1 内部会执行以下操作。

- 执行 w1 函数。

执行 w1 函数，并将 @w1 后面的函数作为 w1 函数的参数，即 @w1 等价于 w1(f1)，所以内部就会执行。

```
def inner():
    # 验证 1
    # 验证 2
    # 验证 3
    f1()    # func 是参数，此时 func 等价于 f1
return inner# 返回 inner，inner 代表的是函数，非执行函数，其实就是将原来的 f1 函数放入另外一个函数
```

- w1 的返回值。

将执行完的 w1 函数的返回值赋值给 @w1 后面的函数的函数名 f1，即将 w1 的返回值再重新赋值给 f1。

```
新 f1 = def inner():
        # 验证 1
        # 验证 2
        # 验证 3
        原 f1()
    return inner
```

所以，以后业务部门想要执行 f1 函数时，就会执行新 f1 函数，在新 f1 函数内部先执行验证，再执行原 f1 函数，然后将原 f1 函数的返回值返回给业务调用者。

如此一来，既执行了验证的功能，又执行了原 f1 函数的内容，并将原 f1 函数的返回值返回给业务调用者。

03 再议装饰器

```
# 定义函数：完成包裹数据 def makeBold(fn):
def wrapped():
    return "<b>" + fn() + "</b>"
return wrapped
# 定义函数：完成包裹数据 def makeItalic(fn):
def wrapped():
    return "<i>" + fn() + "</i>"
return wrapped

@makeBolddef test1():
    return "hello world-1"

@makeItalicdef test2():
    return "hello world-2"

@makeBold
@makeItalic
def test3():
    return "hello world-3"

print(test1()))
print(test2()))
print(test3()))
```

运行结果如下。

```
<b>hello world-1</b>
<i>hello world-2</i>
<b><i>hello world-3</i></b>
```

04 装饰器功能

装饰器的功能如下所示。

- 引入日志。
- 统计函数执行时间。
- 执行函数前进行预备处理。
- 执行函数后清理功能。
- 权限校验等场景。
- 实现缓存。

05 装饰器示例

例 1: 无参数的函数。

```
from time import ctime, sleep
def timefun(func):
    def wrappedfunc():
        print("%s called at %s"%(func._ _name_ _, ctime()))
        func()
    return wrappedfunc

@timefundef foo():
    print("I am foo")
```

```
foo()@@@@@
sleep(2)
foo()
```

上面代码的装饰器行为可理解成如下代码。

```
foo = timefun(foo)
#foo 作为参数赋值给 func 后，foo 接收指向 timefun 返回的 wrappedfunc
foo()
# 调用 foo，即等价于调用 wrappedfunc
# 内部函数 wrappedfunc 被调用，所以外部函数的 func 变量 ( 自由变量 ) 并没有被释放
#func 里保存的是原 foo 函数对象
```

例 2: 被装饰的函数有参数。

```
from time import ctime, sleep
def timefun(func):
    def wrappedfunc(a, b):
        print("%s called at %s"%(func.__name__, ctime()))
        print(a, b)
        func(a, b)
    return wrappedfunc
@timefundef foo(a, b):
    print(a+b)

foo(3,5)
sleep(2)
foo(2,4)
```

例 3: 被装饰的函数有不定长参数。

```
from time import ctime, sleep
def timefun(func):
    def wrappedfunc(*args, **kwargs):
        print("%s called at %s"%(func.__name__, ctime()))
        func(*args, **kwargs)
    return wrappedfunc
@timefun
def foo(a, b, c):
    print(a+b+c)

foo(3,5,7)
sleep(2)
foo(2,4,9)
```

例 4: 装饰器中的 return。

```
from time import ctime, sleep
def timefun(func):
    def wrappedfunc():
        print("%s called at %s"%(func.__name__, ctime()))
        func()
    return wrappedfunc
@timefun
def foo():
    print("I am foo")
@timefun
def getInfo():
    return '----hahah---'
```

```
foo()
sleep(2)
foo()

print(getInfo())
```

运行结果如下。

```
foo called at Fri Nov  4 21:55:35 2016
I am foo
foo called at Fri Nov  4 21:55:37 2016
I am foo
getInfo called at Fri Nov  4 21:55:37 2016None
```

如果修改装饰器为 return func()，则运行结果如下。

```
foo called at Fri Nov  4 21:55:57 2016
I am foo
foo called at Fri Nov  4 21:55:59 2016
I am foo
getInfo called at Fri Nov  4 21:55:59 2016
----hahah---
```

一般情况下为了让装饰器更通用，可以有 return。

例 5: 装饰器带参数，在原有装饰器的基础上，设置外部变量。

```
from time import ctime, sleep
def timefun_arg(pre="hello"):
    def timefun(func):
        def wrappedfunc():
            print("%s called at %s %s"%(func.__name__, ctime(), pre))
            return func()
        return wrappedfunc
    return timefun
@timefun_arg("haha")
def foo():
    print("I am foo")
@timefun_arg("python")
def too():
    print("I am too")

foo()
sleep(2)
foo()

too()
sleep(2)
too()
```

可以理解为如下代码。

```
foo()==timefun_arg("haha")(foo)()
```

范例 10.3-01 计算程序运行时间（源码路径：ch10/10.3/10.3-01.py）

```
1.  import time
2.
3.  def clock(func):
4.      def clocked(*args, **kwargs):
5.          start = time.time()
6.          result = func(*args, **kwargs)
7.          end = time.time()
8.          print(func.__name__, end - start)
9.          return result
10.     return clocked
11.
12. @clock
13. def test():
14.     print("excute...")
15.     time.sleep(5)
16.
17. test()
```

【运行结果】

```
excute...
test 5.004252910614014
```

【范例分析】

使用 time 模块在函数执行前后通过做差来计算时间。

10.4 见招拆招

装饰器函数其实是这样一个接口约束，它必须接收一个 callable 对象作为参数，然后返回一个 callable 对象。在 Python 中 callable 对象一般都是函数，但也有例外。只要某个对象重写了 __call__ 方法，那么这个对象就是 callable 的。

```
class Test():
    def __call__(self):
        print('call me!')

t = Test()
t()  # call me
```

类装饰器示例如下。

```
class Test(object):
    def __init__(self, func):
        print("--- 初始化 ---")
        print("func name is %s"%func.__name__)
        self.__func = func
    def __call__(self):
        print("--- 装饰器中的功能 ---")
        self.__func()
# 说明：
#1. 当用 Test 来作为装饰器对 test 函数进行装饰的时候，首先会创建 Test 的实例对象
#   并且会把 test 这个函数名当作参数传递到 __init__ 方法中
```

```
#   即在 __init__ 方法中的 func 变量指向了 test 函数体
#
#2. test 函数相当于指向了用 Test 创建出来的实例对象
#
#3. 当在使用 test 函数进行调用时，就相当于让这个对象为 ()，因此会调用这个对象的 __call__ 方法
#
#4. 为了能够在 __call__ 方法中调用原来 test 指向的函数体，在 __init__ 方法中就需要一个实例属性来保存这个 # 函数体的引用
#   所以才有了 self.__func = func 这句代码，从而在调用 __call__ 方法时能够调用到 test 之前的函数体
@Test
def test():
    print("----test---")
test()
```

运行结果如下。

```
--- 初始化 ---
func name is test
--- 装饰器中的功能 ---
----test---
```

10.5 实战演练

八皇后问题是一个深受大家喜爱的计算机谜题：你需要将 8 个“皇后”放在棋盘上，条件是任何一个“皇后”都不能威胁其他“皇后”，即任何两个“皇后”都不能吃掉对方。怎样才能做到这一点呢？应将这些“皇后”放在什么地方呢？

10.6 本章小结

本章讲解使 Python 更强大的工具——迭代器、生成器、装饰器。首先讲解迭代与可迭代对象，包括如何判断对象是否可迭代等；然后讲解迭代器与生成器，包括迭代器的判断和生成器的语法、意义等；最后讲解“神器”——装饰器，包括装饰器的使用和意义等。

第 11 章 Python 与图形

本章讲解 Python 与图形，包括常用的 Python GUI 开发模块、从 Easy GUI 开始、经典 GUI——tkinter、漂亮的 wxPython、了解 pygame 等。

本章要点（已掌握的在方框中打钩）

- ☐ 常用的 Python GUI 开发模块
- ☐ 从 EasyGUI 开始
- ☐ 经典 GUI——tkinter
- ☐ 漂亮的 wxPython
- ☐ 了解 pygame

11.1 常用的 Python GUI 开发模块

到目前为止，我们介绍的所有输入和输出内容都只是 IDLE 中的简单文本。现代计算机和程序中会使用大量的图形，如果我们的程序中也有一些图形就好了。在本章中，我们会讲解一些常用的图形用户界面 (Graphical User Interface，GUI) 框架。从现在开始，我们介绍的程序看上去就会像你平常熟悉的那些程序一样，将会有窗口、按钮等。

在 GUI 中，并不是只有输入文本和返回文本，用户还可以看到窗口、按钮、文本框等，而且可以用鼠标单击，还可以通过键盘输入。GUI 是与程序交互的一种方式。如图 11-1 所示，GUI 的程序有 3 个基本要素：输入、处理和输出。其输入和输出更丰富、更有趣一些。

图11-1 GUI的程序的3个基本要素

Python 提供了多个 GUI 开发模块，常用的 Python GUI 模块如下。

- EasyGUI。

EasyGUI 是一个模块，用于使 Python 进行非常简单、容易的 GUI 编程。EasyGUI 与其他 GUI 模块的不同之处在于，EasyGUI 不是事件驱动的。相反，所有 GUI 交互都通过简单的函数调用来进行。

- tkinter。

tkinter 模块（Tk 接口）是 Python 的标准 Tk GUI 工具包的接口。Tk 和 tkinter 可以在大多数的 UNIX 平台中使用，同样可以应用在 Windows 和 macOS 操作系统中。Tk 8.0 的后续版本可以实现本地窗口风格，并能良好地运行在绝大多数平台中。

- wxPython。

wxPython 是 Python 的优秀 GUI 开发模块，可让 Python 程序员很方便地创建完整的、功能健全的 GUI。

- pygame。

pygame 是用于开发游戏软件的 Python 程序模块，基于 SDL 库开发。pygame 允许用户在 Python 程序中创建功能丰富的游戏和多媒体程序，是一个具有高可移植性的模块，可以支持多种操作系统。

11.2 从 EasyGUI 开始

11.1 节讲解了常用的 Python GUI 开发模块，下面讲解 EasyGUI。

01 安装

安装命令如下所示。

```
pip install easygui
```

02 示例程序

在 EasyGUI 中，所有 GUI 交互都通过简单的函数调用来进行。

以下是一个使用 EasyGUI 的简单演示程序。

```
from easygui import *
import sys

# A nice welcome message
ret_val = msgbox("Hello, World!")
if ret_val is None: # User closed msgbox
    sys.exit(0)

msg ="What is your favorite flavor?\nOr Press <cancel> to exit."
title = "Ice Cream Survey"
choices = ["Vanilla", "Chocolate", "Strawberry", "Rocky Road"]
while 1:
    choice = choicebox(msg, title, choices)
    if choice is None:
        sys.exit(0)
    msgbox("You chose: {}".format(choice), "Survey Result")
```

运行结果如图 11-2 所示。

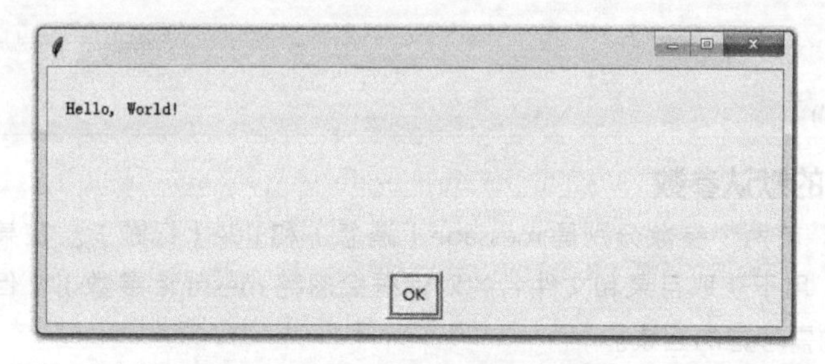

图11-2　运行结果1

在图 11-2 所示的窗口中单击【OK】，弹出图 11-3 所示的窗口。

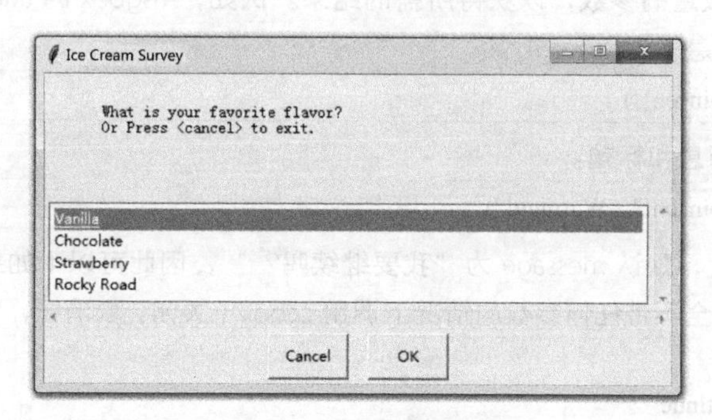

图11-3　运行结果窗口1

在图 11-3 所示的窗口中单击【OK】，弹出图 11-4 所示的窗口。

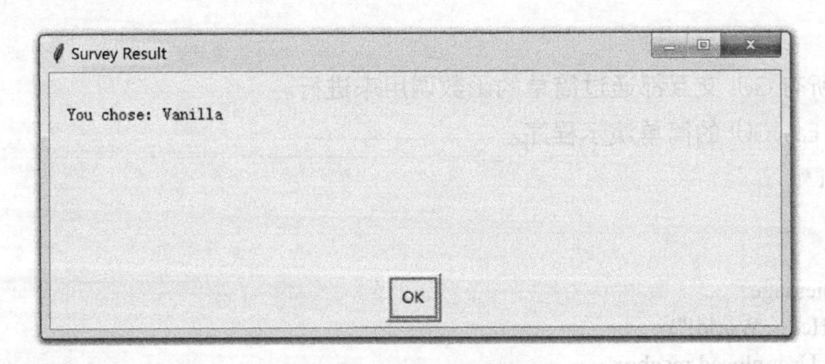

图11-4 运行结果窗口2

03 导入 EasyGUI

为了使用 EasyGUI，必须将其导入。较简单的导入语句如下。

```
import easygui
```

如果使用这种形式，则要访问 EasyGUI 函数，必须为它们加上名称“easygui”，方法如下。

```
easygui.msgbox(...)
```

04 使用 EasyGUI

导入 EasYGUI 后，只需调用几个参数即可轻松完成 GUI 操作。例如，使用 EasyGUI 后，“Hello,world！”程序如下所示。

```
from easygui import *
msgbox("Hello, world!")
```

05 EasyGUI 函数的默认参数

对于所有类型的框，前两个参数分别是 message（消息）和 title（标题）。在某些情况下，这可能不是较人性化的安排（例如，用于获取目录和文件名的对话框会忽略 message 参数），但是我觉得在所有小部件之间保持一致是更重要的需考虑的因素。

EasyGUI 函数的大多数参数都有默认值，几乎所有的框都会显示一条消息和一个标题。并且 message 通常具有简单的默认值，title 默认设置为空字符串。

这样就可以指定所需数量的参数，以获得所需的结果。例如，msgbox 的 title 参数是可选的，因此可以通过以下方式仅指定一条消息来调用 msgbox。

```
msgbox("Danger, Will Robinson!")
```

或通过以下方式指定消息和标题。

```
msgbox("Danger, Will Robinson!", "Warning!")
```

在各种类型的按钮框上，默认 message 为“我要继续吗？”，因此可以（如果愿意）完全不带参数地调用它们。在这里，我们在完全不带任何参数的情况下调用 ccbox（关闭 / 取消框，它返回一个布尔值）。

```
if ccbox():
    pass # user chose to continue
else:
    return      # user chose to cancel
```

06 调用 EasyGUI 函数时使用关键字参数

调用 EasyGUI 函数时可以使用关键字参数。

假设要使用按钮框，但是不想指定标题参数，即第二个参数（无论出于何种原因），那么可以通过以下方式使用关键字指定 choices 参数（第三个参数）。

```
choices = ["Yes","No","Only on Friday"]
reply = choicebox("Do you like to eat fish?", choices=choices)
```

07 使用按钮框

● msgbox。

msgbox 用于显示一条消息，并提供【OK】按钮。用户可以发送所需的任何消息以及所需的标题信息。如果愿意，甚至可以覆盖按钮上的默认文本“OK”。以下是 msgbox 函数的签名。

```
def msgbox(msg="(Your message goes here)", title="", ok_button="OK"):
    ...
```

覆盖按钮文本的较好的方法是使用关键字参数来执行此操作，如下所示。

```
msgbox("Backup complete!", ok_button="Good job!")
```

以下是几个示例，运行结果如图 11-5 和图 11-6 所示。

```
msgbox("Hello, world!")
```

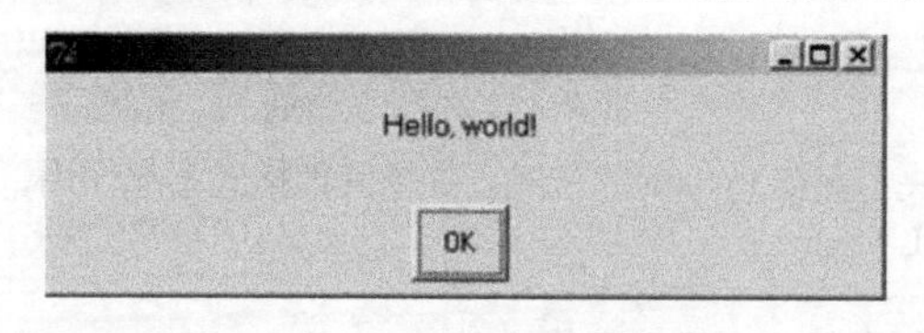

图11-5　运行结果2

```
msg = "Do you want to continue?"
title = "Please Confirm"
if ccbox(msg, title):    # show a Continue/Cancel dialog
    pass # user chose Continue
else:  # user chose Cancel
    sys.exit(0)
```

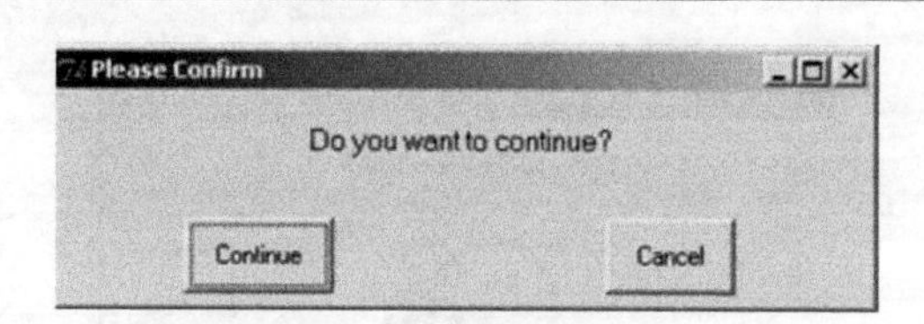

图11-6　运行结果3

● ccbox。

ccbox 提供了【Continue】和【Cancel】按钮，并返回 True（表示继续）或 False（表示取消）。

● ynbox。

ynbox 提供【Yes】和【No】按钮，并返回 True 或 False。

● buttonbox。

要在按钮框中指定按钮组，请使用 buttonbox 函数。

按钮框可用于显示用户选择的一组按钮。当用户单击按钮时，buttonbox 函数返回选择的文本。如果用户取消或关闭按钮框，则返回默认选项（第一个选项）。

buttonbox 用于显示一条消息、一个标题和一组按钮，返回用户选择的按钮的文本。

● indexbox。

indexbox 用于显示一条消息、一个标题和一组按钮，返回用户选择的索引。例如，用户使用 3 个选项（A、B、C）调用索引框，如果用户选择 A，则索引框将返回 0；如果选择 B，则索引框将返回 1；如果选择 C，则索引框将返回 2。

● boolbox。

boolbox 用于显示一条消息、一个标题和一组按钮。如果选择第一个按钮，返回 1，否则返回 0。

以下是 boolbox 的一个简单示例。

```
message = "What does she say?"
title = ""
if boolbox(message, title, ["She loves me", "She loves me not"]):
    sendher("Flowers") # This is just a sample function that you might write.
else:
    pass
```

08 如何在按钮框中显示图像

当调用按钮框功能（或其他显示按钮框的功能，例如 msgbox、indexbox、ynbox 等）时，可以指定关键字参数 image = xxx，其中 xxx 是图像的文件名。该文件的扩展名可以是 .gif。通常还可以使用其他图像格式，例如扩展名为 .png 的图像格式。

注意

Python 支持的文件格式取决于安装 Python 的方式。如果其他格式不起作用，则可能需要安装 Python 图像处理库（Python Image Library，PIL）。

如果指定了图像参数，则在消息后将显示图像文件。

以下是 EasyGUI 的演示例程中的一些示例代码。

```
image = "python_and_check_logo.gif"
msg = "Do you like this picture?"
choices = ["Yes","No","No opinion"]
reply = buttonbox(msg, image=image, choices=choices)
```

如果单击窗口底部的按钮之一，其值将以“回复”的形式返回；也可以单击图像，将返回图像文件名，运行结果如图 11-7 所示。

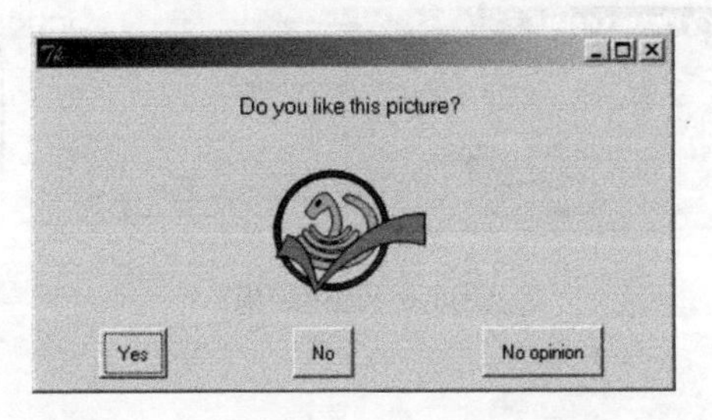

图11-7　运行结果4

09 让用户从选项列表中进行选择

- choicebox。

按钮框非常适合用于为用户提供少量选项。但是，如果有很多选项，或者选项的文本很长，那么更好的策略是将它们显示为列表。

choicebox 为用户提供了一种从选项列表中进行选择的方法。选项是按顺序（元组或列表）指定的。在显示选项之前，将对它们进行区分大小写的排序。

键盘可用于选择列表的元素。

例如，在小写状态下按键盘上的【G】键光标将定位到选项内容以“g”开头的第一个元素。再按一次【G】键，光标将定位到以“g”开头的下一个元素。将光标定位到以“g”开头的元素的末尾，再次按【G】键将使选项内容环绕到列表的开头，并使光标以“g”开头的第一个元素。

如果没有以“g”开头的元素，则选择“g”的位置之前出现的最后一个元素。如果在“g”之前没有元素，则选择列表中的第一个元素。

```
msg ="What is your favorite flavor?"
title = "Ice Cream Survey"
choices = ["Vanilla", "Chocolate", "Strawberry", "Rocky Road"]
choice = choicebox(msg, title, choices)
```

choicebox 示例如图 11-8 所示。

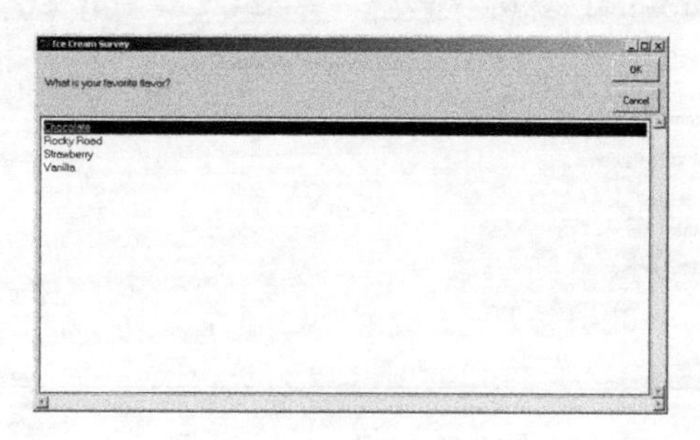

图11-8　choicebox示例1

choicebox 的另一个示例如图 11-9 所示。

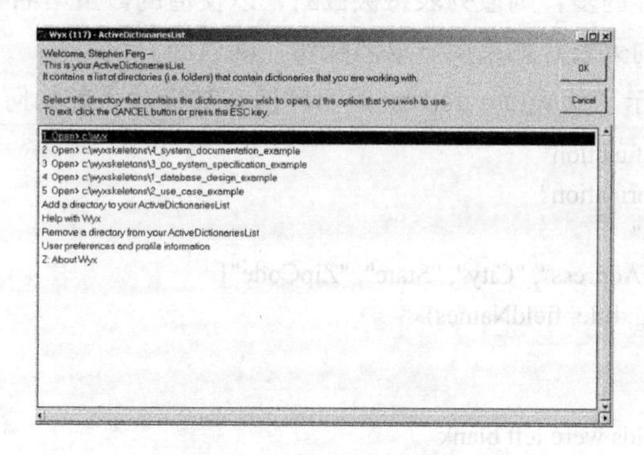

图11-9　choicebox示例2

- multchoicebox。

multchoicebox 函数为用户提供了一种从选项列表中进行选择的方法。其实现的窗口看起来就像选择框，但用户可以选择 0 个、1 个或多个选项，示例如图 11-10 所示。选项是按顺序（元组或列表）指定的。在显示选项之前，将对它们进行区分大小写的排序。

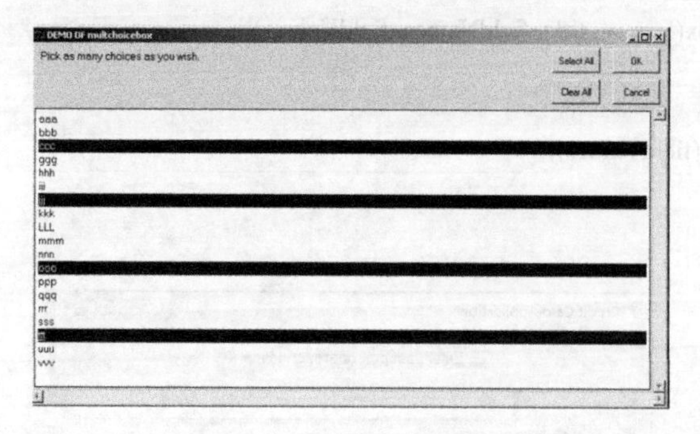

图11-10　multchoicebox示例

10 让用户输入信息

- enterbox。

enterbox 是一种从用户处获取字符串的简单方法。

- integerbox。

integerbox 是一种从用户处获取整数的简单方法。

- multenterbox。

multenterbox 是一种在单个屏幕上显示多个输入文本框的简单方法，示例如图 11-11 所示。

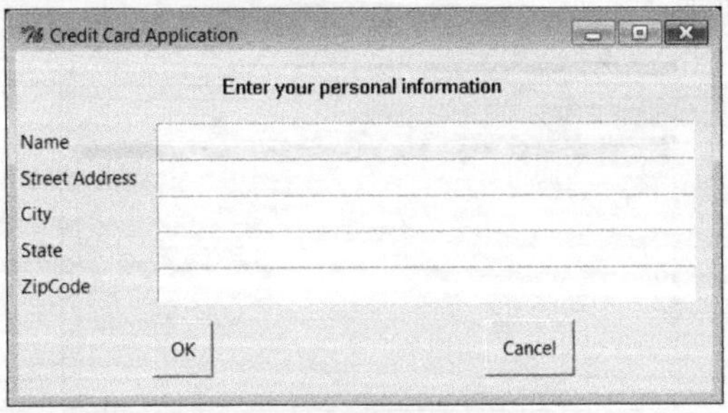

图11-11 multenterbox示例

在 multenterbox 中，如果值的数量少于名称的数量，则用空字符串填充值列表，直到值的数量与名称的数量相同。如果值的数量比名称的多，则值列表将被截断，以使值的数量与名称的一样多。

multenterbox 返回字段值的列表，如果用户取消操作，则返回 None。

以下是一些示例代码，显示了从 multenterbox 返回的值在被接收之前如何进行有效性检查。

```
from __future__ import print_function
msg = "Enter your personal information"
title = "Credit Card Application"
fieldNames = ["Name", "Street Address", "City", "State", "ZipCode"]
fieldValues = multenterbox(msg, title, fieldNames)
if fieldValues is None:
  sys.exit(0)
# make sure that none of the fields were left blank
while 1:
  errmsg = ""
  for i, name in enumerate(fieldNames):
    if fieldValues[i].strip() == "":
      errmsg += "{} is a required field.\n\n".format(name)
  if errmsg == "":
    break # no problems found
  fieldValues = multenterbox(errmsg, title, fieldNames, fieldValues)
  if fieldValues is None:
    break
print("Reply was:{}".format(fieldValues))
```

运行结果如图11-12所示。

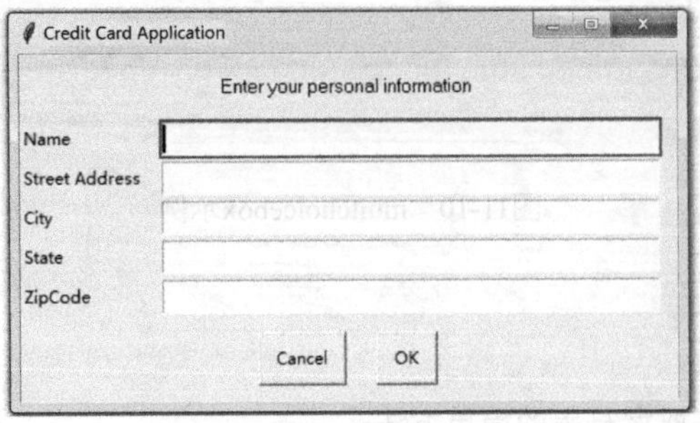

图11-12 运行结果5

11 让用户输入密码信息

● multpasswordbox 密码箱。

密码框类似于输入文本框，但用于输入密码，文本在输入时会被“遮盖”。

multpasswordbox 与 multenterbox 具有相同的实现窗口，但是在显示时，假定最后一个字段是密码，并用星号“遮盖”，示例如图 11-13 所示。

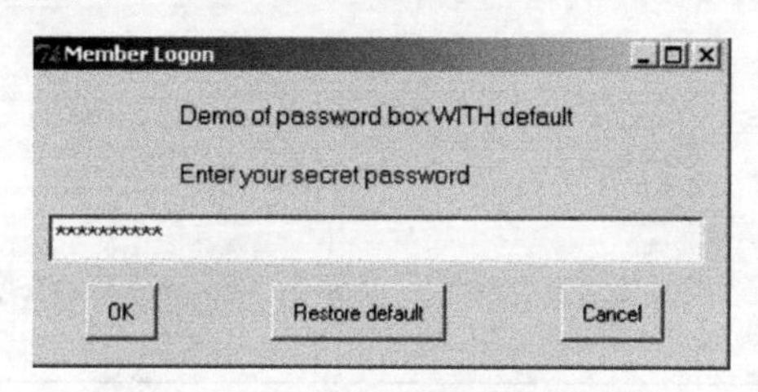

图11-13 multpasswordbox示例

12 显示文本

● 显示文本。

EasyGUI 提供了显示文本的功能，如图 11-14 所示。

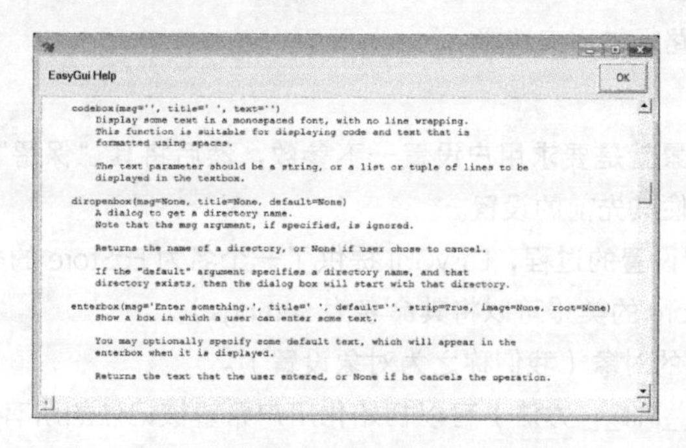

图11-14 显示文本

● textbox。

textbox 以比例字体显示文本，并会自动换行。

● codebox。

codebox 以等宽字体显示文本，并且不会自动换行。

请注意，用户可以传递 codebox 和 textbox 字符串或字符串列表。字符串列表将在显示之前转换为文本。这意味着可以通过以下方式显示文件的内容。

```
import os
filename = os.path.normcase("c:/autoexec.bat")
f = open(filename, "r")
text = f.readlines()
f.close()
codebox("Contents of file " + filename, "Show File Contents", text)
```

13 处理文件

处理文件通常需要向用户询问文件名或目录。EasyGUI 提供了一些基本功能，允许用户浏览文件系统并选择目录或文件，如图 11-15 所示。

请注意，当前版本的 EasyGUI 不支持 startpos 参数。

● diropenbox。

diropenbox 用于返回目录名称。

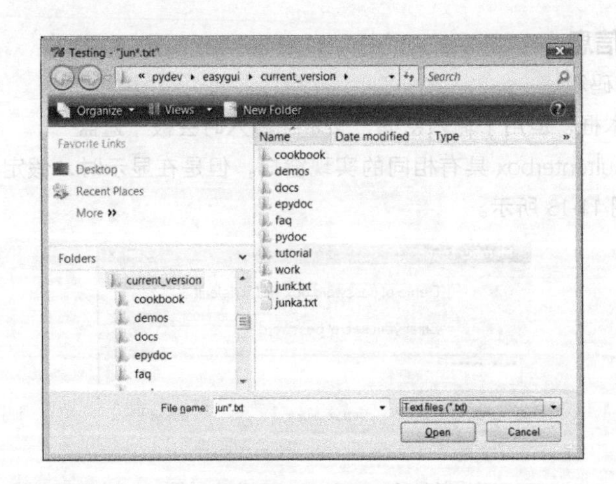

图11-15 处理文件

- fileopenbox（文件打开框）。

fileopenbox 返回用户选择的文件名。

- filesavebox（文件保存框）。

filesavebox 提供文件保存路径供用户选择。

14 记住用户设置

GUI 编程中一个常见的场景就是要求用户设置一下参数，然后将其“保留”或存储在磁盘上，以便用户下次使用应用程序时，可以记住其先前的设置。

为了完成存储和还原用户设置的过程，EasyGUI 提供了一个名为 EgStore 的类。为了记住一些设置，应用程序必须定义一个继承自 EgStore 的类（可以将其命名为 Settings）。

应用程序还必须创建该类的对象（我们称之为对象设置）。

Settings 类的构造函数（__init__ 方法）可以初始化用户希望被记住的所有值。

完成此操作后，只需为设置对象中的实例变量分配值即可记住设置，然后使用 settings.store 方法将设置对象长久保存到磁盘。

以下是使用 Settings 类的代码示例。

```
from easygui import EgStore


# -----------------------------------------------------------------------
# define a class named Settings as a subclass of EgStore
# -----------------------------------------------------------------------
class Settings(EgStore):

    def __init__(self, filename): # filename is required
        # -------------------------------------------------
        # Specify default/initial values for variables that
        # this particular application wants to remember
        # -------------------------------------------------
        self.userId = ""
        self.targetServer = ""

        # -------------------------------------------------
        # For subclasses of EgStore, these must be
        # the last two statements in __init__
        # -------------------------------------------------
```

```
        self.filename = filename  # this is required
        self.restore()


# Create the settings object
# If the settingsFile exists, this will restore its values
# from the settingsFile
# create "settings", a persistent Settings object
# Note that the "filename" argument is required
# The directory for the persistent file must already exist

settingsFilename = "settings.txt"
settings = Settings(settingsFilename)

# Now use the settings object
# Initialize the "user" and "server" variables
# In a real application, we'd probably have the user enter them via enterbox
user = "obama_barak"
server = "whitehouse1"

# Save the variables as attributes of the "settings" object
settings.userId = user
settings.targetServer = server
settings.store()  # persist the settings
print("\nInitial settings")
print
settings

# Run code that gets a new value for userId
# then persist the settings with the new value
user = "biden_joe"
settings.userId = user
settings.store()
print("\nSettings after modification")
print(settings)

# Delete setting variable
del settings.userId
print("\nSettings after deletion of userId")
print(settings)
```

以下是使用专用功能创建 Settings 类的代码示例。

```
from easygui import read_or_create_settings

# Create the settings object
settings = read_or_create_settings('settings1.txt')

# Save the variables as attributes of the "settings" object
settings.userId = "obama_barak"
settings.targetServer = "whitehouse1"
settings.store()  # persist the settings
print("\nInitial settings")
print(settings)
```

```
# Run code that gets a new value for userId
# then persist the settings with the new value
user = "biden_joe"
settings.userId = user
settings.store()
print("\nSettings after modification")
print(settings)

# Delete setting variable
del settings.userId
print("\nSettings after deletion of userId")
print(settings)
```

15 异常框（exceptionbox）

程序有时会出现异常，即使在EasyGUI应用程序中也是如此。根据用户运行应用程序的方式，堆栈跟踪可能会在应用程序崩溃时被丢弃或写入stdout。

EasyGUI提供了一种更好的通过exceptionbox处理异常的方法。exceptionbox在代码框中显示堆栈跟踪，并且可以让用户继续处理。

exceptionbox易于使用，以下是它的代码示例。

```
try:
    someFunction()  # this may raise an exceptionexcept:
    exceptionbox()
```

exceptionbox 示例如图11-16所示。

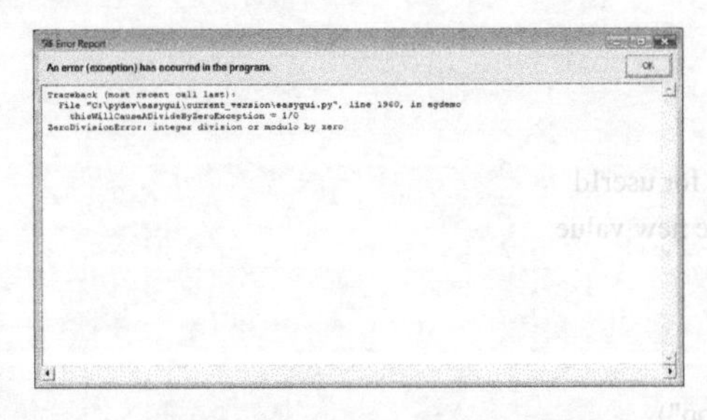

图11-16 exceptionbox示例

范例 11.2-01 EasyGUI应用场景（源码路径：ch11/11.2/11.2-01.py）

```
1.  import easygui as g
2.  import sys
3.
4.  while 1:
5.      g.msgbox('嗨，欢迎进入第一个界面小游戏')
6.      msg = '请问你希望在XXX学习到什么知识呢？'
7.      title = '小游戏互动'
8.      choices = ['音乐', '编程', '猜谜语', '琴棋书画']
9.      choice = g.choicebox(msg, title, choices)
10.     g.msgbox('你的选择是：' + str(choice), '结果')
11.     msg = '你希望重新开始小游戏吗？'
12.     title = '请选择'
13.     if g.ccbox(msg, title):
14.         pass
15.     else:
16.         sys.exit(0)
```

【运行结果】

运行结果如图 11-17~ 图 11-20 所示。

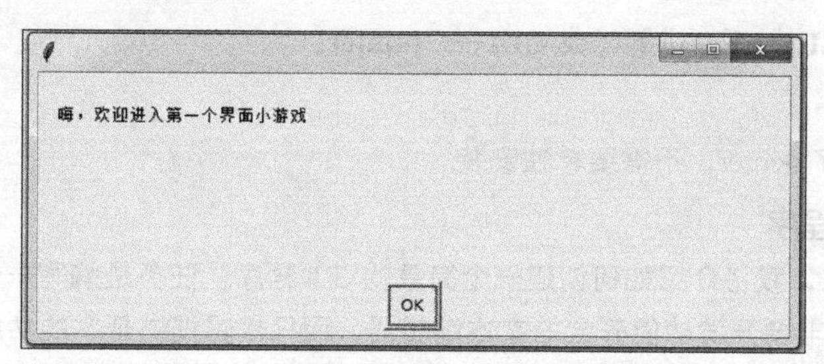

图11-17　运行结果6

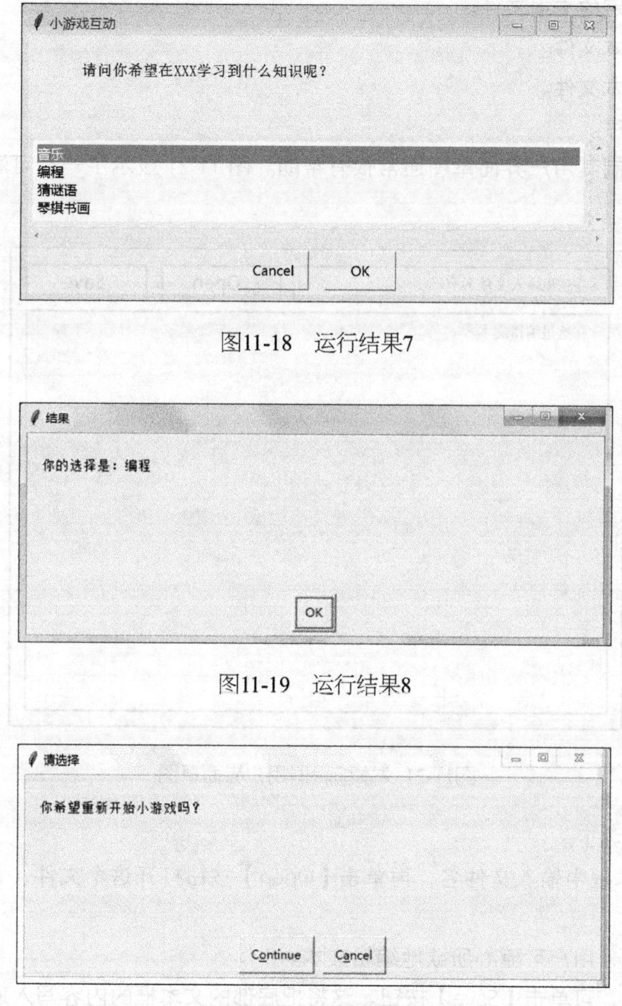

图11-18　运行结果7

图11-19　运行结果8

图11-20　运行结果9

【范例分析】

（1）范例代码中使用 msgbox 显示消息框。

（2）范例代码中使用 choicebox 显示选择消息框。

（3）范例代码中使用 ccbox 显示【Continue】或【Cancel】按钮，当单击【Cancel】按钮时，使用 system.exit 退出程序。

11.3 经典GUI——tkinter

11.2 节讲解了 EasyGUI，下面讲解经典 GUI——tkinter。

01 安装

Python 3.7 已经内置了 tkinter，不需要单独安装。

02 创建 GUI 示例程序

为演示 tkinter 的用法，我将介绍如何创建一个简单的 GUI 程序。任务是编写一个简单的程序，让用户能够编辑文本文件。这里并非要开发功能齐全的文本编辑器，而只是想提供基本的功能。毕竟这里是要演示基本的 Python GUI 编程机制。

这个微型文本编辑器需实现的需求如下。

- 让用户能够打开指定的文本文件。
- 让用户能够编辑文本文件。
- 让用户能够保存文本文件。
- 让用户能够退出程序。

编写 GUI 程序时，绘制其用户界面草图通常很有帮助。图 11-21 显示了一个可满足上述文本编辑器需求的用户界面草图。

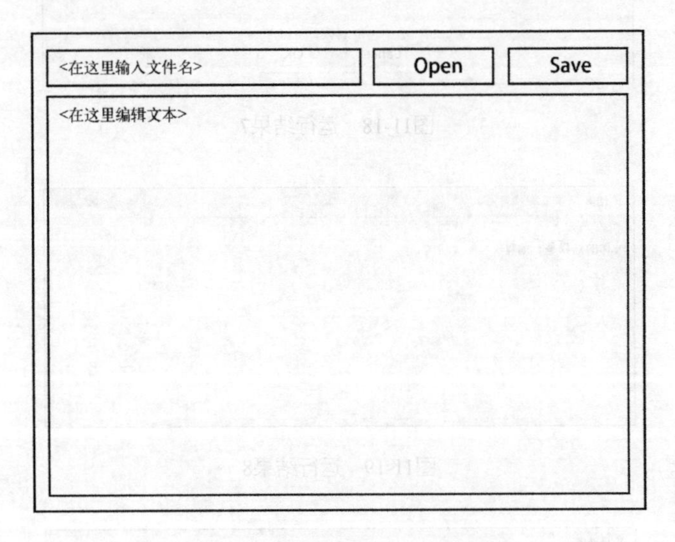

图11-21 文本编辑器用户界面草图

图中界面元素的用法如下。

- 在按钮左边的文本框中输入文件名，再单击【Open】按钮打开这个文件，它包含的文本将出现在底部的文本框中。
- 在底部的文本框中，用户可随心所欲地编辑文本。
- 要保存所做的修改，可单击【Save】按钮，这将把底部的文本框的内容写入顶部文本框指定的文件。
- 图 11-21 中没有【Quit】（退出）按钮，用户只能使用 tkinter 菜单中的 Quit 命令来退出程序。

这项任务看起来有些艰巨，但其实很简单。

首先，必须导入 tkinter。为保留其命名空间，同时减少输入量，可能需要将其重命名。

```
>>> import tkinter as tk
```

然而，如果你愿意，也可导入这个模块的所有内容，这不会有太大的害处。

```
>>> from tkinter import *
```

我们将使用交互式解释器来做些初探工作。

要创建 GUI，可创建一个将充当主窗口的顶级控件。为此，可实例化一个 Tk 对象。

```
>>> top = Tk()
```

此时将出现一个窗口。在常规程序中，我们将调用函数 mainloop 以进入 tkinter 主事件循环，而不是直接退出程序。在交互式解释器中，不需要这样做，但你完全可以试一试。

```
>>> mainloop()
```

解释器像是“挂起”了，而 GUI 还在运行。为了继续，请退出 GUI 并重启解释器。Python 有很多可用的控件，它们的名称各异。例如，要创建按钮，可实例化 Button 类。如果没有 Tk 实例，创建控件也将实例化 Tk，因此可以先不实例化 Tk，而直接创建控件。

```
>>> from tkinter import *
>>> btn = Button()
```

现在这个按钮是不可见的——你需要使用布局管理器（也叫几何体管理器）来告诉 tkinter 将它放在什么地方。我们将使用管理器 pack——在较简单的情况下调用方法 pack 即可。

```
>>> btn.pack()
```

控件包含各种属性，我们可以使用它们来修改控件的外观和行为。我们可以像访问字典项一样访问属性，因此要给按钮指定一些文本，只需使用一条赋值语句即可。

```
>>> btn['text'] = 'Click me!'
```

至此，应该有一个类似于图 11-22 所示的窗口。

图11-22 【tk】窗口

给按钮添加行为也非常简单。

```
>>> def clicked():
... print('I was clicked!')
...
>>> btn['command'] = clicked
```

现在如果单击这个按钮，将看到指定的消息被输出。

可以不分别给属性赋值，而使用方法 config 同时设置多个属性。

```
>>> btn.config(text='Click me!', command=clicked)
```

还可以使用控件的构造函数来配置控件。

```
>>> Button(text='Click me too!', command=clicked).pack()
```

03 布局

对控件调用方法 pack 时，将把控件放在其父控件（主控件）中。要指定主控件，可使用构造函数的第一个可选参数。如果没有指定控件，将把顶级主窗口作为主控件，如下面的代码所示。

```
Label(text="I'm in the first window!").pack()
second = Toplevel()
Label(second, text="I'm in the second window!").pack()
```

Toplevel 类表示除主窗口外的另一个顶级窗口，而 Label 就是文本标签。

没有提供任何参数时，pack从窗口顶部开始将控件堆叠成一列，并让它们在窗口中水平居中。例如，下面的代码生成一个又高又窄的窗口，其中包含一列按钮。

```
for i in range(10):
    Button(text=i).pack()
```

所幸可调整控件的位置和拉伸方式。要指定将控件放置在哪一条边上，可将参数side设置为LEFT、RIGHT、TOP或BOTTOM。要让控件在*x*或*y*轴方向上填满分配给它的空间，可将参数fill设置为X、Y或BOTH。要让控件随主控件（这里是窗口）一起增大，可将参数expand设置为True。还有其他的选项，如指定锚点和内边距的选项，但这里不会使用它们。想要快速了解可用的选项，可执行如下命令。

```
>>> help(Pack.config)
```

还有其他的布局管理器，具体地说是grid和place，它们可能更能满足你的需求。与pack布局管理器一样，要使用它们，可对控件调用方法grid和place。为避免麻烦，在一个容器（如窗口）中应只使用一种布局管理器。

方法grid能够让你这样排列控件：将它们放在不可见的表格单元格中。为此需要指定参数row和column，还可能要指定参数rowspan或columnspan——如果控件横跨多行或多列。方法place能够让你手动放置控件——通过指定控件的*x*和*y*轴坐标以及高度和宽度来实现。这两个布局管理器都还有其他的参数，想要详细了解，可使用如下命令。

```
>>> help(Grid.configure)
>>> help(Place.config)
```

04 事件处理

我们可以通过设置属性command给按钮指定动作。这是一种特殊的事件处理，tkinter还提供了更通用的事件处理机制：方法bind。要让控件对特定的事件进行处理，可对其调用方法bind，并指定事件的名称和要使用的函数。下面是一个示例。

```
>>> from tkinter import *
>>> top = Tk()
>>> def callback(event):
... print(event.x, event.y)
...
>>> top.bind('<Button-1>', callback)
'4322424456callback'
```

其中<Button-1>是使用鼠标左键（按钮1）单击的事件名称。我们将这种事件关联到函数callback。这样，每当用户在窗口top中单击时，都将调用这个函数。向函数callback传递一个event对象，这个对象包含的属性随事件类型而异。例如，对于鼠标单击事件，它提供*x*和*y*轴坐标值，在这个示例中将它们输出来了。还有很多其他类型的事件，可以使用下面的命令来获取。

```
>>> help(Tk.bind)
```

要获悉更详细的信息，可参阅上文。

范例 11.3-01　文本编辑器（源码路径：ch11/11.3/11.3-01.py）

```
1.  from tkinter import *
2.  from tkinter.scrolledtext import ScrolledText
3.
4.
5.  def load():
```

```
6.            with open(filename.get()) as file:
7.                contents.delete('1.0', END)
8.            contents.insert(INSERT, file.read())
9.
10.
11.       def save():
12.           with open(filename.get(), 'w') as file:
13.               file.write(contents.get('1.0', END))
14.
15.
16.       top = Tk()
17.       top.title("Simple Editor")
18.       contents = ScrolledText()
19.       contents.pack(side=BOTTOM, expand=True, fill=BOTH)
20.       filename = Entry()
21.       filename.pack(side=LEFT, expand=True, fill=X)
22.       Button(text='Open', command=load).pack(side=LEFT)
23.       Button(text='Save', command=save).pack(side=LEFT)
24.       mainloop()
```

【运行结果】

运行后，结果如图 11-23 所示。

图11-23　文本编辑器

【范例分析】

（1）在底部的文本框中输入一些内容，如“Hello, world!”。

（2）在按钮左边的文本框中输入一个文件名，如“hello.txt”。请确保指定的文件不存在，否则原有文件将被覆盖。

（3）单击【Save】按钮。

（4）退出程序。

（5）再次启动程序。

（6）在按钮左边的文本框中输入刚才输入的文件名。

（7）单击【Open】按钮，这个文件包含的文本将出现在底部的文本框中。

（8）编辑这个文件，再保存它。

11.4 漂亮的 wxPython

11.3 节讲解了经典 GUI——tkinter，下面讲解漂亮的 wxPython。

01 安装

安装命令如下所示。

```
pip install wxpython
```

02 Hello World

显示“Hello World”消息的简单 GUI 程序可以通过以下步骤构建。

- 导入 wx 模块。
- 定义 Application 类的一个对象。
- 创建一个顶级窗口作为 wx.Frame 类的对象。标题和大小参数在构造函数中给出。
- 尽管可以在 Frame 对象中添加其他控件，但它们的布局不能被管理。因此，将一个 Panel 对象放入框架。
- 添加一个 StaticText 对象，以在窗口内的所需位置显示“Hello World”。
- 通过 show 方法激活框架窗口。
- 输入 Application 对象的主事件循环。

```
import wx

app = wx.App()
window = wx.Frame(None, title = "wxPython Frame", size = (300,200))
panel = wx.Panel(window)
label = wx.StaticText(panel, label = "Hello World", pos = (100,50))
window.Show(True)
app.MainLoop()
```

运行结果如图 11-24 所示。

图11-24　运行结果1

wxFrame 对象是最常用的顶级窗口之一，它来自 wxWindow 类 。一个框架代表一个窗口，其大小和位置可以由用户改变，它有一个标题栏和控制按钮。如果需要，可以启用其他控件，如菜单栏、工具栏和状态栏。一个 wxFrame 窗口可以包含任何非对话框或其他框架的框架。

03 主要类

原始的 wxWidgets（用 C++ 编写的）是一个庞大的库。使用 wxPython 模块将此库中的 GUI 类移植到 Python 中，该模块试图尽可能接近原始 wxWidgets 库。所以，wxPython 中的 wxFrame 类与其 C++ 版本中的

wxFrame 类具有很大的相似性。

wxObject 是大多数类的基础。wxApp（wxPython 中的 wx.App）的一个对象表示应用程序本身。生成 GUI 后，应用程序通过 MainLoop 方法进入事件循环。图 11-25 描述了 wxPython 中包含的较常用的 GUI 类的类层次结构。

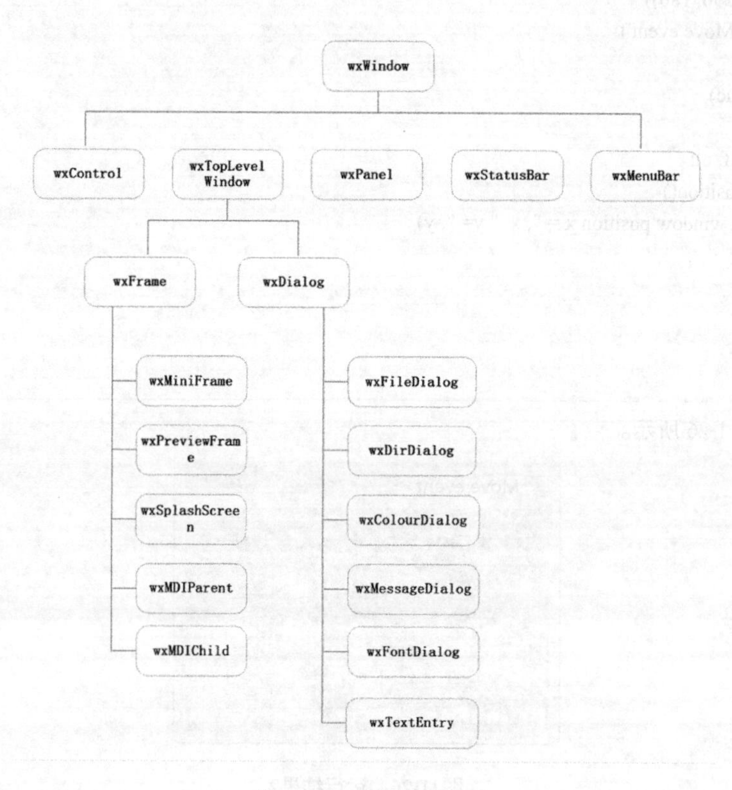

图11-25 类层次结构

04 事件处理

与以顺序方式执行的控制台模式应用程序不同，基于 GUI 的应用程序是事件驱动的。函数或方法响应用户的操作来执行，例如单击按钮、从集合或鼠标单击的项目等中选择一个项目，称为事件。

应用程序运行时发生的事件的数据被存储为从 wx.Event 派生的子类的对象。显示控件（如 Button）是特定类型的事件源，并生成与其关联的 Event 类的对象。例如，单击一个按钮会发生一个 wx.CommandEvent。

该事件数据被分派到应用程序中的事件处理程序方法。wxPython 有许多预定义的事件绑定器。一个事件黏合剂封装了特定微件（对照），其相关联了事件类型和事件处理方法之间的关系。

例如，要在按钮的单击事件中调用该应用程序的 OnClick 方法，以下语句是必需的。

```
self.b1.Bind(EVT_BUTTON, OnClick)
```

Bind 方法由 wx.EvtHandler 类中的所有显示对象继承。这里的 EVT_BUTTON 是活页夹，它将按钮单击事件关联到 OnClick 方法。

在以下示例中，显示了一个窗口。如果使用鼠标指针移动它，则它的瞬时坐标会显示在控制台上。

```
import wx

class Example(wx.Frame):

    def __init__(self, *args, **kw):
        super(Example, self).__init__(*args, **kw)
```

```
        self.InitUI()
    def InitUI(self):
        self.Bind(wx.EVT_MOVE, self.OnMove)
        self.SetSize((250, 180))
        self.SetTitle('Move event')
        self.Centre()
        self.Show(True)

    def OnMove(self, e):
        x, y = e.GetPosition()
        print("current window position x = ", x, " y= ", y)


ex = wx.App()
Example(None)
ex.MainLoop()
```

运行结果如图 11-26 所示。

图11-26 运行结果2

```
current window position x =  605  y=  375
current window position x =  605  y=  375
current window position x =  605  y=  379
current window position x =  601  y=  384
current window position x =  599  y=  386
...... 省略以下输出 ......
```

wxPython 中的事件有两种类型：基本事件和命令事件。基本事件停留在它所源自的窗口的本地。大多数 wxWidgets 生成命令事件。可以将命令事件传播到类层次结构中位于源窗口上方的一个或多个窗口。

05 布局管理

GUI 小部件可以通过指定以像素为单位测量的绝对坐标放置在容器窗口内。坐标是指相对于由其构造函数的 size 参数定义的窗口的尺寸。窗口内的窗口部件的位置由其构造函数的 pos 参数定义。

wxPython API 提供了布局类，用于在容器内定位小部件的位置。布局管理相比绝对定位的优势如下。

- 窗口内的小部件会自动调整大小。
- 能确保不同分辨率的显示设备具有统一的外观。
- 动态添加或删除小部件是可能的，无须重新设计。

06 按钮

按钮小部件几乎在任何 GUI 中都被广泛使用，它用于捕获用户生成的单击事件，它最重要的用处之一是触发绑定到它的处理函数。

wxPython 模块提供了不同类型的按钮。其中有一个简单的传统按钮，即用 wx.Button 类实现的按钮，它包括一些文本作为其标题。一个双状态按钮也是可用的，它被命名为 wx.ToggleButton，它的压迫或压低状态可以通过事件处理函数来识别。

另一种类型的按钮，用 wx.BitmapButton 实现，它显示一个位图（图像）作为图标。

wx.Button 类和 wx.ToggleButton 类的构造函数具有以下参数。

```
Wx.Button(parent, id, label, pos, size, style)
```

为了创建位图按钮，首先需要在图像文件中构建位图对象。

wx.Bitmap 类构造函数的以下变体是较常用的。

```
Wx.Bitmap(fiiename, wx.BITMAP_TYPE)
```

07 可停靠窗口

wxAUI 是 wxWidgets API 中的高级 GUI 库，是 wx.aui.AuiManager AUI 框架中的中心类。

AuiManager 使用 wx.aui.AuiPanelInfo 对象中的每个面板信息管理与特定帧关联的窗格。接下来我们了解一下 PanelInfo 对象控件停靠和浮动行为的各种属性。

将可停靠的窗口放在顶层框架中涉及以下步骤。

首先，创建一个 AuiManager 对象。

```
self.mgr = wx.aui.AuiManager(self)
```

然后，设计具有所需控件的面板。

```
pnl = wx.Panel(self)
pbox = wx.BoxSizer(wx.HORIZONTAL)
text1 = wx.TextCtrl(pnl, -1, "Dockable", style = wx.NO_BORDER | wx.TE_MULTILINE)
pbox.Add(text1, 1, flag = wx.EXPAND)
pnl.SetSizer(pbox)
```

AuiPanelInfo 的以下参数被设置。

- 方向：上、下、左、右或中心。
- 位置：可以在可停靠区域内放置多个窗格，就像每个员工都有一个员工编号。
- 行：多个窗格出现在一行中，就像多个工具栏出现在同一行中一样。
- 图层：窗格可以分层放置。

使用此 PanelInfo，将设计的面板添加到管理器对象中。

```
info1 = wx.aui.AuiPanelInfo().Bottom()
self.mgr.AddPane(pnl,info1)
```

顶级窗口的其余部分可能还有像往常一样的其他控件。

完整代码如下所示。

```
import wx
import wx.aui


class Mywin(wx.Frame):

    def __init__(self, parent, title):
        super(Mywin, self).__init__(parent, title=title, size=(300, 300))

        self.mgr = wx.aui.AuiManager(self)

        pnl = wx.Panel(self)
        pbox = wx.BoxSizer(wx.HORIZONTAL)
        text1 = wx.TextCtrl(pnl, -1, "Dockable", style=wx.NO_BORDER | wx.TE_MULTILINE)
        pbox.Add(text1, 1, flag=wx.EXPAND)
```

```
        pnl.SetSizer(pbox)

        info1 = wx.aui.AuiPaneInfo().Bottom()
        self.mgr.AddPane(pnl, info1)
        panel = wx.Panel(self)
        text2 = wx.TextCtrl(panel, size=(300, 200), style=wx.NO_BORDER | wx.TE_MULTILINE)
        box = wx.BoxSizer(wx.HORIZONTAL)
        box.Add(text2, 1, flag=wx.EXPAND)

        panel.SetSizerAndFit(box)
        self.mgr.Update()

        self.Bind(wx.EVT_CLOSE, self.OnClose)
        self.Centre()
        self.Show(True)

    def OnClose(self, event):
        self.mgr.UnInit()
        self.Destroy()

app = wx.App()
Mywin(None, "Dock Demo")
app.MainLoop()
```

运行结果如图 11-27 所示。

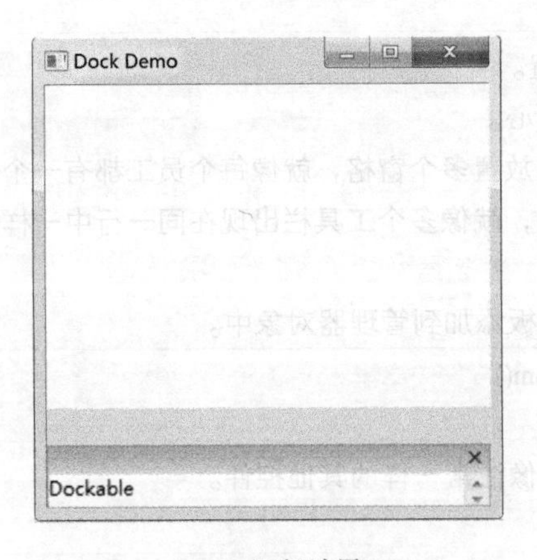

11-27 运行结果3

08 多文档界面

典型的 GUI 应用程序可能有多个窗口。选项卡式和堆叠式小部件允许一次激活一个这样的窗口。然而，很多时候这种方法可能没有用，因为其他窗口的视图是隐藏的。

同时显示多个窗口的一种方法是将它们创建为独立的窗口，这称为单文档界面（Single Document Interface，SDI）。这需要更多的内存资源，因为每个窗口都可能有自己的菜单系统、工具栏等。

wxPython 中的 MDI 框架提供了一个 wx.MDIParentFrame 类，它的对象充当多个子窗口的容器，每个子窗口都是 wx.MDIChildFrame 类的对象。

子窗口放置在父框架的 MDIClientWindow 区域中。只要添加了子框架，父框架的菜单栏就会显示一个包含按钮的窗口菜单，以级联或平铺方式排列子项。

以下示例说明了 MDIParentFrame 作为顶级窗口的用法。一个名为 NewWindow 的菜单按钮在客户区添加一个子窗口。可以添加多个窗口，然后以级联或平铺方式排列。

完整的代码如下所示。

```
import wx


class MDIFrame(wx.MDIParentFrame):
  def __init__(self):
    wx.MDIParentFrame.__init__(self, None, -1, "MDI Parent", size=(600, 400))
    menu = wx.Menu()
    menu.Append(5000, "&New Window")
    menu.Append(5001, "&Exit")
    menubar = wx.MenuBar()
    menubar.Append(menu, "&File")

    self.SetMenuBar(menubar)
    self.Bind(wx.EVT_MENU, self.OnNewWindow, id=5000)
    self.Bind(wx.EVT_MENU, self.OnExit, id=5001)

  def OnExit(self, evt):
    self.Close(True)

  def OnNewWindow(self, evt):
    win = wx.MDIChildFrame(self, -1, "Child Window")
    win.Show(True)


app = wx.App()
frame = MDIFrame()
frame.Show()
app.MainLoop()
```

运行结果如图 11-28 所示。

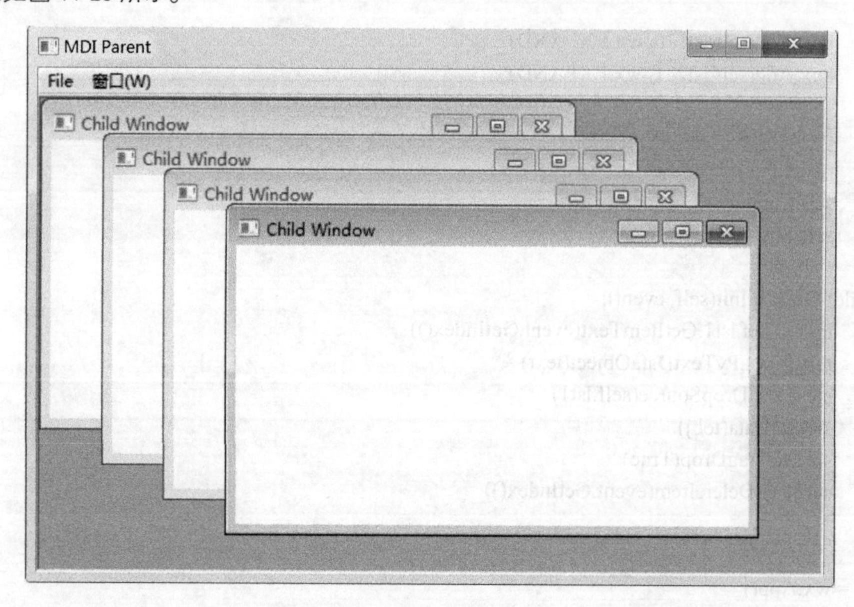

图11-28 运行结果4

范例 11.4-01 拖曳选择器（源码路径：ch11/11.4/11.4-01.py）

```
1.  import wx
2.
3.
4.  class MyTarget(wx.TextDropTarget):
5.      def __init__(self, object):
6.          wx.TextDropTarget.__init__(self)
7.          self.object = object
8.
9.      def OnDropText(self, x, y, data):
10.         self.object.InsertStringItem(0, data)
11.
12.
13. class Mywin(wx.Frame):
14.
15.     def __init__(self, parent, title):
16.         super(Mywin, self).__init__(parent, title=title, size=(-1, 300))
17.         panel = wx.Panel(self)
18.         box = wx.BoxSizer(wx.HORIZONTAL)
19.         languages = ['C', 'C++', 'Java', 'Python', 'Perl', 'JavaScript',
20.                      'PHP', 'VB.NET', 'C#']
21.
22.         self.lst1 = wx.ListCtrl(panel, -1, style=wx.LC_LIST)
23.         self.lst2 = wx.ListCtrl(panel, -1, style=wx.LC_LIST)
24.         for lang in languages:
25.             self.lst1.InsertStringItem(0, lang)
26.
27.         dt = MyTarget(self.lst2)
28.         self.lst2.SetDropTarget(dt)
29.         wx.EVT_LIST_BEGIN_DRAG(self, self.lst1.GetId(), self.OnDragInit)
30.
31.         box.Add(self.lst1, 0, wx.EXPAND)
32.         box.Add(self.lst2, 1, wx.EXPAND)
33.
34.         panel.SetSizer(box)
35.         panel.Fit()
36.         self.Centre()
37.         self.Show(True)
38.
39.     def OnDragInit(self, event):
40.         text = self.lst1.GetItemText(event.GetIndex())
41.         tobj = wx.PyTextDataObject(text)
42.         src = wx.DropSource(self.lst1)
43.         src.SetData(tobj)
44.         src.DoDragDrop(True)
45.         self.lst1.DeleteItem(event.GetIndex())
46.
47.
48. ex = wx.App()
49. Mywin(None, 'Drag&Drop Demo')
50. ex.MainLoop()
```

【运行结果】

运行结果如图 11-29 所示。

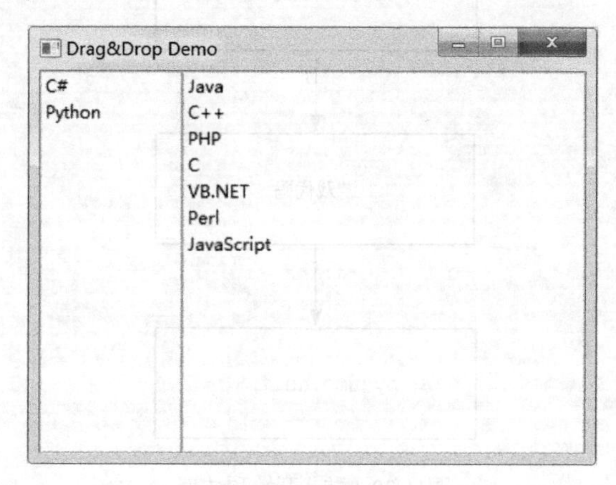

图11-29 运行结果5

【范例分析】

（1）使用拖曳选择器，拖曳操作非常直观。其在许多桌面应用程序中都可以找到，用户只需通过鼠标指针将对象拖曳到另一个窗口，就可以将对象从一个窗口复制或移动到另一个窗口。

（2）声明一个放置目标。创建数据对象，如创建 wx.DropSource，执行拖曳操作取消或接受删除。在 wxPython 中，有两个预定义的放置目标：wx.TextDropTarget 和 wx.FileDropTarget。

（3）许多 wxPython 小部件都支持拖曳操作。源控件必须启用拖曳操作，而目标控件必须处于接受（或拒绝）拖曳的位置。源控件正在拖曳的数据放置在目标对象上。目标对象的 OnDropText 会消耗数据。根据需要，可以删除源控件中的数据。

11.5 了解 pygame

11.4 节讲解了漂亮的 wxPython，下面讲解 pygame。

01 安装

安装命令如下所示。

```
pip install pygame
```

02 游戏的初始化和退出

使用 pygame 提供的所有功能之前，需要调用 pygame.init 方法，在游戏结束前需要调用 pygame.quit 方法，如图 11-30 所示。

- pygame.init 方法用于导入并初始化所有 pygame 模块，使用其他模块之前，必须先调用 pygame.init 方法。
- pygame.quit 方法用于卸载所有 pygame 模块，在游戏结束之前调用。

```
import pygame

pygame.init()

# 省略游戏代码

pygame.quit()
```

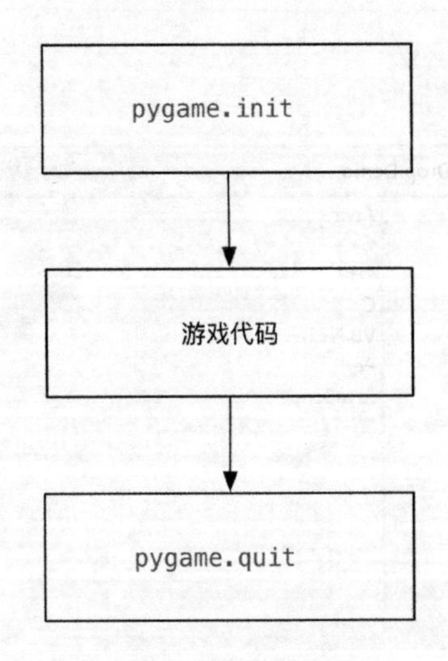

图11-30 游戏开始和结束

03 理解游戏中的坐标系

原点在左上角，其坐标为 (0, 0)；x 轴水平向右，值逐渐增加；y 轴垂直向下，值逐渐增加，如图 11-31 所示。

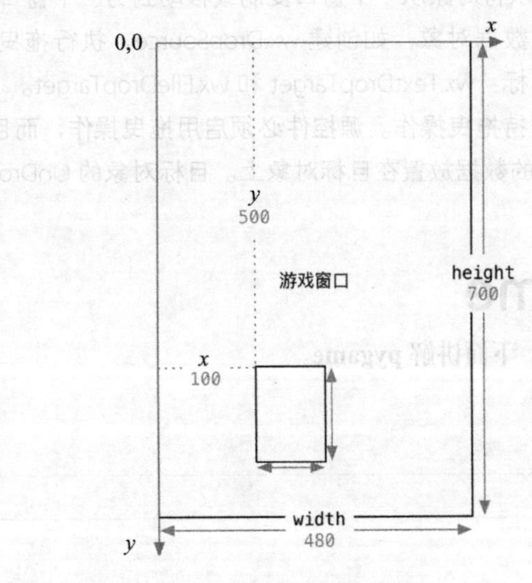

图11-31 游戏坐标

在游戏中，可见的元素往往是以矩形区域来描述位置的。

要描述一个矩形区域需要 4 个要素：(x, y) (width, height)。

pygame 专门提供了一个类 pygame.Rect 用于描述矩形区域。

```
Rect(x, y, width, height) -> Rect
```

pygame.Rect 是一个比较特殊的类，其内部只是封装了一些数值计算公式，不执行 pygame.init 方法同样能够直接使用。

04 创建游戏主窗口

pygame 专门提供了 pygame.display 用于创建、管理游戏窗口。

- pygame.display.set_mode：初始化游戏显示窗口。
- pygame.display.update：更新屏幕显示的内容。

```
# 创建游戏主窗口
```

```
screen = pygame.display.set_mode((480, 700))
```

05 游戏循环

游戏循环的开始就意味着游戏的正式开始，如图 11-32 所示。

游戏循环的作用如下。

- 保证游戏不会直接退出。
- 变换图像位置，完成动画效果。
- 每隔 1 / 60 秒移动一下所有图像的位置。
- 调用 pygame.display.update 更新屏幕显示内容。
- 检测用户交互，如按键、鼠标操作等。

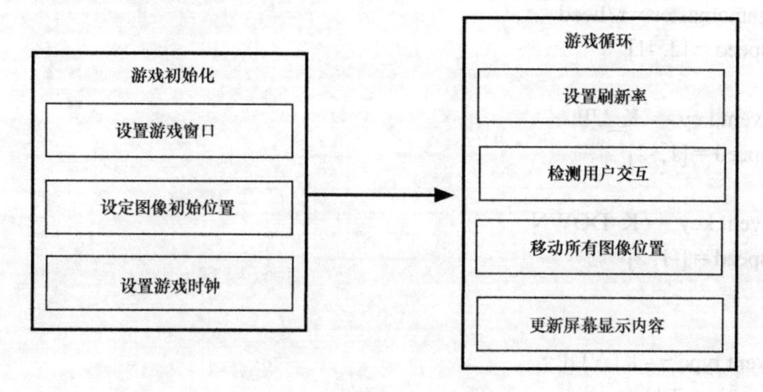

图11-32　游戏循环

范例 11.5-01　滚动的小球（源码路径：ch11/11.5/11.5-01.py）

```
1.      # 初始化 pygame
2.      pygame.init()
3.
4.      size = width, height = 600, 400
5.      speed = [-2, 1]
6.
7.      # 背景设置，颜色全白
8.      bg = (255, 255, 255)
9.
10.     # 创建指定大小的窗口对象
11.     screen = pygame.display.set_mode(size)
12.     # 设置窗口标题
13.     pygame.display.set_caption(" 弹弹弹，小游戏！ ")
14.
15.     # 加载图像
16.     gamemaster = pygame.image.load("time.jpg")
17.     # 获得图像的位置矩形区域
18.     position = gamemaster.get_rect()
19.
20.     l_head = gamemaster
21.     r_head = pygame.transform.flip(gamemaster, True, False)
22.
23.     # 游戏循环
24.     while True:
25.         for event in pygame.event.get():
```

```
26.             if event.type == pygame.QUIT:
27.                 exit()
28.
29.             if event.type == KEYDOWN:
30.
31.                 if event.key == K_LEFT:
32.                     gamemaster = l_head
33.                     speed = [-2, 1]
34.
35.                 if event.key == K_RIGHT:
36.                     gamemaster = r_head
37.                     speed = [2, -1]
38.
39.                 if event.key == K_UP:
40.                     speed = [1, -2]
41.
42.                 if event.key == K_DOWN:
43.                     speed = [-1, 2]
44.
45.
46.             elif event.type == KEYUP:
47.                 # speed =[-2,1]
48.                 pass
49.
50.         # 移动图像
51.         position = position.move(speed)
52.
53.         if position.left < 0 or position.right > width:
54.             # 图像翻转：左右翻转、上下不翻转
55.             gamemaster = pygame.transform.flip(gamemaster, True, False)
56.             # 反方向移动
57.             speed[0] = -speed[0]
58.
59.         if position.top < 0 or position.bottom > height:
60.             # 反方向移动
61.             speed[1] = -speed[1]
62.
63.         # 填充背景
64.         screen.fill(bg)
65.         # 更新图像
66.         screen.blit(gamemaster, position)
67.         # 更新界面
68.         pygame.display.flip()
69.         # 延时 10 毫秒
70.         pygame.time.delay(10)
```

【运行结果】

运行结果如图 11-33 所示。

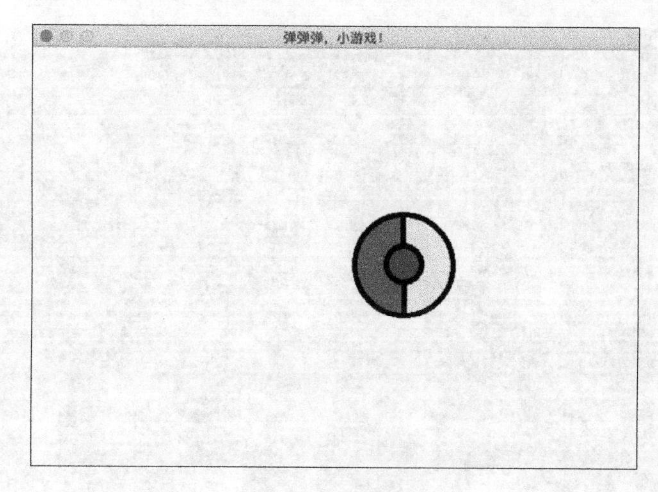

图11-33 滚动的小球

【范例分析】

（1）范例代码的第 11 行，创建指定大小的窗口对象。

（2）范例代码的第 16 行，加载图像。

（3）范例代码的第 24 行，进行游戏循环，然后进行事件监听。根据不同的事件设置小球的速度来改变小球的运动轨迹。

▶11.6 见招拆招

所谓布局，就是指控制窗口容器中各个控件的位置关系。tkinter 主要有 3 种布局，分别是 pack 布局、grid 布局、place 布局。

01 pack 布局

使用 pack 布局，将向容器中添加控件，第一个添加的控件在最上方，然后依次向下添加。

02 grid 布局

grid 布局又被称作网格布局，是推荐使用的布局。程序大多数都是矩形的界面，我们可以很容易地把它划分为一个几行几列的网格，然后根据行号和列号，将控件放置于网格之中。使用 grid 布局时，需要指定两个参数，分别用 row 表示行、column 表示列。需要注意的是 row 和 column 的序号都从 0 开始。

03 place 布局

place 布局是较简单、灵活的一种布局，使用控件坐标来确定控件的放置位置。不太推荐使用这种布局，因为在不同分辨率下，界面往往有较大差异。

▶11.7 实战演练

儿时很多人玩过的坦克游戏属于策略型联机类游戏，如图 11-34 所示。

这里使用 Python 实现一个坦克游戏。

图11-34 坦克游戏

▶11.8 本章小结

本章讲解 Python 与图形。首先讲解常见的 Python GUI，包括常见的 GUI 模块；然后讲解 EasyGUI，包括 EasyGUI 的使用和相关案例等；接着讲解经典 GUI——tkinter，包括 tkinter 的使用和相关案例等；然后讲解漂亮的 wxPython，包括 wxPython 的使用和相关案例等；最后讲解了 pygame，包括 pygame 的使用和相关案例等。

第12章 调试 Python 程序

本章讲解调试 Python 程序，包括使用 pdb 调试 Python 程序、使用 IDLE 调试 Python 程序、反编译、性能分析、打包成 EXE 文件等。

本章要点（已掌握的在方框中打钩）

□ 使用 pdb 调试 Python 程序

□ 使用 IDLE 调试 Python 程序

□ 反编译

□ 性能分析

□ 打包成 EXE 文件

12.1 使用pdb调试Python程序

调试程序对于开发人员而言是一项非常重要的技能，它使得开发人员能够查看程序的执行过程，帮助开发人员准确定位程序中的错误。

然而，令人意外的是，有些Python开发人员却不知道如何对Python代码进行单步调试，遇到问题的时候只能使用通过print函数输出变量中间值这种低效的方式。究其原因，还是这些Python开发人员没有意识到Python的强大，仅用Python来解决一些很简单的问题。如果总是写非常短的Python代码，可能确实不需要调试器。但是，如果代码量大、逻辑复杂，还是用通过print函数输出变量中间值的方式进行调试，则不但效率低下、难以快速定位问题，而且特别打击开发人员的自信心。所以，希望各位读者一开始就走在正确的“道路”上。

pdb是Python自带的库，为Python程序提供了交互式的源码调试功能，包含现代调试器应有的功能，包括设置断点、单步调试、查看源码、查看程序堆栈等。如果读者具有C或C++程序语言背景，则应该听说过gdb。gdb是一个由GNU开源组织发布的、UNIX/Linux操作系统下的、基于命令行的、功能强大的程序调试工具。如果读者之前使用过gdb，那么几乎不用学习就可以直接使用pdb。pdb和gdb具有几乎相同的用法，这样可以减少开发人员的学习负担和降低Python调试的难度。pdb的部分调试命令如表12-1所示。

表12-1 pdb的部分调试命令

命令	缩写	说明
break	b	设置断点
continue	cont/c	继续执行至下一个断点
next	n	执行下一行，如果下一行是子程序，则不会进入子程序
step	s	执行下一行，如果下一行是子程序，则会进入子程序
where	bt/w	输出堆栈轨迹
enable	—	启用禁用的断点
disable	—	禁用启用的断点
pp/p	—	输出变量或表达式
list	l	根据参数值输出源码
up	u	移动到上一层堆栈
down	d	移动到下一层堆栈
restart	run	重新开始调试
args	a	输出函数参数
clear	cl	清除所有的断点
return	r	执行到当前函数结束

有两种不同的方法可以启动Python调试器。一种是直接通过命令行参数指定使用pdb模块启动Python文件，如下所示。

```
python -m pdb test_pdb.py
```

另一种方法是在Python代码中，调用pdb模块的set_trace方法设置一个断点，当程序执行至此时，将会暂停执行并打开pdb调试器。

```
import pdb

def sum_nums(n):
```

```
    s=0
    for i in range(n):
        pdb.set_trace()
        s += i
        print(s)

if __name__ == '__main__':
    sum_nums（5）
```

两种方法并没有什么本质的区别，选择哪一种方法主要取决于应用场景：如果程序较短，可以通过采用命令行参数的方法启动Python调试器；如果程序较长，则可以在需要调试的地方调用set_trace方法设置断点。无论哪一种方法，都能启动Python调试器，前者将在Python源码的第一行启动Python调试器，后者会在执行到pdb.set_trace()时启动Python调试器。

启动Python调试器以后，就可以使用上文的调试命令进行调试。例如，下面这段调试代码，我们先通过bt命令查看当前函数的调用堆栈，然后使用list命令查看Python代码，之后使用p命令输出变量当前的取值，最后使用n命令执行下一行Python代码。

```
python test_pdb.py
> test_pdb.py(9)sum_nums()
-> s += i
(Pdb) bt
  test_pdb.py(13)<module>()
-> sum_nums（5）
> test_pdb.py(9)sum_nums()
-> s += i
(Pdb) list
  4
  5     def sum_nums(n):
  6         s=0
  7         for i in range(n):
  8             pdb.set_trace()
  9  ->         s += i
 10             print(s)
 11
 12     if __name__ == '__main__':
 13         sum_nums（5）
[EOF]
(Pdb) p s
0
(Pdb) p i
0
(Pdb) n
> test_pdb.py(10)sum_nums()
-> print(s)
```

ipdb是一个开源的Python调试器，它和pdb有相同的接口，但是，它相对于pdb具有语法高亮、【Tab】键补全、更友好的堆栈信息等高级功能，如图12-1所示。ipdb之于pdb，就相当于IPython之于Python，虽然都是实现相同的功能，但是其在易用性方面有很多的改进。

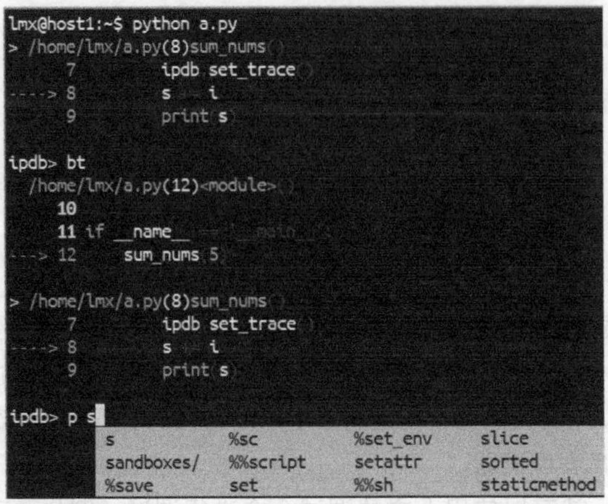

```
lmx@host1:~$ python a.py
> /home/lmx/a.py(8)sum_nums()
      7         ipdb.set_trace()
----> 8         s += i
      9         print(s)

ipdb> bt
  /home/lmx/a.py(12)<module>()
     10
     11 if __name__ == '__main__':
---> 12     sum_nums(5)

> /home/lmx/a.py(8)sum_nums()
      7         ipdb.set_trace()
----> 8         s += i
      9         print(s)

ipdb> p s
         s             %sc          %set_env     slice
         sandboxes/    %%script     setattr      sorted
         %save         set          %%sh         staticmethod
```

图12-1　ipdb

需要注意的是，pdb 是 Python 的标准库，不用安装就可以直接使用。而 ipdb 是第三方库，因此需要先使用 pip 安装，然后才能使用。

```
pip install ipdb
```

将前文的例子改为使用 ipdb 调试以后，代码如下。

```
import ipdb

def sum_nums(n):
  s=0
  for i in range(n):
    ipdb.set_trace()
    s += i
    print(s)
if __name__ == '__main__':
  sum_nums（5）
```

12.2 使用 IDLE 调试 Python 程序

IDLE 是 Python 软件包自带的 IDE，可以用于方便地创建、运行、调试 Python 程序。IDLE 是不需要单独安装的，安装 Python 环境后，可以直接打开使用，如图 12-2 所示。

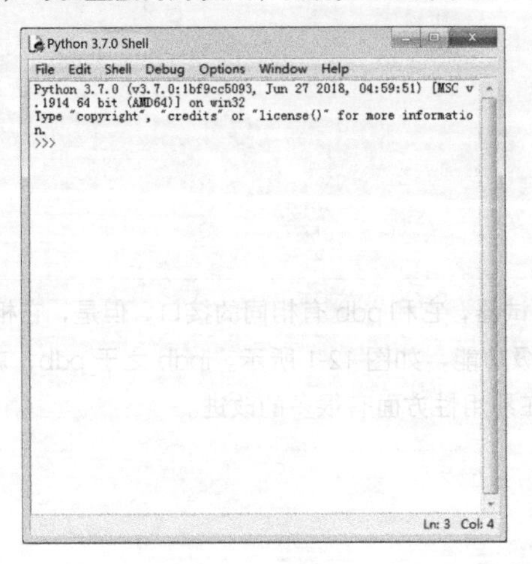

图12-2　IDLE

使用 IDLE 调试程序的基本步骤如下。

❶ 打开 IDLE（Python Shell），在主菜单上选择【Debug】→【Debugger】，将打开【Debug Control】窗口（此时该窗口是空白的），同时【Python 3.7.0 Shell】窗口中将显示“[DEBUG ON]”（表示已经处于调试状态），如图 12-3 所示。

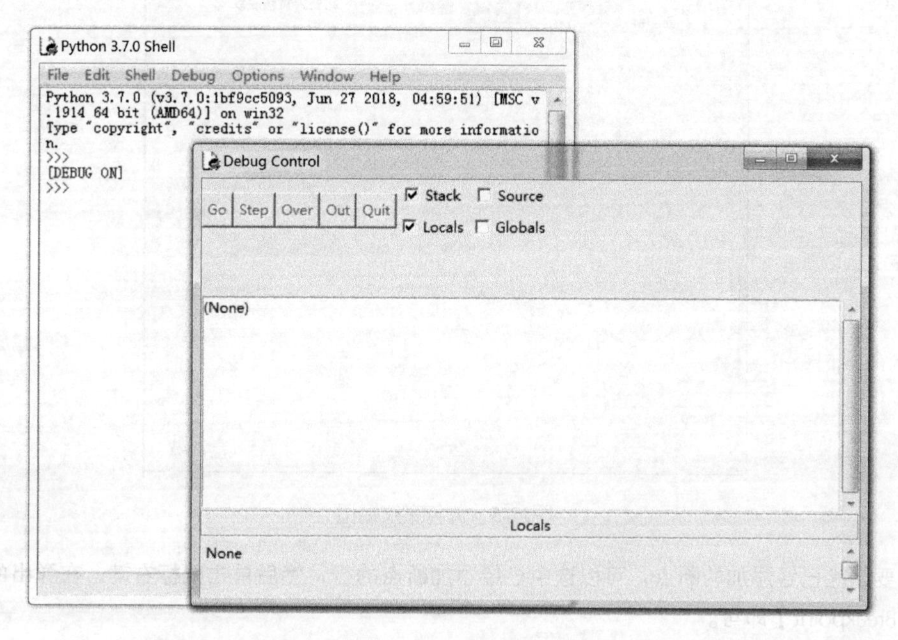

图12-3 处于调试状态

❷ 在【Python 3.7.0 Shell】窗口中，选择【File】→【Open】，打开要调试的文件，然后添加需要的断点。

断点的作用：设置断点后，程序执行到断点时就会暂时中断执行，程序也可以随时继续执行。

添加断点的方法：在想要添加断点的代码行上单击鼠标右键，在弹出的快捷菜单中选择【Set Breakpoint】，如图 12-4 所示。添加断点的行将以黄色底纹标记，如图 12-5 所示。

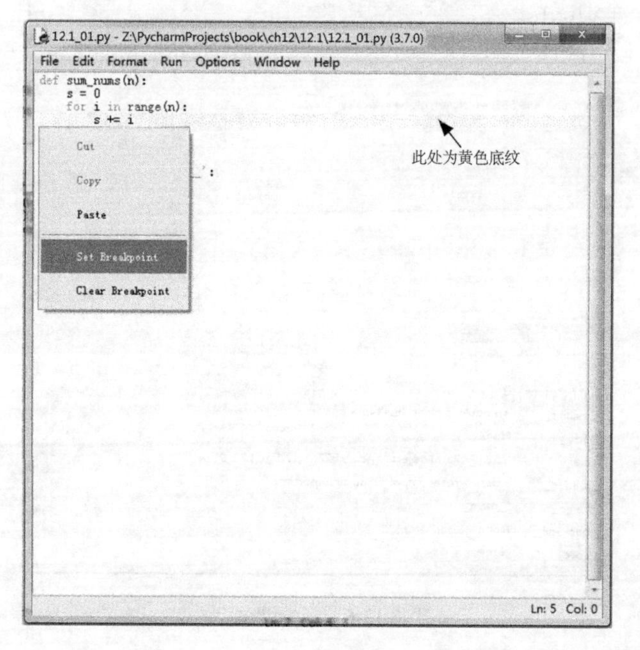

图12-4 添加断点

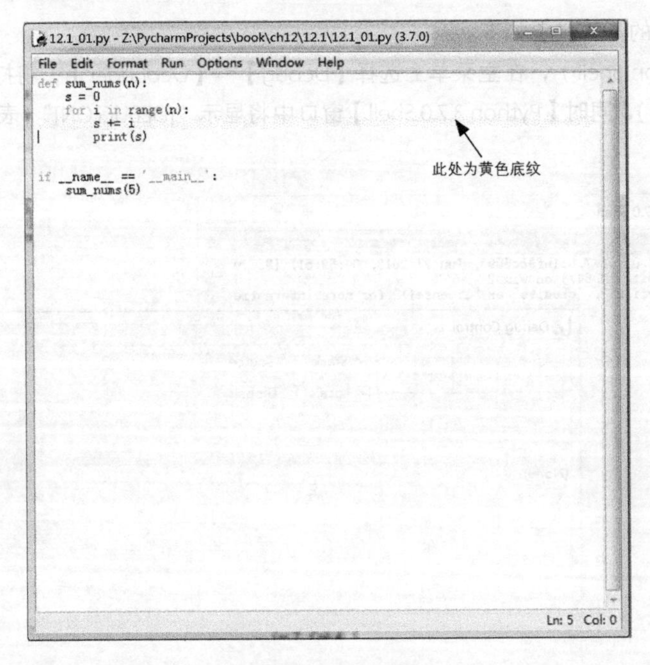

图12-5　黄色底纹标记

如果想要删除已经添加的断点，可以选中已经添加断点的行，然后单击鼠标右键，在弹出的快捷菜单中选择【Clear Breakpoint】即可。

❸ 添加所需的断点（添加断点的原则是：程序执行到某个位置时，想要查看某些变量的值，就在这个位置添加一个断点）后，按【F5】键，执行程序，这时【Debug Control】窗口中将显示程序的执行信息，选中【Globals】复选框，将显示全局变量，默认情况下只显示局部变量。此时的【Debug Control】窗口如图12-6所示。

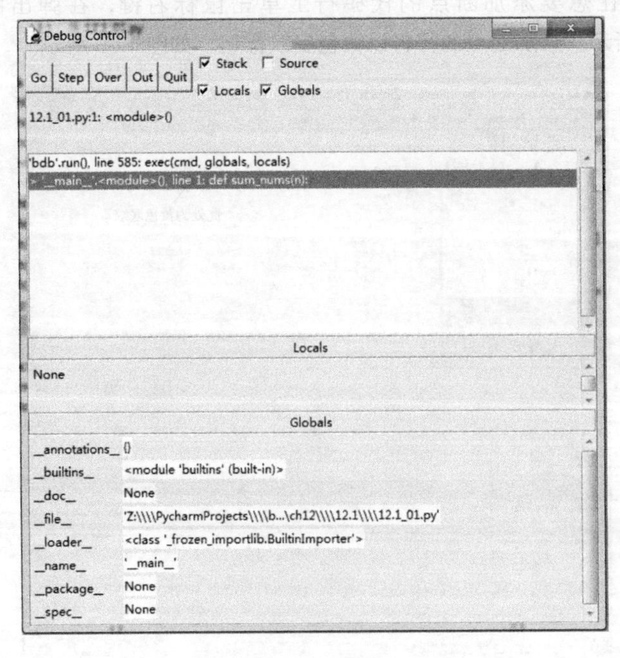

图12-6　开始调试

❹ 图12-6所示的窗口中提供了5个按钮。这里单击【Go】按钮执行程序，直到执行到所设置的第一个断点，【Debug Control】窗口中的数据会发生变化，如图12-7所示。

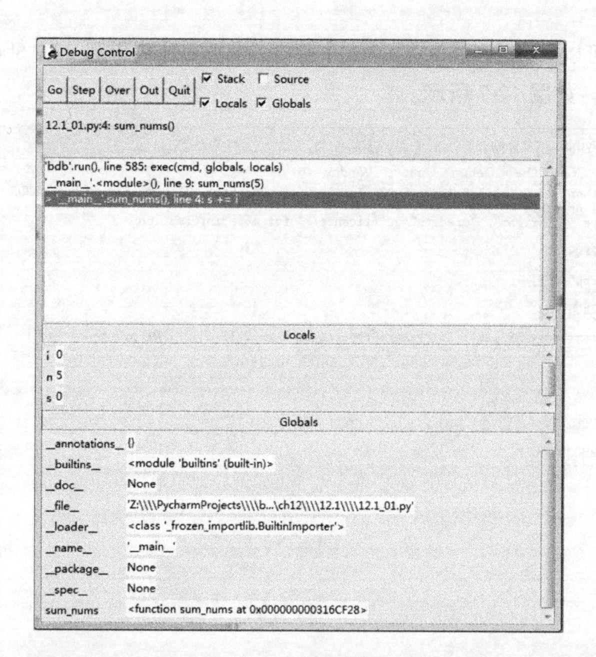

图12-7 执行到第一个断点

【Debug Control】窗口中的 5 个按钮的作用为：【Go】按钮用于执行跳至断点操作；【Step】按钮用于进入要执行的函数；【Over】按钮用于单步执行；【Out】按钮用于跳出所在的函数；【Quit】按钮用于结束调试。

在调试过程中，如果所设置的断点处有其他函数调用，还可以单击【Step】按钮进入函数内部，当确定该函数没有问题时，可以单击【Out】按钮跳出该函数。或者在调试过程中已经发现出现问题的原因，需要进行修改时，可以直接单击【Quit】按钮结束调试。另外，如果调试的目的不是很明确（即不确定问题的位置），那么也可以直接单击【Step】按钮进行单步执行，这样可以清晰地观察程序的执行过程和数据的变化，方便找出问题。

❺ 继续单击【Go】按钮，将执行到下一个断点，能查看变量的变化，直到全部断点都执行完，【Debug Control】窗口中的按钮将变为不可用状态，如图 12-8 所示。

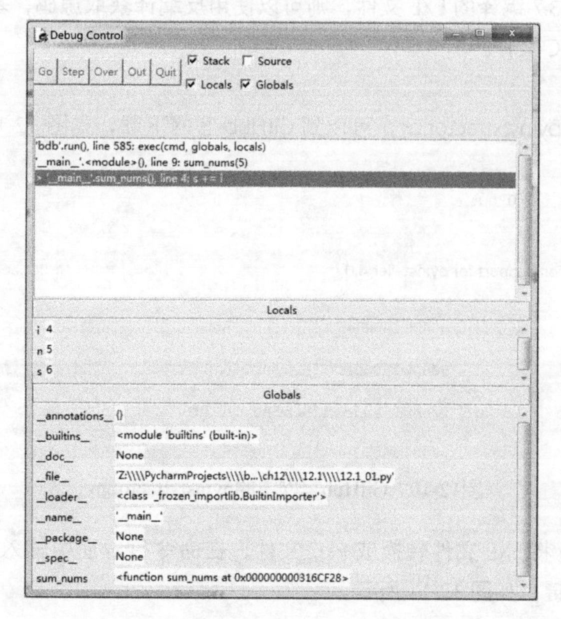

图12-8 全部断点执行完之后的按钮状态

❻ 程序调试完毕后，可以关闭【Debug Control】窗口，此时在【Python 3.7.0 Shell】窗口中将显示“DEBUG OFF”（表示已经结束调试），如图 12-9 所示。

图12-9 结束调试

12.3 反编译

计算机反编译是指通过对他人软件的目标程序（比如可执行程序）进行“逆向分析、研究”，以推导出他人软件所使用的思路、原理、结构、算法、处理过程、运行方法等设计要素，在某些特定情况下可能会推导出源码。反编译可以作为开发软件时的参考，或者直接用于软件中。

如果找到了一个 Python 3.7 编译的 EXE 文件，则可以使用反编译获取源码，基本过程如下。

- 将 EXE 文件转换成 PYC 文件。
- 反编译 PYC 文件。

此过程需要反编译工具 pyinstxtractor.py，可以到 GitHub 官网下载，如图 12-10 所示。

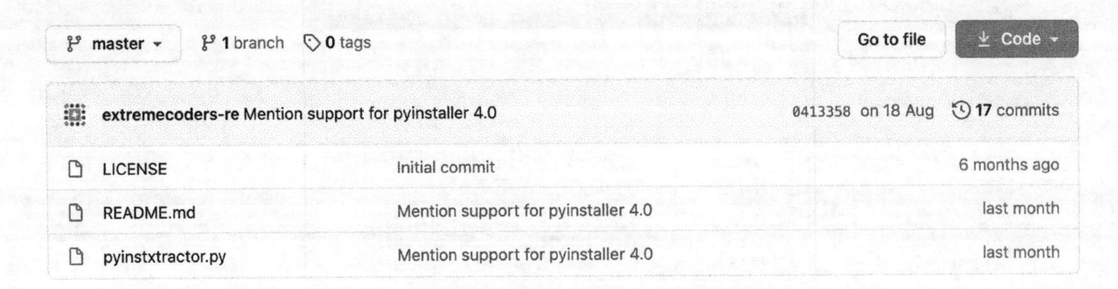

图12-10 GitHub官网中的pyinstxtractor.py

❶ 使用 pyinstxtractor.py 将 EXE 文件转换成 PYC 文件，在命令行界面中输入命令 python pyinstxtractor.py helloworld.exe 并按【Enter】键，如图 12-11 所示。

```
C:\Windows\system32\cmd.exe
Z:\PycharmProjects\book\ch12>cd 12.3

Z:\PycharmProjects\book\ch12\12.3>dir
 驱动器 Z 中的卷是 Shared Folders

 Z:\PycharmProjects\book\ch12\12.3 的目录

2020/08/18  13:34            14,195 pyinstxtractor.py
2020/09/28  18:28        23,253,885 helloworld.exe
               2 个文件     23,268,080 字节
               0 个目录 105,792,864,256 可用字节

Z:\PycharmProjects\book\ch12\12.3>python pyinstxtractor.py helloworld.exe
[+] Processing helloworld.exe
[+] Pyinstaller version: 2.1+
[+] Python version: 37
[+] Length of package: 22980477 bytes
[+] Found 1010 files in CArchive
[+] Beginning extraction...please standby
[+] Possible entry point: pyiboot01_bootstrap.pyc
[+] Possible entry point: pyi_rth_pkgres.pyc
[+] Possible entry point: pyi_rth_multiprocessing.pyc
[+] Possible entry point: pyi_rth__tkinter.pyc
[+] Possible entry point: 12.5_01.pyc
[+] Found 553 files in PYZ archive
[+] Successfully extracted pyinstaller archive: helloworld.exe

You can now use a python decompiler on the pyc files within the extracted directory

Z:\PycharmProjects\book\ch12\12.3>
```

图12-11　将EXE文件转换成PYC文件

解压成功后，同路径下会出现 helloworld.exe_extracted 文件夹，这里面就包含了 PYC 文件。

❷ 使用 uncompyle6 将 PYC 文件反编译为 PY 文件。uncompyle6 需要单独安装，安装命令如下。

```
pip install uncompyle6
```

安装后，使用 uncompyle6 进行反编译，在命令行界面中输入命令 uncompyle6 12.5_01.pyc > main.py 并按【Enter】键，如图 12-12 所示。

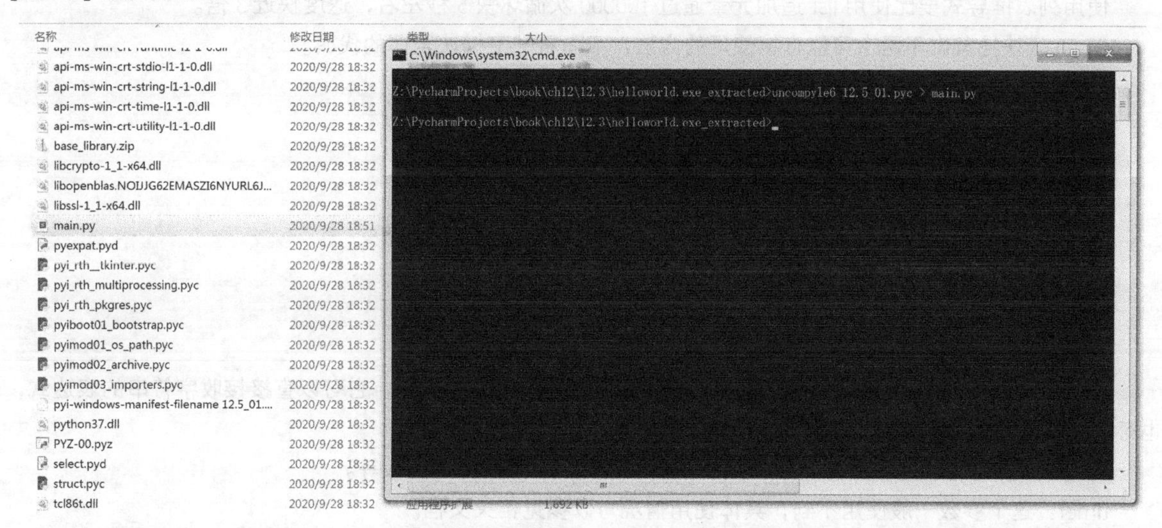

图12-12　使用uncompyle6进行反编译

成功后，生成 main.py，这样就完成了反编译。

12.4 性能分析

简单分析代码性能时，可以通过将运行代码前后的 datatime.datatime.now 相减来确定花费了多少时间。但这种做法只能记录单次运行花费的时间，不能方便地计算多次运行花费的平均时间，更不能深入分析整个程序各函数在执行时所花费的时间。

01 利用 timeit 分析性能

timeit 模块定义了接收两个参数的 Timer 类。两个参数都是字符串。第一个参数是要计时的语句或者函数。传递给 Timer 的第二个参数是第一个参数构建环境的导入语句。从内部来讲，timeit 构建起一个独立的虚拟环境，实现手动地执行建立语句，然后手动地编译和执行被计时语句。

一旦有了 Timer 对象，较简单的事就是调用 timeit 方法，它接收一个每个测试中调用被计时语句的次数的参数，默认值为 1000000，返回所耗费的秒数。

Timer 对象的另一个主要方法是 repeat 方法，它接收两个可选参数。第一个参数是重复整个测试的次数，第二个参数是每个测试中调用被计时语句的次数。两个参数都是可选的，它们的默认值分别是 3 和 1000000。repeat 方法返回以秒为单位记录的每个测试循环的耗时列表。Python 有一个方便的 min 方法可以把输入的列表返回成最小值，如 min(t.repeat(3, 1000000))。

测试一个列表推导式与 for 循环的时间。

```
import timeit
foooo = """
sum = []
for i in range(1000):
    sum.append(i)
"""

print(timeit.timeit(stmt="[i for i in range(1000)]", number=100000))
print(timeit.timeit(stmt=foooo, number=100000))

#3.2855970134734345
#8.19918414604134
```

使用列表推导式要比使用 list 追加元素通过 100000 次循环快 5 秒左右，速度快近 3 倍。

timeit 模块抽象出了两个可以直接使用的方法，下面看一下模块里面的代码。

```
def timeit(stmt="pass", setup="pass", timer=default_timer,
        number=default_number):
    """Convenience function to create Timer object and call timeit method."""
    return Timer(stmt, setup, timer).timeit(number)

def repeat(stmt="pass", setup="pass", timer=default_timer,
        repeat=default_repeat, number=default_number):
    """Convenience function to create Timer object and call repeat method."""
    return Timer(stmt, setup, timer).repeat(repeat, number)
```

stmt：这个参数就是 statement，可以把要计算时间的代码放在里面。它可以直接接收字符串的表达式，也可以接收单个变量，还可以接收函数。

setup：这个参数可以将 stmt 的环境传进去，比如各种 import 和参数等。

timer：这个参数一般使用不到，具体使用情况可以参见相关文档。

Timer 类下面还有 repeat 和 timeit 方法，使用也非常方便，即 timeit.timeit 和 timeit.repeat。

其实 repeat 方法就比 timeit 方法多了一个表示执行 Timer 次数的参数。这个执行次数会以数组的形式返回。

```
import timeit

foooo = """
sum = []
for i in range(1000):
    sum.append(i)
"""
```

```
print(timeit.repeat(stmt="[i for i in range(1000)]", repeat=2, number=100000))
print(min(timeit.repeat(stmt="[i for i in range(1000)]", repeat=2, number=100000)))

#[3.4540683642063277, 3.300991128415932]
#3.321008256502136
```

我们可以对所有执行时间取最小值、平均值、最大值等，从而得到我们想要的数据。

```
import timeit

# 初始化类
x = """
say_hi.ParseFromString(p)
"""

y = """
simplejson.loads(x)
"""

print(timeit.timeit(stmt=x, setup="import say_hi_pb2;"
                    "say_hi = say_hi_pb2.SayHi();"
                    "say_hi.id = 13423;"
                    "say_hi.something = 'axiba';"
                    "say_hi.extra_info = 'xiba';"
                    "p =say_hi.SerializeToString()", number=1000000))

print(timeit.timeit(stmt=y, setup="import simplejson; "
                    "json={"
                    "'id': 13423,"
                    "'something': 'axiba',"
                    "'extra_info': 'xiba',"
                    "};"
                    "x = simplejson.dumps(json)", number=1000000))
```

另外，如果你想直接在 stmt 处执行函数，则可以把函数声明在当前文件中，然后在 stmt = func() 中执行函数，再使用 setup = "from _ _main_ _ import func" 即可。如果要导入多个文件，需要使用 setup = "from _ _main_ _ import func; import simplejson"。

```
import timeit


def test1():
    n = 0
    for i in range(101):
        n += i
    return n


def test2():
    return sum(range(101))


def test3():
    return sum(x for x in range(101))
```

```
if __name__ == '__main__':
    from timeit import Timer

    t1 = Timer("test1()", "from __main__ import test1")
    t2 = Timer("test2()", "from __main__ import test2")
    t3 = Timer("test3()", "from __main__ import test3")
    print(t1.timeit(10000))
    print(t2.timeit(10000))
    print(t3.timeit(10000))
    print(t1.repeat(3, 10000))
    print(t2.repeat(3, 10000))
    print(t3.repeat(3, 10000))
    t4 = timeit.timeit(stmt=test1, setup="from __main__ import test1", number=10000)
    t5 = timeit.timeit(stmt=test2, setup="from __main__ import test2", number=10000)
    t6 = timeit.timeit(stmt=test3, setup="from __main__ import test3", number=10000)
    print(t4)  # 0.05130029071325269
    print(t5)  # 0.015494466822610305
    print(t6)  # 0.05650903115721077
    print(timeit.repeat(stmt=test1, setup="from __main__ import test1",
                number=10000)) # [0.05308853391023148, 0.04544335904366706, 0.05969025402337652]
    print(timeit.repeat(stmt=test2, setup="from __main__ import test2",
                number=10000)) # [0.012824560678924846, 0.017111019558035345, 0.01429126826003152]
    print(timeit.repeat(stmt=test3, setup="from __main__ import test3",
                number=10000)) # [0.07385010910706968, 0.06244617606430164, 0.06273494371932059]

#0.043916918200588385
#0.014892355541932578
#0.05214884436618059
#[0.04372713709398021, 0.04197132052492908, 0.04255431716177577]
#[0.014356804181737959, 0.012456603785177323, 0.012629659578433372]
#[0.0543709217115389, 0.05334180294099272, 0.05334931226535494]
```

02 利用 CProfile 和 profile 分析性能

Python 标准库中提供了 3 个用来分析程序性能的模块，分别是 cProfile、profile 和 hotshot，目前 hotshot 这个模块不再被维护，在 Python 3 中已被弃用。这些模块提供了对 Python 程序的确定性分析功能，同时也提供了相应的报表生成工具，方便用户快速地检查和分析结果，这里仅展示前两者的使用方法。

由于以上 3 个标准库中的模块都是本身集成在 Python 源码中的，所以不用特意安装，它们适合在权限不够的服务器上测试代码性能，使用时直接导入就行。

cProfile 是基于 lsprof 的用 C 语言实现的扩展应用，运行时开销比较合理，适合用于分析运行时间较长的程序，一般推荐使用这个模块。

在 Python 脚本中运行，如下所示。

```
import time,random

def your_func():
    time.sleep(random.random()*10)

if __name__ == "__main__":
    import cProfile
```

```
# 注意：运行的函数的名称要使用字符串的形式且需加括号
# 直接把分析结果输出到控制台
cProfile.run('your_func()')
# 把分析结果保存到文件中
cProfile.run("your_func()", filename="result.out")
# 增加排序方式
cProfile.run("your_func()", filename="result.out", sort="cumulative")
```

cProfile 分析结果如图 12-13 所示。

```
         6 function calls in 1.432 seconds

   Ordered by: standard name

   ncalls  tottime  percall  cumtime  percall filename:lineno(function)
        1    0.000    0.000    1.432    1.432 12.4_05.py:3(your_func)
        1    0.000    0.000    1.432    1.432 <string>:1(<module>)
        1    0.000    0.000    1.432    1.432 {built-in method builtins.exec}
        1    1.432    1.432    1.432    1.432 {built-in method time.sleep}
        1    0.000    0.000    0.000    0.000 {method 'disable' of '_lsprof.Profiler' objects}
        1    0.000    0.000    0.000    0.000 {method 'random' of '_random.Random' objects}
```

图12-13 cProfile的分析结果

cProfile 的分析结果中相关参数的含义如表 12-2 所示。

表 12-2 cProfile 的分析结果相关参数的含义

相关参数	含义
ncalls	表示函数调用的次数
tottime	表示指定函数的总的运行时间，除掉函数中调用子函数的运行时间
percall	（第一个 percall）等价于 tottime/ncalls
cumtime	表示该函数及其所有子函数的调用运行的时间，即函数开始调用到返回的时间
percall	（第二个 percall）即函数运行一次的平均时间，等价于 cumtime/ncalls
filename:lineno(function)	每个图数调用的具体信息，一般指向函数名

cProfile 还支持在终端中运行，如下所示。

```
# 直接把分析结果输出到控制台
python -m cProfile test.py
# 把分析结果保存到文件中
python -m cProfile -o result.out test.py
# 增加排序方式
python -m cProfile -o result.out -s cumulative test.py
```

profile是纯Python实现的性能分析模块，其接口和cProfile的一致，但在分析程序时增加了很多运行开销。如果想扩展 profile 的功能，可以通过继承 cProfile 模块实现。

```
import time, random


def your_func():
    time.sleep(random.random() * 5)


if __name__ == "__main__":
    from cProfile import Profile
    # 注意：运行的函数的名称不需要加括号
```

```
prof = Profile()
prof.runcall(your_func)
prof.print_stats()
```

其分析结果与相关参数的含义和 cProfile 模块的一致。

12.5 打包成 EXE 文件

程序编写完后，一般在 Windows 中打包成 EXE 文件，这样传输和运行都比较方便，Python 借助 PyInstaller 可将 PY 源码打包成对应的 EXE 文件。

PyInstaller 用于将 Python 程序打包成一个独立、可执行的软件包，支持 Windows、Linux 和 macOS。

PyInstaller 可以读取你编写的 Python 脚本，分析代码以发现脚本执行时所需的其他模块和库。然后，它将收集这些文件的副本（包括活动的 Python 解释器）并将其与脚本放在同一个文件夹中，或者放在同一个可执行文件中。

PyInstaller 已针对 Windows、macOS、GNU 和 Linux 进行了测试。但是，它不是交叉编译器：要创建 Windows 应用程序，请在 Windows 中运行 PyInstaller；要创建 GNU / Linux 应用程序，请在 GNU / Linux 等环境中运行 PyInstaller。PyInstaller 已成功实现与 AIX、Solaris、FreeBSD 和 OpenBSD 结合使用，但未在持续集成测试中针对它们进行测试。

PyInstaller 的主要优势如下。

- 兼容性强，可与 Python 3.5~Python 3.7 配合使用。
- 完全多平台，并使用操作系统支持来加载动态库，从而确保完全兼容。
- 正确捆绑主要的 Python 软件包，例如 NumPy、PyQt4、PyQt5、PySide、Django、wxPython、Matplotlib 和其他现成的软件包。
- 兼容许多现成的第三方包（使外部软件包正常工作所需的大部分功能已经集成）。
- 完全支持 PyQt5、PyQt4、PySide、wxPython、Matplotlib 或 Django 等，而无须手动处理插件或外部数据文件。

安装命令如下所示。

```
pip install pyinstaller
```

❶ 切换到打包程序目录，如图 12-14 所示。

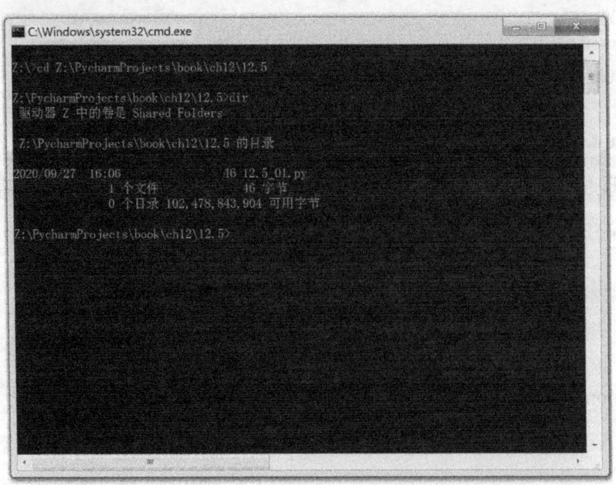

图12-14　切换到打包程序目录

❷打包文件。

```
pyinstaller -F xxx.py（xxx.py，打包的文件名）
```

运行结果如图 12-15 所示。

图12-15　运行结果

❸找到 EXE 文件。

打包文件后，在生成的 dist 文件夹中找到 12.5_01.exe。双击该 EXE 文件查看运行结果，如图 12-16 所示。

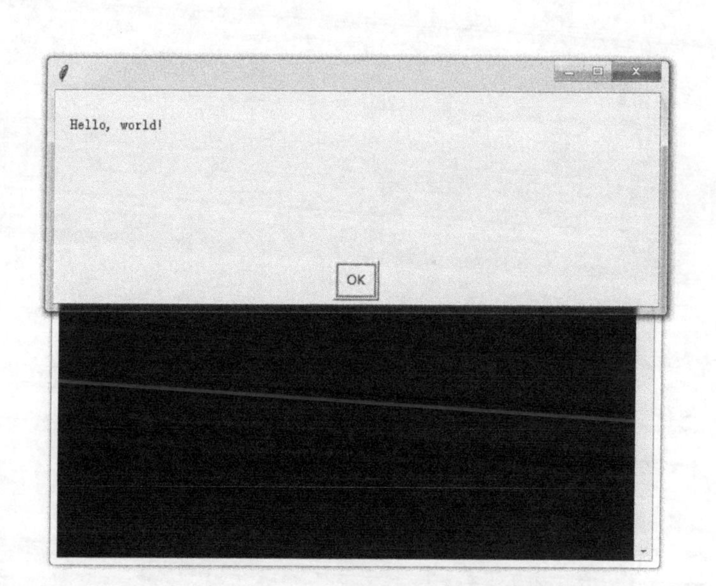

图12-16　双击EXE文件查看运行结果

12.6 本章小结

本章讲解调试 Python 程序。首先讲解使用 pdb 和 IDLE 调试 Python 程序，包括 pdb 与 IDLE 的相关命令和调试步骤等；然后讲解反编译，包括将 Python 生成的 EXE 文件反编译找到源码；接着讲解性能分析，包括使用 timeit、cProfile 和 profile 完成性能分析；最后讲解打包成 EXE 文件，包括将 PY 文件打包成 EXE 文件，方便传输和使用。

第 13 章 Python 与数据库

本章讲解 Python 与数据库，包括了解数据库、从简单的 SQLite3 开始、Python 与 SQLite3、升级 SQL——MySQL、Python 与 MySQL 的接口、NoSQL 之 Redis、Python 与 Redis 的接口、NoSQL 之 MongoDB、Python 与 MongoDB 的接口等。

本章要点（已掌握的在方框中打钩）

- □ 了解数据库
- □ 从简单的 SQLite3 开始
- □ Python 与 SQLite3
- □ 升级 SQL——MySQL
- □ Python 与 MySQL 的接口
- □ NoSQL 之 Redis
- □ Python 与 Redis 的接口
- □ NoSQL 之 MongoDB
- □ Python 与 MongoDB 的接口

13.1 了解数据库

使用简单的纯文本文件可实现的功能有限。诚然，使用它们可做很多事情，但有时可能还需要额外的功能。例如，你可能想实现自动支持数据并发访问，即允许多位用户读/写磁盘数据，而不会导致文件受损之类的问题；还有可能希望同时根据多个数据字段或属性进行复杂的搜索，而不是采用纯文本提供的简单的单键查找。尽管可供选择的解决方案有很多，但如果要处理大量的数据，并希望解决方案易于被其他程序员理解，选择较标准的数据库可能是个不错的主意，如图 13-1 所示。

图13-1 数据库

数据库分为关系数据库和非关系（NoSQL）数据库。关系数据库是指采用关系模型来组织数据的数据库。非关系数据库提出另外的理念，例如，以键值对存储，且结构不固定。

常见的关系数据库有以下几种。

- Oracle 数据库。
- MySQL 数据库。
- Db2 数据库。
- SQL Server 数据库。

常见的非关系数据库有以下几种。

- Redis 数据库。
- MongoDB 数据库。
- CouchDB 数据库。

13.2 从简单的 SQLite3 开始

13.1 节讲解了数据库，下面讲解从简单的 SQLite3 开始。

SQLite 是一个进程库，实现了一个自包含、无服务器、零配置、事务性的 SQL 数据库引擎。SQLite 的代码属于公共领域，因此可以免费用于各种正当目的，无论是商业目的还是个人目的。SQLite 是世界上部署最广泛的数据库之一。

与其他数据库管理系统不同，SQLite 不是一个客户端/服务器结构的数据库引擎，而是一个嵌入式数据库，该数据库就是一个文件，如图 13-2 所示。

图13-2 SQLite

SQLite 将整个数据库，包括定义、表、索引以及数据本身等，作为一个单独的、可跨平台使用的文件存储在主机中。由于 SQLite 本身是用 C 语言编写的，而且“体积”很小，所以经常被集成到各种应用程序中。Python 内置了 SQLite3，所以在 Python 中使用 SQLite 时不需要安装任何模块，可以直接使用。

13.3 Python 与 SQLite3

13.2 节讲解了从简单的 SQLite3 开始，下面讲解 Python 与 SQLite3。

由于 Python 中内置了 sqlite3 模块，所以可以直接使用 import 语句导入 sqlite3 模块。Python 操作数据库的通用流程如图 13-3 所示。

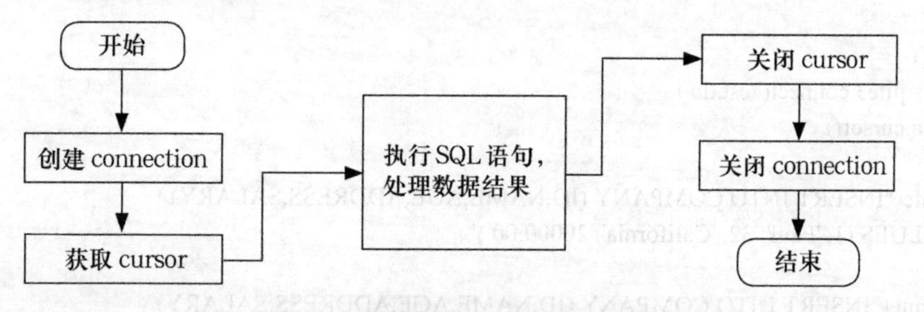

图13-3 Python操作数据库的通用流程

范例 13.3-01 创建表（源码路径：ch13/13.3/13.3-01.py）

```
1.  import sqlite3
2.
3.  conn = sqlite3.connect('test.db')
4.  print("Opened database successfully")
5.  c = conn.cursor()
6.  c.execute('''CREATE TABLE COMPANY
7.        (ID INT PRIMARY KEY     NOT NULL,
8.        NAME           TEXT    NOT NULL,
9.        AGE            INT     NOT NULL,
10.        ADDRESS        CHAR(50),
11.        SALARY         REAL);''')
12. print("Table created successfully")
13. conn.commit()
14. conn.close()
```

【运行结果】

运行代码后，查看结果，生成了一个文件型数据库 test.db，如图 13-4 所示。

图13-4　生成文件型数据库

【范例分析】

（1）范例代码的第 3 行，使用 connect 设置数据库的名字并连接，返回连接对象。

（2）范例代码的第 5 行，使用 cursor 返回执行 SQL 的对象。

（3）范例代码的第 6~11 行，使用 execute 返回执行 SQL，创建表 COMPANY，该表有 5 个字段，分别是 ID、NAME、AGE、ADDRESS、SALARY。

范例 13.3-02 增、删、改、查（源码路径：ch13/13.3/13.3-02.py）

```
1. import sqlite3
2.
3. def insert():
4.     conn = sqlite3.connect('test.db')
5.     c = conn.cursor()
6.
7.     c.execute("INSERT INTO COMPANY (ID,NAME,AGE,ADDRESS,SALARY) \
8.         VALUES (1, 'Paul', 32, 'California', 20000.00 )")
9.
10.    c.execute("INSERT INTO COMPANY (ID,NAME,AGE,ADDRESS,SALARY) \
11.        VALUES (2, 'Allen', 25, 'Texas', 15000.00 )")
12.
13.    c.execute("INSERT INTO COMPANY (ID,NAME,AGE,ADDRESS,SALARY) \
14.        VALUES (3, 'Teddy', 23, 'Norway', 20000.00 )")
15.
16.    c.execute("INSERT INTO COMPANY (ID,NAME,AGE,ADDRESS,SALARY) \
17.        VALUES (4, 'Mark', 25, 'Richmond ', 65000.00 )")
18.
19.    conn.commit()
20.    conn.close()
21.
22.
23. def delete():
24.    import sqlite3
25.
26.    conn = sqlite3.connect('test.db')
27.    c = conn.cursor()
28.
29.    c.execute("DELETE from COMPANY where ID=2;")
30.    conn.commit()
31.
32.    print("Total number of rows deleted :", conn.total_changes)
33.
34.    conn.close()
35.
36. def update():
37.    conn = sqlite3.connect('test.db')
38.    c = conn.cursor()
39.
40.    c.execute("UPDATE COMPANY set SALARY = 25000.00 where ID=1")
41.    conn.commit()
42.
43.    print("Total number of rows updated :", conn.total_changes)
```

```
44.
45.     conn.close()
46.
47. def select():
48.     conn = sqlite3.connect('test.db')
49.     c = conn.cursor()
50.
51.     cursor = c.execute("SELECT id, name, address, salary  from COMPANY")
52.     for row in cursor:
53.         print("ID = ", row[0])
54.         print("NAME = ", row[1])
55.         print("ADDRESS = ", row[2])
56.         print("SALARY = ", row[3], "\n")
57.
58.     conn.close()
59.
60. if __name__ == '__main__':
61.     # insert()
62.     # delete()
63.     # update()
64.     select()
```

【运行结果】

```
ID =  1
NAME =  Paul
ADDRESS =  California
SALARY =  25000.0

ID =  2
NAME =  Allen
ADDRESS =  Texas
SALARY =  15000.0

ID =  3
NAME =  Teddy
ADDRESS =  Norway
SALARY =  20000.0

ID =  4
NAME =  Mark
ADDRESS =  Richmond
SALARY =  65000.0
```

【范例分析】

（1）增、删、改方法是类似的，需要使用 c.execute 执行 SQL 语句，使用 conn.total_changes 获取受影响的行数，最后需要使用 commit 才会生效到数据库中。

（2）查也是使用 c.execute 执行 SQL 语句，但是不需要使用 commit，查返回的是一个可迭代的对象，通过 for 循环迭代获取数据。

13.4 升级 SQL——MySQL

13.3 节讲解了 Python 与 SQLite3，下面讲解升级 SQL——MySQL。

MySQL 是一种开放源码的关系数据库，使用较常用的数据库管理语言进行数据库管理，如图 13-5 所示。

MySQL 是开放源码的，因此任何人都可以在通用公共许可协议（General Public License，GPL）的许可下下载，并根据个性化的需要对其进行修改。MySQL 因其运行速度、可靠性和适应性而备受关注。

图13-5　MySQL

下面讲解 MySQL 的下载和安装。

❶ 访问 MySQL 的官网，单击【DOWNLOADS】，然后单击【MySQL Community (GPL) Downloads】，如图 13-6 所示。

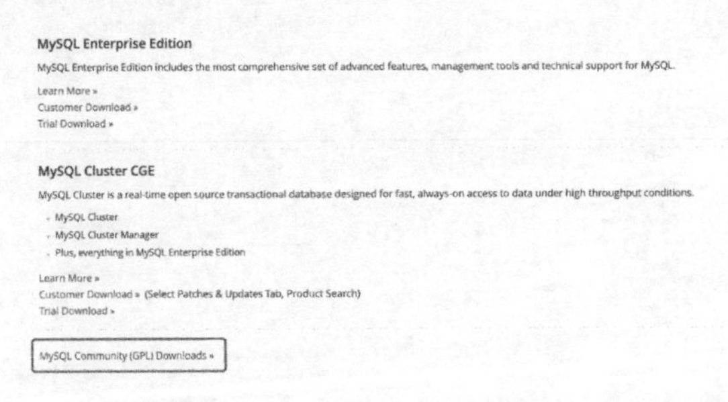

图13-6　单击【MySQL Community (GPL) Downloads】

❷ 单击【MySQL Community Server】，此版本为免费的社区服务器版，如图 13-7 所示。

MySQL Community Downloads

- MySQL Yum Repository
- MySQL APT Repository
- MySQL SUSE Repository
- MySQL Community Server
- MySQL Cluster
- MySQL Router
- MySQL Shell
- MySQL Workbench
- MySQL Installer for Windows
- MySQL for Visual Studio
- C API (libmysqlclient)
- Connector/C++
- Connector/J
- Connector/NET
- Connector/Node.js
- Connector/ODBC
- Connector/Python
- MySQL Native Driver for PHP
- MySQL Benchmark Tool
- Time zone description tables
- Download Archives

图13-7　单击【MySQL Community Server】

❸ 选择操作系统和版本，单击【Download】，如图 13-8 所示。

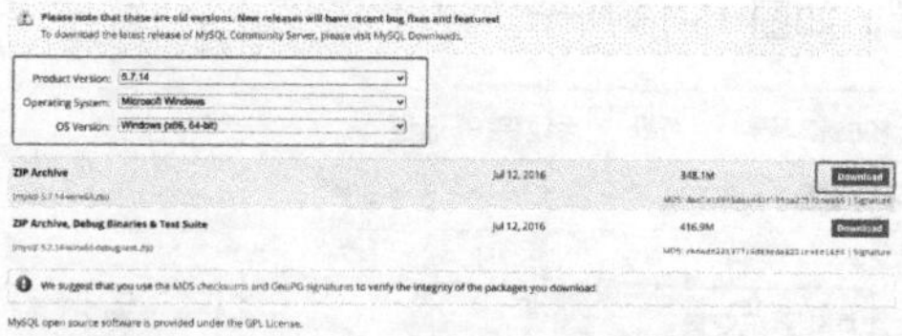

图13-8 选择操作系统和版本

❹ 将下载好的压缩包解压，并将解压后的文件夹重命名为 mysql，如图 13-9 所示。

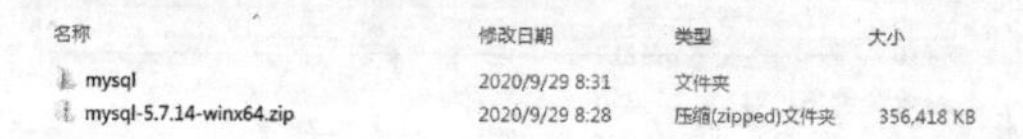

图13-9 解压并重命名

❺ 在 mysql 文件夹中，新建配置文件 my.ini，注意修改路径与本地的保持一致，并手动新建 data 文件夹，如图 13-10 所示。

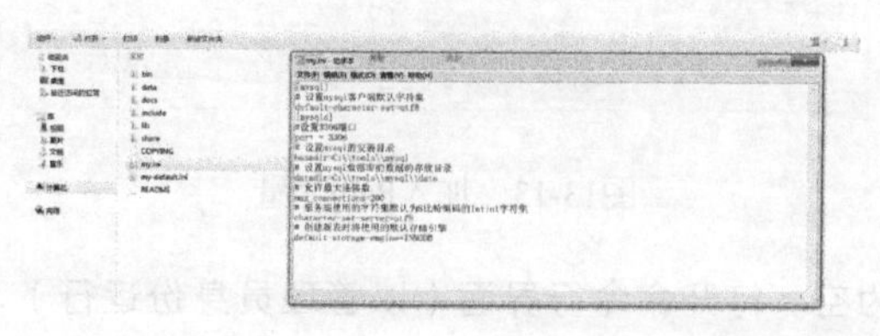

图13-10 新建配置文件和data文件夹

❻ 执行安装，打开命令行界面（以管理员身份运行），进入安装目录 bin 目录，执行命令 mysqld --initialize-insecure --user=mysql，如图 13-11 所示。

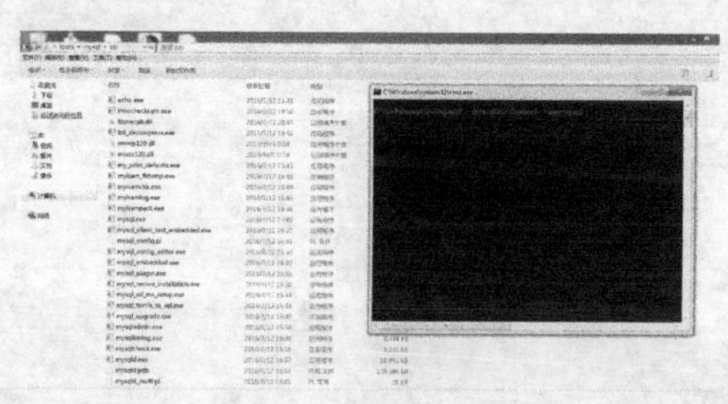

图13-11 安装

❼ 注册服务，打开命令行界面（以管理员身份运行），进入安装目录 bin 目录，执行命令 mysqld --install MySQL --defaults-file=c:\tools\mysql\my.ini；启动服务，在命令行界面中（以管理员身份运行）执行命令 net start mysql，也可在【我的电脑】上单击鼠标右键，选择【管理】→【服务和应用程序】→【服务】→【mysql】，单击鼠标右键，选择【启动】，如图 13-12 所示。

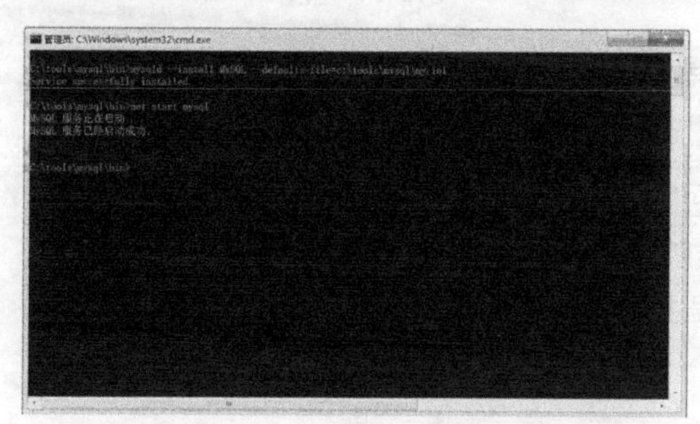

图13-12 注册和启动服务

❽ 把 bin 目录加入 Path 变量，如图 13-13 所示。

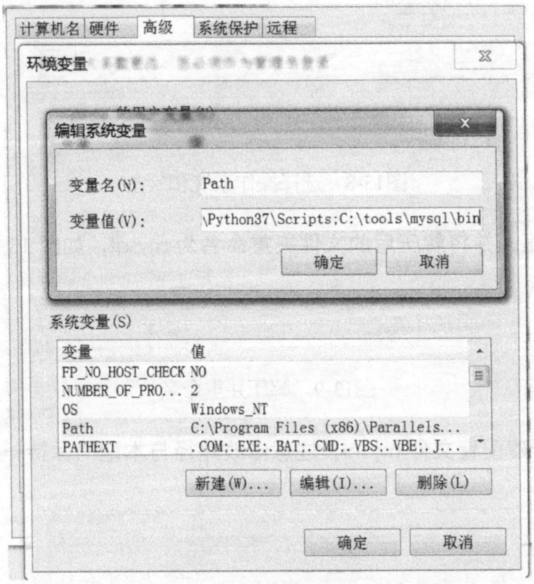

图13-13 加入Path变量

❾ 设置密码，默认密码为空。打开命令行界面（以管理员身份运行），执行命令 mysqladmin -u root password “123456”，这里将密码设置为“123456”，设置后再登录。

执行命令 mysql -uroot -p123456，进行登录，如图 13-14 所示。

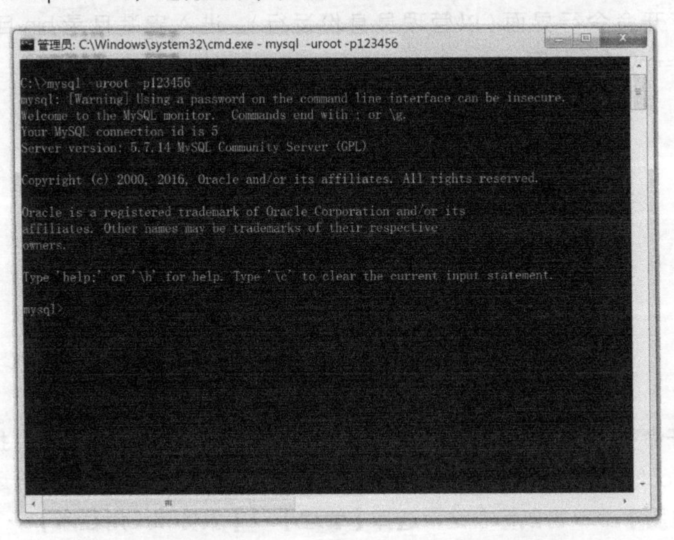

图13-14 登录

到此，MySQL 已经成功安装，接着讲解 MySQL 的一些命令。

（1）登录命令。

```
mysql -h 主机名 -u 用户名 -p 密码
```

这里的 -h 参数指定客户端所要登录的 MySQL 主机名，如果是登录本机，则该参数可以省略；如果是远程连接，则必须指定其值为远程主机的 IP 地址。

（2）数据库命令。

```
/* 查看数据库 */
```

```
show databases;
/* 创建数据库 */
create database 数据库名 charset=utf8;
/* 删除数据库 */
drop database 数据库名 ;
/* 切换数据库 */
use 数据库名 ;
/* 查看当前选择的数据库 */
select database();
```

（3）表命令。

```
/* 查看当前数据库中的所有表 */
show tables;
/* 创建表 */
create table 表名 ( 列及类型 );
/* 修改表 */
alter table 表名 add|modify|drop 列名 类型 ;
/* 删除表 */
drop table 表名 ;
/* 查看表结构 */
desc 表名 ;
/* 更改表名称 */
rename table 原表名 to 新表名 ;
/* 查看表的创建语句 */
show create table 表名 ;
```

（4）增、删、改、查命令。

```
/* 新增 */
insert into 表名 (fifield1,fifield2,...,fifieldN) values (value1,value2,...,valueN);
/* 删除 */
delete from 表名 [where 条件 ];
/* 更新 */
update table_name set fifield1=new-value1, fifield2=new-value2 [where 条件 ];
/* 查询 */
select fifield1, fifield2 from table_name [where 条件 ];

create database python default charset=utf8;
/* 使用数据库 */
use python;
/* 创建表——主键表 */
create table grade(
 id int primary key auto_increment,
 name varchar(100) not null
);
/* 创建表——外键表 */
create table student(
 id int primary key auto_increment,
 name varchar(100) not null,
 sex char(1)not null,
 phone char(11) unique not null,
 address varchar(100) default ' 郑州 ',
 birthday date not null,
 gid int not null,
 foreign key(gid) references grade(id)
```

```
);
/* 新增数据 */
insert into grade(name) values(' 一年级 ');
insert into grade(name) values(' 二年级 ');
insert into student(name,sex,phone,address,birthday,gid) values(' 王强 ',' 男 ','155****8666',' 开封 ','1990-2-4',1);
insert into student(name,sex,phone,address,birthday,gid) values(' 李丽 ',' 女 ','166****8656',' 郑州 ','1991-3-12',2);
/* 查询数据 */
select * from grade;
select * from student;
/* 更新数据 */
update student set phone = '166****8657' where id = 2;
/* 删除数据 */
delete from student where id = 1;
```

13.5 Python 与 MySQL 的接口

13.4 节讲解了升级 SQL——MySQL，下面讲解 Python 与 MySQL 的接口。

Python 与 MySQL 交互，需要先安装 pymysql 模块，运行如下命令。

```
pip install pymysql
```

安装好 pymysql 模块后，就可以使用 pymysql.Connect 创建连接对象登录数据库了。

范例 13.5-01　查询和修改（源码路径：ch13/13.5/13.5-01.py）

```
1.  import pymysql
2.
3.
4.  def select():
5.      """ 查询 """
6.      try:
7.          # 获取连接对象
8.          conn = pymysql.Connect(host='localhost', port=3306, db='python',
9.                                 user='root', passwd='123456', charset='utf8')
10.         # 创建可执行对象，可以执行 SQL 语句
11.         cur = conn.cursor()
12.         # 执行 SQL 语句，并传递参数
13.         cur.execute('select * from student where id=%s', [2])
14.         # 查询结果
15.         result = cur.fetchone()
16.         print(result)
17.         # 关闭
18.         conn.close()
19.     except Exception as ex:
20.         print(ex)
21.
22.
23. def update():
24.     """ 修改 """
25.     try:
26.         # 获取连接对象
27.         conn = pymysql.Connect(host='localhost', port=3306, db='python',
28.                                user='root', passwd='123456', charset='utf8')
29.         # 创建可执行对象，可以执行 SQL 语句
```

```
30.         cur = conn.cursor()
31.         # 执行 SQL 语句，并传递参数
32.         count = cur.execute('update student set name=%s where id=%s', [' 张三 ', 2])
33.         # 判断结果
34.         if count > 0:
35.             print(' 成功 ')
36.         else:
37.             print(' 失败 ')
38.         # 提交
39.         conn.commit()
40.         # 关闭
41.         conn.close()
42.     except Exception as ex:
43.         print(ex)
44.
45.
46. if __name__ == '__main__':
47.     select()
48.     update()
```

【运行结果】

```
(2, ' 李丽 ', ' 女 ', '166****8656', ' 郑州 ', datetime.date(1991, 3, 12), 2)
成功
```

【范例分析】

（1）这里创建了一个数据库连接对象 conn，接着创建可以执行 SQL 语句的对象 cur，然后执行 SQL 语句。SQL 语句中有占位符，cur 的第二个参数与占位符一一对应。

（2）如果是查询，需要继续调用 cur 的查询方法。

13.6 NoSQL 之 Redis

13.5 节讲解了 Python 与 MySQL 的接口，下面讲解 NoSQL 之 Redis。

Redis（Remote Dictionary Server，远程字典服务）是一个由萨尔瓦托雷·圣菲利波（Salvatore Sanfilippo）写的键值对存储系统，属于 NoSQL 的一种，如图 13-15 所示。

图13-15　Redis

Redis 是一个开源的使用 ANSI C 语言编写、遵守 BSD 开源协议、支持网络、可基于内存亦可持久化的日志型、键值对数据库，并提供多种语言的 API。

Redis 通常被称为数据结构服务器，因为其值可以是字符串、散列值、列表、集合和有序集合 (Sorted Set) 等类型。

下面讲解 Redis 的下载和安装。

❶ Redis 支持 32 位和 64 位的操作系统。这需要根据操作系统的实际情况选择，这里下载 Redis-x64-3.2.100.zip 压缩包到 C:\tools 下，解压后，将文件夹重新命名为 redis，如图 13-16 所示。

redis	2020/9/29 9:37	文件夹	
Redis-x64-3.2.100.zip	2020/9/29 9:37	压缩(zipped)文件夹	5,044 KB

图13-16 解压并重命名

❷ 启动服务端。打开一个命令行界面，切换目录到 C:\tools\redis，运行命令 redis-server.exe redis.windows.conf，如图 13-17 所示。

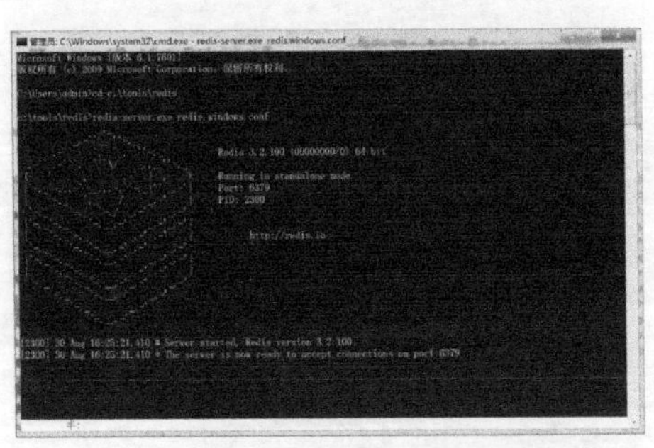

图13-17 启动服务端

❸ 启动客户端。打开一个命令行界面，切换目录到 C:\tools\redis，运行命令 redis-cli，如图 13-18 所示。

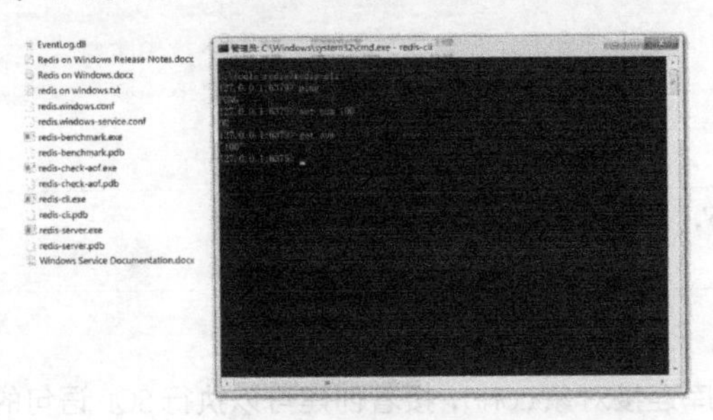

图13-18 启动客户端

13.7 Python 与 Redis 的接口

13.6 节讲解了 NoSQL 之 Redis，下面讲解 Python 与 Redis 的接口。

Python 与 Redis 交互，需要先安装 redis 模块，运行如下命令。

```
pip install redis
```

范例 13.7-01 增、删、改、查（源码路径：ch13/13.7/13.7-01.py）

```
1.  """Python 与 Redis 交互——增删改查 """
2.  from redis import *
3.
4.
5.  def insert_update():
6.      """ 新增 / 修改 """
7.      try:
8.          # 创建 StrictRedis 对象，与 Redis 服务器建立连接
9.          sr = StrictRedis()
10.         # 添加键 name，值为 python
11.         # 如果键 name 不存在，则为新增，否则为修改
```

```
12.         result = sr.set('name', 'python')
13.         # 输出响应结果，如果添加成功，返回 True，否则返回 False
14.         print(result)
15.     except Exception as e:
16.         print(e)
17.
18.
19. def select():
20.     """ 查询 """
21.     try:
22.         # 创建 StrictRedis 对象，与 Redis 服务器建立连接
23.         sr = StrictRedis()
24.         # 获取键 name 的值
25.         result = sr.get('name')
26.         # 输出键的值，如果键不存在，则返回 None
27.         print(result)
28.     except Exception as e:
29.         print(e)
30.
31.
32. def delete():
33.     """ 删除 """
34.     try:
35.         # 创建 StrictRedis 对象，与 Redis 服务器建立连接
36.         sr = StrictRedis()
37.         # 设置键 name 的值，如果键已经存在，进行修改，否则进行添加
38.         result = sr.delete('name')
39.         # 输出响应结果，如果删除成功，返回受影响的键数，否则返回 0
40.         print(result)
41.     except Exception as e:
42.         print(e)
43.
44.
45. if __name__ == "__main__":
46.     insert_update()
47.     select()
48.     delete()
```

【运行结果】

```
True
b'python'
1
```

【范例分析】

（1）使用 StrictRedis 创建连接对象。调用对象的 set 方法，如果键不存在，则新增，否则就修改。调用对象的 get 方法，则查询。调用对象的 delete 方法，则删除。

（2）当使用 StrictRedis 创建连接时，其实内部实现并没有主动创建连接，获得的连接是连接池提供的，这个连接由连接池管理，所以无须关注连接是否需要主动释放的问题。另外，连接池有自己关闭连接的接口，一旦调用该接口，所有连接都将被关闭。

13.8 NoSQL 之 MongoDB

13.7 节讲解了 Python 与 Redis 的接口，下面讲解 NoSQL 之 MongoDB。

MongoDB 是一个基于分布式（主从复制、负载均衡）文件存储的 NoSQL，由 C++ 语言编写，运行稳定、性能高，旨在为 Web 应用提供可扩展的高性能数据存储解决方案，如图 13-19 所示。

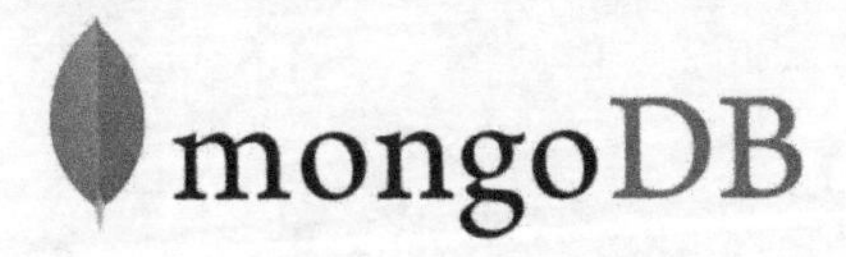

图13-19 MongoDB

下面讲解 MongoDB 的下载和安装。

❶ 下载安装包。打开 MongoDB 官方网站，选择合适的版本下载，32 位的 MongoDB 支持的最大文件为 2GB，64 位支持海量存储。这里使用的是 mongodb-win32-x86_64-2008plus-ssl-3.2.22-signed.msi，如图 13-20 所示。

mysql	2020/9/29 8:35	文件夹	
redis	2020/9/29 10:20	文件夹	
mongodb-win32-x86_64-2008plus-ssl-3.2.22-signed.msi	2020/9/29 10:58	Windows Installer ...	116,472 KB

图13-20 下载

❷ 双击进行安装，按照提示完成选择。

❸ 将 MongoDB 的 bin 目录加入 Path 变量。

❹ MongoDB 将数据目录存储在 db 目录下。但是这个数据目录不会被主动创建，在安装完 MongoDB 后需要创建它，如图 13-21 所示。db 目录与 bin 目录是同级目录。

bin	2020/9/29 11:32	文件夹	
db	2020/9/29 11:35	文件夹	
GNU-AGPL-3.0	2018/12/26 8:36	0 文件	34 KB
MPL-2	2018/12/26 8:35	文件	17 KB
README	2018/12/26 8:36	文件	3 KB
THIRD-PARTY-NOTICES	2018/12/26 8:36	文件	36 KB

图13-21 创建db目录

❺ 启动 MongoDB 服务器。运行命令 mongod --dbpath C:\\tools\\MongoDB\\Server\\3.2\\db，如图 13-22 所示。

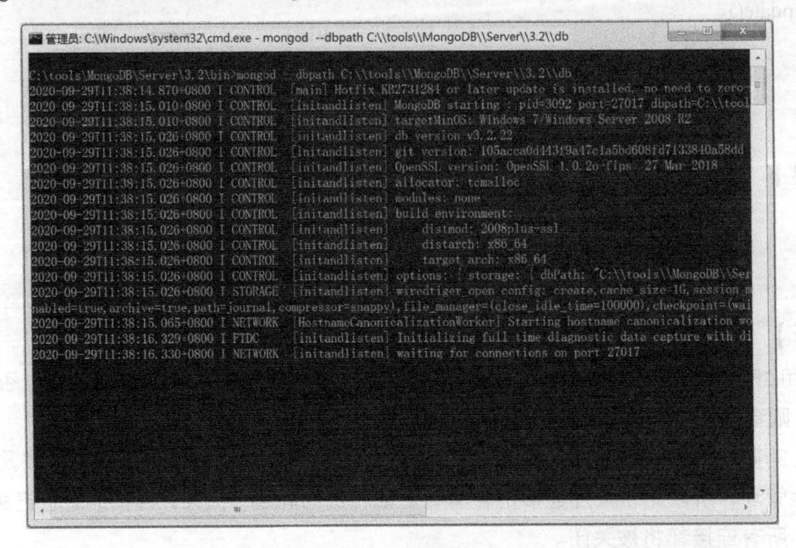

图13-22 启动服务器

❻ 启动 MongoDB 客户端。运行命令 mongo，如图 13-23 所示。

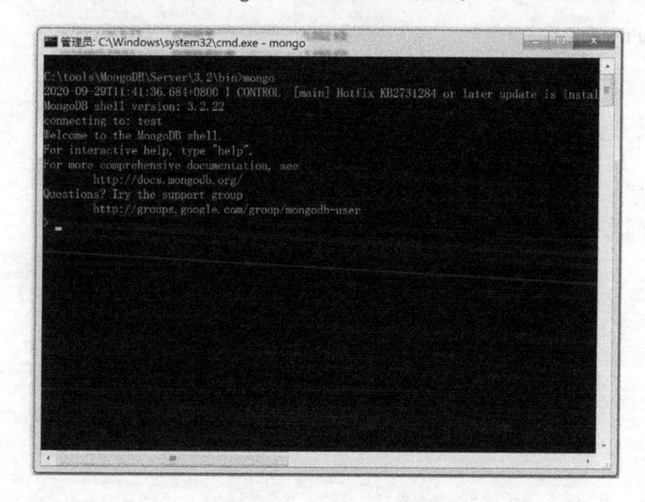

图13-23 启动客户端

13.9 Python 与 MongoDB 的接口

13.8 节讲解了 NoSQL 之 MongoDB，下面讲解 Python 与 MongoDB 的接口。

Python 与 MongoDB 交互，需要先安装 mongodb 模块，运行如下命令。

```
pip install mongodb
```

范例 13.9-01 增、删、改、查（源码路径：ch13/13.9/13.9-01.py）

```
1.  """Python 与 MongoDB 交互——增删改查 """
2.  import pymongo
3.
4.
5.  def is_having():
6.      """ 判断数据库是否已存在 """
7.      # 获取连接对象
8.      myclient = pymongo.MongoClient('mongodb://localhost:27017/')
9.      # 获取所有数据库名称
10.      dblist = myclient.list_database_names()
11.      # 判断
12.      if 'mydb' in dblist:
13.         print(' 数据库已存在！ ')
14.      else:
15.         print(' 数据库不存在！ ')
16.      # 关闭
17.      myclient.close()
18.
19.
20.  def insert():
21.      """ 新增 """
22.      # 获取连接对象
23.      myclient = pymongo.MongoClient('mongodb://localhost:27017/')
24.      # 获取数据库
```

```
25.     mydb = myclient['mydb']
26.     # 获取集合
27.     stu = mydb['stu']
28.     # 新增一条记录，返回 _id
29.     _id = stu.insert({
30.         'name': ' 张三 ',
31.         'hometown': ' 河北省 ',
32.         'age': 66,
33.         'gender': True
34.     })
35.     print(_id)
36.     # 关闭
37.     myclient.close()
38.
39.
40. def select():
41.     """ 查询 """
42.     # 获取连接对象
43.     myclient = pymongo.MongoClient('mongodb://localhost:27017/')
44.     # 获取数据库
45.     mydb = myclient['mydb']
46.     # 获取集合
47.     stu = mydb['stu']
48.     # 查询所有
49.     ret = stu.find()
50.     # 遍历
51.     for i in ret:
52.         print(i)
53.     # 关闭
54.     myclient.close()
55.
56.
57. def update():
58.     """ 修改 """
59.     # 获取连接对象
60.     myclient = pymongo.MongoClient('mongodb://localhost:27017/')
61.     # 获取数据库
62.     mydb = myclient['mydb']
63.     # 获取集合
64.     stu = mydb['stu']
65.     # 修改
66.     x = stu.update_many({'age': {'$gt': 20}}, {'$inc': {'age': 1}})
67.     print(x.modified_count, ' 个文档已修改 ')
68.     # 关闭
69.     myclient.close()
70.
71.
72. def delete():
73.     """ 删除 """
74.     # 获取连接对象
75.     myclient = pymongo.MongoClient('mongodb://localhost:27017/')
```

```
76.     # 获取数据库
77.     mydb = myclient['mydb']
78.     # 获取集合
79.     stu = mydb['stu']
80.     # 删除
81.     x = stu.delete_many({'age': {'$gt': 20}})
82.     print(x.deleted_count, ' 个文档已删除 ')
83.     # 关闭
84.     myclient.close()
85.
86.
87. if __name__ == '__main__':
88.     is_having()
89.     insert()
90.     select()
91.     update()
92.     delete()
```

【运行结果】

```
数据库不存在!
5f72ad7b8a24fb136f1262f6
{'_id': ObjectId('5f72ad7b8a24fb136f1262f6'), 'name': ' 张三 ', 'hometown': ' 河北省 ', 'age': 66, 'gender': True}
1 个文档已修改
1 个文档已删除
```

【范例分析】

（1）使用 MongoClient 创建连接对象，然后获取数据库对象、集合对象，接下来使用集合对象完成增、删、改、查。

（2）集合对象使用 insert 新增文档数据，使用 find 查询文档数据，使用 update_many 修改文档数据，使用 delete_many 删除文档数据。

▶13.10 见招拆招

MongoDB 常用的数据类型如表 13-1 所示。

表13-1 MongoDB 常用的数据类型

编号	类型	描述
1	object id	文档 ID
2	string	字符串，较常用，必须是有效的 UTF-8
3	boolean	存储一个布尔值，True 或 False
4	integer	整数可以是 32 位或 64 位，这取决于服务器
5	double	存储浮点数
6	array	数组或列表，多个值存储到一个键
7	object	用于嵌入式的文档，即一个值为一个文档
8	null	存储 null 值
9	timestamp	时间戳
10	date	存储当前日期或时间的 UNIX 时间格式

13.11 实战演练

Python 在每次登录时要将用户登录日志写入文件，本实战演练将对其进行完善，编写一个程序实现将用户登录日志存储到数据库中。

13.12 本章小结

本章讲解 Python 与数据库。首先讲解了解数据库，包括为什么要用数据库以及常见的数据库；然后讲解 SQLite3，包括简单的 SQLite3 和 Python 与 SQLite3 如何交互等；接着讲解 MySQL，包括 MySQL 的下载、安装、常见命令和与 Python 交互完成增、删、改、查等；最后讲解常见的两种 NoSQL——Redis 和 MongoDB，包括 Redis 和 MongoDB 的下载、安装和与 Python 交互完成增、删、改、查等。

第 14 章

Python 与系统编程

本章讲解 Python 与系统编程，包括认识操作系统、常用的 Windows 命令和 Linux 命令、如何捕获命令行输出信息、进程、线程、os 模块与 sys 模块等。

本章要点（已掌握的在方框中打钩）

- □ 认识操作系统
- □ 常用的 Windows 命令和 Linux 命令
- □ 如何捕获命令行输出信息
- □ 进程
- □ 线程
- □ os 模块与 sys 模块

14.1 认识操作系统

操作系统是管理和控制计算机硬件与软件资源的计算机程序，是直接运行在“裸机”上的最基本的系统软件之一，其他软件都必须在操作系统的支持下才能运行。

操作系统位于硬件与用户（应用软件）之间，是两者沟通的桥梁，如图 14-1 所示。用户可以通过操作系统的用户界面，输入命令。操作系统则对命令进行解释，驱动硬件设备，实现用户需求。

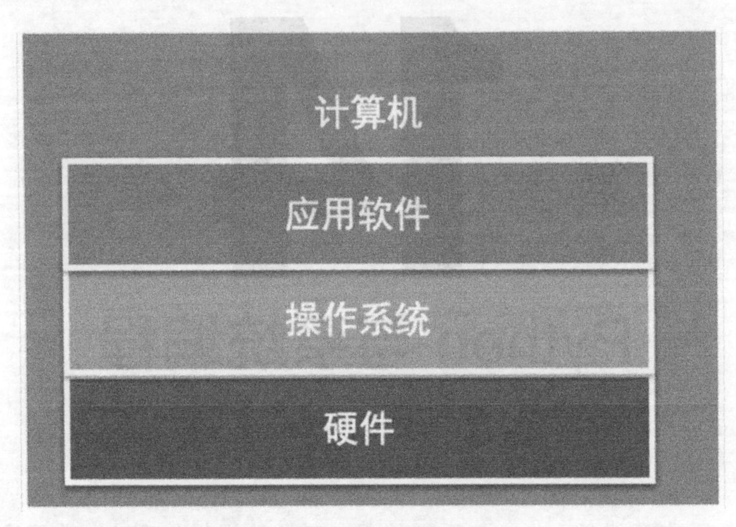

图14-1 操作系统是沟通的桥梁

操作系统的种类相当多，各种设备安装的操作系统可分为智能卡操作系统、实时操作系统、传感器节点操作系统、嵌入式操作系统、个人计算机操作系统、多处理器操作系统、网络操作系统和大型机操作系统等。

常见的操作系统有 UNIX、Linux、mac OS、Windows、iOS、Android、WP（Windows Phone）、Chrome OS 等，如图 14-2 所示。

图14-2 常见的操作系统

现在的市场情况：大型机与嵌入式系统使用多样化的操作系统。在服务器方面，Linux、UNIX 和 Windows Server 占据了市场的大部分份额。在超级计算机方面，Linux 取代 UNIX 成了第一大操作系统，截至 2012 年 6 月，世界超级计算机 500 强排名中基于 Linux 的超级计算机占据了 462 个席位，比率高达 92%。随着智能手机的发展，Android 和 iOS 已经成为目前较流行的两大手机操作系统。

Python 是跨平台的，同一段 Python 代码可以在不同平台运行，前提是需要安装对应平台的 Python 解释器。

14.2 常用的 Windows 命令和 Linux 命令

14.1 节讲解了认识操作系统，下面讲解常用的 Windows 命令和 Linux 命令。

01 Windows 常用命令

打开【运行】对话框（按【Win+R】快捷键打开），输入 cmd，按【Enter】键，打开命令行界面，如图 14-3 所示。

图14-3 命令行界面

Windows 命令有很多，这里列出部分常用的命令。

（1）复制粘贴。

在控制台命令窗口单击鼠标右键弹出快捷菜单，选择【标记】，然后选中所需复制的内容，单击鼠标右键即可粘贴内容。单击鼠标右键弹出快捷菜单，选择【粘贴】。

（2）在此处打开命令行窗口。

先进入到要用命令行打开的文件夹，在空白处按住【Shift】键，然后单击鼠标右键弹出快捷菜单，可以看到【在此处打开命令窗口】。

（3）快速切换历史命令。

使用上、下方向键，翻看使用过的命令。

（4）补全功能。

使用【Tab】键完成命令补全功能。

（5）命令参数的路径。

要使用 \，不要使用 /，如 del d:/test2/file/my.txt。

若存在空格，则应使用双引号将路径进行标识，如 del"d:\program files\file\my.txt"。

（6）获取帮助。

输入 md/? 可查询 md 命令的帮助说明，如图 14-4 所示。

```
管理员: C:\Windows\system32\cmd.exe

C:\>md /?
创建目录。

MKDIR [drive:]path
MD [drive:]path

如果命令扩展被启用，MKDIR 会如下改变:

如果需要，MKDIR 会在路径中创建中级目录。例如: 假设 \a 不
存在，那么:

    mkdir \a\b\c\d

与:

    mkdir \a
    chdir \a
    mkdir b
    chdir b
    mkdir c
    chdir c
    mkdir d

相同。如果扩展被停用，则需要键入 mkdir \a\b\c\d。

C:\>
```

图14-4　使用获取帮助查询md命令的帮助说明

（7）中断命令执行。

使用【Ctrl+Z】快捷键完成终端命令执行或通过进程管理器关闭命令进程。

（8）文件 / 目录命令。

- cd：切换目录。
- dir：显示目录中的内容。

CMD 命令之 cd 和 dir 如图 14-5 所示。

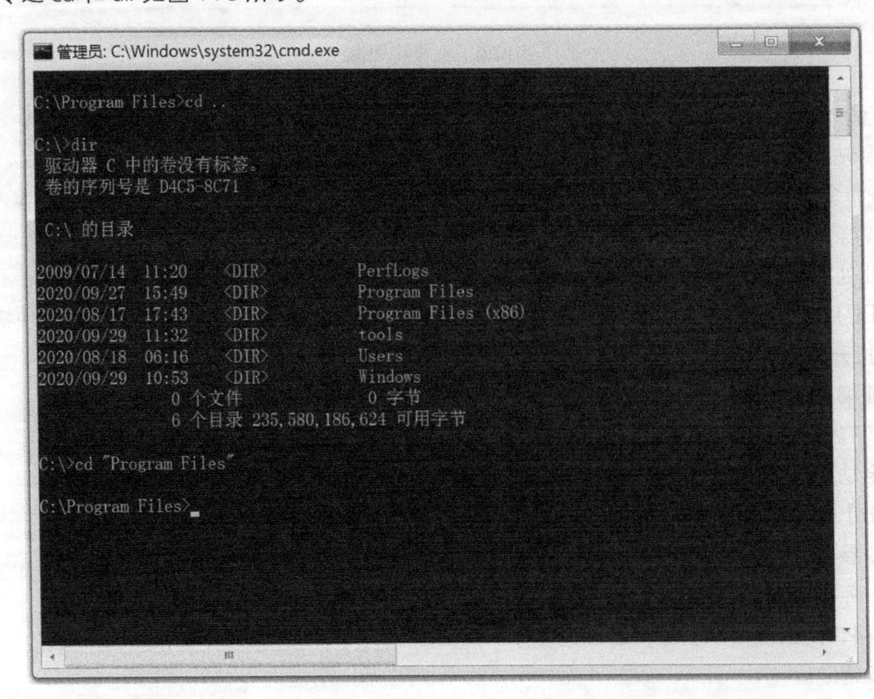

图14-5　CMD命令之cd和dir

- tree：显示目录结构，如图 14-6 所示。

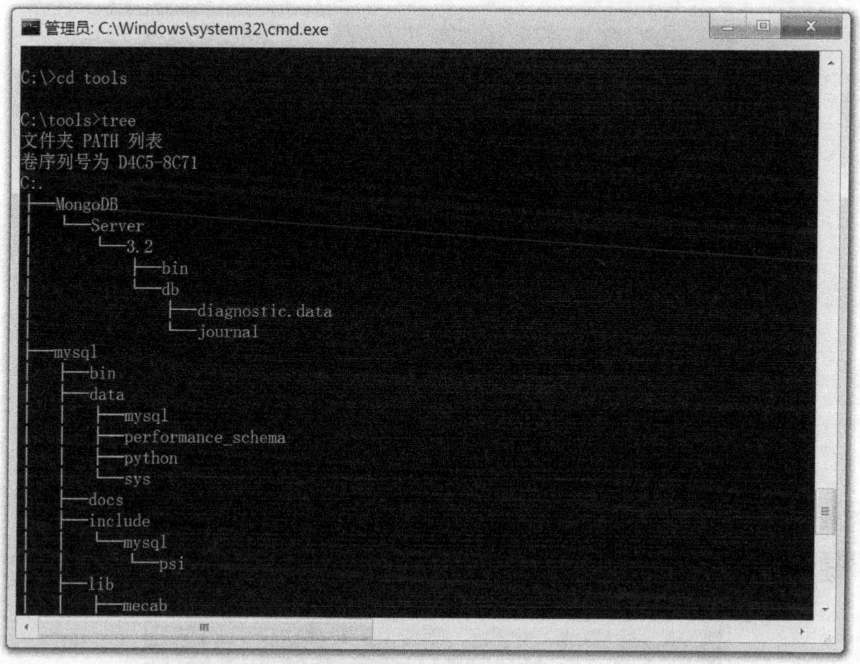

```
管理员: C:\Windows\system32\cmd.exe

C:\>cd tools

C:\tools>tree
文件夹 PATH 列表
卷序列号为 D4C5-8C71
C:.
├─MongoDB
│  └─Server
│      └─3.2
│          ├─bin
│          └─db
│              ├─diagnostic.data
│              └─journal
├─mysql
│  ├─bin
│  ├─data
│  │  ├─mysql
│  │  ├─performance_schema
│  │  ├─python
│  │  └─sys
│  ├─docs
│  ├─include
│  │  └─mysql
│  │      └─psi
│  ├─lib
│  │  ├─mecab
```

图14-6 CMD命令之tree

- ren：对文件或目录重命名，如图 14-7 所示。

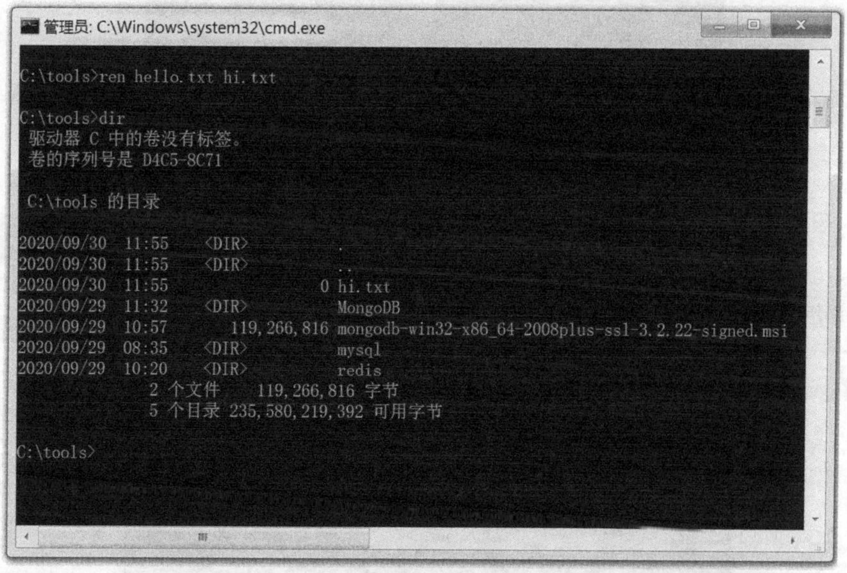

```
管理员: C:\Windows\system32\cmd.exe

C:\tools>ren hello.txt hi.txt

C:\tools>dir
 驱动器 C 中的卷没有标签。
 卷的序列号是 D4C5-8C71

 C:\tools 的目录

2020/09/30  11:55    <DIR>          .
2020/09/30  11:55    <DIR>          ..
2020/09/30  11:55                 0 hi.txt
2020/09/29  11:32    <DIR>          MongoDB
2020/09/29  10:57       119,266,816 mongodb-win32-x86_64-2008plus-ssl-3.2.22-signed.msi
2020/09/29  08:35    <DIR>          mysql
2020/09/29  10:20    <DIR>          redis
               2 个文件    119,266,816 字节
               5 个目录 235,580,219,392 可用字节

C:\tools>
```

图14-7 CMD命令之ren

- md：创建目录。
- rd：删除目录。
- copy：复制文件。
- move：移动文件。
- del：删除文件。

CMD 命令之 md、rd、copy、move、del 如图 14-8 所示。

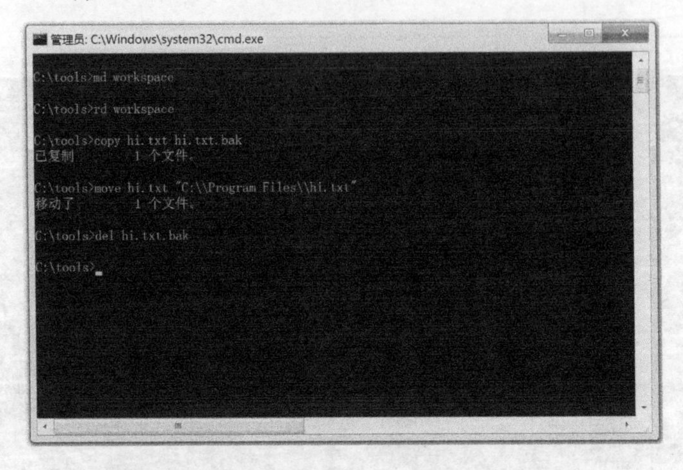

图14-8 CMD命令之md、rd、copy、move、del

（9）文件查看。

- type：显示文本文件内容，如图 14-9 所示。

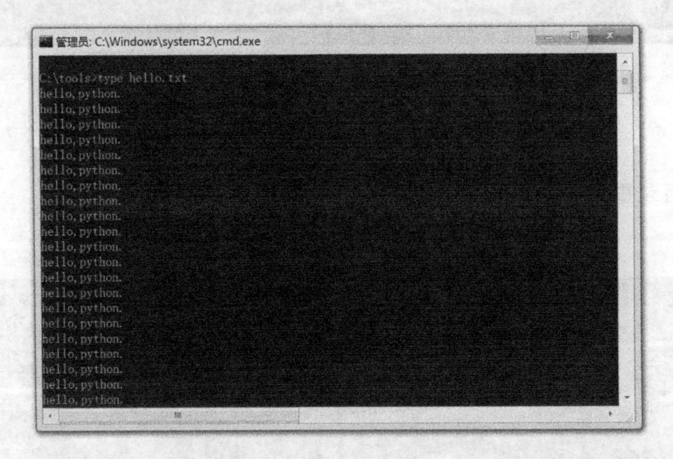

图14-9 CMD命令之type

- more：逐屏显示文本文件内容，如图 14-10 所示。

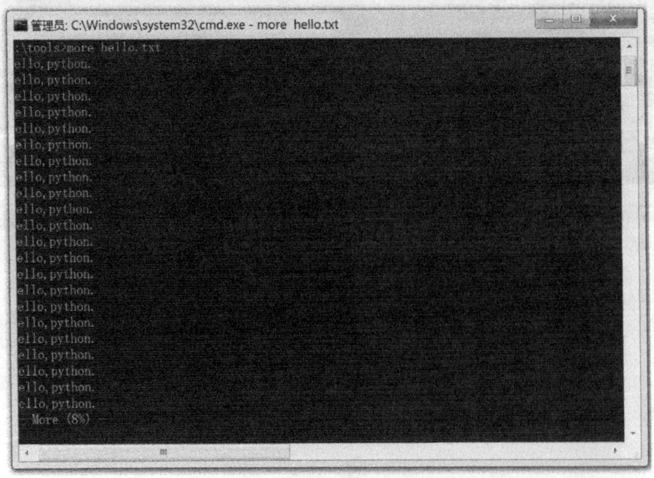

图14-10 CMD命令之more

02 Linux 常用命令

Linux 命令有很多，这里列出部分常用的命令。

（1）查看命令帮助方式。

● --help 使用说明：help 命令，如图 14-11 所示。

```
python@ubuntu: ~/Desktop/test
python@ubuntu:~/Desktop/test$ ls --help
用法: ls [选项]... [文件]...
List information about the FILEs (the current directory by default).
Sort entries alphabetically if none of -cftuvSUX nor --sort is specified.

必选参数对长短选项同时适用。
  -a, --all                  不隐藏任何以. 开始的项目
  -A, --almost-all           列出除. 及.. 以外的任何项目
      --author               与-l 同时使用时列出每个文件的作者
  -b, --escape               以八进制溢出序列表示不可打印的字符
      --block-size=SIZE      scale sizes by SIZE before printing them; e.g.,
                               '--block-size=M' prints sizes in units of
                               1,048,576 bytes; see SIZE format below
  -B, --ignore-backups       do not list implied entries ending with ~
  -c                         with -lt: sort by, and show, ctime (time of last
                               modification of file status information);
                               with -l: show ctime and sort by name;
                               otherwise: sort by ctime, newest first
  -C                         list entries by columns
      --color[=WHEN]         colorize the output; WHEN can be 'always' (default
                               if omitted), 'auto', or 'never'; more info below
  -d, --directory            list directories themselves, not their contents
  -D, --dired                generate output designed for Emacs' dired mode
  -f                         do not sort, enable -aU, disable -ls --color
```

图14-11 Linux命令之--help

● man 使用说明：man 命令，比如 man lS，如图 14-12 所示。

```
python@ubuntu: ~/Desktop/test
LS(1)                          User Commands                          LS(1)

NAME
       ls - list directory contents

SYNOPSIS
       ls [OPTION]... [FILE]...

DESCRIPTION
       List  information  about  the FILEs (the current directory by default).
       Sort entries alphabetically if none of -cftuvSUX nor --sort  is  speci-
       fied.

       Mandatory  arguments  to  long  options are mandatory for short options
       too.

       -a, --all
              do not ignore entries starting with .

       -A, --almost-all
              do not list implied . and ..

       --author
 Manual page ls(1) line 1 (press h for help or q to quit)
```

图14-12 Linux命令之man

（2）查看目录。

● ls：查看当前目录信息，如图 14-13 所示。

```
python@ubuntu: ~/Desktop/test4
python@ubuntu:~/Desktop/test4$ ls
2.txt  aa  hello.tar.gz  index1.html
python@ubuntu:~/Desktop/test4$ 
```

图14-13 Linux命令之ls

- tree：以树状方式显示目录信息，如图 14-14 所示。

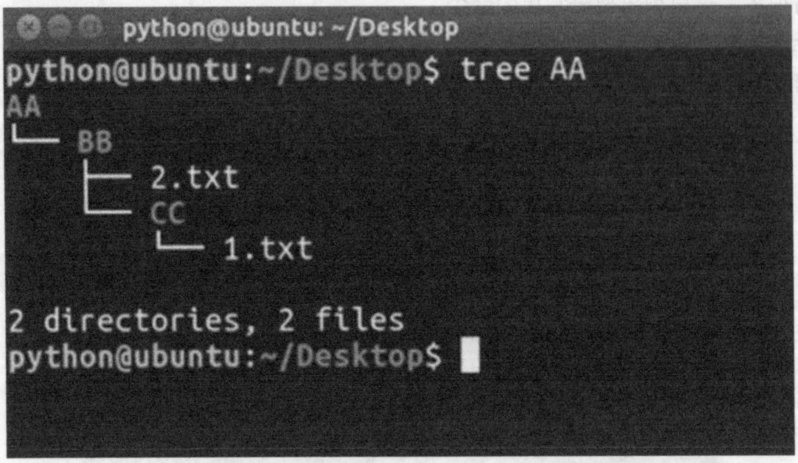

```
python@ubuntu: ~/Desktop
python@ubuntu:~/Desktop$ tree AA
AA
└── BB
    ├── 2.txt
    └── CC
        └── 1.txt

2 directories, 2 files
python@ubuntu:~/Desktop$
```

图14-14　Linux命令之tree

（3）目录路径。

- cd：切换目录，如图 14-15 所示。

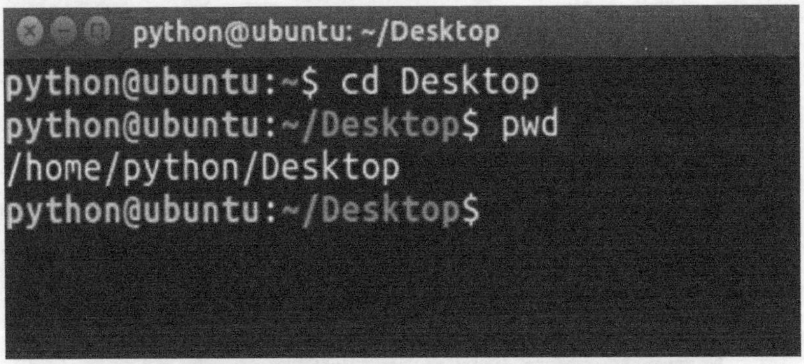

```
python@ubuntu: ~/Desktop
python@ubuntu:~$ cd Desktop
python@ubuntu:~/Desktop$ pwd
/home/python/Desktop
python@ubuntu:~/Desktop$
```

图14-15　Linux命令之cd

- pwd：列出当前所在目录，如图 14-16 所示。

```
python@ubuntu: ~/Desktop
python@ubuntu:~/Desktop$ pwd
/home/python/Desktop
python@ubuntu:~/Desktop$
```

图14-16　Linux命令之pwd

（4）清除终端内容。

- clear：清除终端内容，如图 14-17 所示。

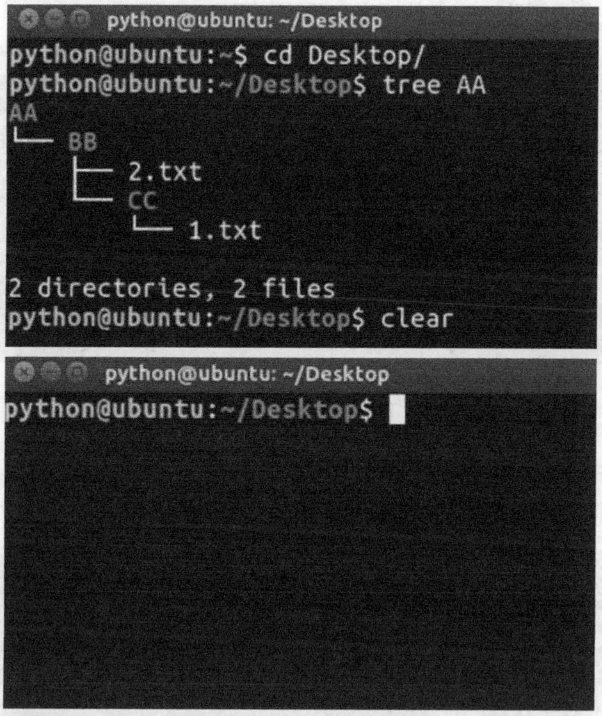

```
python@ubuntu: ~/Desktop
python@ubuntu:~$ cd Desktop/
python@ubuntu:~/Desktop$ tree AA
AA
└── BB
    ├── 2.txt
    └── CC
        └── 1.txt

2 directories, 2 files
python@ubuntu:~/Desktop$ clear
```

```
python@ubuntu: ~/Desktop
python@ubuntu:~/Desktop$
```

图14-17 Linux命令之clear

（5）创建、删除文件及目录。

- touch 文件名：创建指定文件，如图 14-18 所示。

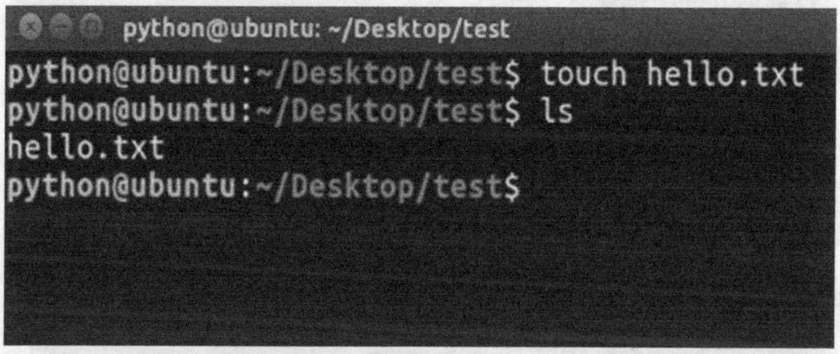

```
python@ubuntu: ~/Desktop/test
python@ubuntu:~/Desktop/test$ touch hello.txt
python@ubuntu:~/Desktop/test$ ls
hello.txt
python@ubuntu:~/Desktop/test$
```

图14-18 Linux命令之touch

- mkdir 目录名：创建目录（文件夹），如图 14-19 所示。

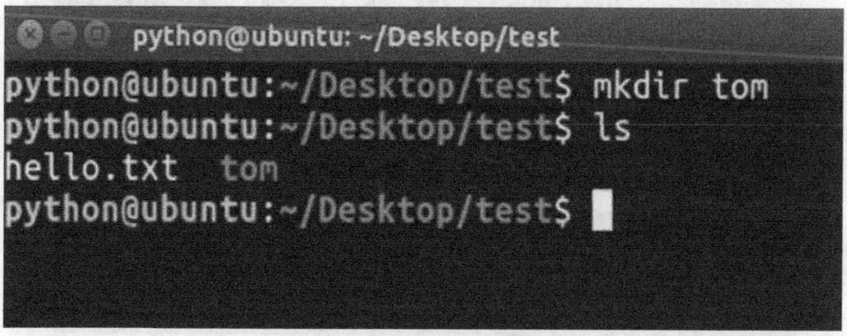

```
python@ubuntu: ~/Desktop/test
python@ubuntu:~/Desktop/test$ mkdir tom
python@ubuntu:~/Desktop/test$ ls
hello.txt  tom
python@ubuntu:~/Desktop/test$
```

图14-19 Linux命令之mkdir

- rm 文件名或者目录名：删除指定文件或者目录，如图 14-20 所示。

```
python@ubuntu: ~/Desktop/test
python@ubuntu:~/Desktop/test$ ls
hello.txt  tom
python@ubuntu:~/Desktop/test$ rm hello.txt
python@ubuntu:~/Desktop/test$ ls
tom
python@ubuntu:~/Desktop/test$
```

图14-20　Linux命令之rm

（6）复制、移动文件及目录。

- cp：复制文件、复制目录，如图 14-21 所示。

```
python@ubuntu: ~/Desktop/test
python@ubuntu:~/Desktop/test$ ls
hello.txt  tom
python@ubuntu:~/Desktop/test$ cp hello.txt tom
python@ubuntu:~/Desktop/test$ tree
.
├── hello.txt
└── tom
    └── hello.txt

1 directory, 2 files
python@ubuntu:~/Desktop/test$ cp hello.txt hello.txt
cp: 'hello.txt' 与'hello.txt' 为同一文件
python@ubuntu:~/Desktop/test$ cp hello.txt hello-cp.txt
python@ubuntu:~/Desktop/test$ ls
hello-cp.txt  hello.txt  tom
python@ubuntu:~/Desktop/test$ cp tom tom-cp
cp: 略过目录'tom'
python@ubuntu:~/Desktop/test$ cp tom tom-cp -r
python@ubuntu:~/Desktop/test$ ls
hello-cp.txt  hello.txt  tom  tom-cp
```

图14-21　Linux命令之cp

- mv：移动文件、移动目录，如图 14-22 所示。

```
python@ubuntu:~/Desktop/test$ ls
tom  tom-cp
python@ubuntu:~/Desktop/test$ touch 1.txt
python@ubuntu:~/Desktop/test$ ls
1.txt  tom  tom-cp
python@ubuntu:~/Desktop/test$ mv 1.txt tom
python@ubuntu:~/Desktop/test$ ls
tom  tom-cp
python@ubuntu:~/Desktop/test$ tree
.
├── tom
│   ├── 1.txt
│   └── hello.txt
└── tom-cp
    └── hello.txt

2 directories, 3 files
```

图14-22　Linux命令之mv

14.3 如何捕获命令行输出信息

14.2 节讲解了常用的 Windows 命令和 Linux 命令，下面讲解如何捕获命令行输出信息。

Python 可以使用 os 模块的 popen 方法捕获命令行输出信息。

范例 14.3-01 捕获命令行输出信息（源码路径：ch14/14.3/14.3-01.py）

```
1.  import os
2.
3.  command = "ping www.baidu.com" # 可以直接在命令行中执行的命令
4.  r = os.popen(command) # 执行该命令
5.  info = r.readlines() # 读取命令行的输出到一个列表
6.  for line in info: # 按行遍历
7.      line = line.strip("\r\n")
8.      print(line)
```

【运行结果】

```
正在 Ping www.baidu.com [39.156.66.14] 具有 32 字节的数据：
来自 39.156.66.14 的回复：字节 =32 时间 =22 毫秒 TTL=128
来自 39.156.66.14 的回复：字节 =32 时间 =26 毫秒 TTL=128
来自 39.156.66.14 的回复：字节 =32 时间 =24 毫秒 TTL=128
来自 39.156.66.14 的回复：字节 =32 时间 =35 毫秒 TTL=128

39.156.66.14 的 Ping 统计信息：
    数据包：已发送 = 4，已接收 = 4，丢失 = 0（0% 丢失），
往返行程的估计时间（以毫秒为单位）：
    最短 = 22 毫秒，最长 = 35 毫秒，平均 = 26 毫秒
```

【范例分析】

（1）范例代码的第 3 行是准备的命令。

（2）范例代码的第 4 行使用 os 模块的 popen 方法执行命令并获取返回结果，然后在第 5 行通过 readlines 读取命令行结果到一个列表。

（3）范例代码的第 6 行遍历列表，在第 7 行去掉换行符得到结果值。

14.4 进程

14.3 节讲解了如何捕获命令行输出信息，下面讲解进程。

在 Python 程序中，想要实现多任务可以使用进程来完成，进程是实现多任务的一种方式。

一个正在运行的程序或者软件就是一个进程，它是操作系统进行资源分配的基本单位，也就是说每启动一个进程，操作系统都会给其分配一定的运行资源（内存资源）保证进程的运行。

比如，可以将现实生活中的公司理解成一个进程，公司提供办公资源（计算机、办公桌椅等），真正干活的是员工，可以将员工理解成线程。

单进程效果图如图 14-23 所示。

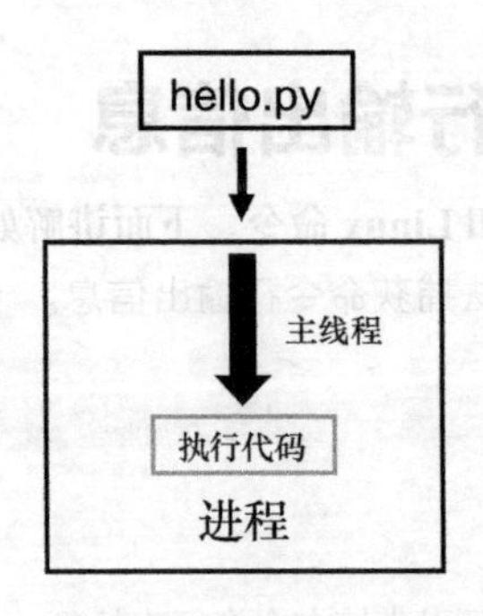

图14-23 单进程效果图

多进程效果图如图 14-24 所示。

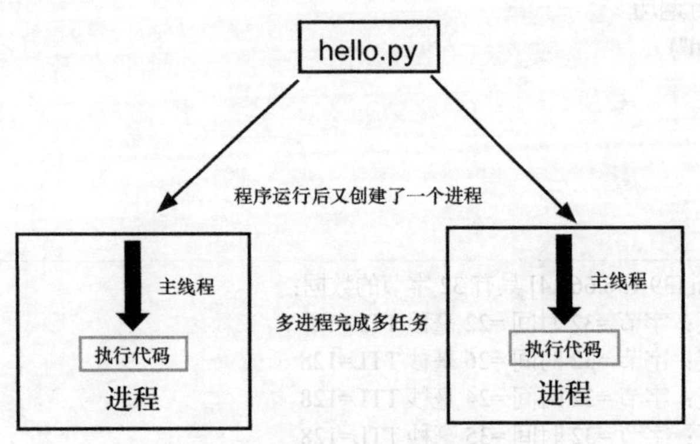

图14-24 多进程效果图

默认程序运行就会创建一个进程。多进程可以完成多任务，每个进程就好比一家独立的公司，每个公司都各自在运营，每个进程也各自在运行，执行各自的任务。

Python 使用 multiprocessing 下的 Process 类完成多进程。

- Process([group [, target [, name [, args [, kwargs]]]]]) 中的各参数如下。

group：指定进程组，目前只能使用 None。

target：执行的目标任务名。

name：进程名。

args：以元组方式给执行任务传参。

kwargs：以字典方式给执行任务传参。

- Process 创建的实例对象的常用方法如下。

start：启动子进程实例（创建子进程）。

join：等待子进程执行结束。

terminate：不管任务是否完成，立即终止子进程。

- Process 创建的实例对象的常用属性如下。

name：当前进程的别名，默认为 Process-N，N 为从 1 开始递增的整数。

范例 14.4-01 使用进程完成多任务（源码路径：ch14/14.4/14.4-01.py）

```
1.  import multiprocessing
2.  import time
```

```
3.
4.
5.  #跳舞任务
6.  def dance():
7.      for i in range(5):
8.          print(" 跳舞中 ...",multiprocessing.current_process)
9.          time.sleep(0.2)
10.
11.
12.  #唱歌任务
13.  def sing():
14.      for i in range(5):
15.          print(" 唱歌中 ...",multiprocessing.current_process.__name__)
16.          time.sleep(0.2)
17.
18.
19.  if __name__ == '__main__':
20.      #创建跳舞的子进程
21.      #group：表示进程组，目前只能使用None
22.      #target：表示执行的目标任务名(函数名、方法名)
23.      #name：进程名，默认是Process-1……
24.      dance_process = multiprocessing.Process(target=dance, name="myprocess1")
25.      sing_process = multiprocessing.Process(target=sing)
26.
27.      #启动子进程执行对应的任务
28.      dance_process.start()
29.      sing_process.start()
```

【运行结果】

```
唱歌中 ...Process-2
跳舞中 ...myprocess1
唱歌中 ...Process-2
跳舞中 ...myprocess1
唱歌中 ...Process-2
跳舞中 ...myprocess1
唱歌中 ...Process-2
跳舞中 ...myprocess1
唱歌中 ...Process-2
跳舞中 ...myprocess1

39.156.66.14 的 Ping 统计信息:
  数据包：已发送 = 4，已接收 = 4，丢失 = 0（0% 丢失），
往返行程的估计时间（以毫秒为单位）：
  最短 = 22 毫秒，最长 = 35 毫秒，平均 = 26 毫秒
```

【范例分析】

（1）范例代码的第24行，创建一个进程对象，设置进程要执行的target为函数dance，设置进程的name值为myprocess1。

（2）范例代码的第25行，创建一个进程对象，设置进程要执行的target为函数sing，没有设置name属性，默认名为Process-编号，因为这是创建的第二个进程，所以name值为Process-2。

（3）范例代码的第 28~29 行，调用进程对象的 start 方法，进程开始执行，分别执行各自的任务，此时除了自定义的两个进程外，还有一个程序主进程。

范例 14.4-02　进程执行带有参数的任务（源码路径：ch14/14.4/14.4-02.py）

```
1.  import multiprocessing
2.  import time
3.
4.
5.  # 带有参数的任务
6.  def task(count):
7.      for i in range(count):
8.          print(" 任务执行中…")
9.          time.sleep(0.2)
10.     else:
11.         print(" 任务执行完成 ")
12.
13.
14. if __name__ == '__main__':
15.     # 创建子进程
16.     # args：以元组的方式给任务传入参数
17.     sub_process = multiprocessing.Process(target=task, args=(5,))
18.     sub_process.start()
```

【运行结果】

```
任务执行中…
任务执行中…
任务执行中…
任务执行中…
任务执行中…
任务执行完成
```

【范例分析】

（1）范例代码的第 17 行，创建一个进程对象，使用 target 指定任务函数，使用 args 给任务函数传入参数。

（2）范例代码的第 18 行，调用进程对象的 start 函数，进程开始执行。

14.5 线程

14.4 节讲解了进程，下面讲解线程。

在 Python 中，想要实现多任务，除了使用进程还可以使用线程，线程是实现多任务的另外一种方式。

线程是进程中执行代码的一个分支，每个执行分支（线程）要想执行代码则需要 CPU 进行调度，也就是说线程是 CPU 调度的基本单位，每个进程至少有一个线程，而这个线程就是我们通常说的主线程，多线程效果图如图 14-25 所示。

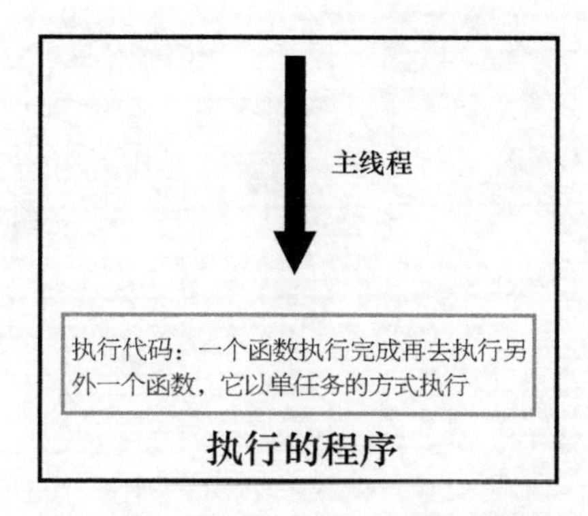

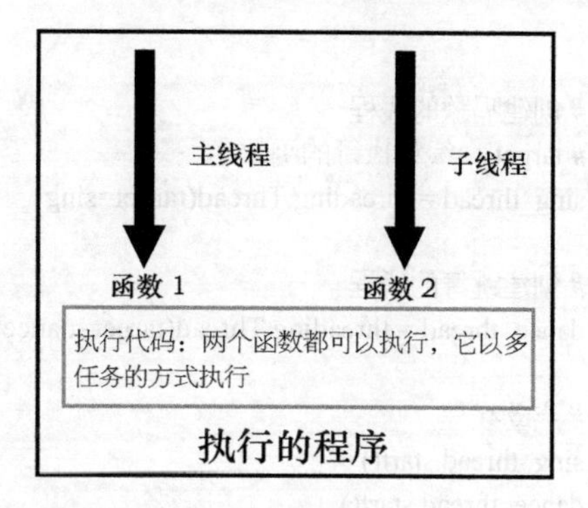

图14-25 多线程效果图

Python 使用 threading 下的 Thread 类完成多线程。

- Thread([group [, target [, name [, args [, kwargs]]]]]) 中的各参数如下。

group：线程组，目前只能使用 None。

target：执行的目标任务名。

name：线程名，一般不用设置。

args：以元组的方式给执行任务传参。

kwargs：以字典的方式给执行任务传参。

- Thread 创建的实例对象的常用方法如下。

start：启动子线程实例（创建子线程）。

范例 14.5-01 使用线程完成多任务（源码路径：ch14/14.5/14.5-01.py）

```
1.  import threading
2.  import time
3.
4.
5.  # 唱歌任务
6.  def sing():
7.      # 获取当前线程
8.      print("sing 当前执行的线程为：", threading.current_thread())
9.      for i in range(3):
10.         print(" 正在唱歌 ...%d" % i)
11.         time.sleep(1)
12.
13.
14. # 跳舞任务
15. def dance():
16.     # 获取当前线程
17.     print("dance 当前执行的线程为：", threading.current_thread())
18.     for i in range(3):
19.         print(" 正在跳舞 ...%d" % i)
20.         time.sleep(1)
21.
22.
23. if __name__ == '__main__':
24.     # 获取当前线程
25.     print(" 当前执行的线程为：", threading.current_thread())
```

```
26.    # 创建唱歌的线程
27.    # target：线程执行的函数名
28.    sing_thread = threading.Thread(target=sing)
29.
30.    # 创建跳舞的线程
31.    dance_thread = threading.Thread(target=dance)
32.
33.    # 启动线程
34.    sing_thread.start()
35.    dance_thread.start()
```

【运行结果】

```
当前执行的线程为：<_MainThread(MainThread, started 3424)>
sing 当前执行的线程为：<Thread(Thread-1, started 4068)>
正在唱歌 ...0
dance 当前执行的线程为：<Thread(Thread-2, started 2828)>
正在跳舞 ...0
正在唱歌 ...1
正在跳舞 ...1
正在唱歌 ...2
正在跳舞 ...2
```

【范例分析】

（1）范例代码的第 28~31 行，创建线程对象并设置 target 任务函数，这是与进程语法基本一致的，此时线程对象处于已创建状态，并没有开始执行任务函数。

（2）范例代码的第 34~35 行，start 方法执行之后，当获取执行权后，线程开始执行，各自执行对应的任务函数。

14.6 os 模块与 sys 模块

14.5 节讲解了线程，下面讲解 os 模块与 sys 模块。

01 os 模块

os 模块提供了多数操作系统的功能接口函数。当 os 模块被导入后，它会自适应不同的操作系统，根据不同的操作系统进行相应的操作。在用 Python 编程时，经常会和文件、目录“打交道”，所以离不了 os 模块。这里列出部分常用的函数。

- os.name：获取操作系统的名字。
- os.rename：重命名文件。
- os.remove：删除文件。
- os.mkdir：创建文件夹。
- os.rmdir：删除文件夹。
- os.getcwd：获取当前目录。
- os.chdir：改变默认目录。
- os.listdir：获取目录列表。

范例 14.6-01 批量修改文件名（源码路径：ch14/14.6/14.6-01.py）

```
1.  import os
2.
3.  #设置重命名标识：如果为 1 则添加指定字符，如果为 2 则删除指定字符
4.  flag = 1
5.  #获取指定目录
6.  dir_name = './'
7.  #获取指定目录的文件列表
8.  file_list = os.listdir(dir_name)
9.  # print(file_list)
10.  #遍历文件列表内的文件
11.  for name in file_list:
12.      #添加指定字符
13.      if flag == 1:
14.          new_name = 'Python-' + name
15.      #删除指定字符
16.      elif flag == 2:
17.          num = len('Python-')
18.          new_name = name[num:]
19.      #输出新文件名，测试程序的正确性
20.      print(new_name)
21.      #重命名
22.      os.rename(dir_name + name, dir_name + new_name)
```

【运行结果】

```
Python-p1.py
Python-14.6_01.py
Python-files
Python-p2.py
```

【范例分析】

（1）范例代码的第 8 行，os.listdir 获取指定目录的文件列表，返回列表类型，此列表存储的只是文件的名字，并不是完整路径。

（2）范例代码的第 22 行，os.rename 重命名，第一个参数是原文件的路径，第二个参数是新文件的路径。

02 sys 模块

sys 模块提供了一系列有关 Python 执行环境的变量和函数，这里列出部分常用的函数。

- sys.argv：获取当前正在执行的命令行参数的参数列表。
- sys.path：获取模块的搜索路径，初始化时使用 PYTHONPATH 环境变量的值。
- sys.platform：获取当前执行环境的操作系统信息。
- sys.exit(n)：中途退出程序，当参数非 0 时，会引发一个 SystemExit 异常，从而可以在主程序中捕获该异常。
- sys.version：获取 Python 解释程序的版本信息。
- sys.getrefcount：获取一个值的应用计数。
- sys.modules：获取系统导入的模块字段。

范例 14.6-02 判断是否为内建模块（源码路径：ch14/14.6/14.6-02.py）

```
1.  import sys
2.
3.  print("Name is:", sys.argv[0])
4.
5.
6.  def dump(module):
7.      print(module + '---->', end='')
8.      if module in sys.builtin_module_names:
9.          print(" 内建模块 ")
10.     else:
11.         module = __import__(module)
12.         print(module.__file__)
13.
14.
15. dump("sys")
16. dump("math")
17. dump("json")
18. dump("shelve")
19. dump("os")
20. dump("string")
```

【运行结果】

```
Name is: Z:/PycharmProjects/book/ch14/14.6/14.6_02.py
sys----> 内建模块
math----> 内建模块
json---->C:\Programs\Python\Python37\lib\json\__init__.py
shelve---->C:\Programs\Python\Python37\lib\shelve.py
os---->C:\Programs\Python\Python37\lib\os.py
string---->C:\Programs\Python\Python37\lib\string.py
```

【范例分析】

（1）范例代码的第 3 行，sys.argv 获取参数，第一个参数默认是当前 PY 文件的路径。

（2）范例代码的第 8 行，sys.builtin_module_names 获取内建模块的名字集合，使用 if 来判断。

（3）范例代码的第 11 行，__import__ 动态导入模块，然后在第 12 行调用 __file__ 属性获取模块的路径。

14.7 见招拆招

os.path 模块主要用于获取文件的属性。os.path 模块常用的方法如表 14-1 所示。

表 14-1 os.path 模块常用的方法

方法	说明
os.path.abspath(path)	返回绝对路径
os.path.basename(path)	返回文件名
os.path.commonprefix(list)	返回 list（多个路径）中所有 path 共有的最长的路径
os.path.dirname(path)	返回文件路径

续表

方法	说明
os.path.exists(path)	如果路径 path 存在，则返回 True; 如果路径 path 不存在，则返回 False
os.path.lexists	如果路径存在则返回 True，路径损坏也返回 True
os.path.expanduser(path)	把 path 中包含的 ~ 和 ~user 转换成用户目录
os.path.expandvars(path)	根据环境变量的值替换 path 中包含的 $name 和 ${name}
os.path.getatime(path)	返回最近访问时间（浮点数类型的秒数）
os.path.getmtime(path)	返回最近文件修改时间
os.path.getctime(path)	返回文件 path 创建时间
os.path.getsize(path)	返回文件大小，如果文件不存在就返回错误
os.path.isabs(path)	判断是否为绝对路径
os.path.isfile(path)	判断路径是否为文件
os.path.isdir(path)	判断路径是否为目录
os.path.islink(path)	判断路径是否为链接
os.path.ismount(path)	判断路径是否为挂载点
os.path.join(path1[, path2[, ...]])	把目录和文件名合成一个路径
os.path.normcase(path)	转换 path 中内容的大小写和斜杠
os.path.normpath(path)	规范 path 字符串形式
os.path.realpath(path)	返回 path 的真实路径
os.path.relpath(path[, start])	从 start 开始计算相对路径
os.path.samefile(path1, path2)	判断目录或文件是否相同
os.path.sameopenfile(fp1, fp2)	判断 fp1 和 fp2 是否指向同一个文件
os.path.samestat(stat1, stat2)	判断 stat1 和 stat2 是否指向同一个文件
os.path.split(path)	把路径分割成 dirname 和 basename，返回一个元组
os.path.splitdrive(path)	一般用在 Windows 下，返回驱动器名和路径组成的元组
os.path.splitext(path)	分割路径，返回路径名和文件扩展名组成的元组
os.path.splitunc(path)	把路径分割为加载点与文件
os.path.walk(path, visit, arg)	遍历 path，进入每个目录都调用 visit 函数，visit 函数必须有 arg、dirname、names3 个参数，dirname 表示当前目录的目录名，names 代表当前目录下的所有文件名，arg 为 walk 的第 3 个参数
os.path.supports_unicode_filenames	设置是否支持 Unicode 路径名

▶14.8 实战演练

每年的“双十一”新年等重要的日子，通常都会引起全民购物。很多商家会在此期间进行购物抽奖活动，而且活动奖品非常诱人。一般都是根据手机号抽奖，而且一个手机号只能中奖一次。请用 Python 为商家开发一个手机号滚动抽奖的程序，如图 14-26 所示。

图14-26 手机号抽奖

14.9 本章小结

本章讲解 Python 与系统编程。首先讲解认识操作系统，包括操作系统的概念和常见的操作系统；然后讲解常用的 Windows 命令和 Linux 命令，包括 Windows 和 Linux 常见的命令和使用，以及如何捕获命令行输出信息；接着讲解进程和线程，包括 Python 实现多任务的两种方式——进程和线程等；最后讲解 os 模块与 sys 模块，包括 os 模块和 sys 模块部分常用的函数等。

第 15 章 Python 与网络编程

本章讲解 Python 与网络编程，包括网络编程基础，使用 socket 模块，Twisted 框架，http 库、urllib 库、ftplib 库，处理网页数据，电子邮件等。

本章要点（已掌握的在方框中打钩）

- □ 网络编程基础
- □ 使用 socket 模块
- □ Twisted 框架
- □ http 库、urllib 库、ftplib 库
- □ 处理网页数据
- □ 电子邮件

15.1 网络编程基础

在计算机领域中，网络是传输、接收、共享信息的虚拟平台。通过网络可以把各个点、面、体的信息联系到一起，从而实现这些信息的共享，如图 15-1 所示。网络是人类发展史上最重要的发明之一，它提高了人类和科技的发展速度。

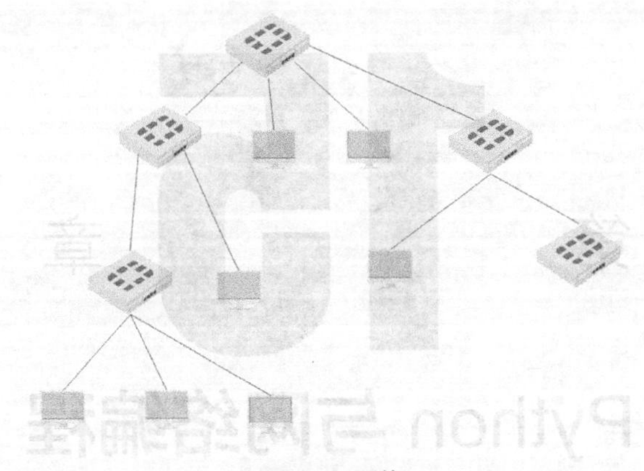

图15-1　网络

网络编程从大的方面说就是对信息的发送和接收是通过操作相应 API 调度计算机硬件资源，并且利用管道（网线）进行数据交互的过程。具体来讲会涉及网络模型、套接字、数据包等。

01 IP 地址的概念

IP 地址就是标识网络中的设备的地址，好比现实生活中的家庭地址，如图 15-2 所示。

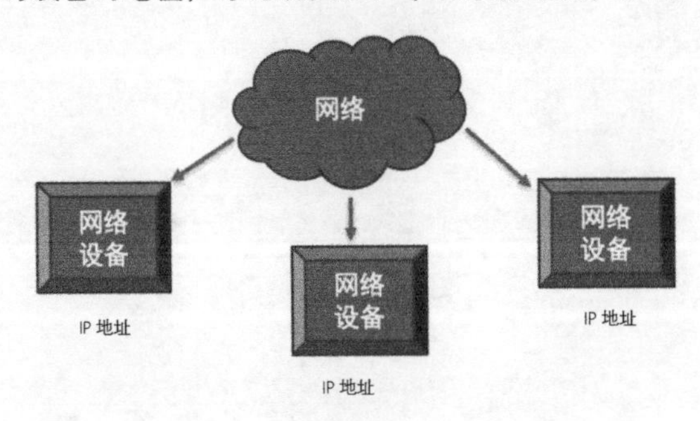

图15-2　网络中的设备的IP地址

IP 地址分为两类：IP 版本 4（IPv4）和 IP 版本 6（IPv6）。IPv4 使用 32 个二进制位在网络上创建单个唯一地址。IPv6 使用 128 个二进制位在网络上创建一个唯一地址。

IP 地址的作用是标识网络中唯一的一台设备，也就是说通过 IP 地址能够找到网络中的某台设备，如图 15-3 所示。

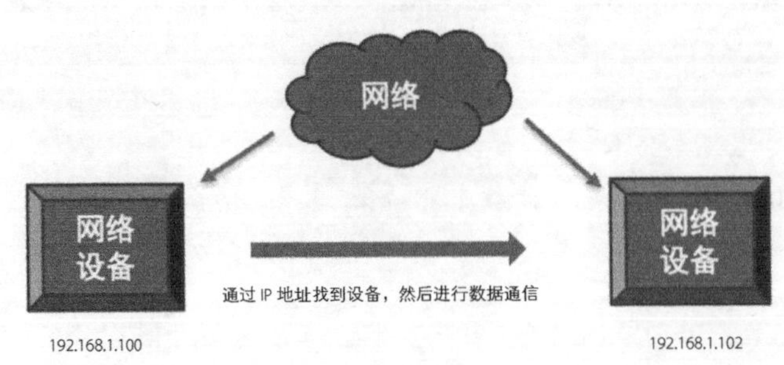

图15-3　IP地址的作用

查看 IP 地址的方法：Linux 和 macOS 使用 ifconfig 命令，如图 15-4 所示。

```
python@ubuntu:/home$ ifconfig
ens33     Link encap:以太网  硬件地址 00:0c:29:2b:0b:2b
          inet 地址:192.168.1.107  广播:192.168.1.255  掩码:255.255.255.0
          inet6 地址: fe80::e48b:c9c7:ea2c:78b2/64 Scope:Link
          UP BROADCAST RUNNING MULTICAST  MTU:1500  跃点数:1
          接收数据包:22515 错误:0 丢弃:0 过载:0 帧数:0
          发送数据包:3830 错误:0 丢弃:0 过载:0 载波:0
          碰撞:0 发送队列长度:1000
          接收字节:7333381 (7.3 MB)  发送字节:967383 (967.3 KB)

lo        Link encap:本地环回
          inet 地址:127.0.0.1  掩码:255.0.0.0
          inet6 地址: ::1/128 Scope:Host
          UP LOOPBACK RUNNING  MTU:65536  跃点数:1
          接收数据包:2924 错误:0 丢弃:0 过载:0 帧数:0
          发送数据包:2924 错误:0 丢弃:0 过载:0 载波:0
          碰撞:0 发送队列长度:1
          接收字节:855307 (855.3 KB)  发送字节:855307 (855.3 KB)
```

网卡名

IP 地址

图15-4　查看IP地址

192.168.1.107 是设备在网络中的 IP 地址。

127.0.0.1 表示本机地址（提示：如果和自己的计算机通信就可以使用该地址）。

127.0.0.1 地址对应的域名是 localhost，域名是 IP 地址的别名，通过域名能解析出对应的 IP 地址。

检查网络是否正常使用 ping 命令，如图 15-5 所示。

```
python@ubuntu:~$ ping www.baidu.com
PING www.a.shifen.com (119.75.217.26) 56(84) bytes of data.
64 bytes from 119.75.217.26: icmp_seq=1 ttl=128 time=4.62 ms
64 bytes from 119.75.217.26: icmp_seq=2 ttl=128 time=4.11 ms
64 bytes from 119.75.217.26: icmp_seq=3 ttl=128 time=2.76 ms
64 bytes from 119.75.217.26: icmp_seq=4 ttl=128 time=3.29 ms
^C
--- www.a.shifen.com ping statistics ---
4 packets transmitted, 4 received, 0% packet loss, time 3159ms
rtt min/avg/max/mdev = 2.765/3.702/4.628/0.719 ms
python@ubuntu:~$ ping 119.75.217.26
PING 119.75.217.26 (119.75.217.26) 56(84) bytes of data.
64 bytes from 119.75.217.26: icmp_seq=1 ttl=128 time=5.00 ms
64 bytes from 119.75.217.26: icmp_seq=2 ttl=128 time=3.02 ms
^C
--- 119.75.217.26 ping statistics ---
2 packets transmitted, 2 received, 0% packet loss, time 1002ms
rtt min/avg/max/mdev = 3.026/4.014/5.002/0.988 ms
python@ubuntu:~$
```

域名，IP 地址都可以

图15-5　使用ping检查网络

ping www.baidu.com：可检查是否能上公网。

ping 当前局域网的 IP 地址可检查是否在同一个局域网内。

ping 127.0.0.1 可检查本地网卡是否正常。

02 了解端口号

不同计算机上的飞秋进行数据通信，是如何保证把数据传给飞秋而不是传给其他软件的呢？其实，每运行一个软件都会有一个端口，想要给对应的软件发送数据，找到对应的端口即可。

端口是传输数据的通道，好比教室的门，是数据传输必须经过的。

那么如何准确找到对应的端口呢？

其实，每一个端口都会有一个对应的端口号，好比每个教室的门都有一个门牌号，想要找到端口利用端口号即可。

操作系统为了统一管理大量的端口，就对端口进行了编号，这就是端口号。端口号其实就是一个数字，端口号有 65536 个。

那么最终飞秋之间进行数据通信的流程是这样的，通过 IP 地址找到对应的设备，通过端口号找到对应的端口，然后通过端口把数据传输给软件，如图 15-6 所示。

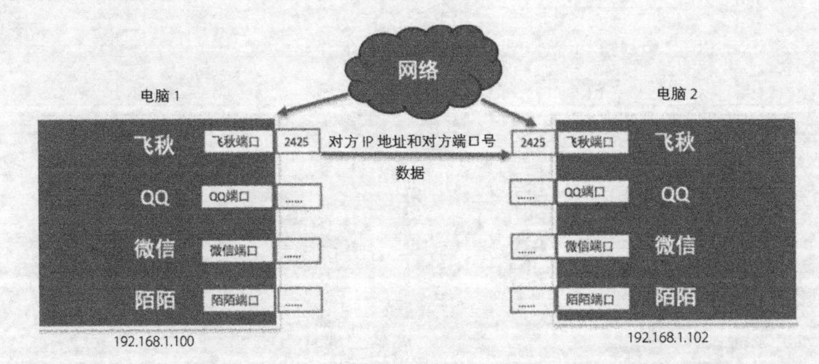

图15-6 飞秋之间进行数据通信的流程

端口号可以标识唯一的一个端口，主要分为知名端口和动态端口号。

- 知名端口号。

知名端口号是指众所周知的端口号，范围为 0~1023。

这些端口号一般固定分配给一些服务，比如 21 端口分配给文件传输协议（File Transfer Protocol，FTP）服务，25 端口分配给简单邮件传输协议（Simple Mail Transfer Protocol，SMTP）服务，80 端口分配给 HTTP 服务。

- 动态端口号。

一般程序员开发程序使用的端口号称为动态端口号，范围为 1024~65535。

如果程序员开发的程序没有设置端口号，操作系统会在动态端口号相应的范围内随机生成一个端口号给开发的程序使用。

运行一个程序时默认有一个端口号，当这个程序退出时，其所占用的端口号就会被释放。

03 TCP 的介绍

前文讲解了 IP 地址和端口号，通过 IP 地址能够找到对应的设备，通过端口号能找到对应的端口，再通过端口把数据发送给程序，这里要注意，数据不能随便发送，在发送之前还需要选择一个对应的传输协议，保证程序之间按照指定的传输规则进行数据通信，而这个传输协议就是接下来要讲解的 TCP。

传输控制协议（Transmission Control Protocol，TCP）是一种面向连接的（见图 15-7）、可靠的、基于字节流的传输层通信协议。

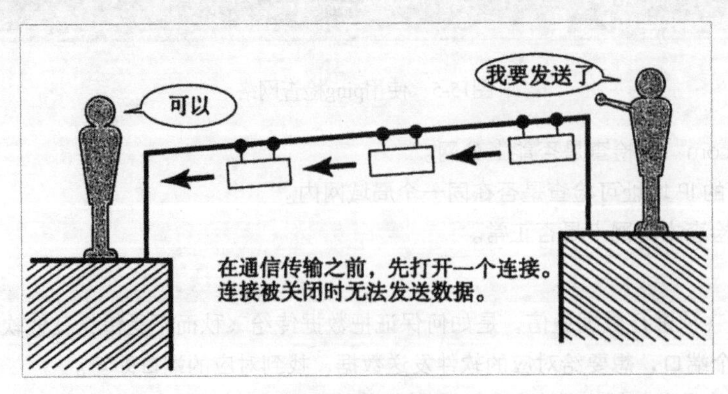

图15-7 面向连接

- TCP 通信步骤。

创建连接，发送数据，关闭连接。

TCP 通信模型相当于生活中的打电话的过程，在通信开始之前，一定要先建立好连接才能发送数据，通信结束要关闭连接。

- TCP 的特点。

面向连接：通信双方必须先建立好连接才能进行数据的发送，数据发送完成后，双方必须断开此连接，以释放系统资源。

可靠传输：TCP 采用发送应答机制，进行超时重传、错误校验、流量控制和阻塞管理等。

TCP 是一个稳定、可靠的传输协议，常用于对数据进行准确无误的发送，比如文件下载、浏览器上网等。

15.2 使用 socket 模块

15.1 节讲解了网络编程基础，下面讲解使用 socket 模块。

到目前为止我们讲解了 IP 地址、端口号和 TCP。为了保证数据的完整性和可靠性我们使用 TCP 进行数据的传输，为了能够找到对应设备我们需要使用 IP 地址，为了区别某个端口的应用程序接收数据我们需要使用端口号。那么通信数据是如何完成传输的呢？使用 socket 来完成。

01 socket 的介绍

socket（套接字）是用于进程之间通信的工具，好比现实生活中的插座，家用电器要想工作大多都要基于插座（见图 15-8），进程之间想要进行网络通信需要基于 socket。

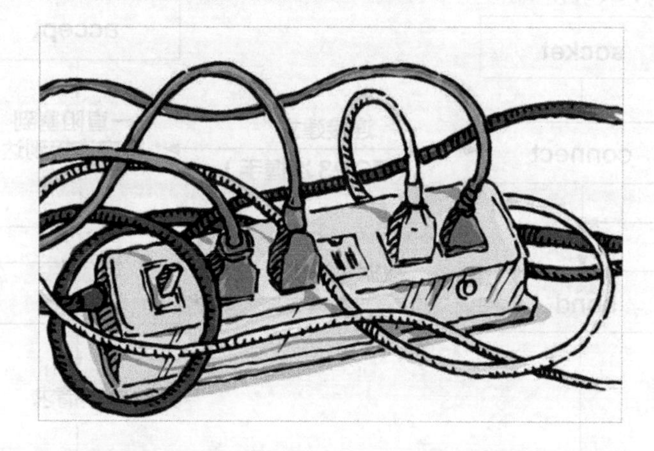

图15-8 插座

socket 的作用是负责实现进程之间的网络数据传输，好比数据的搬运工。不夸张地说，与网络相关的应用程序或者软件大多都使用了 socket。

进程之间传输数据的效果如图 15-9 所示。

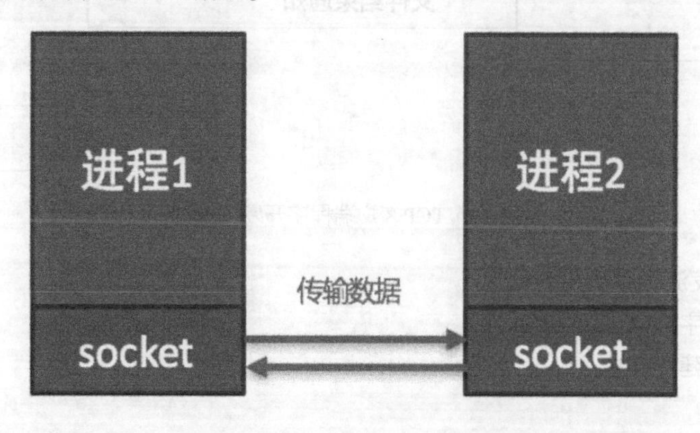

图15-9 进程之间传输数据的效果

02 TCP 网络程序开发流程

TCP 网络程序开发分为：TCP 客户端程序开发、TCP 服务端程序开发。

客户端程序是指运行在用户设备上的程序，服务端程序是指运行在服务器设备上的程序，专门为客户端提供数据服务。

TCP 客户端程序开发流程图如图 15-10 所示。

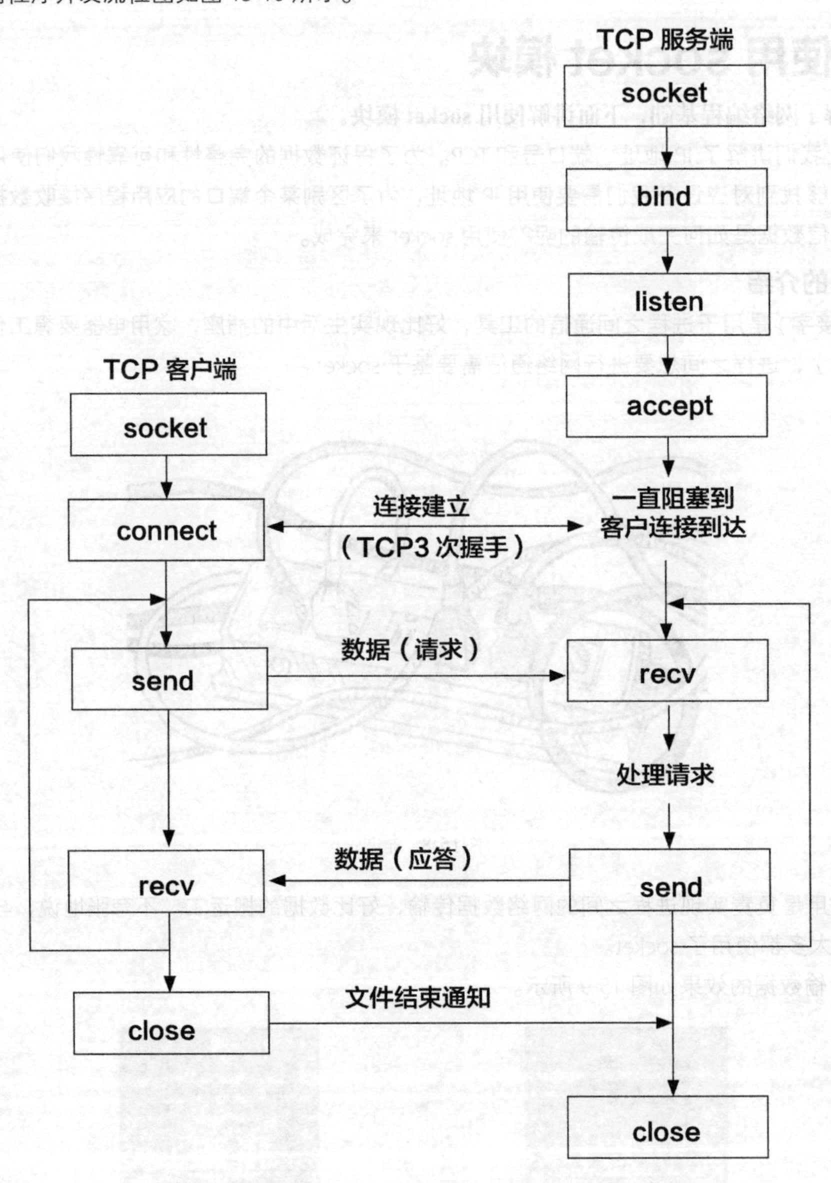

图15-10 TCP客户端程序开发流程图

TCP 客户端程序开发流程步骤说明如下。

- 创建客户端套接字对象。
- 和服务端套接字建立连接。
- 发送数据。
- 接收数据。
- 关闭客户端套接字。

TCP 服务端程序开发流程图如图 15-11 所示。

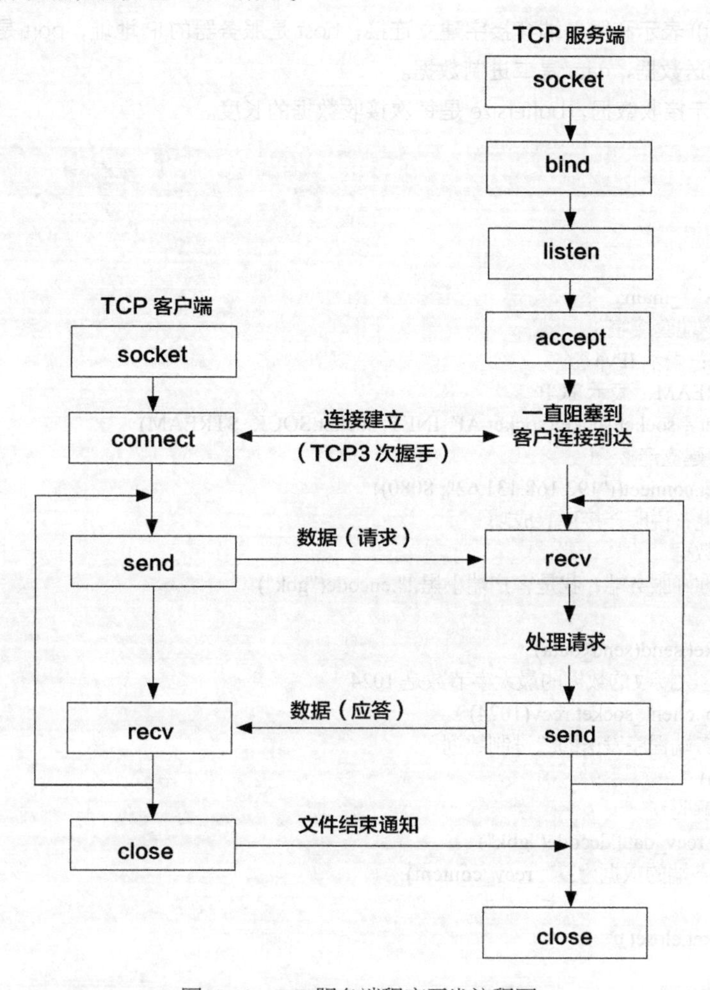

图15-11　TCP服务端程序开发流程图

TCP 服务端程序开发流程步骤说明如下。

- 创建服务端套接字对象。
- 绑定端口号。
- 设置监听。
- 等待接收客户端的连接请求。
- 接收数据。
- 发送数据。
- 关闭套接字。

TCP 网络程序开发分为客户端程序开发和服务端程序开发，主动发起建立连接请求的是客户端程序，等待接收连接请求的是服务端程序。

03 socket 模块的介绍

导入 socket 模块：import socket。

创建客户端 socket 对象：socket.socket(AddressFamily, Type)。

- 参数说明。

AddressFamily 表示 IP 地址类型，分为 IP 版本 4（IPv4）和 IP 版本 6（IPv6）。

Type 表示传输协议类型。

- 方法说明。

connect((host, port)) 表示和服务端套接字建立连接，host 是服务器的 IP 地址，port 是程序的端口号。

send(data) 表示发送数据，data 是二进制数据。

recv(buffersize) 表示接收数据，buffersize 是每次接收数据的长度。

范例 15.2-01　TCP 客户端程序开发（源码路径：ch15/15.2/15.2-01.py）

```
1.  import socket
2.
3.  if __name__ == '__main__':
4.   # 创建 TCP 客户端套接字
5.   # 1.   AF_INET：表示 IPv4
6.   # 2. SOCK_STREAM：表示 TCP
7.   tcp_client_socket = socket.socket(socket.AF_INET, socket.SOCK_STREAM)
8.   # 和服务端程序建立连接
9.   tcp_client_socket.connect(("192.168.131.62", 8080))
10.    # 代码执行到此，说明连接建立成功
11.    # 准备发送的数据
12.    send_data = " 你好服务端，我是客户端小黑 !".encode("gbk")
13.    # 发送数据
14.    tcp_client_socket.send(send_data)
15.    # 接收数据 , 这次接收的数据的最大字节数是 1024
16.    recv_data = tcp_client_socket.recv(1024)
17.    # 返回的是服务端程序发送的二进制数据
18.    print(recv_data)
19.    # 对数据进行解码
20.    recv_content = recv_data.decode("gbk")
21.    print(" 接收服务端的数据为：", recv_content)
22.    # 关闭套接字
23.    tcp_client_socket.close()
```

【运行结果】

网络调试助手充当服务端程序，如图 15-12 所示。

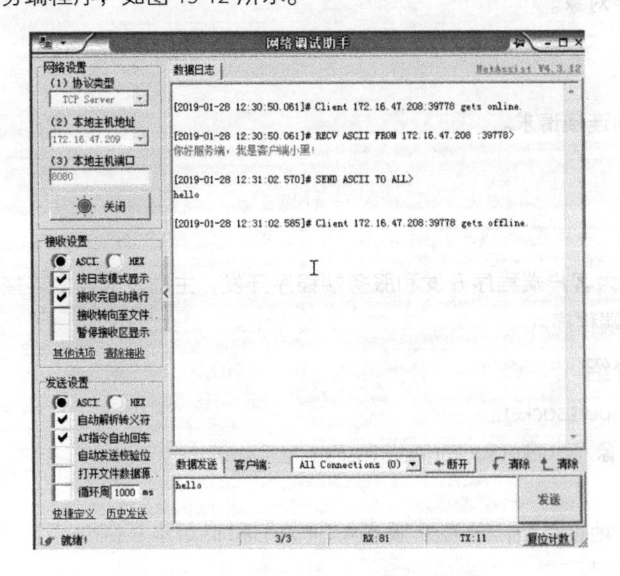

图15-12　网络调试助手充当服务端程序

```
b'hello'
接收服务端的数据为：hello
```

【范例分析】

（1）范例代码的第 7 行，创建 TCP 对象。

（2）范例代码的第 9 行，和服务端程序建立连接，传入的元组是服务器的 IP 地址和端口号。

（3）范例代码的第 14 行，使用 send 发送数据，这里的数据是字节类型的。

（4）范例代码的第 16 行，使用 recv 接收数据，这里的参数 1024 表示最多接收的数据的字节长度。

（5）范例代码的第 23 行，关闭套接字，释放相关资源。

范例 15.2-02　TCP服务端程序开发（源码路径：ch15/15.2/15.2-02.py）

```
1. import socket
2.
3. if __name__ == '__main__':
4.  # 创建 TCP 服务端套接字
5.  tcp_server_socket = socket.socket(socket.AF_INET, socket.SOCK_STREAM)
6.  # 设置端口号复用，程序退出后端口号立即释放
7.  tcp_server_socket.setsockopt(socket.SOL_SOCKET, socket.SO_REUSEADDR, True)
8.  # 给程序绑定端口号
9.  tcp_server_socket.bind(("", 8989))
10.  # 设置监听
11.   # 128 是最大等待建立连接的个数， 提示： 目前是单任务的服务端，同一时刻只能服务一个客户端，
后续使用多任务能够让服务端同时服务多个客户端
12.  # 不需要让客户端进行等待建立连接
13.   # listen 后的套接字只负责接收客户端连接请求，不能收 / 发消息，收 / 发消息使用返回的新套接字来
完成
14.  tcp_server_socket.listen(128)
15.  # 等待客户端建立连接的请求 , 只有客户端和服务端建立连接成功代码才会解阻塞，代码才能继续往下
执行
16.  # 专门和客户端通信的套接字： service_client_socket
17.  # 客户端的 ip 地址和端口号： ip_port
18.  service_client_socket, ip_port = tcp_server_socket.accept()
19.  # 代码执行到此说明连接建立成功
20.  print(" 客户端的 IP 地址和端口号：", ip_port)
21.  # 接收客户端发送的数据 , 这次接收数据的最大字节数是 1024
22.  recv_data = service_client_socket.recv(1024)
23.  # 获取数据的长度
24.  recv_data_length = len(recv_data)
25.  print(" 接收数据的长度为：", recv_data_length)
26.  # 对二进制数据进行解码
27.  recv_content = recv_data.decode("gbk")
28.  print(" 接收客户端的数据为：", recv_content)
29.  # 准备发送的数据
30.  send_data = "ok，问题正在处理中 ...".encode("gbk")
31.  # 发送数据给客户端
32.  service_client_socket.send(send_data)
33.  # 关闭服务端与客户端的套接字，终止和客户端通信的服务
34.  service_client_socket.close()
35.  # 关闭服务端的套接字，终止和客户端提供建立连接请求的服务
36.  tcp_server_socket.close()
```

【运行结果】

客户端的 IP 地址和端口号：('172.16.47.209', 52472)

接收数据的长度为：5

接收客户端的数据为：hello

【范例分析】

（1）范例代码的第 5 行，创建 TCP 服务端套接字对象。

（2）范例代码的第 7 行，设置端口号复用，程序退出后端口号立即释放。

（3）范例代码的第 9 行，给程序绑定端口号。

（4）范例代码的第 14 行，设置监听，128 是最大等待建立连接的个数。目前是单任务的服务端，同一时刻只能服务一个客户端，后续使用多任务能够让服务端同时服务多个客户端，不需要让客户端进行等待建立连接。listen 后的套接字只负责接收客户端连接请求，不能收 / 发消息，收 / 发消息使用返回的新套接字来完成。

（5）范例代码的第 18 行，等待客户端建立连接的请求，只有客户端和服务端建立连接成功代码才会解阻塞，代码才能继续往下执行。返回的两个值分别是专门和客户端通信的套接字、客户端的 IP 地址和端口号。

（6）范例代码的第 22 行，接收客户端发送的数据，这次接收数据的最大字节数是 1024。

（7）范例代码的第 32 行，发送数据给客户端。

（8）范例代码的第 34 行，关闭服务端与客户端的套接字，终止和客户端通信的服务。

（9）范例代码的第 36 行，关闭服务端的套接字，终止和客户端提供建立连接请求的服务。

15.3 Twisted 框架

15.2 节讲解了使用 socket 模块，下面讲解 Twisted 框架。

Twisted 是基于事件驱动型的网络引擎框架。由于事件驱动编程模型在 Twisted 的设计思想中占有重要的地位，因此有必要花些时间来回顾一下事件驱动究竟意味着什么。

事件驱动编程是一种编程范式，程序的执行流由外部事件决定。它的特点是包含一个事件循环，当外部事件发生时使用回调机制来触发相应的处理。另外两种常见的编程范式是（单线程）同步以及多线程编程。

我们用例子来比较单线程、多线程以及事件驱动编程模型。图 15-13 展示了随着时间的推移，这 3 种模式下的程序所做的工作。这个程序有 3 个任务需要完成，每个任务都在等待 I/O 操作时阻塞自身。阻塞在 I/O 操作上所花费的时间已经用灰色框标示出来。

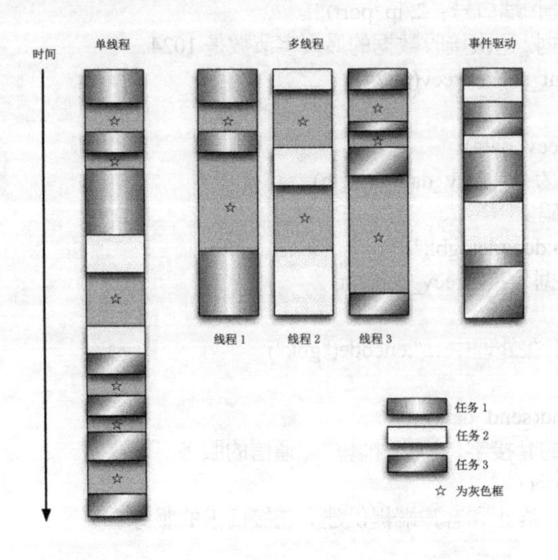

图15-13 单线程、多线程以及事件驱动编程模型

在单线程模型中，任务按照顺序执行。如果某个任务因为I/O而阻塞，则其他所有的任务都必须等待，直到它完成之后它们才能依次执行。这种明确的执行顺序和串行化处理的行为是很容易推断出的。如果任务之间并没有互相依赖的关系，但仍然需要互相等待的话就使得程序降低了不必要的运行速度。

在多线程模型中，这3个任务分别在独立的线程中执行。这些线程由操作系统来管理，在多处理器系统上可以并行处理，或者在单处理器系统上交错执行。这使得某个线程阻塞某个资源的同时其他线程得以继续执行。与实现类似功能的单线程程序相比，这种方式更有效率，但程序员必须写代码来保护共享资源，防止其被多个线程同时访问。多线程程序更加难以推断，因为这类程序不得不通过线程同步机制（如锁、可重入函数、线程局部存储）或者其他机制来处理线程安全问题，如果实现不当就会出现微妙且很麻烦的bug。

在事件驱动编程模型中，3个任务交错执行，但仍然在一个单独的线程控制中。当处理I/O或者其他“昂贵”的操作时，注册一个回调到事件循环中，然后当I/O操作完成时继续执行。回调描述了该如何处理某个事件。事件循环轮询所有的事件，当事件到来时将它们分配给等待处理事件的回调函数。这种方式让程序尽可能地执行而不需要用到额外的线程。事件驱动程序比多线程程序更容易推断出其行为，因为程序员不需要关心线程安全问题。

当我们面对如下的环境时，事件驱动编程模型通常是一个好的选择。

- 程序中有许多任务。
- 任务之间高度独立（因此它们不需要互相通信，或者等待彼此）。
- 在等待事件到来时，某些任务会阻塞。

当程序需要在任务间共享可变的数据时，事件驱动编程模型也是一个不错的选择，因为不需要采用同步处理。

Twisted的安装命令如下所示。

```
pip install twisted
```

范例 15.3-01　Twisted Reactor时间戳TCP服务器（源码路径：ch15/15.3/15.3-01.py）

```
1. '''
2. Twisted Reactor 时间戳 TCP 服务器
3. '''
4. from twisted.internet import protocol, reactor
5. from time import ctime
6. import msgpack
7.
8. PORT = 21567
9.
10.
11. class TSServProtocol(protocol.Protocol):
12.     def connectionMade(self ):
13.         '''
14.         当客户端连接的时候会执行该方法
15.         :return:
16.         '''
17.         clnt = self.clnt = self.transport.getPeer().host
18.         print(f"... 来自 {clnt} 的链接：")
19.
20.     def dataReceived(self, data):
21.         '''
22.         接收到客户端的数据
23.         :param data:
```

```
24.         :return:
25.         '''
26.         print(f" 来自客户端：{msgpack.unpackb(data)}")
27.         data = f"{ctime()}: 来自服务器：你好 "
28.         self.transport.write(msgpack.packb(data))
29.
30.
31. if __name__ == '__main__':
32.     # 创建一个协议工厂，称之为工厂是因为每次得到一个
33.     # 接入连接时，都能"制造"协议的一个实例
34.     factory = protocol.Factory()
35.
36.     factory.protocol = TSServProtocol
37.     print("... 等待链接 ...")
38.     # 使用 reactor 安装一个 TCP 监听器，检查服务请求
39.     # 当它接收到一个请求时，就会创建一个 TSServProtocol 实例来处理客户端的事务
40.     reactor.listenTCP(PORT, factory)
41.     reactor.run()
```

【运行结果】

```
... 等待链接 ...
... 来自 127.0.0.1 的链接：
来自客户端：hi
来自客户端：hello
```

【范例分析】

（1）范例代码的第 11~20 行，继承 Protocol，创建服务器类。内部定义 connectionMade 表示当客户端连接的时候会执行该方法，内部定义 dataReceived 表示接收到客户端的数据。

（2）范例代码的第 34 行，创建一个协议工厂，称之为工厂是因为每次得到一个接入连接时，都能"制造"协议的一个实例。

（3）范例代码的第 40~41 行，设置监听并启动服务，等待客户端的连接。

范例 15.3-02　创建Twisted Reactor TCP客户端（源码路径：ch15/15.3/15.3-02.py）

```
1. '''
2. 创建 Twisted Reactor TCP 客户端
3. '''
4. from twisted.internet import protocol, reactor
5. import msgpack
6.
7. HOST = 'localhost'
8. PORT = 21567
9.
10.
11. class TSClntProtocol(protocol.Protocol):
12.     def sendData(self):
```

```
13.         data = input('>')
14.         if data:
15.             print(f'... 发送数据 {data}')
16.             self.transport.write(msgpack.packb(data))
17.         else:
18.             self.transport.loseConnection()
19.
20.     def connectionMade(self):
21.         self.sendData()
22.
23.     def dataReceived(self, data):
24.         print(msgpack.unpackb(data))
25.         self.sendData()
26.
27.
28. class TSClntFactory(protocol.ClientFactory):
29.     protocol = TSClntProtocol
30.     clientConnctionLost = clientConnctionFailed = lambda self, connector, reason: reactor.stop()
31.
32.
33. if __name__ == '__main__':
34.     reactor.connectTCP(HOST, PORT, TSClntFactory())
35.     reactor.run()
```

【运行结果】

```
>hi
... 发送数据 hi
Fri Oct  2 16:47:07 2020: 来自服务器 : 你好
>hello
... 发送数据 hello
Fri Oct  2 16:47:10 2020: 来自服务器 : 你好
>
```

【范例分析】

（1）范例代码的第 11~23 行，继承 Protocol，创建客户端类。内部定义 sendData 表示当客户端发送数据的时候会执行该方法，内部定义 connectionMade 表示当客户端连接的时候会执行该方法，内部定义 dataReceived 表示客户端接收数据的时候会执行该方法。

（2）范例代码的第 28 行，创建一个协议工厂类。

（3）范例代码的第 34~35 行，客户端连接服务器并启动。

15.4 http 库、urllib 库、ftplib 库

15.3 节讲解了 Twisted 框架，下面讲解 http 库、urllib 库、ftplib 库。

01 http 库

Python 的 http 库主要由 server 和 handler 组成，server 主要用于建立网络模型，handler 主要用于处理各个就绪的 socket。

范例 15.4-01　使用http.server模块搭建一个简易的http服务器（源码路径：ch15/15.4/15.4-01.py）

```
1.  from http.server import HTTPServer, BaseHTTPRequestHandler
2.  import json
3.
4.  data = {'result': 'this is a test'}
5.  host = ('localhost', 8888)
6.
7.
8.  class Resquest(BaseHTTPRequestHandler):
9.      def do_GET(self):
10.         self.send_response(200)
11.         self.send_header('Content-type', 'application/json')
12.         self.end_headers()
13.         self.wfile.write(json.dumps(data).encode())
14.
15.
16. if __name__ == '__main__':
17.     server = HTTPServer(host, Resquest)
18.     print("Starting server, listen at: %s:%s" % host)
19.     server.serve_forever()
```

【运行结果】

```
Starting server, listen at: localhost:8888
127.0.0.1 - - [03/Oct/2020 16:28:24] "GET / HTTP/1.1" 200 -
127.0.0.1 - - [03/Oct/2020 16:29:05] "GET / HTTP/1.1" 200 -
127.0.0.1 - - [03/Oct/2020 16:29:19] "GET / HTTP/1.1" 200 -
127.0.0.1 - - [03/Oct/2020 16:30:01] "GET / HTTP/1.1" 200 -
127.0.0.1 - - [03/Oct/2020 16:30:01] "GET /favicon.ico HTTP/1.1" 200 -
127.0.0.1 - - [03/Oct/2020 16:34:12] "GET / HTTP/1.1" 200 -
127.0.0.1 - - [03/Oct/2020 16:34:12] "GET /favicon.ico HTTP/1.1" 200 -
127.0.0.1 - - [03/Oct/2020 16:34:24] "GET / HTTP/1.1" 200 -
127.0.0.1 - - [03/Oct/2020 16:34:24] "GET /favicon.ico HTTP/1.1" 200 -
127.0.0.1 - - [03/Oct/2020 16:36:35] "GET / HTTP/1.1" 200 -
127.0.0.1 - - [03/Oct/2020 16:36:35] "GET /favicon.ico HTTP/1.1" 200 -
127.0.0.1 - - [03/Oct/2020 16:36:36] "GET / HTTP/1.1" 200 -
127.0.0.1 - - [03/Oct/2020 16:36:36] "GET /favicon.ico HTTP/1.1" 200 -
```

浏览器访问结果如图 15-14 所示。

```
← → C  ⓘ 127.0.0.1:8888
{"result": "this is a test"}
```

图15-14　浏览器访问结果

【范例分析】

（1）范例代码的第 8~13 行，创建 handler 类，继承 BaseHTTPRequestHandler，定义 do_GET 方法处理 GET 请求，方法内部通过 write 写响应数据。

（2）范例代码的第 17 行，创建 server 对象。

（3）范例代码的第 19 行，server 开始监听。

02 urllib 库

urllib 库提供了一系列操作 URL 的功能。

urllib 的 request 模块可以非常方便地抓取页面内容，也就是发送一个 GET 请求到指定的页面，然后返回 HTTP 的响应。

例如，对豆瓣的一个 URL 的内容进行抓取，并返回响应。

```
from urllib import request

with request.urlopen('https://api.douban.com/v2/book/2129230') as f:
    data = f.read()
    print('Status:', f.status, f.reason)
    for k, v in f.getheaders():
        print('%s: %s' % (k, v))
    print('Data:', data.decode('utf-8'))
```

可以看到 HTTP 响应的头和 JSON 数据。

```
Status: 200 OK
Server: nginx
Date: Tue, 26 May 2015 10:02:27 GMT
Content-Type: application/json; charset=utf-8
Content-Length: 2049
Connection: close
Expires: Sun, 1 Jan 2006 01:00:00 GMT
Pragma: no-cache
Cache-Control: must-revalidate, no-cache, private
X-DAE-Node: pidl1
Data: {"rating":{"max":10,"numRaters":16,"average":"7.4","min":0},"subtitle":"","author":[" 张强 "],"pubdate":"2007-6",...}
```

如果要以 POST 发送一个请求，只需要把参数 data 以字节的形式传入。

我们模拟微博登录，先读取登录的邮箱和口令，然后按照微博的登录格式以 username=xxx&password=xxx 的编码传入。

```
from urllib import request, parse

print('Login to weibo.cn...')
email = input('E-mail: ')
passwd = input('Password: ')
login_data = parse.urlencode([
    ('username', email),
    ('password', passwd),
    ('entry', 'mweibo'),
    ('client_id', ''),
    ('savestate', '1'),
    ('ec', ''),
    ('pagerefer', 'https://passport.weibo.cn/signin/welcome?entry=mweibo&r=http%3A%2F%2Fm.weibo.cn%2F')
])

req = request.Request('https://passport.weibo.cn/sso/login')
req.add_header('Origin', 'https://passport.weibo.cn')
req.add_header('User-Agent', 'Mozilla/6.0 (iPhone; CPU iPhone OS 8_0 like Mac OS X) AppleWebKit/536.26 (KHTML, like Gecko) Version/8.0 Mobile/10A5376e Safari/8536.25')
req.add_header('Referer', 'https://passport.weibo.cn/signin/login?entry=mweibo&res=wel&wm=3349&r=http%3A%2F%2Fm.weibo.cn%2F')
```

```
with request.urlopen(req, data=login_data.encode('utf-8')) as f:
    print('Status:', f.status, f.reason)
    for k, v in f.getheaders():
        print('%s: %s' % (k, v))
    print('Data:', f.read().decode('utf-8'))
```

如果登录成功，我们获得的响应如下。

```
Status: 200 OK
Server: nginx/1.2.0
...
Set-Cookie: SSOLoginState=1432620126; path=/; domain=weibo.cn
...
Data: {"retcode":20000000,"msg":"","data":{...,"uid":"1458314301"}}
```

如果登录失败，我们获得的响应如下。

```
...
Data: {"retcode":50011015,"msg":"\u7528\u6237\u540d\u6216\u5bc6\u7801\u9519\u8bef","data":{"username":"example@python.org","errline":536}}
```

如果还需要更复杂的控制，比如通过一个 Proxy 去访问网站，我们需要利用 ProxyHandler 来处理，示例代码如下。

```
proxy_handler = urllib.request.ProxyHandler({'http': 'http://www.example.com:3128/'})
proxy_auth_handler = urllib.request.ProxyBasicAuthHandler()
proxy_auth_handler.add_password('realm', 'host', 'username', 'password')
opener = urllib.request.build_opener(proxy_handler, proxy_auth_handler)
with opener.open('http://www.example.com/login.html') as f:
    pass
```

urllib 提供的功能就是利用程序去执行各种 HTTP 请求。如果要模拟浏览器实现特定功能，需要把请求伪装成浏览器。伪装的方法是先监控浏览器发出的请求，再根据浏览器的请求头来伪装，User-Agent 头就是用来标识浏览器的。

范例 15.4-02 使用urllib实现爬虫（源码路径：ch15/15.4/15.4-02.py）

```
1. """urllib 的使用 """
2. import urllib.request
3.
4. # 向指定 URL 发送请求，获取响应
5. response = urllib.request.urlopen('http://httpbin.org/anything')
6. # 获取响应内容
7. content = response.read().decode('utf-8')
8. print(content)
9. print(type(response))
10. # 获取响应码
11. print(response.status)
12. # 获取响应头
13. print(response.headers)
```

【运行结果】

```
{
  "args": {},
  "data": "",
  "files": {},
```

```
  "form": {},
  "headers": {
    "Accept-Encoding": "identity",
    "Host": "httpbin.org",
    "User-Agent": "Python-urllib/3.7",
    "X-Amzn-Trace-Id": "Root=1-5f784784-1e78a04b7e1c677664011f6e"
  },
  "json": null,
  "method": "GET",
  "origin": "223.89.254.226",
  "url": "http://httpbin.org/anything"
}

<class 'http.client.HTTPResponse'>
200
Date: Sat, 03 Oct 2020 09:42:28 GMT
Content-Type: application/json
Content-Length: 363
Connection: close
Server: gunicorn/19.9.0
Access-Control-Allow-Origin: *
Access-Control-Allow-Credentials: true
```

【范例分析】

（1）范例代码的第 5 行，向指定的 URL 发送请求并获取响应。

（2）范例代码的第 7 行，通过 response.read 读取响应内容字节，然后用 decode 进行解码，默认是 UTF-8 格式。

（3）范例代码的第 11 和 13 行，获取响应码和响应头。

03 ftplib 库

Python 中默认安装的 ftplib 库定义了 FTP 类，其中函数有限，可用来实现简单的 FTP 客户端，用于连接 FTP 服务器，以及查询、上传或下载文件。

ftp 相关命令操作如下。

```
ftp.cwd(pathname)             # 设置 FTP 当前操作的路径
ftp.dir()             # 显示目录下所有目录信息
ftp.nlst()             # 获取目录下的文件
ftp.mkd(pathname)             # 新建远程目录
ftp.pwd()             # 返回当前所在位置
ftp.rmd(dirname)             # 删除远程目录
ftp.delete(filename)             # 删除远程文件
ftp.rename(fromname, toname)# 将 fromname 修改名称为 toname
ftp.storbinaly("STOR filename.txt",file_handel,bufsize) # 上传目标文件
ftp.retrbinary("RETR filename.txt",file_handel,bufsize) # 下载 FTP 文件
```

范例 15.4-03　远程连接FTP服务器（源码路径：ch15/15.4/15.4-03.py）

```
1. from ftplib import FTP
2.
3. ftp = FTP()
4. # ftp.set_debuglevel(2)
5. ftp.connect(host='10.211.55.12', port=5566)
6. ftp.login(user='admin', passwd='111111')
```

```
7. ftp.set_pasv(False)
8. print(ftp.getwelcome())
9. ftp.dir()
```

【运行结果】

```
220 welcome FTPserver!
drwx------ 1 user group            0 Oct 03 19:12 d1
drwx------ 1 user group            0 Oct 03 19:12 d2
-rwx------ 1 user group            0 Oct 03 19:11 hello.txt
```

【范例分析】

（1）范例代码的第 3 行，创建 FTP 对象。

（2）范例代码的第 4 行，打开调试级别 2，显示详细信息。

（3）范例代码的第 5 行，连接 FTP 服务器和端口。

（4）范例代码的第 6 行，登录服务器。

（5）范例代码的第 7 行，关闭被动模式，根据实际需要打开或关闭。

（6）范例代码的第 8 行，获取欢迎信息。

（7）范例代码的第 9 行，输出当前文件夹下所有文件和文件夹的信息。

15.5 处理网页数据

15.4 节讲解了 http 库、urllib 库、ftplib 库，下面讲解处理网页数据。

一般使用可扩展标记语言路径语言（XML Path Language，XPath）处理网页数据，可以先将 HTML 文档转换成 XML 文档，然后用 XPath 语法查找 HTML 节点或元素。XPath 是一门在 XML 文档中查找信息的语言，可用来在 XML 文档中对元素和属性进行遍历。

XPath 使用路径表达式在 XML 文档中选取节点，节点是沿着路径或 step 来选取的，XPath 的语法如表 15-1 所示。

表 15-1　XPath　的语法

编号	表达式	描述
1	nodename	选取此节点的所有子节点
2	/	从根节点选取
3	//	从匹配选择的当前节点选择文档中的节点，而不考虑它们的位置
4	.	选择当前节点
5	..	选取当前节点的父节点
6	@	选取属性

Python 中有一个模块可以实现 XPath，就是 lxml。下面就来了解 lxml 的安装和使用。

lxml 安装命令如下所示。

```
pip install lxml
```

范例 15.5-01　使用XPath处理网页数据（源码路径：ch15/15.5/15.5-01.py）

```
1. from lxml import etree
2.
```

```
3. html = etree.parse('./data/hello.html')
4. # 获取所有的 <li> 标签对象
5. result = html.xpath('//li')
6. print(result)
7. # 获取 <li> 标签的所有 class 属性
8. result = html.xpath('//li/@class')
9. print(result)
10. # 获取 <li> 标签下 href 为 link1.html 的 <a> 标签
11. result = html.xpath('//li/a[@href="link1.html"]')
12. print(result)
13. # 获取 <li> 标签下的所有 <span> 标签
14. result = html.xpath('//li//span')
15. print(result)
16. # 获取 <li> 标签下的 <a> 标签的所有 class 属性
17. result = html.xpath('//li/a//@class')
18. print(result)
19. # 获取最后一个 <li> 标签下的 <a> 标签的 href 属性
20. result = html.xpath('//li[last()]/a/@href')
21. print(result)
22. # 获取倒数第二个 <li> 标签下的 <a> 标签中的文本
23. result = html.xpath('//li[last()-1]/a/text()')
24. print(result)
25. # 获取 class 值为 bold 的标签名
26. result = html.xpath('//*[@class="bold"]')
27. print(result[0].tag)
```

【运行结果】

```
[<Element li at 0x2996688>, <Element li at 0x2996788>, <Element li at 0x29967c8>, <Element li at 0x2996808>, <Element li at 0x2996848>]
['item-0', 'item-1', 'item-inactive', 'item-1', 'item-0']
[<Element a at 0x2996888>]
[<Element span at 0x29968c8>]
['bold']
['link5.html']
['fourth item']
span
```

【范例分析】

（1）范例代码的第 1 行，导入模块。

（2）范例代码的第 3 行，解析网页数据，返回 XPath 对象，接着使用 XPath 语法提取数据信息。

▶15.6 电子邮件

15.5 节讲解了处理网页数据，下面讲解电子邮件。

E-mail 的历史非常久远，直到现在，E-mail 也是互联网上应用非常广泛的服务。

几乎所有的编程语言都支持发送和接收电子邮件，但是，在我们开始编写代码之前，有必要搞清楚电子邮件是如何在互联网上运作的。

我们来看一看传统邮件是如何运作的。假设你现在在北京，要给一个香港的朋友寄一封信，怎么做呢？

首先你得写好信，将信装进信封，写上地址，贴上邮票，然后就近找个邮局把信寄出去。

信件会从就近的小邮局转运到大邮局，再从大邮局发往别的城市，比如先发到天津，再通过海运到达香港，也可能走京九线到达香港，但是你不用关心具体路线，你只需要知道一件事，就是信件运送得很慢，至少要几天时间。

信件到达香港的某个邮局，也不会直接送到你的朋友的家里。因为邮局的工作人员是很聪明的，他怕你的朋友不在家，以致一趟一趟地白跑，所以信件会投递到你的朋友的邮箱里。邮箱可能在公寓的一层，或者家门口，直到你的朋友回家的时候检查邮箱，发现信件后就可以取到信件了。

电子邮件基本上也是按上面的方式运作的，只不过速度不是按天算，而是按秒算。

现在我们回到电子邮件，假设我们自己的电子邮件地址是 me@163.com，对方的电子邮件地址是 friend@sina.com（注意地址都是虚构的），现在我们用 Outlook 或者 Foxmail 之类的软件写好邮件，填上对方的电子邮件地址，选择相应的发送选项，电子邮件就发出去了。这些电子邮件软件被称为邮件用户代理（Mail User Agent，MUA）。

电子邮件从 MUA 发出去，不是直接到达对方计算机，而是发到邮件传输代理（Mail Transfer Agent，MTA）就是那些电子邮件服务提供商，比如网易、新浪等。由于我们自己的电子邮件地址是 me@163.com，所以，电子邮件首先被投递到网易提供的 MTA，再由网易的 MTA 发到对方电子邮件的服务商，也就是新浪的 MTA。这个过程中可能还会经过别的 MTA，但是我们不关心具体路线，我们只关心速度。

电子邮件到达新浪的 MTA 后，由于对方使用的是 @sina.com 的邮箱，因此新浪的 MTA 会把电子邮件投递到邮件的最终目的地——邮件投递代理（Mail Delivery Agent，MDA）。电子邮件到达 MDA 后，就静静地“躺”在新浪的某个服务器上，存放在某个文件或特殊的数据库里，我们将这个长期保存电子邮件的地方称为电子邮箱。

同普通邮件类似，电子邮件不会直接到达对方的计算机，因为对方计算机不一定开机，开机也不一定会联网。对方要取到邮件，必须通过 MUA 从 MDA 上把电子邮件“取”到自己的计算机上。

所以，一封电子邮件的“旅程”就是：

发件人→ MUA → MTA → MTA →若干个 MTA → MDA ← MUA ←收件人

发电子邮件时，MUA 和 MTA 使用的协议是 SMTP，后面的 MTA 到另一个 MTA 也是用 SMTP。

收电子邮件时，MUA 和 MDA 使用的协议有两种：邮局协议（Post Office Protocol，POP），目前版本是 3，俗称 POP3；互联网邮件访问协议（Internet Message Access Protocol，IMAP），目前版本是 4，优点是不但能取电子邮件，还可以直接操作 MDA 上存储的电子邮件，比如从收件箱移到垃圾箱等。

电子邮件客户端软件在发电子邮件时，会让你先配置 SMTP 服务器，也就是确定你要发到哪个 MTA 上。假设你正在使用 163 邮箱，你就不能直接发到新浪的 MTA 上，因为它只服务新浪的用户，所以，你得填 163 邮箱提供的 SMTP 服务器地址：smtp.163.com。为了证明你是 163 邮箱的用户，SMTP 服务器还要求你填写电子邮箱地址和电子邮箱口令，这样，MUA 才能正常地把电子邮件通过 SMTP 发送到 MTA。

类似地，从 MDA 收电子邮件时，MDA 服务器也要求验证你的电子邮箱口令，确保不会有人冒充你收取你的电子邮件。所以，Outlook 之类的电子邮件客户端会要求你填写 POP3 或 IMAP 服务器地址、电子邮箱地址和口令，这样，MUA 才能顺利地通过 POP 或 IMAP 从 MDA 取到电子邮件。

在使用 Python 收发电子邮件前，请先准备好至少两个电子邮件地址，如 xxx@163.com、xxx@sina.com、xxx@qq.com 等，注意两个电子邮箱不要用同一家邮件服务商。

最后要特别注意，对于目前大多数电子邮件服务商都需要手动开启 SMTP 发信和 POP 收信的功能，否则只允许在网页登录。QQ 邮箱设置开启 SMTP 和 POP 服务，如图 15-15 所示。

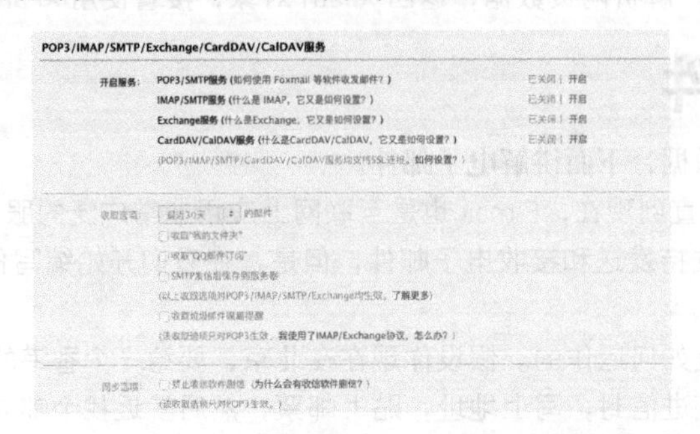

图15-15 QQ邮箱设置开启SMTP和POP服务

SMTP 是发送电子邮件的协议，Python 内置对 SMTP 的支持，可以发送纯文本电子邮件、HTML 电子邮件以及带附件的电子邮件等。

Python 对 SMTP 的支持有 email 和 smtplib 两个模块，email 负责构造电子邮件，smtplib 负责发送电子邮件。

范例 15.6-01 发送电子邮件（源码路径：ch15/15.6/15.6-01.py）

```
1. # 导入模块
2. import smtplib
3. from email.mime.text import MIMEText
4.
5. # 电子邮件信息——发件人
6. sender = "xxxxxxxxx@163.com"
7. # 电子邮件信息——收件人
8. receiver = "yyyyyyyyy@126.com"
9. # 电子邮件信息——授权密码
10. password = "******"
11. # 电子邮件信息——主题
12. subject = " 发邮件测试 "
13. # 电子邮件信息——内容
14. content = "<a href='#'>hello</a>。"
15.
16. # 创建电子邮件文本对象（内容、类型、编码等）
17. mime_text = MIMEText(content, "html", "utf-8")
18. # 赋值属性
19. mime_text["Subject"] = subject
20. mime_text["From"] = sender
21. mime_text["To"] = receiver
22.
23. # 创建 SMTP 对象，这里的 163 和发件人 163 对应
24. my_smtp = smtplib.SMTP_SSL("smtp.163.com")
25. # 登录，账号错误会抛出异常
26. my_smtp.login(sender, password)
27. # 发送电子邮件（发件人、收件人集合、内容），返回值是 1 表示发送成功，返回值为其他表示发送失败
28. my_smtp.sendmail(sender, [receiver], mime_text.as_string())
29. # 关闭
30. my_smtp.quit()
31. print(" 发送成功 ")
```

【运行结果】

```
发送成功
```

打开收件人的电子邮箱，可以发现电子邮件已发送成功。

【范例分析】

（1）范例代码的第 6 行是发件人的电子邮箱。范例代码的第 8 行是收件人的电子邮箱。范例代码的第 10 行是发件人的授权密码，授权密码并不是登录密码，这需要在发件人的电子邮箱中设置完成。

（2）范例代码的第 17~21 行是邮件信息，包括主题、发送内容、发件人、收件人等。

（3）范例代码的第 24 行是创建 SMTP 对象，指定的参数需要根据发件人的电子邮箱设置，这里的发件人是 163 邮箱，所以设置为 smtp.163.com，如果发件人是 QQ 邮箱，那这里需要设置为 smtp.qq.com。

（4）范例代码的第 26 行是登录验证，通过后在第 28 行发送邮件，最后在第 30 行关闭并释放资源。

▶15.7 见招拆招

163 邮箱授权密码设置如图 15-16 所示。

授权密码管理：　授权码是用于登录第三方邮件客户端的专用密码。

适用于登录以下服务：您开启的服务（例如POP3/IMAP/SMTP）、Exchange/CardDAV/CalDAV服务。

使用设备	启用时间	操作
设备1	2019.6.3	删除

您当前的授权密码过于简单，存在一定风险。建议您重启服务，使用系统随机生成的授权密码。

图15-16　163邮箱授权密码设置

▶15.8 实战演练

局域网中，用户在设置 IP 地址时，为了避免 IP 地址发生冲突，通常需要很快地找出局域网内已经使用的 IP 地址。请尝试用 Python 编写一个局域网 IP 地址扫描程序，将局域网中已经占用的 IP 地址及对应计算机名显示出来。

▶15.9 本章小结

本章讲解 Python 与网络编程。首先讲解网络编程基础，包括网络编程基础概念，涉及 IP 地址、端口号和 TCP；然后讲解使用 socket 模块，包括使用 socket 模块完成网络编程，实现客户端和服务端程序的编写等；接着讲解 Twisted 框架，包括 Twisted 是一个事件驱动型的网络引擎和其入门使用；然后讲解 http 库、urllib 库、ftplib 库，包括 3 个网络库的使用等；接着讲解处理网页数据，包括使用 XPath 处理网页数据、提取信息；最后讲解电子邮件，包括收 / 发电子邮件的过程等。

第16章 Python与Office编程

本章讲解 Python 与 Office 编程，包括 Python 与 Excel、Python 与 Word、Python 与 PowerPoint 等。

本章要点（已掌握的在方框中打钩）

- □ Python 与 Excel
- □ Python 与 Word
- □ Python 与 PowerPoint

16.1 Python与Excel

在生活和工作中，我们不可避免地会跟数据“打交道”，用Excel存储测试数据以及测试结果是非常常见的。其实，Python中有很多专门针对Excel进行数据处理的库，比如xlrd、xlwt、xlutils、openpyxl以及大数据中常用的pandas等，它们的侧重点各有不同，常见的操作Excel的库和其作用如表16-1所示。

表16-1 常见的操作Excel的库和其作用

库名	作用
xlrd	从Excel中读取数据，支持XLS、XLSX格式
xwt	对Excel进行修改操作，不支持对XLSX格式的修改
xlutils	在xlrd和xlwt中，对一个已存在的文件进行修改
openpyxl	主要针对XLSX格式的Excel进行读取和编辑
pandas	可对CSV文件进行操作，主要用于大数据分析

对于图16-1中的库，我们只需要了解，以后可以根据不同的需要调用不同的库，这里不多解释。这里主要讲解的是用openpyxl对Excel中的数据进行处理。

openpyxl的安装命令如下所示。

```
pip install openpyxl
```

首先介绍Excel的一些基本概念，如图16-1所示。Workbook相当于一个文件，WorkSheet就是文件里面的每个具体的表格，比如新建Excel文件里面的Sheet1，一个Workbook里面有一个或多个WorkSheet。WorkSheet中的每个单元格都是一个Cell，Cell有行和列的坐标。

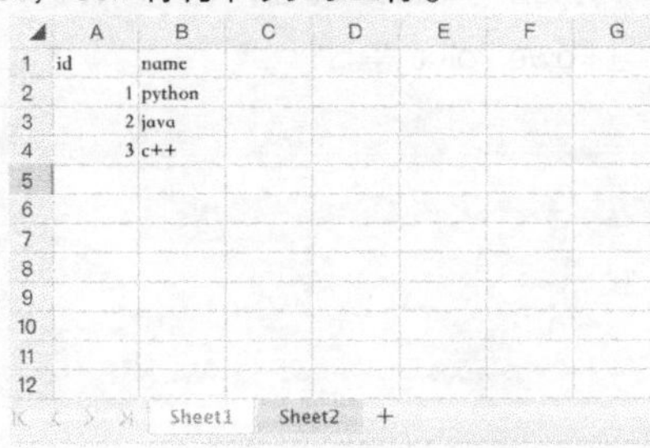

图16-1 Excel的一些基本概念

01 操作Workbook对象

获取Workbook对象的方式有两种，一种是创建一个新的，另一种是导入一个已存在的。

（1）创建Workbook。

```
# 导入模块
from openpyxl import Workbook
# 创建一个 Workbook
wb = Workbook() # 默认生成一个名为 Sheet 的 WorkSheet
```

（2）导入Workbook。

```
# 导入模块
from openpyxl import load_workbook
# 导入一个 Workbook
wb = load_workbook(filename = './empty_book.xlsx')
```

（3）Workbook的属性。

sheetnames：返回所有WorkSheet的名称列表，类型为list。

worksheets：返回所有WorkSheet的列表，类型为list。

active：返回当前默认选中的WorkSheet。

（4）Workbook 的方法。

get_sheet_names：同 sheetnames 属性。

get_active_sheet：同 active 属性。

get_sheet_by_name(name)：根据名称获取 WorkSheet。

remove(worksheet)：删除一个 WorkShee，注意是 WorkSheet 对象，不是名称。

save(filename)：保存到文件，有写入操作要记得保存。

02 操作 WorkSheet

（1）获取 WorkSheet 对象。

```
# 获取默认打开的 WorkSheet
ws1 = wb.active
# 创建一个 WorkSheet
ws2 = wb.create_sheet() # 可传 title 和 index 两个参数
# 通过名称获取 WorkSheet
ws3=wb['Sheet1']
```

（2）WorkSheet 的属性。

rows：返回所有有效数据行，有数据时类型为 generator，无数据时类型为 tuple。

columns：返回所有有效数据列，类型同 rows。

max_column：有效数据最大列。

max_row：有效数据最大行。

min_column：有效数据最小列，起始为 1。

min_row：有效数据最大行，起始为 1。

values：返回所有单元格的值的列表，类型为 tuple。

title：WorkSheet 的名称。

（3）WorkSheet 的方法。

cell(coordinate=None, row=None, column=None, value=None): 获取指定单元格或设置单元格的值。

03 操作 Cell

（1）获取 Cell 对象。

```
# 使用 WorkSheet 的 cell 方法
c1=ws.cell('A1')
c2=ws.cell(row=1,column=1) # 获取 A1 单元格
# 通过坐标获取 Cell
c3=ws['A1']
# 获取多个
c3=ws['A1:E5'] # 返回多行数据，类型为 tuple
```

（2）设置 Cell 的值。

```
# 直接使用 WorkSheet 的 cell 方法设置
ws.cell(row=1,column=1,value=10)
# 设置 Cell 对象的 value 属性
c1=ws.cell('A1')
c1.value=100
```

（3）Cell 的属性。

column：所在列，起始为 1。

row：所在行，起始为 1。

coordinate：所在坐标，如 'A1'。

parent： 所属的 WorkSheet。

value：单元格的值。

（4）Cell 的方法。

offset(row=0, column=0)：偏移。

范例 16.1-01 用Python操作Excel（源码路径：ch16/16.1/16.1-01.py）

```
1.  from openpyxl import load_workbook,Workbook
2.  from openpyxl.worksheet.worksheet import Worksheet
3.  import os
4.  import random
5.  from datetime import datetime
6.
7.
8.  class ExcelManual:
9.   def __init__(self, file_path):
10.      self.file_path = file_path
11.      if os.path.exists(file_path):
12.         self.wb = load_workbook(file_path)
13.      else:
14.         self.wb = Workbook()
15.
16.   def select_sheet(self, name):
17.      """
18.      选择表单
19.      :param name: 表单名称
20.      :return:
21.      """
22.      if name in self.wb.sheetnames:
23.         self.live_sheet = self.wb[name]
24.      else:
25.         self.live_sheet = self.wb.create_sheet(name)
26.      return self.live_sheet
27.
28.   def read_cell_value(self, row, column):
29.      """
30.      读取一个单元格的数据内容
31.      :param row: 行
32.      :param column: 列
33.      :return:
34.      """
35.      if isinstance(self.live_sheet, Worksheet):
36.         return self.live_sheet.cell(row, column).value
37.
38.   def write_value_in_cell(self, row, column, value):
39.      """
40.      往单元格中写入数据
41.      :param row: 行
42.      :param column: 列
43.      :param value: 值
44.      :return:
45.      """
46.      self.live_sheet.cell(row, column, value)
47.
```

```
48.  def read_row_value(self, row_num):
49.      """
50.      读取一行的数据功能
51.      :return:
52.      """
53.      if isinstance(self.live_sheet, Worksheet):
54.          max_row = self.live_sheet.max_row
55.          if row_num > max_row:
56.              print(" 行数超过表单中的最大行数 ")
57.              return
58.          max_column = self.live_sheet.max_column
59.          data_list = []
60.          for i in range(max_column):
61.              data_list.append(self.live_sheet.cell(row_num, i + 1).value)
62.          return data_list
63.
64.  def read_value_by_sheet(self, sheet_name):
65.      """
66.      获取表单中的所有数据
67.      :param sheet_name:
68.      :return:
69.      """
70.      current_sheet = self.wb[sheet_name]
71.      if isinstance(current_sheet, Worksheet):
72.          return list(current_sheet.values)
73.
74.  def close(self):
75.      """ 操作完一定要保存并关闭才有效 """
76.      self.wb.save(self.file_path)
77.      self.wb.close()
78.
79. if __name__ == '__main__':
80.  myExcel = ExcelManual("./data.xlsx")
81.  myExcel.select_sheet("data")
82.  for i in range(1,3):
83.      for j in range(1,11):
84.          if i==1:
85.              myExcel.write_value_in_cell(j,i,str(random.randint(1,1000)))
86.          else:
87.              myExcel.write_value_in_cell(j, i, datetime.now().strftime("%Y-%m-%d"))
88.  myExcel.close()
89.
90.  print(myExcel.read_value_by_sheet("data"))
```

【运行结果】

[('954', '2020-10-07'), ('961', '2020-10-07'), ('191', '2020-10-07'), ('419', '2020-10-07'), ('916', '2020-10-07'), ('475', '2020-10-07'), ('716', '2020-10-07'), ('219', '2020-10-07'), ('713', '2020-10-07'), ('686', '2020-10-07')]

查看生成的数据，如图 16-2 所示。

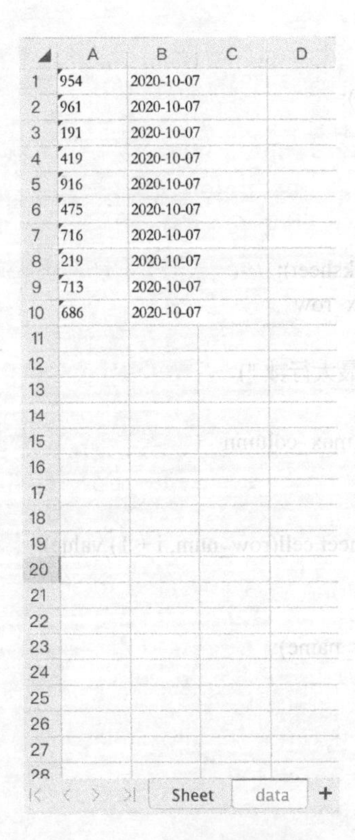

	A	B	C	D
1	954	2020-10-07		
2	961	2020-10-07		
3	191	2020-10-07		
4	419	2020-10-07		
5	916	2020-10-07		
6	475	2020-10-07		
7	716	2020-10-07		
8	219	2020-10-07		
9	713	2020-10-07		
10	686	2020-10-07		

图16-2 查看生成的数据

【范例分析】

（1）范例代码中的 ExcelManual 对 Python 操作进行简单的封装。_ _init_ _ 方法中如果路径存在就是加载 Excel 文件，否则是创建一个新的 Excel 文件。select_sheet 方法中如果表单名称存在就是选择此表单，否则是创建新的表单。read_cell_value 根据 row 和 column 获取指定的 Cell 值，row 和 column 是从 1 开始的。write_value_in_cell 根据 row 和 column 写入指定的值。read_row_value 根据 row_num 指定一行数据。read_value_by_sheet 读取表单中所有的数据。

（2）范例代码的第 82~87 行，循环写入数据。

（3）范例代码的第 90 行，读取表单中所有的数据。

16.2 Python 与 Word

16.1 节讲解了 Python 与 Excel，下面讲解 Python 与 Word。

Python 使用 python-docx 库来操作 Word 文档，只能读取 DOCX 文件不能读取 DOC 文件。

python-docx 的安装命令如下所示。

```
pip install python-docx
```

01 对 Word 文档进行编辑

（1）导入模块。

```
from docx import Document
Doc = Document()
```

（2）增加标题。

```
Doc.add_heading("Python 是什么？ ")
```

（3）增加段落。

```
Doc.add_paragraph("Python 是一种面向对象的编程语言。")
```

（4）保存文档。

```
oc.save("Python_word.docx")
```

（5）添加标题。

```
Doc.add_heading(" 这是一级标题 ",level=1)
Doc.add_heading(" 这是二级标题 ",level=2)
Doc.add_heading(" 这是三级标题 ",level=3)
Doc.add_heading(" 这是四级标题 ",level=4)
```

02 查看已有的样式

（1）查看段落有哪些样式。

```
from docx.enum.style import WD_STYLE_TYPE
for i in Doc.styles:
    if i.type == WD_STYLE_TYPE.PARAGRAPH:
        print(i.name)

Normal
Header
Footer
Heading 1
Heading 2
Heading 3
Heading 4
Heading 5
Heading 6
Heading 7
Heading 8
Heading 9
No Spacing
Title
Subtitle
List Paragraph
Body Text
Body Text 2
Body Text 3
List
List 2
List 3
List Bullet
List Bullet 2
List Bullet 3
List Number
List Number 2
List Number 3
List Continue
List Continue 2
List Continue 3
macro
Quote
Caption
Intense Quote
TOC Heading
```

（2）查看文字有哪些样式。

```
from docx.enum.style import WD_STYLE_TYPE
```

```
for i in Doc.styles:
    if i.type == WD_STYLE_TYPE.CHARACTER:
        print(i.name)
```

```
Default Paragraph Font
Heading 1 Char
Heading 2 Char
Heading 3 Char
Title Char
Subtitle Char
Body Text Char
Body Text 2 Char
Body Text 3 Char
Macro Text Char
Quote Char
Heading 4 Char
Heading 5 Char
Heading 6 Char
Heading 7 Char
Heading 8 Char
Heading 9 Char
Strong
Emphasis
Intense Quote Char
Subtle Emphasis
Intense Emphasis
Subtle Reference
Intense Reference
Book Title
```

范例 16.2-01 用Python操作Word进行写（源码路径：ch16/16.2/16.2-01.py）

```
1.  import os
2.  import random
3.  from docx import Document
4.  from docx.shared import Pt
5.  from docx.shared import Inches
6.  from docx.oxml.ns import qn
7.
8.  # 打开文档
9.  document = Document()
10.  # 加入不同级别的标题
11.  document.add_heading('MS Word 写入测试 ', 0)
12.  document.add_heading(' 一级标题 ', 1)
13.  document.add_heading(' 二级标题 ', 2)
14.  # 添加文本
15.  paragraph = document.add_paragraph(' 我们在做文本测试！ ')
16.  # 设置字号
17.  run = paragraph.add_run(' 设置字号、')
18.  run.font.size = Pt(24)
19.
20.  # 设置字体
21.  run = paragraph.add_run('Set Font,')
22.  run.font.name = 'Consolas'
```

```
23.
24. #设置中文字体
25. run = paragraph.add_run(' 设置中文字体、')
26. run.font.name = ' 宋体 '
27. r = run._element
28. r.rPr.rFonts.set(qn('w:eastAsia'), ' 宋体 ')
29.
30. #设置斜体
31. run = paragraph.add_run(' 斜体、')
32. run.italic = True
33.
34. #设置粗体
35. run = paragraph.add_run(' 粗体 ').bold = True
36.
37. #添加引用
38. document.add_paragraph('Intense quote', style='Intense Quote')
39.
40. #添加无序列表
41. document.add_paragraph(
42.  ' 无序列表元素 1', style='List Bullet'
43. )
44. document.add_paragraph(
45.  ' 无序列表元素 2', style='List Bullet'
46. )
47. #添加有序列表
48. document.add_paragraph(
49.  ' 有序列表元素 1', style='List Number'
50. )
51. document.add_paragraph(
52.  ' 有序列表元素 2', style='List Number'
53. )
54. #添加图像（此处用到图像，请自行添加到脚本所在目录中）
55. document.add_picture('Python.png', width=Inches(1.25))
56.
57. #添加表格
58. table = document.add_table(rows=1, cols=3)
59. hdr_cells = table.rows[0].cells
60. hdr_cells[0].text = 'Name'
61. hdr_cells[1].text = 'ID'
62. hdr_cells[2].text = 'Desc'
63. #再添加 3 行表格元素
64. for i in range(3):
65.  row_cells = table.add_row().cells
66.  row_cells[0].text = 'test' + str(i)
67.  row_cells[1].text = str(i)
68.  row_cells[2].text = 'desc' + str(i)
69.
70. #添加分页
71. document.add_page_break()
72.
73. #保存文件
74. document.save(' 测试 .docx')
```

【运行结果】

打开生成的 Word 文档，如图 16-3 所示。

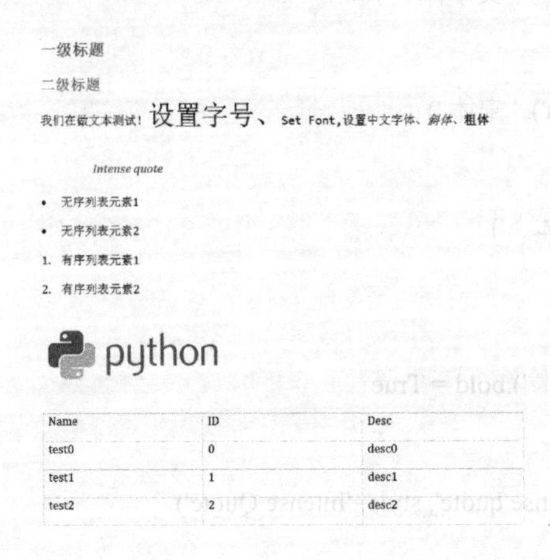

图16-3 生成的Word文档

【范例分析】

（1）范例代码的第 8 行，创建文档对象。

（2）范例代码的第 9~13 行，添加标题。

（3）范例代码的第 15~38 行，添加有不同字体和不同的样式的文档。

（4）范例代码的第 40~53 行，添加不同样式的有序和无序列表。

（5）范例代码的第 55 行，添加图像。

（6）范例代码的第 71 行，添加分页。

（7）范例代码的第 74 行，保存文件。

范例 16.2-02 用Python操作Word进行读（源码路径：ch16/16.2/16.2-02.py）

```
1. from docx import Document
2.
3. #打开文档
4. document = Document(' 测试 .docx')
5. #读取每段文本
6. l = [paragraph.text for paragraph in document.paragraphs];
7. #输出并观察结果，也可以通过其他手段处理文本
8. for i in l:
9.  print(i)
10. #读取表格，并输出结果
11. tables = [table for table in document.tables];
12. for table in tables:
13.  for row in table.rows:
14.      for cell in row.cells:
15.          print(cell.text, end='\t')
16.      print()
```

【运行结果】

MS Word 写入测试

```
一级标题
二级标题
我们在做文本测试！设置字号、Set Font, 设置中文字体、斜体、粗体
Intense quote
无序列表元素 1
无序列表元素 2
有序列表元素 1
有序列表元素 2


NameIDDesc
test00desc0
test11desc1
test22desc2
```

【范例分析】

（1）范例代码的第 4 行，打开文档，得到文档对象。

（2）范例代码的第 6~9 行，读取每段文本。

（3）范例代码的第 11~16 行，读取表格，并输出结果。

16.3 Python 与 PowerPoint

16.2 节讲解了 Python 与 Word，下面讲解 Python 与 PowerPoint。

Python 使用 python-pptx 库来操作 PowerPoint 文档。

python-pptx 的安装命令如下所示。

```
pip install python-pptx
```

01 导入 python-pptx

```
# 导入库
from pptx import presentation
# 实例化 Presentation
prs = Presentation()
```

02 幻灯片模板的选择

（1）使用自带的模板。

```
prs= Presentation()
prs.slide_layouts[index]
```

（2）使用自定义幻灯片模板。

```
prs= Presentation('template.pptx')
```

03 新建一页幻灯片

```
slide= prs.slides.add_slide(prs.slide_layouts[1])
```

04 编辑幻灯片中的元素

（1）根据 placeholders 索引获取一页幻灯片中的元素。

```
body_shape= slide.shapes.placeholders
# body_shape 为本页幻灯片中的所有 shapes
body_shape[0].text= 'this is placeholders[0]'
body_shape[1].text= 'this is placeholders[1]'
```

幻灯片中的所有元素均被当成一个 shape，slide.shapes 表示幻灯片类中的模型类，placeholders 中为每个

模型，slide_layouts[1] 中包含两个文本框，所以 len(slide.shapes.placeholders) 为 2。

（2）获取幻灯片中的 title 元素（本页幻灯片必须含有标题元素才能通过此方法获取）。

```
title_shape= slide.shapes.title
# 获取本页幻灯片中的 title 元素
title_shape.text= 'this is a title'
```

（3）在本页幻灯片中新增元素。

```
new_paragraph= body_shape[1].text_frame.add_paragraph()
# 在第二个 shape 中的文本框中添加新段落
new_paragraph.text= 'add_paragraph'# 新段落中的文字
ew_paragraph.font.bold= True # 文字加粗
new_paragraph.font.italic= True # 文字变斜体
frompptx.utilimportPt# 设置文字大小必须引入 pptx.util 中的 Pt
new_paragraph.font.size= Pt(15)  # 文字大小
new_paragraph.font.underline= True # 文字下画线
new_paragraph.level = 1 # 新段落的级别
```

05 新增幻灯片中的元素

（1）添加新文本框。

```
frompptx.utilimportInches
left= top= width= height= Inches(5)
# 预设位置及大小
textbox= slide.shapes.add_textbox(left, top, width, height)
# left、top 为相对位置，width、height 为文本框大小
textbox.text= 'this is a new textbox'
# 文本框中的文字
new_para= textbox.text_frame.add_paragraph()
# 在新文本框中添加段落
new_para.text= 'this is second para in textbox'
```

（2）添加图片。

```
img_path= 'img_path.jpg'
# 文件路径
left, top, width, height= Inches(1), Inches(4.5), Inches(2), Inches(2)
# 预设位置及大小
pic= slide.shapes.add_picture(img_path, left, top, width, height)
```

（3）添加形状。

```
frompptx.enum.shapesimportMSO_SHAPE
left, top, width, height= Inches(1), Inches(3), Inches(1.8), Inches(1)
# 预设位置及大小
shape= slide.shapes.add_shape(MSO_SHAPE.PENTAGON, left, top, width, height)
# 在指定位置按预设值添加类型为 PENTAGON 的形状
shape.text= 'Step 1'
forninrange(2, 6):
left= left+width-Inches(0.3)
shape= slide.shapes.add_shape(MSO_SHAPE.CHEVRON, left, top, width, height)
shape.text= 'Step{}'.format(n)
```

（4）添加表格。

```
rows, cols, left, top, width, height= 2, 2, Inches(3.5), Inches(4.5), Inches(6), Inches(0.8)
table= slide.shapes.add_table(rows, cols, left, top, width, height).table
# 添加表格，并获取表格类
table.columns[0].width= Inches(2.0)
# 第一纵列宽度
```

```
table.columns[1].width= Inches(4.0)
# 第二纵列宽度
table.cell(0, 0).text= 'text00'
# 在指定位置写入文本
table.cell(0, 1).text= 'text01'
table.cell(1, 0).text= 'text10'
table.cell(1, 1).text= 'text11'
```

范例 16.3-01 用Python操作PowerPoint（源码路径：ch16/16.3/16.3-01.py）

```
1. from docx import Document
2. from pptx import Presentation
3. from pptx.chart.data import ChartData
4. from pptx.enum.chart import XL_CHART_TYPE
5. from pptx.util import Inches
6.
7. # 创建幻灯片并设置标题
8. prs = Presentation()
9. slide = prs.slides.add_slide(prs.slide_layouts[5])
10.  shapes = slide.shapes
11.  shapes.title.text = ' 程序员的爱好 '
12.
13.  # 定义图表对象和数据
14.  chart_data = ChartData()
15.  chart_data.categories = [' 编程 ', ' 开发 ', ' 写代码 ']
16.  chart_data.add_series(' 爱好 ', (6.6, 8.6, 9.6))
17.
18.  # 将图表添加到幻灯片中
19.  x, y, cx, cy = Inches(2), Inches(2), Inches(6), Inches(4.5)
20.  slide.shapes.add_chart(
21.   XL_CHART_TYPE.COLUMN_CLUSTERED, x, y, cx, cy, chart_data
22.  )
23.  # 保存
24.  prs.save('test.pptx')
```

【运行结果】

用 Python 操作 PowerPoint 的运行结果如图 16-4 所示。

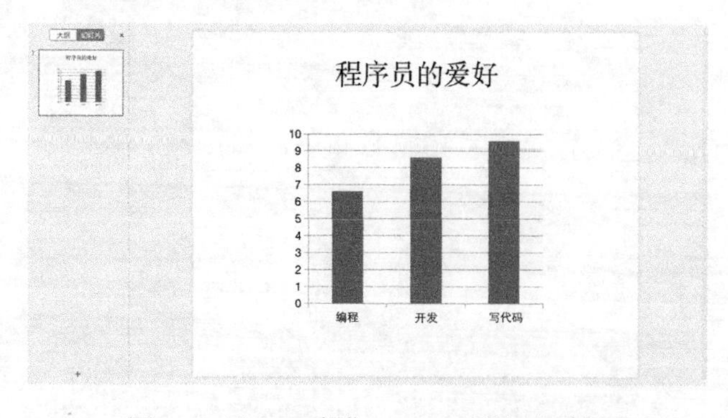

图16-4 用Python操作PowerPoint的运行结果

【范例分析】

（1）范例代码的第 1~5 行，导入需要的包。

（2）范例代码的第 8~11 行，创建幻灯片并设置标题。

（3）范例代码的第 14~16 行，定义图表对象和数据。

（4）范例代码的第 19~22 行，将图表添加到幻灯片中。

（5）范例代码的第 24 行，保存文件。

16.4 见招拆招

实现在 Excel 中合并 / 拆分单元格。

```
>>> from openpyxl.workbook import Workbook
>>>
>>> wb = Workbook()
>>> ws = wb.active
>>>
>>> ws.merge_cells('A2:D2')
>>> ws.unmerge_cells('A2:D2')
```

16.5 实战演练

实现 Excel 的过滤和排序功能。

16.6 本章小结

本章讲解 Python 与 Office 编程。首先讲解 Python 与 Excel，包括使用 openpyxl 库操作 Excel；然后讲解 Python 与 Word，包括使用 python-docx 库操作 Word；最后讲解 Python 与 PowerPoint，包括使用 python-pptx 库操作 PowerPoint。

第 17 章

Python 与 Web 框架

本章讲解 Python 与 Web 框架，包括使用 Django 搭建网站、搭建 Tornado Web 服务器、认识 Flask 框架等。

本章要点（已掌握的在方框中打钩）

- □ 使用 Django 搭建网站
- □ 搭建 Tornado Web 服务器
- □ 认识 Flask 框架

17.1 使用 Django 搭建网站

01 介绍

Django 是基于 Python 的开源 Web 框架。Django 拥有高度定制的对象关系映射（Object Relational mapping，ORM）、大量的 API、简单灵活的视图编写功能、优雅的 URL、适于快速开发的模板以及强大的管理后台等。这些使得它在 Python Web 开发领域占据了不可动摇的地位。Instagram（见图 17-1）、Firefox、《国家地理》杂志等著名网站都在使用 Django 进行网站开发。

图17-1 Instagram

Django 是基于 MVT（Model-View-Template，模型 - 视图 - 模板）模型（见图 17-2）设计的。MVT 模型的说明如下。

- M 表示 Model，与 MVC（Model-View-Controller，模型 - 视图 - 控制器）设计模式中的 M 代表的功能相同，用于和数据库交互，进行数据处理。
- V 表示 View，与 MVC 模型中的 V 代表的功能相同，接收请求，进行业务处理，返回结果。
- T 表示 Template，与 MVC 模型中的 C 代表的功能相同，负责封装构造要返回的 HTML。

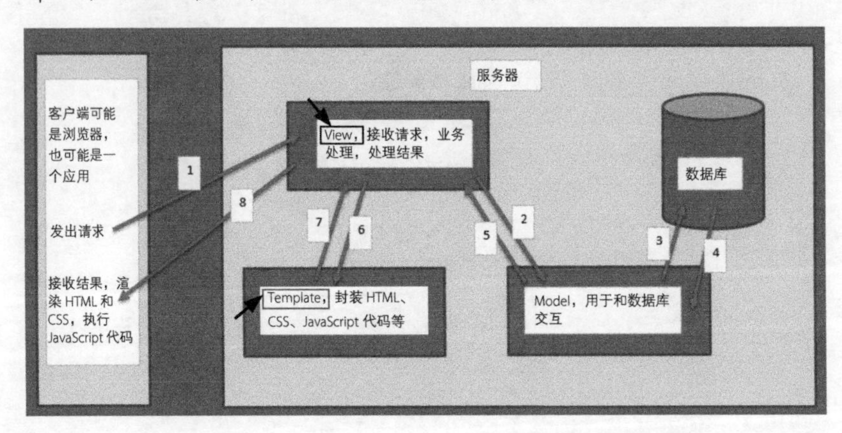

图17-2 MVT模型

02 安装

Django 的安装命令如下所示。

```
pip install django==2.2
```

这里安装的是 Django 2.2，它支持 Python 3.5 以及后续版本。当然也可以根据需要安装其他版本，如图 17-3 所示。

Django 版本	Python 版本
1.11	2.7, 3.4, 3.5, 3.6, 3.7
2.0	3.4，3.5，3.6，3.7
2.1	3.5，3.6，3.7
2.2	3.5, 3.6, 3.7, 3.8

图17-3 Django与Python的版本选择

若要验证 Django 是否能被 Python 识别，可以在 Shell 中输入 python 并按【Enter】键。然后在 Python 提示符下，尝试导入 Django。

```
>>> import django
>>> print(django.get_version())
2.2
```

03 请求和响应

接下来通过一个基本的投票应用程序来讲解 Django 的使用。

该应用程序由以下两部分组成。

- 一个让用户查看信息和投票的公共站点。
- 一个让用户能添加、修改和删除投票的管理站点。

（1）创建项目。

如果是第一次使用 Django，那么需要进行一些初始化设置。也就是说，需要用一些自动生成的代码配置一个 Djangoproject，即一个 Django 项目实例需要的设置项集合，包括数据库配置、Django 配置和应用程序配置。

打开命令行界面，利用 cd 命令切换到一个你想放置代码的目录，然后运行以下命令。

```
django-admin startproject mysite
```

这行代码将会实现在当前目录下创建一个 mysite 目录。如果命令运行失败，查看运行 django-admin 时遇到的问题的相关内容，可能能给用户提供帮助。

看一看 startproject 创建了些什么。

```
mysite/
  manage.py
  mysite/
    __init__.py
    settings.py
    urls.py
    wsgi.py
```

这些目录和文件的用处如下。

- 最外层的 mysite/ 根目录只是项目的容器，Django 不关心它的名字，所以用户可以将它重命名为任何自己喜欢的名字。
- manage.py 是一个能使用各种方式管理 Django 项目的命令行工具。
- 里面一层的 mysite/ 目录包含项目内容，它是一个纯 Python 包。它的名字就是当用户引用它内部任何内容时需要用到的 Python 包的名字，比如 mysite.urls。
- mysite/__init__.py 是一个空文件，告诉 Python 这个目录应该被看作一个 Python 包。
- mysite/settings.py 是 Django 项目的配置文件。
- mysite/urls.py 是 Django 项目的 URL 声明，就像网站的“目录”。
- mysite/wsgi.py 是与 Web 服务器网关接口（Web Server Gateway Interface，WSGI）兼容的 Web 服务器的入口点，用于为用户的项目提供服务。

（2）用于开发的简易服务器。

让我们来确认一下 Django 项目是否真的创建成功了。如果当前目录不是外层的 mysite 目录，请切换到此目录，然后运行下面的命令。

```
python manage.py runserver
```

会看到如下输出。

```
Watching for file changes with StatReloader
```

```
Performing system checks...

System check identified no issues (0 silenced).

You have 17 unapplied migration(s). Your project may not work properly until you apply the migrations for app(s): admin, auth, contenttypes, sessions.
Run 'python manage.py migrate' to apply them.
October 08, 2020 - 16:13:53
Django version 2.2, using settings 'mysite.settings'
Starting development server at http://127.0.0.1:8000/
Quit the server with CTRL-BREAK.
```

刚刚启动的是 Django 自带的用于开发的简易服务器，它是一个用纯 Python 语言写的轻量级的 Web 服务器。将这个服务器内置在 Django 中是为了让用户能快速开发出想要的东西，因为用户在这阶段不需要开展配置生产级别的服务器（比如 Apache）方面的工作。

现在，服务器正在运行，浏览器访问 http://127.0.0.1:8000/，将会看到一个"祝贺（Congratulations）"页面，页面中有着火箭发射的图标，代表服务器成功运行，如图 17-4 所示。

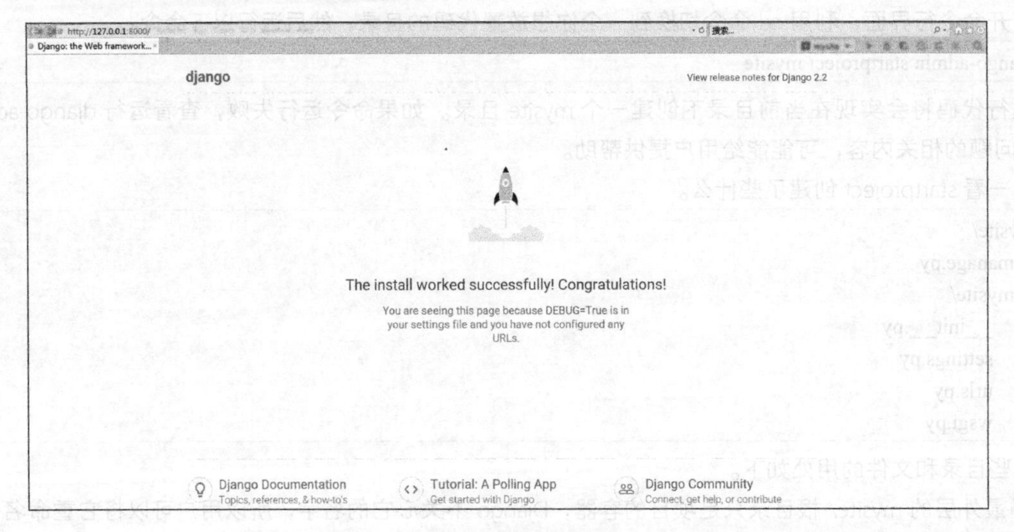

图17-4 服务器成功运行

默认情况下，runserver 命令会将服务器设置为监听本机内部 IP 地址的 8000 端口。

如果想更换服务器的监听端口，请使用命令行参数。举个例子，下面的命令会使服务器监听 8080 端口。

```
python manage.py runserver 8080
```

如果想要修改服务器监听的 IP 地址，那么要在端口之前输入新的 IP 地址。比如，为了监听所有服务器的公开 IP 地址（运行 Vagrant 或想要向网络上的其他计算机展示成果时很有用），使用如下命令。

```
python manage.py runserver 0:8000
```

0 是 0.0.0.0 的简写。

用于开发的简易服务器在需要的情况下会对每一次的访问请求重新载入一遍 Python 代码，所以不需要为了让修改的代码生效而频繁地重新启动服务器。然而，一些动作，比如添加新文件，将不会触发自动重新加载，这时得手动重启服务器。

（3）创建投票应用程序。

现在开发环境配置好了，可以开始创建应用程序。

在 Django 中，每一个应用程序都是一个 Python 包，并且遵循着相同的约定。Django 自带一个工具，可以帮助生成应用程序的基础目录结构，这样就能专心写代码，而不用专注于创建目录了。

应用程序和项目有什么区别？应用程序是一个专门做某件事的网络程序，比如博客系统、公共记录的数据库，或者简单的投票应用程序等。项目则是一个网站使用的配置和应用程序的集合。项目可以包含很多个应用程序，应用程序可以被很多个项目使用。

用户的应用程序可以存放在任何 Python path 定义的路径中。在 manage.py 同级目录下创建投票应用程序，这样它就可以作为顶级模块导入，而不是 作为 mysite 的子模块。

请确定应用程序现在处于 manage.py 所在的目录下，然后运行以下命令创建一个应用程序。

```
python manage.py startapp polls
```

这将会创建一个 polls 目录，它的目录结构大致如下。

```
polls/
    __init__.py
    admin.py
    apps.py
    migrations/
        __init__.py
    models.py
    tests.py
    views.py
```

这个目录结构包括投票应用程序的全部内容。

（4）实现第一个视图。

下面开始编写代码实现第一个视图。打开 polls/views.py，输入以下代码。

```
from django.http import HttpResponse


def index(request):
    return HttpResponse("Hello, world. You're at the polls index.")
```

这是 Django 中较简单的视图。如果想看见效果，需要将一个 URL 映射到它——这就是需要 URLconf（URL 配置）的原因。

为了创建 URLconf，请在 polls 目录里新建一个 urls.py 文件。此处的应用程序目录现在看起来应该是如下这样的。

```
polls/
    __init__.py
    admin.py
    apps.py
    migrations/
        __init__.py
    models.py
    tests.py
    urls.py
    views.py
```

在 polls/urls.py 中，输入如下代码。

```
from django.urls import path

from . import views

urlpatterns = [
    path('', views.index, name='index'),
]
```

下一步是要在根 URLconf 文件中指定创建的 polls.urls 模块。在 mysite/urls.py 文件的 urlpatterns 列表里插

入一个 include 函数，如下所示。

```
from django.contrib import admin
from django.urls import include, path

urlpatterns = [
    path('polls/', include('polls.urls')),
    path('admin/', admin.site.urls),
]
```

函数 include 允许引用其他 URLconf。每当 Django 遇到 include 时，它会截断与此项匹配的 URL 的部分，并将剩余的字符串发送到 URLconf 以供进一步处理。

设计 include 的理念是使其可以即插即用。投票应用程序有它自己的 URLconf(polls/urls.py)，它们被放在 /polls/、/fun_polls/、/content/polls/，或者其他任何路径下，都能够正常工作。

应何时使用 include？当项目包括其他 URL 模式时应该总是使用 include，admin.site.urls 是唯一例外。

现在把 index 视图添加进了 URLconf。接下来通过以下命令启动服务器。

```
python manage.py runserver
```

用浏览器访问 http://127.0.0.1:8000/polls/，应该能够看见 "Hello, world. You're at the polls index."，这是在 index 视图中定义的，如图 17-5 所示。

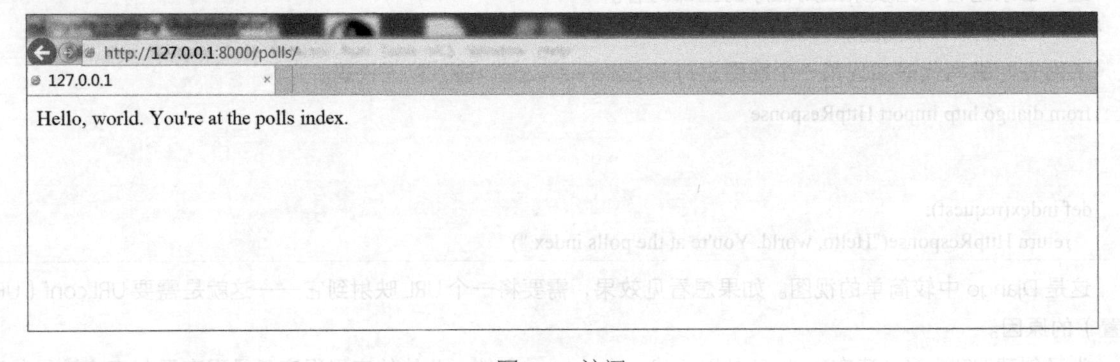

图17-5 访问

函数 path 有 4 个参数，其中 2 个为必需参数——route 和 view，2 个为可选参数——kwargs 和 name。现在，是时候来研究这些参数的含义了。

- 参数 route。

route 是一个匹配 URL 的准则（类似正则表达式）。当 Django 响应一个请求时，它会从 urlpatterns 的第一项开始，按顺序依次匹配列表中的项，直到找到匹配的项。

这个准则不会匹配 GET 和 POST 参数或域名。例如：URLconf 在处理请求 https://www.example.com/myapp/ 时，会尝试匹配 myapp/；在处理请求 https://www.example.com/myapp/?page=3 时，也只会尝试匹配 myapp/。

- 参数 view。

当 Django 找到了一个匹配准则时，就会调用特定的视图函数，并传入一个 HttpRequest 对象作为第一个参数，被"捕获"的参数以关键字参数的形式传入。后文会给出一个例子。

- 参数 kwargs。

任意一个关键字参数可以作为一个字典传递给目标视图函数，此处不会使用这一特性。

- 参数 name。

为 URL 起名能让用户在 Django 的任意地方唯一地引用它，尤其是在模板中。这个有用的特性允许用户只修改一个文件就能全局地修改某个 URL 模式。

04 模型和 Admin 站点

接下来将讲解建立数据库，用户可以创建第一个模型，并主要关注 Django 提供的自动生成的管理页面。

（1）数据库配置。

现在，打开 mysite/settings.py，这是一个包含 Django 项目设置的 Python 模块。

通常，这个配置文件使用 SQLite 作为默认数据库。如果不熟悉数据库，或者只是想尝试使用 Django，那么这是最简单的选择之一。Python 中内置了 sqlite3 模块，所以用户无须安装即可使用它。当开始进行一个真正的项目时，用户可能更倾向使用一个更具扩展性的数据库，例如 PostgreSQL，以避免中途切换数据库。

如果用户想使用其他数据库，需要安装合适的 databasebindings，然后改变设置文件中 DATABASES 中的一些键值。

ENGINE 为数据库引擎，可选值有很多，比如 django.db.backends.sqlite3、django.db.backends.postgresq、django.db.backends.mysql、django.db.backends.oracle。

NAME 代表数据库的名称。如果使用的是 SQLite，数据库将是计算机上的一个文件，在这种情况下，NAME 应该是此文件的绝对路径，包括文件名。默认值 os.path.join(BASE_DIR,'db.sqlite3') 将会把数据库文件储存在项目的根目录。

如果不使用 SQLite，则必须添加一些额外设置，比如 USER、PASSWORD、HOST 等。

```
# SQLite
DATABASES = {
    'default': {
        'ENGINE': 'django.db.backends.sqlite3',
        'NAME': 'mydatabase',
    }
}

# MySQL
DATABASES = {
    'default': {
        'ENGINE': 'django.db.backends.mysql',
        'NAME': 'mydatabase',
        'USER': 'mydatabaseuser',
        'PASSWORD': 'mypassword',
        'HOST': '127.0.0.1',
        'PORT': '5432',
    }
}
```

编辑 mysite/settings.py 文件前，先设置 TIME_ZONE 为目前所处的时区。

此外，需关注文件头部的 INSTALLED_APPS 设置项，这里包括会在项目中启用的所有 Django 应用程序。这些应用程序能在多个项目中使用，也可以打包并且发布应用程序，让别人使用它们。

通常，INSTALLED_APPS 默认包括以下 Django 自带的应用程序。

- django.contrib.admin——管理员站点。
- django.contrib.auth——认证授权系统。
- django.contrib.contenttypes——内容类型框架。
- django.contrib.sessions——会话框架。
- django.contrib.messages——消息框架。
- django.contrib.staticfiles——管理静态文件的框架。

这些应用程序被默认启用是为了给常规项目提供方便。

默认启用的某些应用程序、需要至少一个数据表，所以，在使用它们之前需要在数据库中创建一些表。

请运行以下命令。

```
python manage.py migrate
```

这个 migrate 命令用于检查 INSTALLED_APPS 设置，为其中的每个应用程序创建需要的数据表，至于具体会创建什么，这取决于 mysite/settings.py 设置文件和每个应用程序的数据库迁移文件。

就像之前介绍的，为了方便大多数项目，系统默认激活了一些应用程序，但并不是每个人都需要它们。如果不需要某个或某些应用程序，可以在运行 migrate 命令前毫无顾虑地从 INSTALLED_APPS 里注释或者删除它们。migrate 命令只会为在 INSTALLED_APPS 里声明了的应用程序进行数据库迁移。

（2）创建模型。

在 Django 里编写一个数据库驱动的 Web 应用程序的第一步是定义模型，也就是进行数据库结构设计和定义附加的其他元数据。

在这个简单的投票应用程序中，需要创建两个模型：问题（Question）模型和选项（Choice）模型。Question 模型包括问题描述和发布时间。Choice 模型有两个字段，即选项描述和当前得票数。

这些概念可以通过一个简单的 Python 类来描述。按照下面的例子来编辑 polls/models.py 文件。

```
from django.db import models


class Question(models.Model):
    question_text = models.CharField(max_length=200)
    pub_date = models.DateTimeField('date published')


class Choice(models.Model):
    question = models.ForeignKey(Question, on_delete=models.CASCADE)
    choice_text = models.CharField(max_length=200)
    votes = models.IntegerField(default=0)
```

代码非常“直白”。每个模型都被表示为 django.db.models.Model 类的子类。每个模型有一些类变量，它们都表示模型里的数据库字段。

每个字段都是 Field 类的实例，比如字符字段被表示为 CharField，日期时间字段被表示为 DateTimeField。这将告诉 Django 每个字段要处理的数据类型。

每个 Field 类实例变量的名字（例如 question_text 或 pub_date）也是字段名，所以最好使用对“机器友好”的格式。用户将会在 Python 代码里使用它们，而数据库会将它们作为列名。

用户可以使用可选的选项来为 Field 定义一个人类可读的名字。这个功能在很多 Django 内部组成部分中都被使用了，而且作为文档功能的一部分。如果某个字段没有提供此名字，Django 将会使用对“机器友好”的名字，也就是变量名。

定义某些 Field 类实例需要参数。例如 CharField 需要一个 max_length 参数，这个参数不仅用于定义数据库结构，也用于验证数据，后文将会介绍这方面的内容。

Field 也能够接收多个可选参数。在上面的例子中，可以看到将 votes 的 default（也就是默认值）设为 0。

注意，上述例子还使用 ForeignKey 定义了一个关系。这将告诉 Django 每个 Choice 对象都关联到一个 Question 对象。Django 支持常用的数据库关系：多对一、多对多和一对一。

（3）激活模型。

上面用于创建模型的代码提供给 Django 很多信息，通过这些信息，Django 可以：

- 为这个应用程序创建数据库 Schema（生成 CREATETABLE 语句）；
- 创建可以与 Question 和 Choice 对象进行交互的 Python 数据库的 API。

但是首先得把投票应用程序安装到项目里。

为了在项目中包含这个应用程序，需要在配置类 INSTALLED_APPS 中添加设置。因为 PollsConfig 类写在文件 polls/apps.py 中，所以它的点式路径是 polls.apps.PollsConfig。在文件 mysite/settings.py 中为 INSTALLED_APPS 子项添加点式路径后，它看起来如下所示。

```
INSTALLED_APPS = [
    'polls.apps.PollsConfig',
    'django.contrib.admin',
    'django.contrib.auth',
    'django.contrib.contenttypes',
    'django.contrib.sessions',
    'django.contrib.messages',
    'django.contrib.staticfiles',
]
```

现在 Django 项目会包含投票应用程序。接着运行下面的命令。

```
python manage.py makemigrations polls
```

将会看到类似下面这样的输出。

```
Migrations for 'polls':
  polls/migrations/0001_initial.py:
    - Create model Choice
    - Create model Question
    - Add field question to choice
```

再次运行 migrate 命令，在数据库里创建新定义的模型的数据表。

```
python manage.py migrate
Operations to perform:
  Apply all migrations: admin, auth, contenttypes, polls, sessions
Running migrations:
  Rendering model states... DONE
  Applying polls.0001_initial... OK
```

这个 migrate 命令选中所有还没有运行过的迁移（Django 通过在数据库中创建一个特殊的表 django_migrations 来跟踪运行过哪些迁移）并应用在数据库上，也就是对模型的更改同步到数据库结构上。

迁移是非常强大的功能，它能让用户在开发过程中持续改变数据库结构而不需要重新删除和创建表，它专注于使数据库平滑升级而不会丢失数据。我们会在后文更加深入地讲解这部分内容，现在只需要记住，改变模型需要以下 3 步。

- 编辑 models.py 文件，改变模型。
- 运行 pythonmanage.pymakemigrations 为模型的改变生成迁移文件。
- 运行 pythonmanage.pymigrate 来应用数据库迁移。

数据库迁移被分解成生成和应用两个命令是为了能够在代码控制系统上提交迁移数据并使其能在多个应用程序里使用；这不仅会让开发变得更加简单，也给别的开发人员和生产环境中的使用带来了方便。

（4）初试 API。

现在讲解进入 Python 命令行，尝试一下 Django 为用户创建的各种 API。通过以下命令打开 Python 命令行。

```
python manage.py shell
```

使用这个命令而不是简单地使用 Python 是因为 manage.py 会设置 DJANGO_SETTINGS_MODULE 环境变量，这个变量会让 Django 根据 mysite/settings.py 文件来设置 Python 包的导入路径。

当成功进入命令行后，来试试 database API 吧。

```
>>> from polls.models import Choice, Question  # Import the model classes we just wrote.

# No questions are in the system yet.
>>> Question.objects.all()
<QuerySet []>
```

```
# Create a new Question.
# Support for time zones is enabled in the default settings file.
# Django expects a datetime with tzinfo for pub_date. Use timezone.now()
# instead of datetime.datetime.now() and it will do the right thing.
>>> from django.utils import timezone
>>> q = Question(question_text="What's new?", pub_date=timezone.now())

# Save the object into the database. You have to call save() explicitly.
>>> q.save()

# Now it has an ID.
>>> q.id
1

# Access model field values via Python attributes.
>>> q.question_text
"What's new?"
>>> q.pub_date
datetime.datetime(2012, 2, 26, 13, 0, 0, 775217, tzinfo=<UTC>)

# Change values by changing the attributes, then calling save().
>>> q.question_text = "What's up?"
>>> q.save()

# objects.all() displays all the questions in the database.
>>> Question.objects.all()
<QuerySet [<Question: Question object (1)>]>
```

<Question:Question object(1)> 对于了解这个对象的细节没什么帮助。可以通过编辑 Question 模型的代码（位于 polls/models.py 中）来修复这个问题。给 Question 和 Choice 增加 __str__ 方法。

```
from django.db import models

class Question(models.Model):
    # ...
    def __str__(self):
        return self.question_text

class Choice(models.Model):
    # ...
    def __str__(self):
        return self.choice_text
```

给模型增加 __str__ 方法是很重要的，这能给用户在命令行里使用模型带来方便。Django 自动生成的 admin 也使用这个方法来表示对象。

再为此模型添加一个自定义方法。

```
import datetime

from django.db import models
from django.utils import timezone


class Question(models.Model):
    # ...
    def was_published_recently(self):
```

```
        return self.pub_date >= timezone.now() - datetime.timedelta(days=1)
```

新加入的 import datetime 和前文提到的 from django.utils import timezone 分别导入了 Python 中的标准 datetime 模块和 Django 中与时区相关的 django.utils.timezone 模块。如果你不太熟悉 Python 中的时区处理，可以看一看时区支持文档。

保存文件，然后通过 python manage.py shell 命令打开 Python 命令行。

```
>>> from polls.models import Choice, Question

# Make sure our __str__() addition worked.
>>> Question.objects.all()
<QuerySet [<Question: What's up?>]>

# Django provides a rich database lookup API that's entirely driven by
# keyword arguments.
>>> Question.objects.filter(id=1)
<QuerySet [<Question: What's up?>]>
>>> Question.objects.filter(question_text__startswith='What')
<QuerySet [<Question: What's up?>]>

# Get the question that was published this year.
>>> from django.utils import timezone
>>> current_year = timezone.now().year
>>> Question.objects.get(pub_date__year=current_year)
<Question: What's up?>

# Request an ID that doesn't exist, this will raise an exception.
>>> Question.objects.get(id=2)
Traceback (most recent call last):
  ...
DoesNotExist: Question matching query does not exist.

# Lookup by a primary key is the most common case, so Django provides a
# shortcut for primary-key exact lookups.
# The following is identical to Question.objects.get(id=1).
>>> Question.objects.get(pk=1)
<Question: What's up?>

# Make sure our custom method worked.
>>> q = Question.objects.get(pk=1)
>>> q.was_published_recently()
True

# Give the Question a couple of Choices. The create call constructs a new
# Choice object, does the INSERT statement, adds the choice to the set
# of available choices and returns the new Choice object. Django creates
# a set to hold the "other side" of a ForeignKey relation
# (e.g. a question's choice) which can be accessed via the API.
>>> q = Question.objects.get(pk=1)

# Display any choices from the related object set -- none so far.
>>> q.choice_set.all()
<QuerySet []>
```

```
# Create three choices.
>>> q.choice_set.create(choice_text='Not much', votes=0)
<Choice: Not much>
>>> q.choice_set.create(choice_text='The sky', votes=0)
<Choice: The sky>
>>> c = q.choice_set.create(choice_text='Just hacking again', votes=0)

# Choice objects have API access to their related Question objects.
>>> c.question
<Question: What's up?>

# And vice versa: Question objects get access to Choice objects.
>>> q.choice_set.all()
<QuerySet [<Choice: Not much>, <Choice: The sky>, <Choice: Just hacking again>]>
>>> q.choice_set.count()
3

# The API automatically follows relationships as far as you need.
# Use double underscores to separate relationships.
# This works as many levels deep as you want; there's no limit.
# Find all Choices for any question whose pub_date is in this year
# (reusing the 'current_year' variable we created above).
>>> Choice.objects.filter(question__pub_date__year=current_year)
<QuerySet [<Choice: Not much>, <Choice: The sky>, <Choice: Just hacking again>]>

# Let's delete one of the choices. Use delete() for that.
>>> c = q.choice_set.filter(choice_text__startswith='Just hacking')
>>> c.delete()
```

（5）介绍 Django 管理页面。

首先，注册一个能登录管理页面的账户。请运行下面的命令。

```
python manage.py createsuperuser
```

输入想要使用的账户名并按【Enter】键。

```
Username: admin
```

然后会提示用户输入想要使用的电子邮箱地址。

```
E-mail address: admin@example.com
```

最后一步是输入密码。用户会被要求输入两次密码，第二次输入的目的是确认第一次输入的确实是用户想要的密码。

```
Password: **********
Password (again): *********
Superuser created successfully.
```

Django 的管理页面默认是启用的。启动开发服务器，来看看它到底是什么样的。

如果开发服务器未启动，用以下命令启动它。

```
python manage.py runserver
```

现在，打开浏览器，转到本地域名的 /admin/ 目录，比如 http://127.0.0.1:8000/admin/，会显示管理员登录页面，如图 17-6 所示。

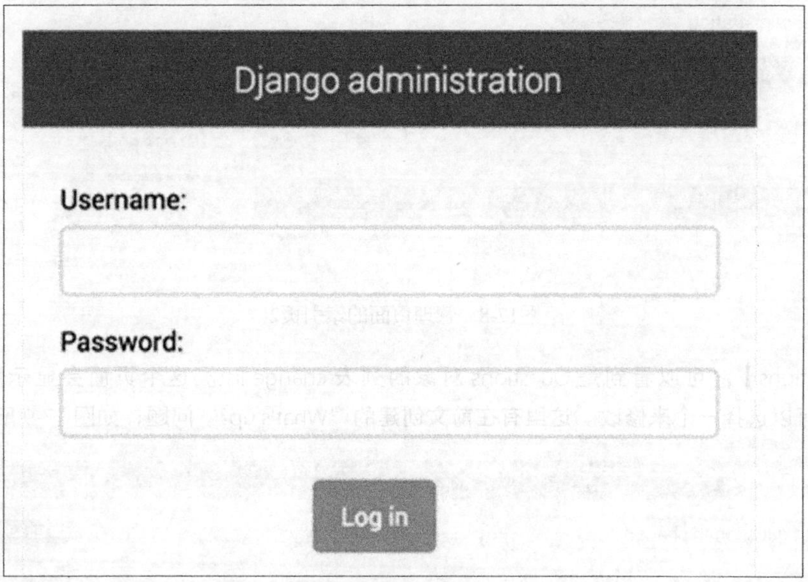

Django administration

Username:

Password:

Log in

图17-6 管理员登录页面

现在，试着使用已经注册的超级用户来登录，会看到 Django 管理页面的索引页，如图 17-7 所示。

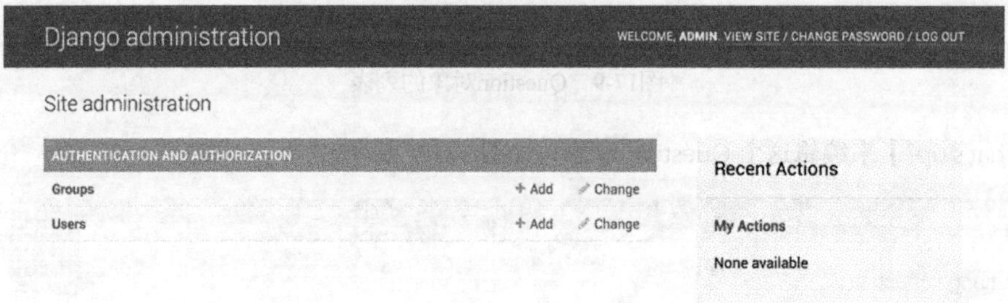

Django administration

WELCOME, ADMIN. VIEW SITE / CHANGE PASSWORD / LOG OUT

Site administration

AUTHENTICATION AND AUTHORIZATION

Groups + Add ✎ Change

Users + Add ✎ Change

Recent Actions

My Actions

None available

图17-7 管理页面的索引页1

用户将会看到几种可编辑的内容：组和用户。它们是由 django.contrib.auth 提供的，这是 Django 开发的认证框架。

但是投票应用程序在哪儿呢？它没在索引页里显示。

这时，用户只需要做一件事：告诉管理页面，Question 对象需要被管理。打开 polls/admin.py 文件，把它编辑成下面这样。

```
from django.contrib import admin

from .models import Question

admin.site.register(Question)
```

现在向管理页面注册了 Question 类。Django 知道它应该被显示在索引页，管理页面的索引页如图 17-8 所示。

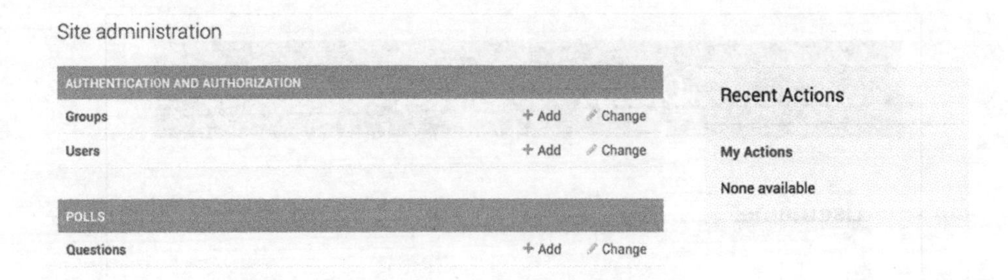

图17-8 管理页面的索引页2

单击【Questions】，可以看到是 Questions 对象的列表 change list。这个页面会显示所有数据库里的 Question 对象，可以选择一个来修改。这里有在前文创建的“What's up?”问题，如图 17-9 所示。

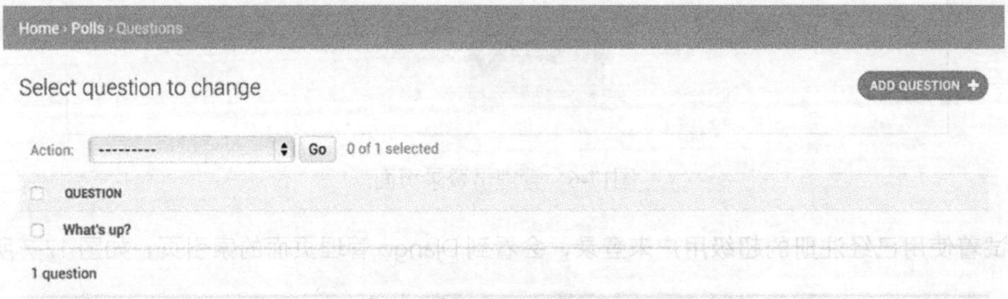

图17-9 Question对象的列表

单击【What's up?】来编辑这个 Question 对象，如图 17-10 所示。

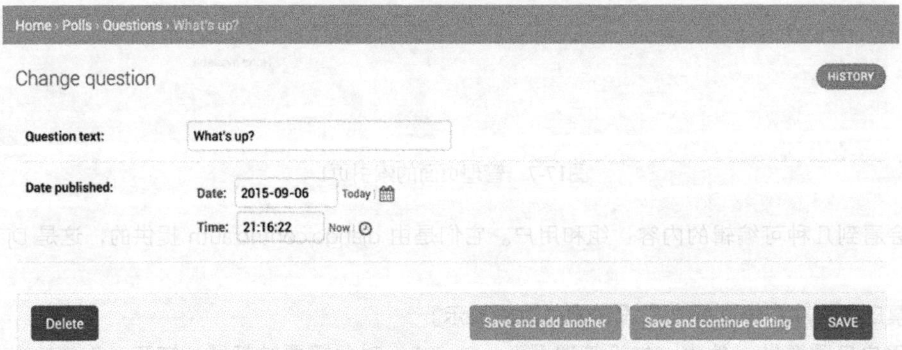

图17-10 编辑Question对象

要注意如下事项。

● 这个表单是从 Question 模型中自动生成的。

● 不同的字段类型，如日期时间字段（DateTimeField）、字符字段（CharField），会生成对应的 HTML 输入控件。每个类型的字段都知道它们该如何在管理页面里显示自己。

● 每个 DateTimeField 都有用 JavaScript 创建的快捷按钮。日期有转到今天（Today）的快捷按钮和一个弹出式日历页面。时间有设为现在（Now）的快捷按钮和一个列出常用时间的弹出式列表。

页面的底部提供了以下几个选项。

● 保存（SAVE）：保存改变，然后返回对象列表。

● 保存并继续编辑（Save and continue editing）：保存改变，然后重新载入当前对象的修改页面。

● 保存并新增（Save and add another）：保存改变，然后添加一个新的空对象并载入修改页面。

● 删除（Delete）：显示一个确认要删除的页面。

如果显示的发布日期（Date published）和在前文创建的时间不一致，这意味着可能没有正确设置 TIME_ZONE。改变设置，然后重新载入页面看一看是否显示了正确的值。

通过单击【今天 (Today)】和【现在 (Now)】按钮改变“发布日期 (Date published)”。然后单击【保存并继续编辑 (Save and add another)】按钮。再单击右上角的【历史 (HISTORY)】按钮，会看到一个列出了所有通过 Django 管理页面对当前对象进行修改的页面，其中列出了时间戳和进行修改操作的用户名，历史记录如图 17-11 所示。

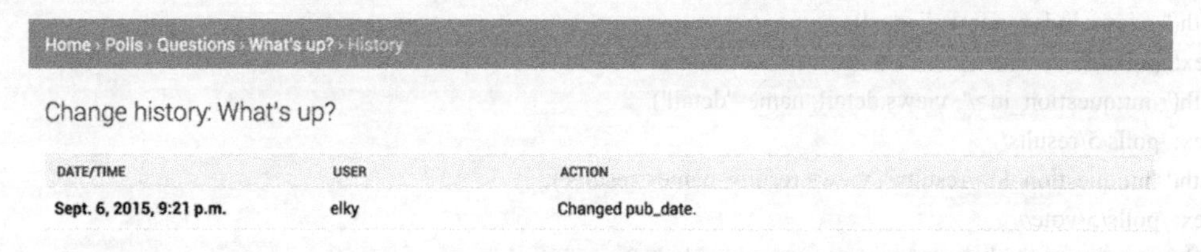

图17-11　历史记录

05 视图和模板

Django 中的视图是指一类具有相同功能和模板的网页的集合。比如在一个博客中，可能会创建如下视图。

● 博客首页：展示最近发布的几项内容。
● 内容详情页：详细展示某项内容。
● 以年为单位的归档页：展示选中的年份里各月创建的内容。
● 以月为单位的归档页：展示选中的月份里各天创建的内容。
● 以天为单位的归档页：展示选中的天里创建的所有内容。
● 评论处理器：用于响应为一项内容添加评论的操作。

而在投票应用程序中，需要下列视图。

● 问题索引页：展示最近发布的几个投票问题。
● 问题详情页：展示某个投票的问题和不带结果的选项列表。
● 问题结果页：展示某个投票的结果。
● 投票处理器：用于响应用户为某个问题的特定选项投票的操作。

在 Django 中，网页和其他内容都是从视图派生而来的，每一个视图表现为一个简单的 Python 函数（或者说方法，如果是在基于类的视图里的话）。Django 将会根据用户请求的 URL 来选择使用哪个视图（更准确地说，是根据 URL 中域名之后的部分进行选择）。

上网时，你很可能看见过这样的 URL：ME2/Sites/dirmod.asp?sid=&type=gen&mod=Core+Pages&gid=A6CD4967199A42D9B65B1B。别担心，Django 里的 URL 要比这“优雅”得多！

URL 模式定义了某种 URL 的基本格式，如 /newsarchive/<year>/<month>/。

为了将 URL 和视图关联起来，Django 使用 URLconf 来配置。URLconf 将 URL 模式映射到视图。

（1）编写更多视图。

向 polls/views.py 里添加更多视图。这些视图有一些不同，因为它们接收参数。

```
def detail(request, question_id):
    return HttpResponse("You're looking at question %s." % question_id)

def results(request, question_id):
    response = "You're looking at the results of question %s."
    return HttpResponse(response % question_id)

def vote(request, question_id):
```

```
return HttpResponse("You're voting on question %s." % question_id)
```

把这些新视图添加到 polls.urls 模块里，只要添加几个 url 函数进行调用就行。

```
from django.urls import path

from . import views

urlpatterns = [
    # ex: /polls/
    path('', views.index, name='index'),
    # ex: /polls/5/
    path('<int:question_id>/', views.detail, name='detail'),
    # ex: /polls/5/results/
    path('<int:question_id>/results/', views.results, name='results'),
    # ex: /polls/5/vote/
    path('<int:question_id>/vote/', views.vote, name='vote'),
]
```

然后看一看浏览器，如果转到 /polls/34/，Django 将会运行 detail 方法并且展示 URL 里提供的问题 ID。再试一试 /polls/34/vote/，将会看到暂时用于占位的结果和投票页。

当出现请求网站的某一页面时，比如说，/polls/34/，Django 将会载入 mysite.urls 模块，因为这在配置项 ROOT_URLCONF 中设置了。然后 Django 寻找 urlpatterns 变量并且按序匹配正则表达式。在找到匹配项 polls/ 后，它切掉了匹配的文本 polls/，将剩余文本 34/，发送至 polls.urls 做进一步处理。在这里剩余文本匹配了 <int:question_id>/，使得 Django 以如下形式调用 detail 方法。

```
detail(request=<HttpRequest object>, question_id=34)
```

question_id=34 由 <int:question_id> 匹配生成。使用角括号“捕获”这部分 URL，且以关键字参数的形式发送给视图函数。上述字符串的 :question_id> 部分定义了将被用于区分匹配模式的变量名，而 int: 则是一个转换器，决定了应该以什么变量类型匹配这部分的 URL。

（2）编写一个真正有用的视图。

每个视图必须要做的只有两件事：返回一个包含被请求页面内容的 HttpResponse 对象，或者抛出一个异常，比如 Http404。

用户的视图可以从数据库里读取记录，可以使用一个模板引擎（比如 Django 自带的，或者其他第三方的），可以生成一个 PDF 文件，可以输出一个 XML 文件，可以创建一个 ZIP 文件。

Django 只要求返回一个 HttpResponse，或者抛出一个异常。

因为 Django 自带的数据库 API 很方便，所以可以试一试在视图里使用它。在 index 函数里插入了一些新内容，让它能展示数据库里以发布日期排序的最近 5 个投票问题，以空格分隔。

```
from django.http import HttpResponse

from .models import Question


def index(request):
    latest_question_list = Question.objects.order_by('-pub_date')[:5]
    output = ', '.join([q.question_text for q in latest_question_list])
    return HttpResponse(output)

# Leave the rest of the views (detail, results, vote) unchanged
```

这里有个问题，页面的设计由视图函数的代码实现。如果想改变页面的样子，就需要编辑 Python 代码。这里使用 Django 的模板，只要创建一个视图，就可以将页面的设计从代码中“分离”出来。

首先，在 polls 目录里创建一个 templates 目录。Django 将会在这个目录里查找模板文件。

项目的 TEMPLATES 配置项描述了 Django 如何载入和渲染模板。默认的设置文件设置了 DjangoTemplates 后端，并将 APP_DIRS 设置成了 True。这一选项将会让 DjangoTemplates 在每个 INSTALLED_APPS 文件夹中寻找 templates 子目录。这就是为什么尽管没有像在前文中介绍的那样修改 DIRS 设置，Django 也能正确找到 polls 的模板位置。

在刚刚创建的 templates 目录里，再创建一个目录 polls，然后在其中新建一个文件 index.html。换句话说，模板文件所在的路径应该是 polls/templates/polls/index.html。因为 Django 会寻找到对应的 app_directories，所以只需要使用 polls/index.html 就可以引用这一模板。

将下面的代码输入刚刚创建的模板文件。

```
{% if latest_question_list %}
    <ul>
    {% for question in latest_question_list %}
        <li><a href="/polls/{{ question.id }}/">{{ question.question_text }}</a></li>
    {% endfor %}
    </ul>
{% else %}
    <p>No polls are available.</p>
{% endif %}
```

然后，更新 polls/views.py 里的 index 视图来使用模板。

```
from django.http import HttpResponse
from django.template import loader

from .models import Question


def index(request):
    latest_question_list = Question.objects.order_by('-pub_date')[:5]
    template = loader.get_template('polls/index.html')
    context = {
        'latest_question_list': latest_question_list,
    }
    return HttpResponse(template.render(context, request))
```

上述代码的作用是，载入 polls/index.html 模板文件，并且向它传递一个上下文 (context)。这个上下文是一个字典，它将模板内的变量映射为 Python 对象。

用浏览器访问 /polls/ 将会看见一个无序列表，列出了添加的 “What's up?” 投票问题，链接指向这个投票的详情页。

载入模板，填充上下文，再返回由它生成的 HttpResponse 对象，这是一个非常常见的操作流程。Django 提供了一个快捷函数，可用它来重写 index 视图。

```
from django.shortcuts import render

from .models import Question


def index(request):
    latest_question_list = Question.objects.order_by('-pub_date')[:5]
    context = {'latest_question_list': latest_question_list}
    return render(request, 'polls/index.html', context)
```

我们注意到，这里不再需要导入 loader 和 HttpResponse。不过如果还有其他函数（比如 detail、results 和

vote）需要用到 HttpResponse，就需要保持 HttpResponse 的导入。

（3）抛出 Http404 异常。

现在来处理投票详情视图，它会显示指定投票的问题标题。下面是这个视图的代码。

```
from django.http import Http404
from django.shortcuts import render

from .models import Question
# ...
def detail(request, question_id):
    try:
        question = Question.objects.get(pk=question_id)
    except Question.DoesNotExist:
        raise Http404("Question does not exist")
    return render(request, 'polls/detail.html', {'question': question})
```

这里有一个原则。如果指定问题 ID 所对应的问题不存在，那么这个视图就会抛出一个 Http404 异常。

（4）使用模板系统。

下面回过头来看看详情视图。它向模板传递了上下文变量 question。下面是 polls/detail.html 模板里正式的代码。

```
<h1>{{ question.question_text }}</h1>
<ul>
{% for choice in question.choice_set.all %}
    <li>{{ choice.choice_text }}</li>
{% endfor %}
</ul>
```

模板系统统一使用点符号来访问变量的属性。在示例 {{question.question_text}} 中，Django 尝试对 Question 对象使用字典查找（也就是使用 obj.get(str) 操作），如果失败了就尝试属性查找（也就是 obj.str 操作），结果是成功了。如果这一操作也失败的话，将会尝试列表查找（也就是 obj[int] 操作）。

在 {%for%} 循环中发生的函数调用：question.choice_set.all 被解释为 Python 代码 question.choice_set.all()，将会返回一个可迭代的 Choice 对象，这一对象可以在 {%for%} 标签内部使用。

（5）去除模板中的硬编码 URL。

在 polls/index.html 里编写投票链接的代码，链接是硬编码的。

```
<li><a href="/polls/{{ question.id }}/">{{ question.question_text }}</a></li>
```

问题在于，硬编码和强耦合的链接，对于一个包含很多应用程序的项目来说，修改起来是十分困难的。然而，因为在 polls.urls 的 url 函数中通过 name 参数为 URL 定义了名字，所以可以使用 {%url%} 标签代替它。

```
<li><a href="{% url 'detail' question.id %}">{{ question.question_text }}</a></li>
```

这个标签的工作方式是在 polls.urls 模块的 URL 定义中寻找有指定名字的条目。读者可以回忆一下，具有名字 'detail' 的 URL 是如何在如下语句中定义的。

```
...
# the 'name' value as called by the {% url %} template tag
path('<int:question_id>/', views.detail, name='detail'),
...
```

如果想改变投票详情视图的 URL，比如想改成 polls/specifics/12/，不用在模板里修改任何东西（包括其他模板），只要在 polls/urls.py 里稍微修改一下就行。

```
...
# added the word 'specifics'
```

```
path('specifics/<int:question_id>/', views.detail, name='detail'),
...
```

（6）为 URL 添加命名空间。

该项目只有一个投票应用程序。在一个真实的 Django 项目中，可能会有 5 个、10 个、20 个，甚至更多的应用程序。Django 如何分辨重名的 URL 呢？举个例子，投票应用程序有详情视图，可能另一个博客应用程序也有同名的视图。Django 如何知道 {%url%} 标签到底对应哪一个应用程序的 URL 呢？

答案是：在根 URLconf 中添加命名空间。在 polls/urls.py 文件中稍做修改，加上 app_name 设置命名空间。

```
from django.urls import path

from . import views


app_name = 'polls'
urlpatterns = [
    path('', views.index, name='index'),
    path('<int:question_id>/', views.detail, name='detail'),
    path('<int:question_id>/results/', views.results, name='results'),
    path('<int:question_id>/vote/', views.vote, name='vote'),
]
```

现在，编辑 polls/index.html 文件。

```
<li><a href="{% url 'detail' question.id %}">{{ question.question_text }}</a></li>
```

修改为指向具有命名空间的详情视图。

```
<li><a href="{% url 'polls:detail' question.id %}">{{ question.question_text }}</a></li>
```

17.2 搭建 Tornado Web 服务器

17.1 节讲解了使用 Django 搭建网站，下面讲解搭建 Tornado Web 服务器。Tornado 是一个 Python Web 框架和异步网络库，最初是由 FriendFeed 开发的，如图 17-12 所示。通过使用非阻塞网络 I/O，Tornado 可以扩展到成千上万的开放连接，使其非常适用于长轮询、WebSocket 和其他需要与每个用户建立长期连接的应用程序。

图17-12 Tornado

Tornado 的安装命令如下所示。

```
pip install tornado==5.1.1
```

Tornado运行在类UNIX操作系统上，在线上部署时为了实现最佳的性能和扩展性，仅推荐Linux和BSD（充分利用 Linux 的 epoll 工具和 BSD 的 kqueue 工具，是 Tornado 不依靠多进程 / 多线程而达到高性能的原因）。

macOS 虽然也是衍生自 BSD 并且支持 kqueue，但是其网络性能通常不太好，因此在 macOS 上仅推荐将 Tornado 用于开发。

对于 Windows，Tornado 官方没有提供配置支持，但是它在 Windows 上也可以运行，不过仅推荐在开发中使用。

下面使用 Tornado 完成一个案例。新建 server.py 文件，代码如下所示。

```
# 导入包
import tornado.web
import tornado.ioloop


# 视图类
class IndexHandler(tornado.web.RequestHandler):
    # 处理 GET 请求
    def get(self, *args, **kwargs):
        self.write("Hello,World!!!")


# 主函数
if __name__ == "__main__":
    # 搭建 Tornado Web 框架的核心应用类对象，设置路由
    app = tornado.web.Application([
        (r"/hello/", IndexHandler),
    ])
    # 设置服务器监听的端口号
    app.listen(8001)
    # tornado.ioloop.IOLoop.current()：获取当前线程的 IOLoop 实例对象
    # start()：当前线程的 IOLoop 实例对象启动 I/O 循环，服务器开始监听等待连接
    tornado.ioloop.IOLoop.current().start()
```

运行代码后，使用浏览器进行访问，结果如图 17-13 所示。

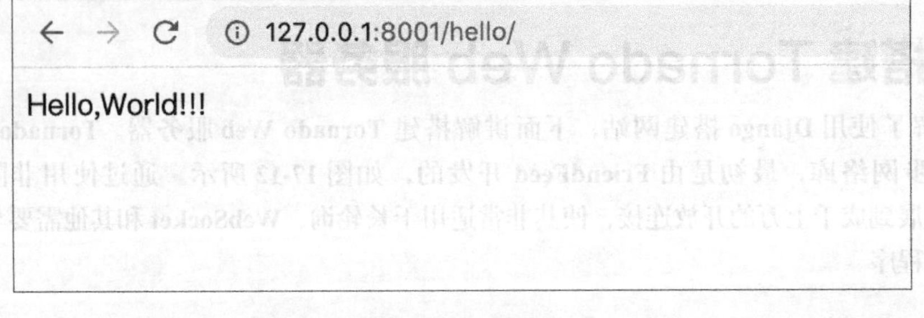

图17-13　访问

- tornado.web.RequestHandler：封装了对应一个请求的所有信息和方法，write 就是写响应信息的一个方法；对应每一种 http 请求方式（GET、POST 等请求），把对应的处理逻辑写进同名的成员方法中（如对应 GET 请求方式，就将对应的处理逻辑写在 get 方法中），当没有对应请求方式的成员方法时，会返回 **405: Method Not Allowed** 错误。
- tornado.web.Application：Tornado Web 框架的核心应用类，是与服务器对接的接口，里面保存了路由信息表，其初始化接收的第一个参数就是一个路由信息映射元组的列表；其 listen 方法用来创建一个 http 服务器实例，并绑定到给定端口（注意，此时服务器并未开启监听）。
- tornado.ioloop.IOLoop.current()：返回当前线程的 IOLoop 实例。
- tornado.ioloop.IOLoop.current().start()：启动 IOLoop 实例的 I/O 循环，同时服务器监听被打开。

▶17.3 认识 Flask 框架

17.2 节讲解了搭建 Tornado Web 服务器，下面讲解认识 Flask 框架。

Flask 是 Python 编写的一种轻量级的 Web 开发框架，只提供 Web 框架的核心功能，相较其他类型的框架其使用起来更为自由、灵活，更加适合高度定制化的 Web 项目，如图 17-14 所示。Flask 在功能上基本没有欠

缺，只不过更多的选择及功能的实现交给了开发人员去完成，因此 Flask 对开发人员的水平有一定的要求。

Flask 类似武侠小说中的匕首，握在高手手里，威力很大，但是如果握在普通人手里，只能用于削苹果等。如果是零基础的开发人员使用 Flask，则很容易手足无措。

图17-14 Flask

Flask 的安装命令如下所示。

```
pip install flask
```

下面使用 Flask 完成一个案例。新建 server.py 文件，代码如下所示。

```
from flask import Flask

app = Flask(__name__)


@app.route('/')
def hello_world():
    return 'Hello, World!'


if __name__ == '__main__':
    app.run(port=8002)
```

运行代码后，使用浏览器进行访问，结果如图 17-15 所示。

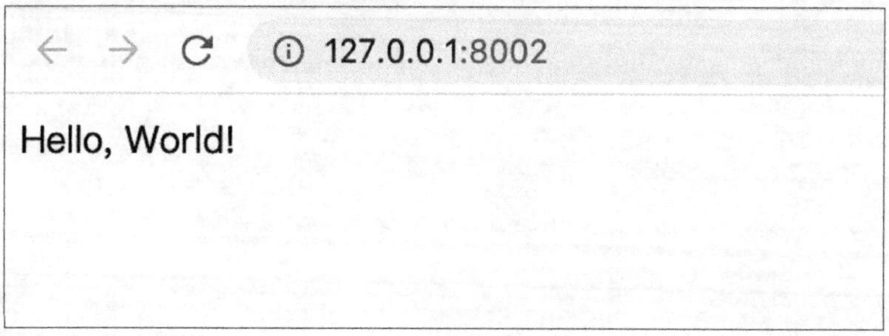

127.0.0.1:8002

Hello, World!

图17-15 访问

- 首先导入 Flask 类。该类的实例将会成为我们的 WSGI 应用程序。
- 接着创建一个 Flask 类的实例。第一个参数是模块或者包的名称。如果你使用的是一个单一模块（就像本案例），那么应当使用 __name__，因为名称会根据这个模块是按应用程序使用还是作为一个模块导入而发生变化（可能是 __main__，也可能是实际导入的模块的名称）。这个参数是必需的，这样 Flask 才能知道在哪里可以找到模板和静态文件等内容。更多内容详见 Flask 的相关文档。

- 然后使用 route 装饰器告诉 Flask 触发函数的 URL。
- 接下来函数名称被用于生成相关联的 URL。函数最后返回需要在用户浏览器中显示的信息。
- 最后 app.run 启动自带的服务器。

17.4 见招拆招

查看 Tornado 的版本。

```
>>> import tornado
>>> tornado.version
>>> '5.1.1'
```

17.5 实战演练

Flask 是目前十分流行的 Web 框架，采用 Python 编程语言来实现相关功能。它被称为微框架，“微”并不是意味着把整个 Web 应用程序放入一个 Python 文件，微框架中的“微”是指 Flask 旨在保持代码简洁且易于扩展。Flask 框架的主要特征是核心构成比较简单，但具有很强的扩展性和兼容性，程序员可以使用 Python 语言快速实现一个网站或 Web 服务。

使用 Flask 快速搭建一个网站，在局域网中分享图片

17.6 本章小结

本章讲解 Python 与 Web 框架。首先讲解了使用 Django 搭建网站，包括 Django 的介绍、安装、请求和响应、模型和 Admin 站点；然后讲解了搭建 Tornado Web 服务器，包括 Tornado 的介绍、安装和快速使用；最后讲解了认识 Flask 框架，包括 Flask 的介绍、安装和快速使用。

第18章 Python与网络爬虫

本章讲解 Python 与网络爬虫，包括爬虫原理与第一个爬虫程序、使用 Python 爬取图片、使用 Scrapy 框架、模拟浏览器等。

本章要点（已掌握的在方框中打钩）

- □ 爬虫原理与第一个爬虫程序
- □ 使用 Python 爬取图片
- □ 使用 Scrapy 框架
- □ 模拟浏览器

18.1 爬虫原理与第一个爬虫程序

01 爬虫原理

网络爬虫又被称为网页蜘蛛、网络机器人。通俗来讲，网络爬虫就是一段程序，可以在网站上获取需要的信息，如文字、视频、图片等。此外，网络爬虫还有一些不常用的名称，如蚂蚁、自动索引、模拟程序或蠕虫等。

爬虫的设计思路如图 18-1 所示。

（1）明确需要爬取的网页的 URL。

（2）通过 HTTP 请求来获取对应的网页。

（3）提取网页中的内容。这里有两种情况：如果是有用的数据，就保存起来；如果需要继续爬取网页，就重新指定步骤（2）。

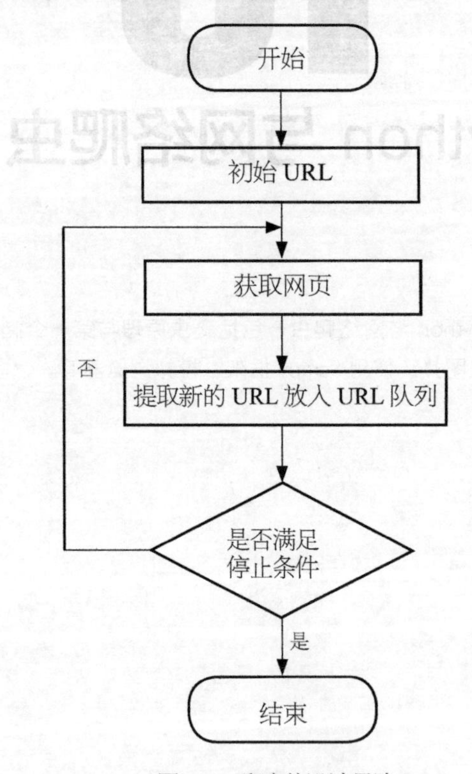

图18-1 爬虫的设计思路

02 第一个爬虫程序

Python 常使用 requests 模块来模拟浏览器发送请求，获取响应数据。requests 模块属于第三方模块，需要单独安装后才能使用。

requests 的安装命令如下所示。

```
pip install requests
```

常用的请求方式有两种，分别是 GET 和 POST 请求，对应着 requests.get 和 requests.post 方法。它们的语法如下。

```
requests.get(url, params=sNone, **kwargs)
requests.post(url, data=None, json=None, **kwargs)
```

url 是请求的地址，如果发送 GET 请求，就使用 params 传递参数；如果发送 POST 请求，就使用 data 传递参数。返回值是本次请求对应的响应对象。

范例 18.1-01 第一个爬虫程序（源码路径：ch18/18.1/18.1-01.py）

```
1. # 导入模块
2. import requests
3.
4. # 发送 GET 请求
5. r = requests.get('https://httpbin.org/get')
6. print(r.text)
7.
8. # 发送 POST 请求，并传递参数
9. r = requests.get('https://httpbin.org/get', params={'key1': 'value1', 'key2': 'value2'})
10. print(r.text)
11.
12. # 发送 POST 请求，并传递参数
13. r = requests.post('https://httpbin.org/post', data={'key': 'value'})
14. print(r.text)
15.
16. # 其他 HTTP 请求类型：PUT、DELETE、HEAD 和 OPTIONS
17. r = requests.put('https://httpbin.org/put', data={'key': 'value'})
18. print(r.text)
19.
20. r = requests.delete('https://httpbin.org/delete')
21. print(r.text)
22.
23. r = requests.head('https://httpbin.org/get')
24. print(r.text)
25.
26. r = requests.options('https://httpbin.org/get')
27. print(r.text)
```

【运行结果】

```
{
  "args": {},
  "headers": {
    "Accept": "*/*",
    "Accept-Encoding": "gzip, deflate",
    "Connection": "close",
    "Host": "httpbin.org",
    "User-Agent": "python-requests/2.21.0"
  },
  "origin": "219.156.65.116",
  "url": "https://httpbin.org/get"
}
…< 省略部分输出 >…
{
  "args": {},
  "data": "",
  "files": {},
  "form": {},
  "headers": {
    "Accept": "*/*",
```

```
    "Accept-Encoding": "gzip, deflate",
    "Connection": "close",
    "Content-Length": "0",
    "Host": "httpbin.org",
    "User-Agent": "python-requests/2.21.0"
  },
  "json": null,
  "origin": "219.156.65.116",
  "url": "https://httpbin.org/delete"
}
```

【范例分析】

（1）requests 可以很方便地发送各种请求，因为其封装了对应的方法。它常用的是 GET 和 POST 请求，如果需要传递参数，GET 请求使用 params，POST 请求使用 data。

（2）requests 得到响应对象 r，r.text 表示获取的是解码之后的内容。

如果参数中含有中文，就自动进行 urlencode 编码，不需要使用者再手动实现编码。

18.2 使用 Python 爬取图片

18.1 节讲解了爬虫原理与第一个爬虫程序，下面讲解使用 Python 爬取图片。

首先访问 360 图片网站，如图 18-2 所示。

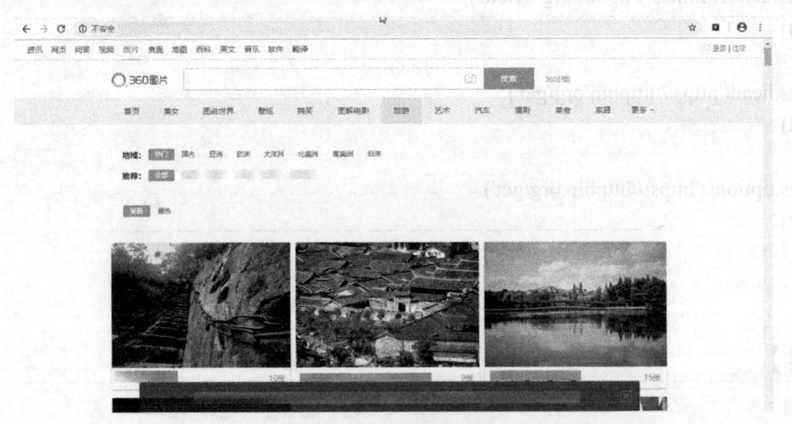

图18-2　360图片网站

通过观察可以发现，网页中的图片并没有分页，而是可以通过下拉滚动条自动生成下一页。

通过监听 Network，每次浏览到网页的最后都会多一条请求，仔细观察会发现请求之间是存在一定规律的，如图 18-3 所示。

图18-3　监听

它们都是 http://image.so.com/zj?ch=go&sn={}&listtype=new&temp=1 这样的格式，改变的值只是 sn 中的数字，这就是所需要的页码，可以访问链接进行验证。

现在已经取得所需要的链接，可写出循环的代码，这里以查找前 10 页为例，代码如下所示。

```
for i in range(10):
url = self.temp_url.format(self.num * 30)
```

返回的是 JSON 格式的字符串，转成字典，通过键值对获取图片的 URL，然后向这个 URL 发送请求，获取响应字节。将图片返回的响应字节保存到本地。图片的名字不改变。

爬取 360 图片的思路如下。

（1）循环准备分页 URL。

（2）分别向分页 URL 发送请求，获取响应 JSON 格式的字符串，提取所有的图片 URL。

（3）分别向图片 URL 发送请求，获取响应字节，保存到本地。

范例 18.2-01 爬取360图片（源码路径：ch18/18.2/18.2-01.py）

```
1.  from retry import retry
2.  import requests
3.  import json
4.  import time
5.  from fake_useragent import UserAgent
6.
7.
8.  class ImgSpider:
9.      def __init__(self):
10.         """ 初始化参数 """
11.
12.         ua = UserAgent()
13.         # 将要访问的 url .{} 用于接收参数
14.         self.temp_url = "http://image.so.com/zj?ch=go&sn={}&listtype=new&temp=1"
15.         self.headers = {
16.             "User-Agent": ua.random,
17.             "Referer": "http://s.360.cn/0kee/a.html",
18.             "Connection": "keep-alive",
19.         }
20.         self.num = 0
21.
22.     def get_img_list(self, url):
23.         """ 获取存放图片 URL 的集合 """
24.
25.         response = requests.get(url, headers=self.headers)
26.         html_str = response.content.decode()
27.         json_str = json.loads(html_str)
28.         img_str_list = json_str["list"]
29.         img_list = []
30.         for img_object in img_str_list:
31.             img_list.append(img_object["qhimg_url"])
32.         return img_list
33.
34.     def save_img_list(self, img_list):
35.         """ 保存图片 """
36.
```

```
37.         for img in img_list:
38.             self.save_img(img)
39.             # time.sleep(2)
40.
41.     @retry(tries=3)
42.     def save_img(self, img):
43.         """ 对获取的图片 URL 进行下载并将图片保存到本地 """
44.         content = requests.get(img).content
45.         with open("./data/" + img.split("/")[-1], "wb") as file:
46.             file.write(content)
47.         print(str(self.num) + " 保存成功 ")
48.         self.num += 1
49.
50.     def run(self):
51.         """ 实现主要逻辑 """
52.
53.         for i in range(10):
54.             # 获取链接
55.             url = self.temp_url.format(self.num * 30)
56.             # 获取数据
57.             img_list = self.get_img_list(url)
58.             # 保存数据
59.             self.save_img_list(img_list)
60.             break
61.
62. if __name__ == '__main__':
63.     img = ImgSpider()
64.     img.run()
```

【运行结果】

运行爬虫程序，结果如下所示。

```
第 0 张图片保存成功 ...
第 1 张图片保存成功 ...
第 2 张图片保存成功 ...
第 3 张图片保存成功 ...
第 4 张图片保存成功 ...
第 5 张图片保存成功 ...
第 6 张图片保存成功 ...
第 7 张图片保存成功 ...
第 8 张图片保存成功 ...
第 9 张图片保存成功 ...
第 10 张图片保存成功 ...
第 11 张图片保存成功 ...
第 12 张图片保存成功 ...
第 13 张图片保存成功 ...
...< 省略以下输出 >...
```

查看本地图片，如下所示。

```
t0101bc5934a0f24496.jpg  t01388041a45aee56e1.jpg  t018790c86e27bc4c01.jpg  t01aa63d968ee65a5c3.jpg
t01d604c9bce2b18c62.jpg
```

```
t0107fb55578a062843.jpg  t013b1d241effa05ab6.jpg  t0191c8627a98a684a6.jpg  t01b4ff750cae438c5a.jpg
t01d887dd159577a87e.jpg
t010909cece5f8e9982.jpg  t013ca474bc715ae766.jpg  t01931f3fede2c6b03a.jpg  t01b52f16508adab4bd.jpg
t01d8c656a859bcaf5e.jpg
t011c4860a95a36bd17.jpg  t014cae84604d1faa82.jpg  t019710f488f19a2840.jpg  t01c1778a8a1c098def.jpg
t01d8f3a130704bb822.jpg
t011ed903a04d9cf633.jpg  t014e19b94d67c1a45e.jpg  t019830b8a92b05d3a7.jpg  t01c3af0dd9ce5fed4f.jpg
t01daebb06cc3aa5668.jpg
...< 省略以下输出 >...
```

从结果看，数据已经被成功爬取。

【范例分析】

（1）分析分页的特点，找到分页的 URL。

（2）使用 requests 发送请求，获取 JSON 格式的数据，提取图片 URL。

（3）向图片 URL 发送请求并获取数据，然后将数据保存到本地。

18.3 使用 Scrapy 框架

18.2 节讲解了使用 Python 爬取图片，下面讲解使用 Scrapy 框架。

Scrapy 是一个为了爬取网站数据、提取结构性数据而编写的应用框架。Scrapy 框架可以应用在数据挖掘、信息处理或存储历史数据等一系列的程序中。其最初是为了页面爬取而设计的，但也可以应用于获取 API 所返回的数据或者通用的网络爬虫。

Scrapy 是用纯 Python 实现的一个爬取网站数据、提取结构性数据的应用框架，用途广泛。用户只需要定制开发几个模块就能轻松实现一个爬虫程序，用来爬取网页内容、图片等。

Scrapy 使用 Twisted（其主要对手是 Tornado）异步网络框架来处理网络通信可以加快下载速度，不用自己实现一个框架，并且包含了各种中间件，可以灵活实现各种需求。

Twisted 是用 Python 实现的基于事件驱动的网络引擎框架，Twisted 支持许多常见的传输及应用层协议，包括 TCP、UDP、SSL/TLS、HTTP、IMAP、SSH、IRC、FTP 等。就像 Python 一样，Twisted 也具有“内置电池”（Batteries-Included）的特点。Twisted 对于其支持的所有协议都带有客户端和服务器的实现，同时附带基于命令行的工具，使得配置和部署产品级的 Twisted 应用框架变得非常方便。

01 流程介绍

Scrapy 框架如图 18-4 所示图中箭头表示。

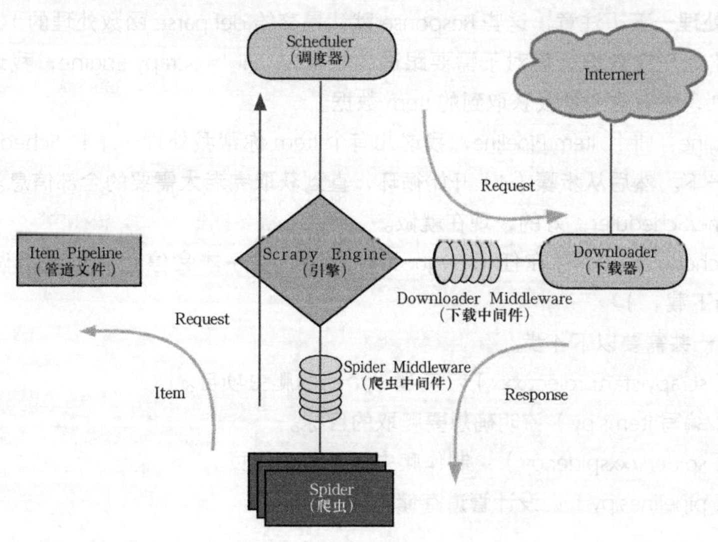

图18-4　Scrapy框架

各个模块的介绍如下。

（1）Scrapy Engine（引擎）：负责 Spider、Item Pipeline、Downloader、Scheduler 之间的通信，以及信号、数据的传递等。

（2）Scheduler(调度器)：负责接收发送过来的 Request（请求），并按照一定的方式进行整理、排列、入队，当 Scrapy Engine 需要时，再交还给 Scrapy Engine。

（3）Downloader（下载器）：负责下载 Scrapy Engine 发送的所有 Request，并将其获取到的 Response（回应）交还给 Scrapy Engine，由 Scrapy Engine 交给 Spider 来处理。

（4）Spider（爬虫）：负责处理所有 Response，分析并从中提取数据，获取 Item 字段需要的数据，并将需要跟进的 URL 提交给 Scrapy Engine，再次进入 Scheduler。

（5）Item Pipeline(管道文件)：负责处理 Spider 中获取到的 Item，并进行后期处理（详细分析、过滤、存储等）。

（6）Downloader Middleware（下载中间件）：可以被当作一个能自定义扩展下载功能的控制。

（7）Spider Middleware（爬虫中间件）：可以理解为一个可以自定义扩展、操作 Scrapy Engine 和与 Spider 通信的功能控件（比如进入 Spider 的 Response 和从 Spider 出去的 Request）。

Scrapy 的运作流程如下。

代码写好后，开始运行程序。

（1）Scrapy Engine：Hi！ Spider，你要处理哪一个网站?

（2）Spider：老大要我处理 xxxx.com。

（3）Scrapy Engine：你把第一个需要处理的 URL 给我吧。

（4）Spider：给你，第一个 URL 是 xxxxxxx.com。

（5）Scrapy Engine：Hi！ Scheduler，我这儿有 Request，你帮我排序入队一下。

（6）Scheduler：好的，正在处理，你等一下。

（7）Scrapy Engine：Hi！ Scheduler，把你处理好的 Request 给我。

（8）Scheduler：给你，这是我处理好的 Request。

（9）Scrapy Engine：Hi！ Downloader，你按照老大的 Downloader Middleware 的设置帮我下载一下这个 Request。

（10）Downloader：好的！给你，这是下载好的东西。（如果失败：抱歉，这个 Request 下载失败了。然后 Scrapy Engine 告诉 Scheduler，这个 Request 下载失败了，你记录一下，我们待会儿再下载。）

（11）Scrapy Engine：Hi！ Spider，这是下载好的东西，并且已经按照老大的 Downloader Middleware 的设置处理过，你自己处理一下（注意！这些 Response 默认是交给 def parse 函数处理的）。

（12）Spider：（处理完数据之后对于需要跟进的 URL），Hi！ Scrapy Engine，我这里有两个结果，这个是我需要跟进的 URL，还有这个是我获取到的 Item 数据。

（13）Scrapy Engine：Hi！ Item Pipeline，我这儿有个 Item 你帮我处理一下！ Scheduler！ 这是需要跟进的 URL，你帮我处理一下。然后从步骤（4）开始循环，直到获取完老大需要的全部信息。

（14）Item Pipeline/Scheduler：好的，现在就做。

注意！只有当 Scheduler 中不存在任何 Request 时，整个程序才会停止（也就是说，对于下载失败的 URL，Scrapy 也会重新下载。）

制作 Scrapy 爬虫一共需要以下 4 步。

（1）新建项目（scrapy startproject xxx）：新建一个新的爬虫项目。

（2）明确目标（编写 items.py）：明确想要爬取的目标。

（3）制作爬虫（spiders/xxspider.py）：制作爬虫开始爬取网页。

（4）存储内容（pipelines.py）：设计管道存储爬取内容。

02 安装

Scrapy 的安装命令如下所示。

```
pip install scrapy
```

03 创建项目

Scrapy 安装好之后可以开始使用。访问专门供爬虫初学者训练用的网站，如图 18-5 所示。

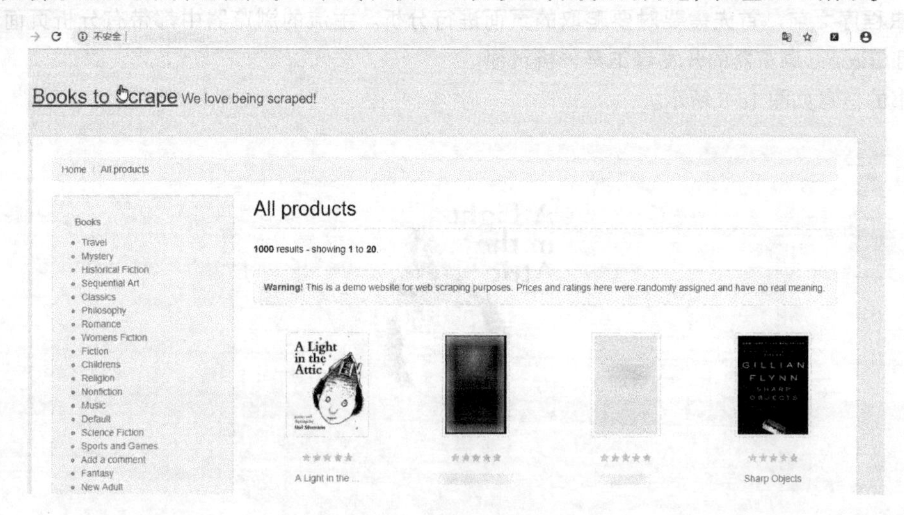

图18-5　供爬虫初学者训练用的网站

在该网站中，书籍总共有 1000 本，书籍列表页面一共有 50 页，每页有 20 本书的内容，下面仅爬取所有图书的书名、价格和评级。

❶ 首先，要创建一个 Scrapy 项目，在 Shell 中使用如下命令创建项目，如图 18-6 所示。

```
scrapy startproject spider_01_book
```

```
Z:\PycharmProjects\book\ch18\18.3>scrapy startproject spider_01_book
New Scrapy project 'spider_01_book', using template directory 'c:\users\yongmeng\appdata\local\programs\python\python37\lib\site-packages\scrapy\templates\project', created
 in:
    Z:\PycharmProjects\book\ch18\18.3\spider_01_book

You can start your first spider with:
    cd spider_01_book
    scrapy genspider example example.com

Z:\PycharmProjects\book\ch18\18.3>
```

图18-6　创建项目

❷ 使用 PyCharm 工具打开项目，如图 18-7 所示。

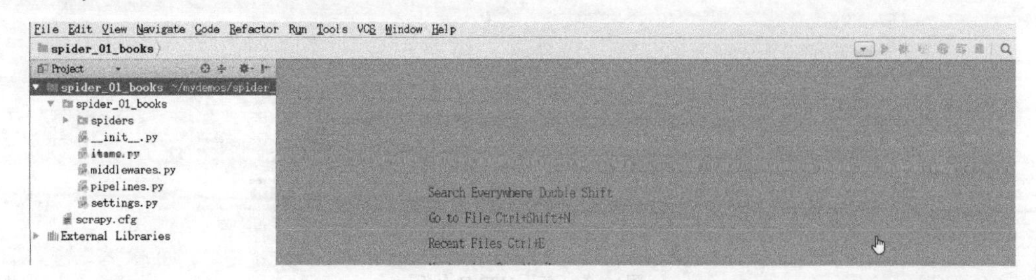

图18-7　使用PyCharm工具打开项目

设置项目的 Python 解释器，使用虚拟环境里的 Python 解释器。

项目中每个文件的说明如下。

（1）scrapy.cfg：Scrapy 项目的配置文件，其内定义了项目的配置文件路径、部署相关信息等内容。

（2）items.py：它定义 Item 数据结构，所有的 Item 的定义都可以放在这里。

（3）pipelines.py：它定义 Item Pipeline 的实现，所有的 Item Pipeline 的实现都可以放在这里。

（4）settings.py：它定义项目的全局配置。

（5）middlewares.py：它定义 Spider Middleware 和 Downloader Middleware 的实现。

（6）spiders：其内包含各 Spider 的实现，每个 Spider 都有一个文件。

04 分析页面

编写爬虫程序之前，首先需要对要爬取的页面进行分析。主流的浏览器中都带有分析页面的工具或插件，这里选用 Chrome 浏览器的开发者工具分析页面。

单本图书的信息如图 18-8 所示。

A Light in the ...

£51.77

✔ In stock

18-8　单本图书的信息

在 Chrome 浏览器中访问网站，选中任意一本书，查看其 HTML 代码，如图 18-9 所示。

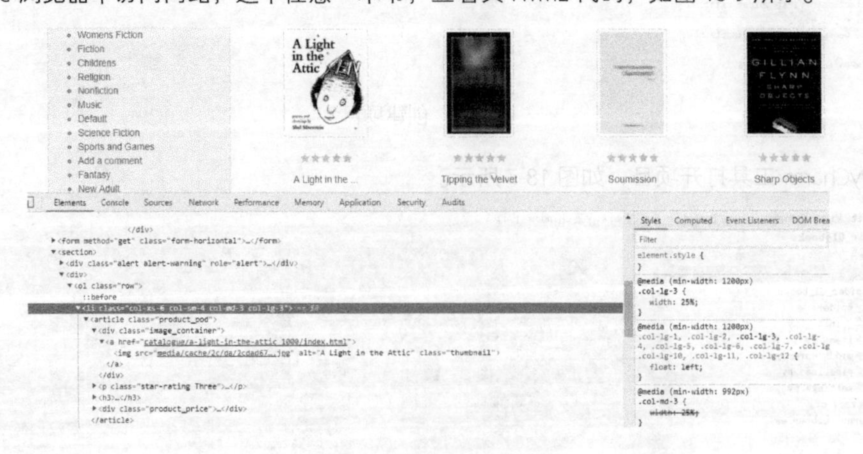

图18-9　查看HTML代码

查看后发现，在 <ol class="row"> 下的 li 中有一个 <article> 标签。这里面存放着该书的所有信息，包括图片、书名、价格和评级。书名为 <a href="catalogue/a-light-in-the-attic_1000/index.html" alt="A Light in the Attic"class="thumbnail">...</a> 中的文字，价格为 <div class="price_color">...</div> 中的文字，评级为 <p class="star-rating Three"> 中的 class 的第二个值 Three 按照数量算是 20 个 <article> 标签，正好和 20 本的数量

对应。也可以使用 XPath 工具查找，如图 18-10 所示。

图18-10 使用XPath工具查找

选中页面下方的【next】按钮并单击鼠标右键，然后查看其 HTML 代码，如图 18-11 所示。

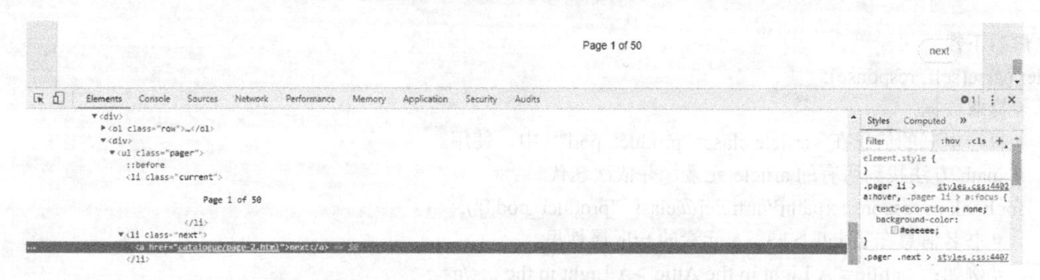

图18-11 查看【next】按钮的HTML代码

在这个被选中的 <a> 标签中，<a href="catalogue/page-2.html">next</a> 中的 href 属性就是要找的 URL，它是一个相对地址，需要拼接 http://books.toscrape.com/ 得到 http://books.toscrape.com/catalogue/page-2.html

同样，可以测试一下，改变这里的 page-num 的 num，也就是分页的页码，比如 num 可以为 1~50，表示第 1 页 ~ 第 50 页。

05 创建爬虫类

分析完页面后，接下来编写爬虫程序，进入项目并使用如下命令创建爬虫类，如图 18-12 所示。

```
scrapy startproject spider_01_book
```

```
Z:\PycharmProjects\book\ch18\18.3>scrapy genspider bookstoscrape books.toscrape.com
Created spider 'bookstoscrape' using template 'basic'
```

图18-12 创建爬虫类

在 PyCharm 中打开项目，在 spiders 包下已经创建好 bookstoscrape.py 文件。在 Scrapy 中编写一个爬虫程序，即实现一个 scrapy.Spider 的子类，代码如下所示。

```
# -*- coding: utf-8 -*-
import scrapy


class BookstoscrapeSpider(scrapy.Spider):
    name = 'bookstoscrape'
    allowed_domains = ['books.toscrape.com']
    start_urls = ['http://books.toscrape.com/']

    def parse(self, response):
        pass
```

下面修改 bookstoscrape.py 文件，实现爬取功能，代码如下所示。

```
# -*- coding: utf-8 -*-
import scrapy

class BookstoscrapeSpider(scrapy.Spider):
```

```
    """ 爬虫类，继承 Spider"""

    # 爬虫的名字——每一个爬虫的唯一标识
    name = 'bookstoscrape'
    # 允许爬取的域名
    allowed_domains = ['books.toscrape.com']
    # 初始爬取的 URL
    start_urls = ['http://books.toscrape.com/']

    # 解析下载
    def parse(self, response):
        # 提取数据
        # 每一本书的信息在 <article class="product_pod"> 中，使用
        # xpath 方法找到所有的 article 元素，并依次迭代
        for book in response.xpath('//article[@class="product_pod"]'):
            # 书名信息在 article > h3 > a 元素的 title 属性里
            # 例如：<a title="A Light in the Attic">A Light in the ...</a>
            name = book.xpath('./h3/a/@title').extract_first()
            # 书价信息在 article > div[@class="product_price"] 的文字中
            # 例如：<p class="price_color"> £51.77</p>
            price = book.xpath('./div[2]/p[1]/text()').extract_first()[1:]
            # 书的评级在 article > p 元素的 class 属性里
            # 例如：<p class="star-rating Three">
            rate = book.xpath('./p/@class').extract_first().split(" ")[1]

            # 返回单个图书对象
            yield {
                'name': name,
                'price': price,
                'rate': rate,
            }

        # 提取下一页的 URL
        # 下一页的 URL 在 li.next > a 里的 href 属性值
        # 例如：<li class="next"><a href="catalogue/page-2.html">next</a></li>
        next_url = response.xpath('//li[@class="next"]/a/@href').extract_first()

        # 判断
        if next_url:
            # 如果找到下一页的 URL，得到绝对路径，构造新的 Request 对象
            next_url = response.urljoin(next_url)
            # 返回新的 Request 对象
            yield scrapy.Request(next_url, callback=self.parse)
```

如果上述代码中有看不懂的部分，不必担心，更多详细内容会在后文介绍，这里只要先对实现一个爬虫程序有整体印象即可。

编写的 spider 对象，必须继承自 scrapy.Spider，要有 name，name 是 spider 的名字，还必须要有 start_urls，这是 Scrapy 下载的第一个网页，告诉 Scrapy 爬取工作从这里开始。parse 函数是 Scrapy 默认调用的，它实现爬取逻辑。

下面对 BookstoscrapeSpider 的实现进行简单说明，如表 18-1 所示。

表 18-1 BookstoscrapeSpider 的实现的说明

编号	属性	描述
1	name	一个 Scrapy 项目中可能有多个爬虫，每个爬虫的 name 属性是其自身的唯一标识，在一个项目中不能有同名的爬虫，本例中的爬虫取名为 book stoscrape
2	allowed_ domains	可选。包含了 Spider 允许爬取的域名列表。当 OffsiteMiddleware 启用时，域名不在列表中的 URL 不会被跟进
3	start urls	一个爬虫总要从某个（或某些）页面开始爬取，这样的页面称为起始爬取点，start_urls 属性用来设置一个爬虫的起始爬取点
4	parse(response)	当 response 没有指定回调函数时，该方法是 Scrapy 处理下载的 response 的默认方法。 parse 负责处理 response 并返回处理的数据及（或）跟进的 URL。Spider 对其他的 Request 的回调函数也有相同的要求。 该方法及其他的 Request 回调函数必须返回一个包含 Request 及（或）ltem 的可迭代的对象。 参数：response（Response 对象）——用于分析的 response

06 运行爬虫

写完代码后，运行爬虫爬取数据。在 Shell 中执行 scrapy crawl <SPIDER_NAME> 命令运行爬虫 bookstoscrape，并将爬取的数据存储到一个 CSV 文件中，如下所示。

```
scrapy crawl bookstoscrape -o bookstoscrape.csv
```

crawl 表示启动爬虫。

bookstoscrape 是之前在 bookstoscrape.py 中的 BookstoscrapeSpider 中定义的 name。

-o 表示保存文件的路径，没有这个参数也能启动爬虫，只不过数据没有保存下来而已。

bookstoscrape.csv 是文件名。

【运行结果】

```
Z:\PycharmProjects\book\ch18\18.3\spider_01_book>scrapy crawl bookstoscrape -o bookstoscrape.csv
2020-10-14 14:14:52 [scrapy.utils.log] INFO: Scrapy 2.4.0 started (bot: spider_01_book)
2020-10-14 14:14:52 [scrapy.utils.log] INFO: Versions: lxml 4.5.2.0, libxml2 2.9.5, cssselect 1.1.0, parsel 1.6.0, w3lib 1.22.0, Twisted 20.3.0, Python 3.7.0 (v3.7.0:1bf9cc
5093, Jun 27 2018, 04:59:51) [MSC v.1914 64 bit (AMD64)], pyOpenSSL 19.1.0 (OpenSSL 1.1.1h  22 Sep 2020), cryptography 3.1.1, Platform Windows-7-6.1.7601-SP1
2020-10-14 14:14:52 [scrapy.utils.log] DEBUG: Using reactor: twisted.internet.selectreactor.SelectReactor
2020-10-14 14:14:52 [scrapy.crawler] INFO: Overridden settings:
{'BOT_NAME': 'spider_01_book',
 'NEWSPIDER_MODULE': 'spider_01_book.spiders',
 'ROBOTSTXT_OBEY': True,
 'SPIDER_MODULES': ['spider_01_book.spiders']}
2020-10-14 14:14:52 [scrapy.extensions.telnet] INFO: Telnet Password: 304a52c2fceb08f2
2020-10-14 14:14:52 [scrapy.middleware] INFO: Enabled extensions:
['scrapy.extensions.corestats.CoreStats',
 'scrapy.extensions.telnet.TelnetConsole',
 'scrapy.extensions.feedexport.FeedExporter',
 'scrapy.extensions.logstats.LogStats']
2020-10-14 14:14:52 [scrapy.middleware] INFO: Enabled downloader middlewares:
['scrapy.downloadermiddlewares.robotstxt.RobotsTxtMiddleware',
 'scrapy.downloadermiddlewares.httpauth.HttpAuthMiddleware',
 'scrapy.downloadermiddlewares.downloadtimeout.DownloadTimeoutMiddleware',
 'scrapy.downloadermiddlewares.defaultheaders.DefaultHeadersMiddleware',
 'scrapy.downloadermiddlewares.useragent.UserAgentMiddleware',
```

```
    'scrapy.downloadermiddlewares.retry.RetryMiddleware',
    'scrapy.downloadermiddlewares.redirect.MetaRefreshMiddleware',
    'scrapy.downloadermiddlewares.httpcompression.HttpCompressionMiddleware',
    'scrapy.downloadermiddlewares.redirect.RedirectMiddleware',
    'scrapy.downloadermiddlewares.cookies.CookiesMiddleware',
    'scrapy.downloadermiddlewares.httpproxy.HttpProxyMiddleware',
    'scrapy.downloadermiddlewares.stats.DownloaderStats']
2020-10-14 14:14:52 [scrapy.middleware] INFO: Enabled spider middlewares:
['scrapy.spidermiddlewares.httperror.HttpErrorMiddleware',
    'scrapy.spidermiddlewares.offsite.OffsiteMiddleware',
    'scrapy.spidermiddlewares.referer.RefererMiddleware',
    'scrapy.spidermiddlewares.urllength.UrlLengthMiddleware',
    'scrapy.spidermiddlewares.depth.DepthMiddleware']
2020-10-14 14:14:52 [scrapy.middleware] INFO: Enabled item pipelines:
[]
2020-10-14 14:14:52 [scrapy.core.engine] INFO: Spider opened
2020-10-14 14:14:52 [scrapy.extensions.logstats] INFO: Crawled 0 pages (at 0 pages/min), scraped 0 items (at 0 items/min)
2020-10-14 14:14:52 [scrapy.extensions.telnet] INFO: Telnet console listening on 127.0.0.1:6023
2020-10-14 14:14:53 [scrapy.core.engine] DEBUG: Crawled (404) <GET http://books.toscrape.com/robots.txt> (referer: None)
2020-10-14 14:14:53 [scrapy.core.engine] DEBUG: Crawled (200) <GET http://books.toscrape.com/> (referer: None)
2020-10-14 14:14:53 [scrapy.core.scraper] DEBUG: Scraped from <200 http://books.toscrape.com/>
{'name': 'A Light in the Attic', 'price': '51.77', 'rate': 'Three'}
2020-10-14 14:14:53 [scrapy.core.scraper] DEBUG: Scraped from <200 http://books.toscrape.com/>
{'name': 'Tipping the Velvet', 'price': '53.74', 'rate': 'One'}
2020-10-14 14:14:53 [scrapy.core.scraper] DEBUG: Scraped from <200 http://books.toscrape.com/>
{'name': 'Soumission', 'price': '50.10', 'rate': 'One'}
2020-10-14 14:14:53 [scrapy.core.scraper] DEBUG: Scraped from <200 http://books.toscrape.com/>
{'name': 'Sharp Objects', 'price': '47.82', 'rate': 'Four'}
2020-10-14 14:14:53 [scrapy.core.scraper] DEBUG: Scraped from <200 http://books.toscrape.com/>
{'name': 'Sapiens: A Brief History of Humankind', 'price': '54.23', 'rate': 'Five'}
2020-10-14 14:14:53 [scrapy.core.scraper] DEBUG: Scraped from <200 http://books.toscrape.com/>
{'name': 'The Requiem Red', 'price': '22.65', 'rate': 'One'}
2020-10-14 14:14:53 [scrapy.core.scraper] DEBUG: Scraped from <200 http://books.toscrape.com/>
{'name': 'The Dirty Little Secrets of Getting Your Dream Job', 'price': '33.34', 'rate': 'Four'}
... <省略以下输出> ...
```

等待爬虫运行结束后，查看爬取到的数据，如图 18-13 所示。

```
bookstoscrape.csv
1  name,price,rate
2  A Light in the Attic,51.77,Three
3  Tipping the Velvet,53.74,One
4  Soumission,50.10,One
5  Sharp Objects,47.82,Four
6  Sapiens: A Brief History of Humankind,54.23,Five
7  The Requiem Red,22.65,One
8  The Dirty Little Secrets of Getting Your Dream Job,33.34,Four
9  "The Coming Woman: A Novel Based on the Life of the Infamous Feminist, Victoria Woodhull",17.93,Three
10 The Boys in the Boat: Nine Americans and Their Epic Quest for Gold at the 1936 Berlin Olympics,22.60,Four
11 The Black Maria,52.15,One
12 "Starving Hearts (Triangular Trade Trilogy, #1)",13.99,Two
13 Shakespeare's Sonnets,20.66,Four
14 Set Me Free,17.46,Five
15 Scott Pilgrim's Precious Little Life (Scott Pilgrim #1),52.29,Five
16 Rip it Up and Start Again,35.02,Five
17 "Our Band Could Be Your Life: Scenes from the American Indie Underground, 1981-1991",57.25,Three
18 Olio,23.88,One
19 Mesaerion: The Best Science Fiction Stories 1800-1849,37.59,One
20 Libertarianism for Beginners,51.33,Two
21 It's Only the Himalayas,45.17,Two
22 In Her Wake,12.84,One
23 How Music Works,37.32,Two
24 "Foolproof Preserving: A Guide to Small Batch Jams, Jellies, Pickles, Condiments, and More: A Foolproof Guide
25 Chase Me (Paris Nights #2),25.27,Five
26 Black Dust,34.53,Five
27 Birdsong: A Story in Pictures,54.64,Three
28 America's Cradle of Quarterbacks: Western Pennsylvania's Football Factory from Johnny Unitas to Joe Montana,22
29 Aladdin and His Wonderful Lamp,53.13,Three
30 Worlds Elsewhere: Journeys Around Shakespeare's Globe,40.30,Five
31 Wall and Piece,44.18,Four
32 The Four Agreements: A Practical Guide to Personal Freedom,17.66,Five
33 The Five Love Languages: How to Express Heartfelt Commitment to Your Mate,31.05,Three
34 The Elephant Tree,23.82,Five
35 The Bear and the Piano,36.89,One
36 Sophie's World,15.94,Five
37 Penny Maybe,33.29,Three
```

图18-13 爬取到的数据

从图 18-13 所示的数据可以看出，爬虫成功地爬取到了 1000 本书的书名和价格信息等（50 页，每页 20 项）。第一行是 3 个列名。

这里导出的是 CSV 格式的文件，也可以导出 JSON 和 XML 格式的文件，代码如下所示。

```
scrapy crawl bookstoscrape-o bookstoscrape.jsonlines
scrapy crawl bookstoscrape-o bookstoscrape.xml
```

18.4 模拟浏览器

18.3 节讲解了使用 Scrapy 框架，下面讲解模拟浏览器。

JavaScript 动态渲染的页面不止 Ajax 一种，也有通过 JavaScript 的一些函数算法生成的。另外，类似淘宝网的页面，Ajax 渲染接口含有很多加密参数，难以直接找出其规律。

为了解决这类问题，可以直接模拟浏览器的运行方式，实现浏览器看到是什么样，就获取什么样的代码，不用再去管内部 JavaScript 如何生成数据，或者 Ajax 有什么参数了。也就是说，获取到网站的 Elements 的 HTML 代码，只要从这个代码字符串中获取需要的信息就可以解决这类问题。

通过模拟浏览器运行的方式来实现有多种技术方式，如 Selenium、PhantomJS、Splash、PyV8、Ghost 等。本节介绍如何使用 Selenium、PhantomJS 来爬取动态渲染的数据。

Selenium 是一个自动化测试工具，最初是为网站自动化测试而开发的，类似玩游戏的"按键精灵"，可以按指定的命令自动操作。不同的是，Selenium 可以直接运行在浏览器上，它几乎支持所有主流的浏览器，包括 PhantomJS 等无界面的浏览器。

Selenium 可以实现根据指令让浏览器自动加载页面，获取需要的数据，甚至可以截屏页面，或者判断网站上某些动作是否发生。

Selenium 本身不带浏览器，不支持浏览器的功能，它需要与第三方浏览器结合使用。浏览器分为有界面浏览器和无界面浏览器两种。有界面浏览器可以让用户可视化其操作，如输入内容、单击按钮等，但是占用内存比较多，效率相对低。无界面浏览器可以减少使用的内存，但是需要用户自己写代码来输入内容、单击按钮等。

这里有界面浏览器使用的是 Chrome 浏览器，无界面浏览器使用的是 PhantomJS。

这里需要安装 Selenium、Chrome 浏览器、ChromeDriver 和 PhantomJS，下面分别介绍它们的安装方法。

（1）安装 Selenium。

安装命令如下。

```
pip install selenium
```

（2）安装 Chrome 浏览器。

建议搜索 Chrome 官网，然后下载、安装 Chrome 浏览器即可。

（3）安装 ChromeDriver。

ChromeDriver 是可以调用 Chrome 浏览器的驱动软件，它们的版本必须对应。

首先查看版本，打开 Chrome 浏览器，然后查看其版本，如图 18-14 所示。

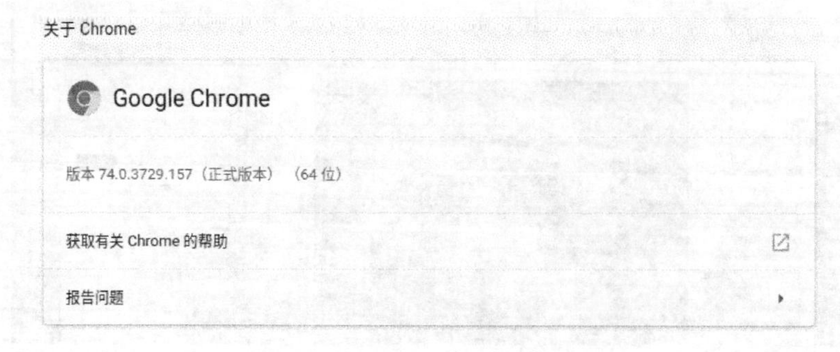

图18-14 查看Chrome浏览器的版本

这里的版本是 74.0.3729.157。

接着下载 ChromeDriver，访问下载 ChromeDriver 的网站，选择下载对应的版本，如图 18-15 所示。

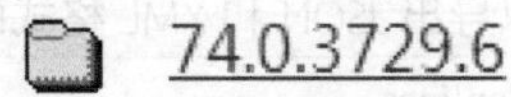

图18-15　选择下载的ChromeDriver的版本

单击图 18-5 中的链接，进入页面后选择 Windows 版本的 ChromeDriver，下载压缩包并解压，然后将其放到项目目录下。

（4）安装 PhantomJS。

PhantomJS 是一个基于 WebKit 的无界面浏览器，它会把网站内容加载到内存并执行页面上的 JavaScript，因为不会展示图形界面，所以运行起来比有界面浏览器要高效。

如果我们把 Selenium 和 PhantomJS 结合在一起使用，就可以运行一个非常强大的网络爬虫，这个爬虫可以处理 JavaScrip、Cookie、headers，以及大多数真实用户需要做的事情。PhantomJS 是一个功能完善的浏览器（虽然无界面），而非一个 Python 库，所以它不像 Python 的其他库一样需要安装，我们可以通过 Selenium 调用 PhantomJS 来直接使用。

访问 PhantomJS 的下载网站（见图 18-16），选择 Windows 版本，下载压缩包并解压，然后将其放到项目目录下。

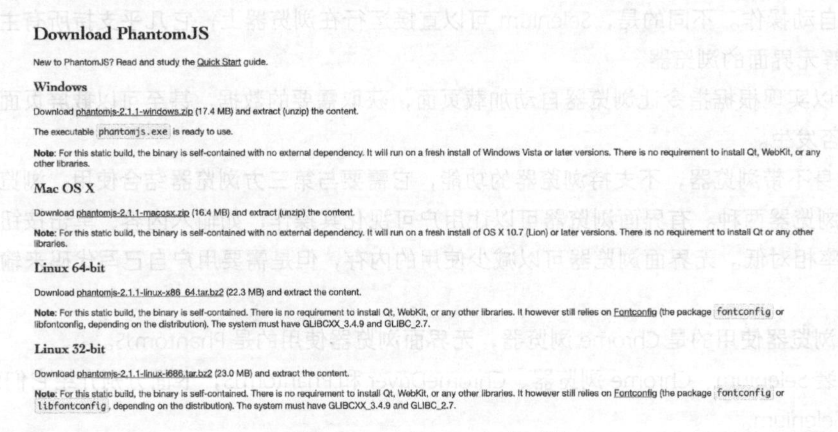

图18-16　PhantomJS下载网站

目前我们已经了解 Selenium 的安装方法，下面通过一个项目案例（爬取京东商品信息）来了解它的使用，并且将该数据存储到 MongoDB 中。

访问京东网站，如图 18-17 所示。

图18-17　京东网站

在图 18-17 的搜索文本框中输入 python，单击【搜索】按钮进行搜索，搜索结果如图 18-18 所示。

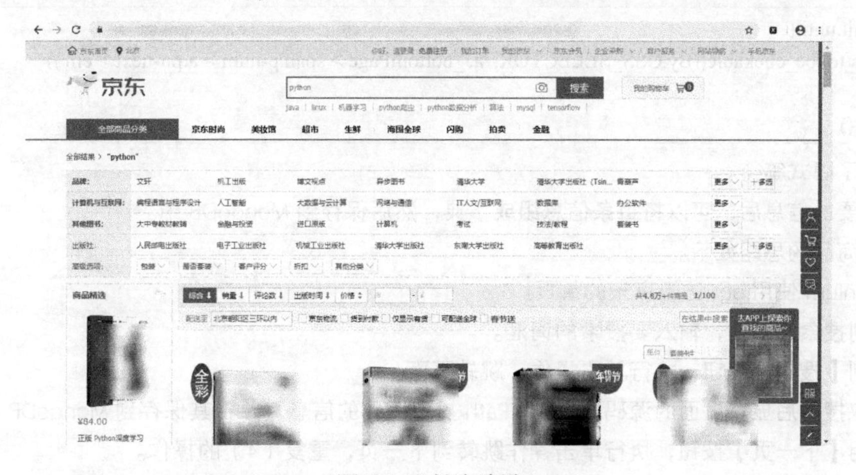

图18-18　搜索结果

在图 18-18 中，单击鼠标右键查看某本书的信息，如图 18-19 所示。

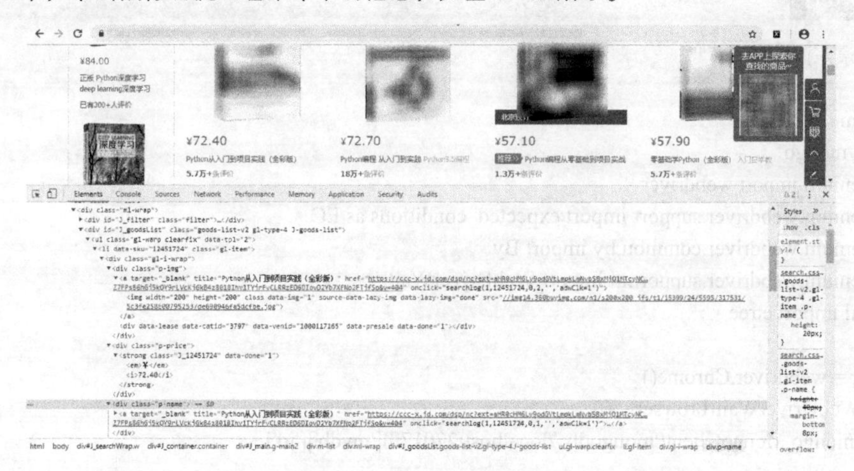

图18-19　查看某本书的信息

使用 XPath 提取信息，如下所示。

```
items = html.xpath('//li[@class="gl-item"]')
    for i in range(len(items)):
        item = {}
        if html.xpath('//div[@class="p-img"]//img')[i].get('data-lazy-img') != "done":
            img = html.xpath('//div[@class="p-img"]//img')[i].get('data-lazy-img')
        else:
            img = html.xpath('//div[@class="p-img"]//img')[i].get('src')

        # 图片 URL
        item["img"] = img
        # 标题
        item["title"] = html.xpath('//div[@class="p-name"]//em')[i].xpath('string(.)')
        # 价格
        item["price"] = html.xpath('//div[@class="p-price"]//i')[i].text
        # 评论
        item["commit"] = html.xpath('//div[@class="p-commit"]//a')[i].text
```

使用 Selenium 查找下一页的元素节点，然后单击，代码信息如下所示。

```
button = wait.until(
EC.element_to_be_clickable((By.CSS_SELECTOR, '#J_bottomPage > span.p-num > a.pn-next > em'))
)
button.click()
```

这里使用了隐式等待。

提取到需要的信息后，可以将每条信息组成字典，然后保存到 MongoDB 中。

爬取京东商品的思路如下。

（1）Selenium 使用 get 访问京东的首页。

（2）找到搜索文本框，输入要搜索的词汇。

（3）找到【搜索】按钮，执行单击操作，跳转页面。

（4）获取搜索后显示页面的源码，使用 XPath 提取需要的信息，并将其保存到 MongoDB 中。

（5）使用【下一页】按钮，执行单击操作跳转到下一页，重复（4）的操作。

按照上面的思路实现代码即可。

范例 18.4-01　爬取京东商品信息（源码路径：ch18/18.4/18.4-01.py）

```
1.  """ 爬取京东商品信息 """
2.
3.  import time
4.  import pymongo
5.  from selenium import webdriver
6.  from selenium.webdriver.support import expected_conditions as EC
7.  from selenium.webdriver.common.by import By
8.  from selenium.webdriver.support.ui import WebDriverWait
9.  from lxml import etree
10.
11.  browser = webdriver.Chrome()
12.  wait = WebDriverWait(browser, 50)
13.  db = pymongo.MongoClient('mongodb://localhost:27017/')['mydb']['jd']
14.
15.
16.  def search():
17.      browser.get('https://www.jd.com/')
18.      try:
19.          input = wait.until(
20.              EC.presence_of_all_elements_located((By.CSS_SELECTOR, "#key"))
21.          ) # list
22.          submit = wait.until(
23.              EC.element_to_be_clickable((By.CSS_SELECTOR, "#search > div > div.form > button"))
24.          )
25.          # input = browser.find_element_by_id('key')
26.          input[0].send_keys('python')
27.          submit.click()
28.
29.          total = wait.until(
30.              EC.presence_of_all_elements_located(
31.                  (By.CSS_SELECTOR, '#J_bottomPage > span.p-skip > em:nth-child(1) > b')
```

```
32.             )
33.         )
34.         html = browser.page_source
35.         prase_html(html)
36.         return total[0].text
37.     except TimeoutError:
38.         search()
39.
40.
41. def next_page(page_number):
42.     try:
43.         # 滑动到底部，加载出后 30 个商品的信息
44.         browser.execute_script("window.scrollTo(0, document.body.scrollHeight);")
45.         time.sleep(10)
46.         # 翻页
47.         button = wait.until(
48.             EC.element_to_be_clickable((By.CSS_SELECTOR, '#J_bottomPage > span.p-num > a.pn-next > em'))
49.         )
50.         button.click()
51.         wait.until(
52.             EC.presence_of_all_elements_located((By.CSS_SELECTOR, "#J_goodsList > ul > li:nth-child(60)"))
53.         )
54.         # 判断翻页是否成功
55.         wait.until(
56.                 EC.text_to_be_present_in_element((By.CSS_SELECTOR, "#J_bottomPage > span.p-num > a.curr"),
str(page_number))
57.         )
58.         html = browser.page_source
59.         prase_html(html)
60.     except TimeoutError:
61.         return next_page(page_number)
62.
63.
64. def prase_html(html):
65.     html = etree.HTML(html)
66.     items = html.xpath('//li[@class="gl-item"]')
67.     for i in range(len(items)):
68.         item = {}
69.         if html.xpath('//div[@class="p-img"]//img')[i].get('data-lazy-img') != "done":
70.             img = html.xpath('//div[@class="p-img"]//img')[i].get('data-lazy-img')
71.         else:
72.             img = html.xpath('//div[@class="p-img"]//img')[i].get('src')
73.
74.         # 图片 URL
75.         item["img"] = img
76.         # 标题
77.         item["title"] = html.xpath('//div[@class="p-name"]//em')[i].xpath('string(.)')
```

```
78.         # 价格
79.         item["price"] = html.xpath('//div[@class="p-price"]//i')[i].text
80.         # 评论
81.         item["commit"] = html.xpath('//div[@class="p-commit"]//a')[i].text
82.
83.         save(item)
84.
85.
86. def save(item):
87.     try:
88.         db.insert(item)
89.     except Exception:
90.         print('{} 存储到 MongoDB 失败 '.format(str(item)))
91.
92.
93. def main():
94.     print(" 第 ", 1, " 页：")
95.     total = int(search())
96.     for i in range(2, total + 1):
97.         time.sleep(3)
98.         print(" 第 ", i, " 页：")
99.         next_page(i)
100.
101.
102. if __name__ == "__main__":
103.     main()
```

【运行结果】

连接 MongoDB，查看结果，结果如下所示。

```
> use mydb
switched to db mydb
> db.jd.find()
{ "_id" : ObjectId("5c54341d3066d623efc8d92f"), "price" : "72.40", "img" : "//img14.360buyimg.com/n1/s200x200_jfs/t1/15399/24/5595/317531/5c3fe258E00795253/de690946fa5dcfbe.jpg", "commit" : "5.7 万 +", "title" : "Python 从入门到项目实践（全彩版）" }
{ "_id" : ObjectId("5c54341d3066d623efc8d939"), "price" : "48.20", "img" : "//img11.360buyimg.com/n1/s200x200_jfs/t22015/91/401284820/188863/caf09d5a/5b0cc118N6258a410.jpg", "commit" : "18 万 +", "title" : " 笨办法学 Python 3" }
...< 省略以下输出 > ...
```

【范例分析】

（1）这个范例使用 Selenium 来模拟用户的操作，比如输入搜索内容、单击【搜索】、单击【下一页】，然后得到最终页面的源码。

（2）接着提取需要的信息，不用再关心 JavaScript 或 Ajax 的操作了，对复杂的动态渲染页面的爬取会简单很多。

▶18.5 见招拆招

Selenium 可以使用多种方式查找到需要的元素，如下所示。

```
''' 查找相关元素 '''
from selenium import webdriver
from selenium.webdriver.common.by import By
import time

browser = webdriver.PhantomJS()
browser.get('http://www.taobao.com')

# 查找单个元素
input_first = browser.find_element_by_id('q')
input_second = browser.find_element_by_css_selector('#q')
input_third = browser.find_element(By.ID, 'q')
print(input_first)
print(input_second)
print(input_third)

# 查找多个元素
lis = browser.find_elements_by_css_selector('li')
lis_c = browser.find_elements(By.CSS_SELECTOR, 'li')
print(lis)
print(lis)


a = browser.find_element_by_xpath('//div[@class="search-hots-fline"]/a[1]')
# 获取属性
print(a.get_attribute('href'))
# 获取文本
print(a.text)
# 获取位置
print(a.location)
# 获取 ID
print(a.id)
# 获取 size
print(a.size)
# 获取标签名
print(a.tag_name)
time.sleep(10)
browser.close()
```

▶18.6 实战演练

全自动区分计算机和人类的图灵测试（Completely Automated Public Turing Test To Tell Computers and Humans Apart，CAPTCHA），是一种区分用户是计算机还是人类的公共全自动程序。CAPTCHA 可以用于防止恶意破解密码、刷票、论坛灌水等，能有效防止某个黑客对某一个特定注册用户用特定程序“暴力破解”的方式进行不断的登录尝试。实际上用验证码是现在很多网站通行的方式（见图 18-20），我们利用比较简易的方式实现了这个功能。验证码可以由计算机生成并评判，但是必须只有人类才能解答。由于计算机无法解答 CAPTCHA 的问题，所以回答出问题的用户就可以被认为是人类。

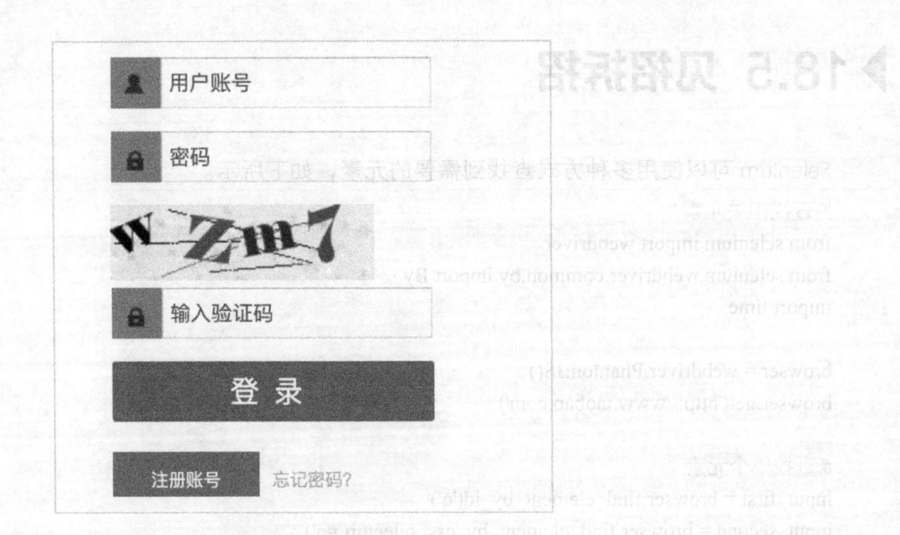

图18-20 用验证码区分用户是计算机还是人类

对爬取而言，有的网站在进行登录时或者采集数据的过程中，都会出现验证码。对网络爬虫而言，解决验证码识别问题是非常重要的一件事。使用 Python 爬虫可以实现识别验证码。

18.7 本章小结

本章讲解 Python 与网络爬虫。首先讲解爬虫原理与第一个爬虫程序，包括爬虫的设计思路和使用 requests 模块实现第一个爬虫程序；然后讲解使用 Python 爬取图片，包括爬取 360 图片的案例；接着讲解使用 Scrapy 框架，包括 Scrapy 框架的基本使用流程及其安装等；最后讲解模拟浏览器，包括使用 Selenium 和 PhantomJS 模拟浏览器的操作等。

第19章 Python设计模式

本章讲解 Python 设计模式，包括设计模式概述、常用的 5 种设计模式及其实现代码等。

本章要点（已掌握的在方框中打钩）

- ☐ 设计模式概述
- ☐ 常用的 5 种设计模式及其实现代码

19.1 设计模式概述

设计模式代表了较佳的实践，通常被有经验的面向对象的软件开发人员所采用。设计模式是软件开发人员在软件开发过程中采用的一般问题的解决方案。这些解决方案是众多软件开发人员根据相当长的一段时间的试验和出错经验总结出来的。

设计模式是被反复使用的、多数人知晓的、经过分类编目的代码设计经验的总结。使用设计模式是为了重用代码、让代码更容易被他人理解、保证代码的可靠性。毫无疑问，设计模式于己、于他人、于系统都是多赢的，设计模式使代码编写真正工程化，是软件工程的基石，如同大厦的一块块砖石一样。项目中合理地运用设计模式可以完美地解决很多问题，每种模式在现实中都有相应的原理与之对应。每种模式都描述了一个在我们周围不断重复发生的问题，以及该问题的核心解决方案，这也是设计模式能被广泛应用的原因。

总体来说设计模式（见图 19-1）分为如下三大类。

- 创建型模式（共 5 种）。

创建型模式包括工厂方法模式、抽象工厂模式、建造者模式、原型模式、单例模式。

- 结构型模式（共 7 种）。

结构型模式包括适配器模式、装饰器模式、代理模式、外观模式、桥接模式、组合模式、享元模式。

- 行为型模式（共 11 种）。

行为型模式包括策略模式、模板方法模式、观察者模式、迭代子模式、责任链模式、命令模式、备忘录模式、状态模式、访问者模式、中介者模式、解释器模式。

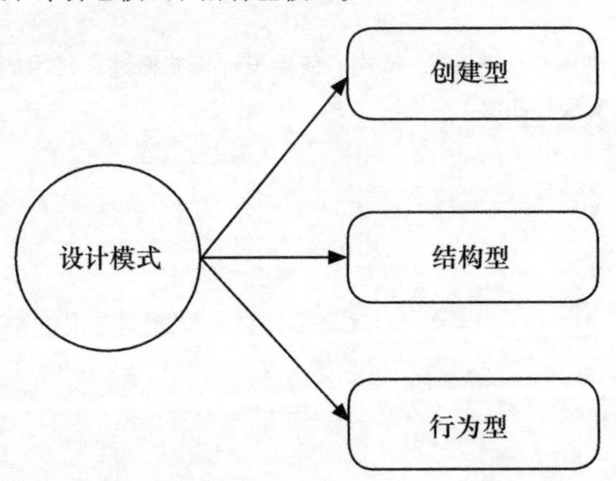

图19-1 23种设计模式

设计模式的六大原则，如图 19-2 所示。

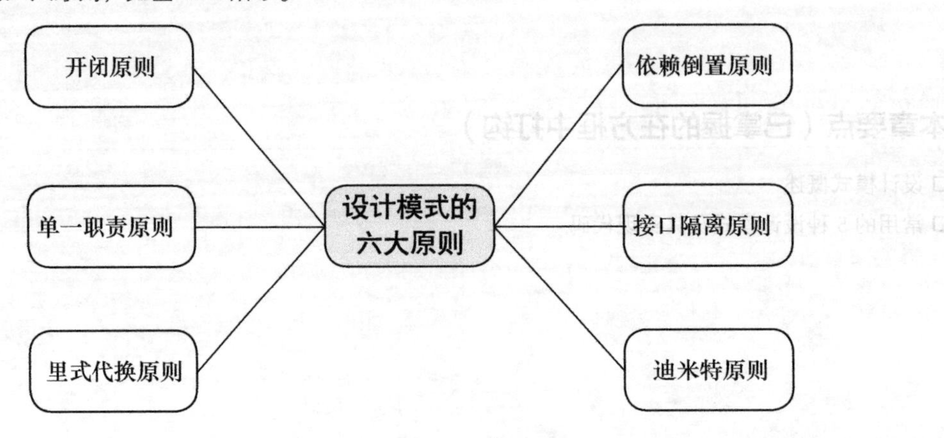

图19-2 设计模式的六大原则

● 开放封闭（简称开闭）原则。

开闭原则（Open-Close Principle，OCP）：一个软件实体（如类、模块和函数等）应该对扩展开放，对修改关闭。目的就是保证程序的扩展性好，使程序易于维护和升级。

开闭原则被称为面向对象设计的基石，实际上，其他原则都可以看作实现开闭原则的工具和手段。意思就是：软件对扩展应该是开放的，对修改应该是封闭的。通俗来说就是，开发一个软件时，应该对其进行功能扩展，而在进行功能扩展时，不需要对原来的程序进行修改。

实现开闭原则的好处是软件可用性非常好、扩展性强。需要新的功能时，可以增加新的模块来满足新需求。另外由于原来的模块没有被修改，所以不用担心稳定性的问题。

● 单一职责原则。

单一职责原则（Single-Responsibility Principle，SRP）：对一个类而言，应该仅有一个引起它变化的原因。如果存在多于一个原因引起改变一个类，那么这个类就具有多于一个的职责。此时应该把多余的职责分离出去，再去创建一些类来实现每一个职责。

举例：一个人身兼数职，而这些工作的相关性不大，甚至有冲突，那他往往就无法很好地做好这些工作，应该把这些工作分给不同的人去做。

单一职责原则是实现高内聚、低耦合的最好方法之一。

● 里氏代换原则。

里氏代换原则（Liskov Substitution Principle，LSP）：子类可以扩展父类的功能，但是不能改变父类原有的功能。

在开闭原则中，主张“抽象”和“多态”。维持设计的封装性——“抽象”是语言提供的功能，“多态”由继承语意实现。

在面向对象的思想中，一个对象就是一组状态和一系列行为的组合体。状态是对象的内在特性，行为是对象的外在特性。

● 依赖倒置原则。

依赖倒置原则（Dependence Inversion Principle，DIP）：一个类与类之间的调用规则。这里的依赖就是代码中的耦合。高层模块不应该依赖底层模块。

其主要思想是：如果一个类中的一个成员或者参数成为一个具体的类型，那么这个类就依赖这个具体类型。如果在一个继承结构中，上层类中的一个成员或者参数为一个下层类型，那么这个继承结构就是高层依赖底层，就要尽量面向抽象或者接口编程。

举例：存在一个Driver类，成员为一个Car类，还有一个driver方法，Car对象中有两个方法——start与stop。显然Driver依赖Car，也就是说Driver类调用了Car类中的方法。但是当增加Driver类对于Bus类的支持时（司机需要开公交车），就必须更改Driver中的代码，就破坏了开闭原则。根本原因在于高层的Driver类与底层的Car类紧紧地耦合在一起。解决方法之一就是对Car类和Bus类进行抽象，引入抽象类Automoble。而Car和Bus则是对Automoble的泛化。

经过这样的改造，原本的高层依赖底层变成了高层与底层同时依赖抽象，这就是依赖倒置原则的本质。

● 接口隔离原则。

接口隔离原则（Interface Segregation Principle，ISP）：用于恰当地划分角色和接口，这具有两种含义：用户不应该依赖它不需要的接口；类间的依赖关系应该建立在最小的接口上。

将这两种含义概括为一句话：建立单一接口，代替庞大、臃肿的接口。通俗来说就是：接口要尽量细化，同时保证接口中的方法尽量地少。一个接口中包含太多的行为时，会导致出现它们与客户端的不正常依赖关系，这时要做的就是分离接口，从而实现解耦。

回到上述的单一职责原则，其与要求行为分离接口使接口细化有些相似。但实际上，单一职责原则要求类与接口的职责单一，注重的是职责，没有要求接口尽量地少。

在接口隔离原则中，要求尽量使用多个专门的接口。专门的接口也就是提供给多个模块的接口。提供给几个模块就应该有几个接口，而不是建立一个臃肿、庞大的接口，所有的模块都可以访问。

接口的设计是有限度的。虽然接口的设计粒度越小系统越灵活，但是接口太多也就使得结构复杂、维护难度大。因此实际中怎样把握就靠开发人员的经验等了。

● 迪米特原则。

迪米特原则（Law of Demeter，LoD）：一个对象应该对其他对象有最少的了解。通俗来说就是，一个类对自己需要耦合或者调用的类知道得最少。

迪米特原则不希望类与类之间存在直接的接触。如果真的需要联系，就通过它们的友元类来实现。举例来说：需要买房子，现在存在 3 个合适的楼盘 A、B、C，不必直接去楼盘买房，可以去售楼处了解情况，这样就减少了购房者与楼盘两个类之间的耦合。

但是应用迪米特原则很可能会造成一个后果：系统会存在大量的中介类，这些类（如上面的售楼处类）的存在是为了传递类之间的相互调用关系，这在一定程度上就提高了系统的复杂度。

迪米特原则的核心观念就是：类间解耦，实现弱耦合。

19.2 常用的 5 种设计模式及其实现代码

19.1 节讲解了设计模式概述，下面讲解常用的 5 种设计模式及其实现代码。

01 工厂方法模式

工厂方法模式定义了一个创建对象的接口，由子类决定要实例化的类是哪一个。工厂方法让类把实例化推迟到子类。所有工厂方法模式都是用来封装对象的创建过程的。工厂方法模式通过让子类决定该创建的对象是什么，来达到对对象的创建过程进行封装的目的。原本是由一个对象负责所有具体的实例化，现在变成多个子类负责实例化。

在图 19-3 中，有一个包含 factoryMethod() 方法的抽象类 Creator。FactoryMethod() 方法负责创建指定类型的对象。ConcreteCreator 类提供了一个实现 Creator 抽象类的 factoryMethod() 方法，这种方法可以在运行时修改已创建的对象。ConcreteCreator 创建 ConcreteProduct，并确保其创建的对象实现了 Product 类，同时为 Product 接口中的所有方法提供相应的实现。

简而言之，Creator 接口的 factoryMethod() 方法和 ConcreteCreator 类共同决定了要创建 Product 的哪个子类。因此，工厂方法模式定义了一个接口来创建对象，但具体实例化哪个类则是由它的子类决定的。

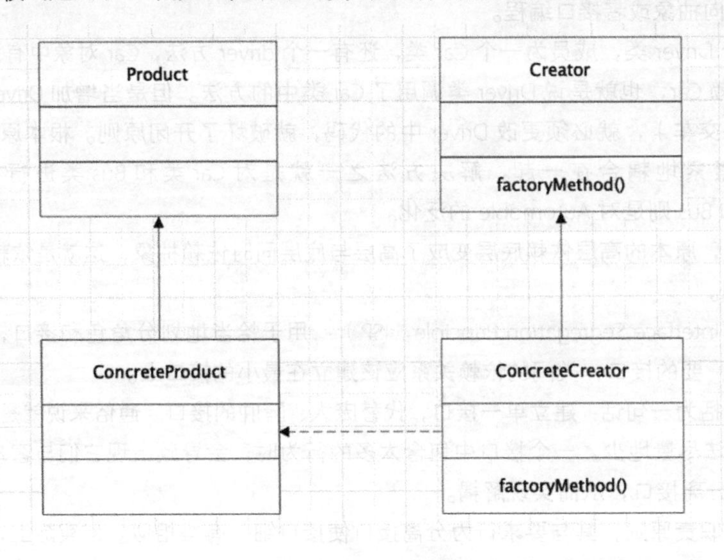

图19-3 工厂方法模式

本小节列举一个现实世界的场景来理解工厂方法模式的实现。比如比萨生意火爆，现在有很多人要开加盟店，不同地区的加盟店的口味有差异。PizzaStore 有个不错的订单系统，希望所有加盟店对订单的处理一致。

各区域比萨店之间的差异在于它们制作的比萨的风味（如 NYStyle 饼薄、ChicagoStyle 饼厚等）不同，我们现在让 createPizza() 方法来应对这些变化，负责创建正确种类的比萨。做法是让 PizzaStore 的各个子类负责定义自己的 createPizza() 方法，然后我们会得到 PizzaStore 的具体类。

```
class PizzaStore(object):
    def ceatePizza(self):
        pass


class NYStylePizzaStore(PizzaStore):
    def ceatePizza(self):
        print("NYStyle 饼薄 ")


class ChicagoStylePizzaStore(PizzaStore):
    def ceatePizza(self):
        print("ChicagoStyle 饼厚 ")


class Factory(object):
    @staticmethod
    def create(type):
        if type == "ChicagoStyle":
            return ChicagoStylePizzaStore()
        if type == "NYStyle":
            return NYStylePizzaStore()


if __name__ == '__main__':
    type = "ChicagoStyle"
    Factory.create(type).ceatePizza()
```

（1）适用场景。

客户端不知道它所需要的对象的类。抽象工厂类通过其子类来指定创建哪个对象。利用面向对象的多态性和里氏代换原则，实现在程序运行时子类覆盖父类对象，从而使得系统更容易扩展。

（2）优点。

用户只需要关心所需产品对应的工厂类，无须关心创建细节，甚至无须知道具体产品的类名。所有的具体工厂类都具有同一抽象父类，被称为多态工厂模式。符合开闭原则，新增产品只需要添加工厂类和具体产品，无须修改代码，扩展性好。

（3）缺点。

添加一个新的产品时，系统中类的个数会增加，将导致增加系统的复杂性，有更多的类需要编译和运行，且会增加系统开销。由于考虑到系统的可扩展性，因此需要引入抽象层，在客户端代码中均使用抽象层进行定义，增加了系统的抽象性和理解难度。

02 抽象工厂模式

A 城市的比萨店生意“火爆”，需要在 A 城市开多家分店，B 城市也面临同样的情况。为了保证质量，就得控制原料。所以我们得建造原料工厂来生产不同城市所需的原料。

抽象工厂模式提供一个接口，用于创建相关或依赖对象的“家族”，而不需要明确指定具体类，如图

19-4 所示。该模式允许用户用抽象的接口创建一组产品，而不需要知道实际产出的具体产品是什么，这样用户就从具体的产品解耦了。

在图 19-4 中，ConcreteFactory1 和 ConcreteFactory2 是通过 AbstractFactory 接口创建的。此接口具有创建多种产品的相应方法。

ConcreteFactory1 和 ConcreteFactory2 实现了 AbstractFactory，并创建实例 ConcreteProduct1、ConcreteProduct2、AnotherConcreteProduct1 和 AnotherConcreteProduct2。在这里，ConcreteProduct1 和 ConcreteProduct2 是通过 AbstractProduct 接口创建的，而 AnotherConcreteProduct1 和 AnotherConcreteProduct2 则是通过 AnotherAbstractProduct 接口创建的。

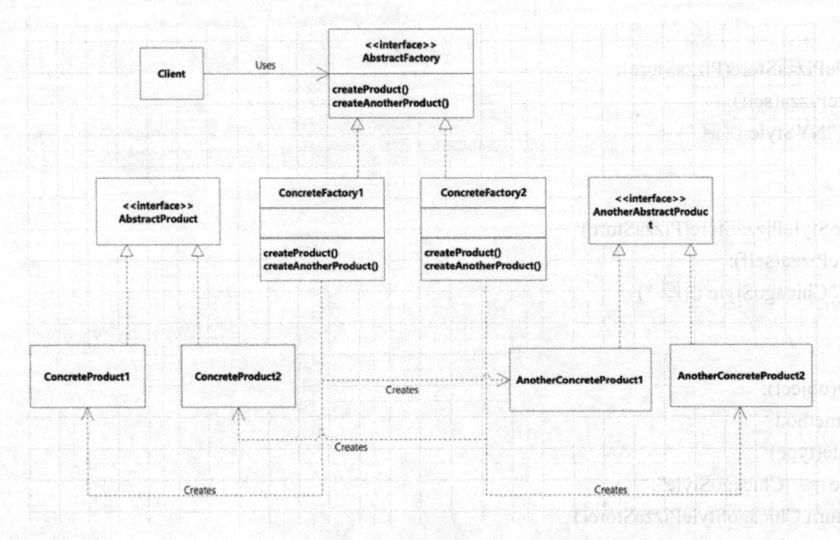

图19-4 抽象工厂模式

让我们拿一个现实世界的场景来理解抽象工厂模式的实现。比如在一个项目中有很多数据信息，包括 User 和 Department，项目可以切换不同的数据库进行数据的存取，包括 MySQL 和 Oracle，所以我们得建造不同的数据工厂，来生产不同数据信息。

```
import sys


# 抽象用户表类
class User(object):

    def get_user(self):
        pass

    def insert_user(self):
        pass


# 抽象部门表类
class Department(object):

    def get_department(self):
        pass

    def insert_department(self):
```

```
        pass


# 操作具体 User 数据库类——Mysql
class MysqlUser(User):

    def get_user(self):
        print('MysqlUser get User')

    def insert_user(self):
        print('MysqlUser insert User')


# 操作具体 Department 数据库类——Mysql
class MysqlDepartment(Department):

    def get_department(self):
        print('MysqlDepartment get department')

    def insert_department(self):
        print('MysqlDepartment insert department')


# 操作具体 User 数据库类——Orcal
class OrcalUser(User):

    def get_user(self):
        print('OrcalUser get User')

    def insert_user(self):
        print('OrcalUser insert User')


# 操作具体 Department 数据库类——Orcal
class OrcalDepartment(Department):

    def get_department(self):
        print('OrcalDepartment get department')

    def insert_department(self):
        print('OrcalDepartment insert department')


# 抽象工厂类
class AbstractFactory(object):

    def create_user(self):
        pass

    def create_department(self):
```

```
        pass


class MysqlFactory(AbstractFactory):

    def create_user(self):
        return MysqlUser()

    def create_department(self):
        return MysqlDepartment()


class OrcalFactory(AbstractFactory):

    def create_user(self):
        return OrcalUser()

    def create_department(self):
        return OrcalDepartment()


if __name__ == "__main__":
    db = sys.argv[1]
    myfactory = ''
    if db == 'Mysql':
        myfactory = MysqlFactory()
    elif db == 'Orcal':
        myfactory = OrcalFactory()
    else:
        print(" 不支持的数据库类型 ")
        exit(0)
    user = myfactory.create_user()
    department = myfactory.create_department()
    user.insert_user()
    user.get_user()
    department.insert_department()
    department.get_department()
```

（1）适用场景。

客户端不依赖于产品类实例如何被创建、实现等细节。强调一系列相关的产品对象（属于同一产品族）一起使用来创建对象需要大量重复的代码。提供一个产品类的库，所有的产品以同样的接口或者大部分相同的接口出现，从而使客户端不依赖具体实现。

（2）优点。

抽象工厂模式除了具有工厂方法模式的优点外，其主要的优点就是可以在类的内部对产品族进行约束。所谓的产品族，一般其产品或多或少都存在一定的关联，抽象工厂模式可以在类内部对产品的关联关系进行定义和描述，这样就不必专门引入一个新的类来进行管理。

（3）缺点。

因为规定了所有可能被创建的产品集合，所以产品族扩展新的产品时较困难，需要修改抽象工厂的接口，这增加了系统的抽象性和理解难度。

03 建造者模式

肯德基有薯条、鸡腿、鸡翅、鸡米花、可乐、橙汁、火腿汉堡、牛肉汉堡、鸡肉卷等单品，也有很多套餐。

比如，套餐 1 包括鸡翅、可乐、薯条；套餐 2 包括鸡腿、火腿汉堡、橙汁、薯条……

这种由各种各样的单品生成各种套餐的模式被称为建造者模式。

建造者模式将一个复杂对象的“构建”与它的“表示”进行分离，使得同样的构建过程可以创建不同的表示。建造者模式与工厂方法模式是非常相似的。构建与表示分离和创建不同的表示对于工厂方法模式同样具备。建造者模式唯一区别于工厂方法模式的是针对复杂对象的构建。

也就是说，如果是创建简单对象，我们通常使用工厂方法模式进行创建；而如果是创建复杂对象，那么此时就可以考虑使用建造者模式。当需要构建的产品具备复杂创建过程时，可以抽取出共性构建过程，然后交由具体实现类自定义构建流程，使得同样的构建行为可以生产出不同的产品，分离了构建与表示，使构建产品的灵活性大大增加。

建造者模式（见图 19-5）主要包含以下 4 种角色。

（1）抽象建造者（Builder）：主要用于规范产品类的各个组成部分，并提供一个返回完整产品的接口。

（2）具体建造者（Concrete Builder）：实现抽象建造者规定的各个方法，返回一个具有好的控件的具体产品。

（3）产品（Product）：构建相当复杂的类型，建造者最终创建的产品类型。

（4）导演者（Director）：指导抽象建造者以特定行为构建出产品，并将其返回给用户。

理解了建造者模式的 4 种角色，其实就已经掌握建造者模式的真谛：建造者模式最终返回一个具体的构建复杂的产品；系统中产品可能只有一种类型或多种类型，但对某些产品族来说，它们具备相同的行为，因此对这些共性行为进行抽象，抽离出抽象建造者；而对这些行为的具体构建过程，则交由具体建造者负责，不同的具体建造者会构建出不同表示的产品；而具体要构建出哪种产品，由导演者决定。导演者会选择不同的具体建造者，指导它构建出产品。

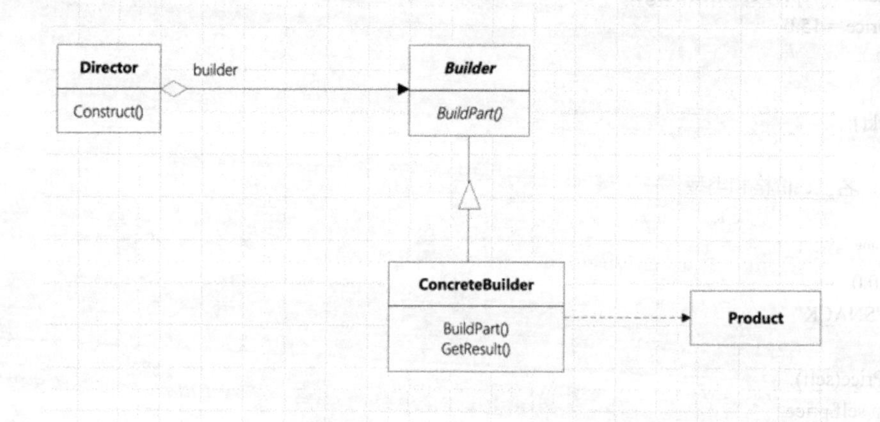

图19-5 建造者模式

这里列举一个现实世界的场景来理解建造者模式的实现。比如某快餐店的菜单上有三大类食品，分别是主食类、小食类和饮料类。每个大类别下又含有对应的单品，包含汉堡、鸡翅、薯条和可乐等。根据客人选择的单品可以一步一步来生成各种订单。

```
class Burger():
    """
    主食类：名字和价格
    """
    name = ""
    price = 0.0

    def getPrice(self):
```

```
        return self.price

    def setPrice(self, price):
        self.price = price

    def getName(self):
        return self.name


class cheeseBurger(Burger):
    """
    奶酪汉堡
    """

    def __init__(self):
        self.name = "cheese burger"
        self.price = 10.0


class spicyChickenBurger(Burger):
    """
    香辣鸡汉堡
    """

    def __init__(self):
        self.name = "spicy chicken burger"
        self.price = 15.0


class Snack():
    """
    小吃类：名字、价格和类型
    """
    name = ""
    price = 0.0
    type = "SNACK"

    def getPrice(self):
        return self.price

    def setPrice(self, price):
        self.price = price

    def getName(self):
        return self.name


class chips(Snack):
    """
    薯条
    """

    def __init__(self):
```

```
        self.name = "chips"
        self.price = 6.0


class chickenWings(Snack):
    """
    鸡翅
    """

    def __init__(self):
        self.name = "chicken wings"
        self.price = 12.0


class Beverage():
    """
    饮料
    """
    name = ""
    price = 0.0
    type = "BEVERAGE"

    def getPrice(self):
        return self.price

    def setPrice(self, price):
        self.price = price

    def getName(self):
        return self.name


class coke(Beverage):
    """
    可乐
    """

    def __init__(self):
        self.name = "coke"
        self.price = 4.0


class milk(Beverage):
    """
    牛奶
    """

    def __init__(self):
        self.name = "milk"
        self.price = 5.0


class order():
```

```
    """
    订单对象，一个订单中包含一份主食、一份小吃、一瓶饮料
    """
    burger = ""
    snack = ""
    beverage = ""

    def __init__(self, orderBuilder):
        self.burger = orderBuilder.bBurger
        self.snack = orderBuilder.bSnack
        self.beverage = orderBuilder.bBeverage

    def show(self):
        print("Burger:%s" % self.burger.getName())
        print("Snack:%s" % self.snack.getName())
        print("Beverage:%s" % self.beverage.getName())


# 建造者
class orderBuilder():
    """
    orderBuilder 就是建造者模式中所谓的“建造者”，
    将订单的构建与表示分离，以达到解耦的目的。
    在上面订单的构建过程中，如果将 order 直接通过参数定义好（其构建与表示没有分离），
    同时在多处进行订单生成，那么需要修改订单内容时
    则需要一处一处去修改，业务风险也就提高了不少
    """
    bBurger = ""
    bSnack = ""
    bBeverage = ""

    def addBurger(self, xBurger):
        self.bBurger = xBurger

    def addSnack(self, xSnack):
        self.bSnack = xSnack

    def addBeverage(self, xBeverage):
        self.bBeverage = xBeverage

    def build(self):
        return order(self)


# Director 类
class orderDirector():
    """
    在建造者模式中，还可以添加一个 Director 类，用以安排已有模块的构造步骤。
    当建造者中有比较严格的顺序要求时，该类会有比较大的用处
    """
    order_builder = ""

    def __init__(self, order_builder):
```

```
        self.order_builder = order_builder

    def createOrder(self, burger, snack, beverage):
        self.order_builder.addBurger(burger)
        self.order_builder.addSnack(snack)
        self.order_builder.addBeverage(beverage)
        return self.order_builder.build()


#场景实现
if __name__ == "__main__":
    order_builder = orderBuilder()
    order_builder.addBurger(spicyChickenBurger())
    order_builder.addSnack(chips())
    order_builder.addBeverage(milk())
    order_1 = order_builder.build()
    order_1.show()
```

（1）适用场景。

需要生成的产品对象有复杂的内部结构，这些产品对象具备共性。隔离复杂对象的创建和使用，并使得相同的创建过程可以创建不同的产品。

（2）优点。

在建造者模式中，客户端不必知道产品内部组成的细节，将产品本身与产品的创建进行解耦，使得相同的创建过程可以创建不同的产品对象。

每一个具体建造者都是独立的，与其他的具体建造者无关，因此可以很方便地替换具体建造者或增加具体建造者，用户使用不同的具体建造者可以得到不同的产品对象。由于导演者类针对抽象建造者编程，因此增加新的具体建造者时无须修改原有类库的代码，系统扩展方便，符合开闭原则。在编写代码时，代码重用率是尤为重要的。

用户可以更为精细地控制产品的创建过程，将复杂产品的创建步骤分解在不同的方法中，使得创建过程更加清晰，也更方便用户使用程序来控制创建过程。

（3）缺点。

建造者模式所创建的产品一般具有较多的共同点，其组成部分相似，如果产品之间的差异较大，例如很多组成部分不相同，则不适合使用建造者模式，因此其使用范围受到一定的限制。

如果产品的内部变化复杂，则可能需要很多具体建造者类实现这种变化，这会导致系统变得庞大，会增加系统的理解难度和运行成本。

04 单例模式

一个类被设计出来，就意味着它具有某种行为（方法）、属性（成员变量）。一般情况下，当我们想使用一个类时，就创建一个新的对象，这时候解释器会帮我们构造一个该类的实例，这么做会比较耗费资源。如果能在解释器启动时就创建好对象，或者是某一次创建好对象后就再也不用创建了，这样就能节省很多资源。

在图 19-6 中，实现单例模式的一个简单方法是，使构造函数私有化，并创建一个静态方法来完成对象的初始化。这样，对象将在第一次调用时创建，此后，这个类将返回同一个对象。

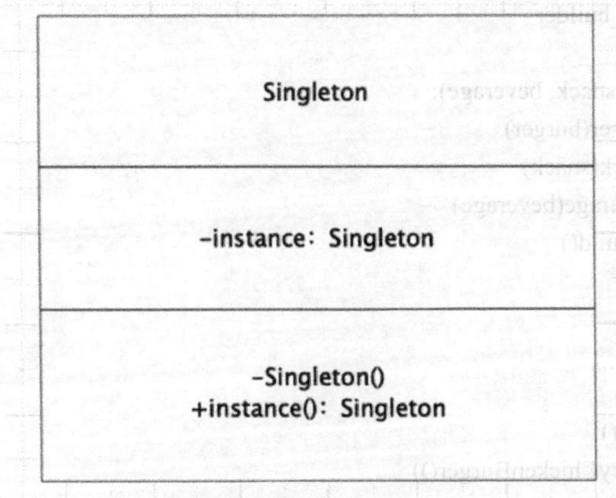

图19-6 单例模式

在使用 Python 的时候，我们的实现方式要有所变通，因为它无法创建私有的构造函数。我们可以在类的 __new__ 方法中判断当前类是否已经有 Instance 实例，如果已经有 Instance 实例表示该类是否已经生成了一个对象，否则就是没有。

让我们拿一个现实项目中的场景来理解单例模式的实现。在某 Web 项目中只能只有一个上下文对象 Application，多次获取上下文对象后如果，相同地址一样表示只有一个对象，是单例模式。

```
class Application(object):
    def __new__(cls):
        if not hasattr(cls, 'instance'):
            print("create object")
            cls.instance = super(Application, cls).__new__(cls)
            return cls.instance


s1 = Application()
# <__main__.Application object at 0x104d6d2e8>
print(s1)
s2 = Application()
# <__main__.Application object at 0x104d6d2e8>
print(s2)
```

（1）适用场景。

单一的实例。在整个运行时间内，内存中只有一个对象，一般该对象涉及网络、资源等操作。

（2）优点。

严格控制对唯一的实例的访问方式（可以允许访问有限数量的实例）。

仅有一个实例，可以节约系统资源。

（3）缺点。

单例模式没有抽象层，扩展比较困难。

职责过重，既充当工厂角色，又充当产品角色。

如果长期不使用会被自动回收，导致下次使用时需重新实例化。

19.3 见招拆招

设计线程安全的模式的代码如下所示。

```
import threading
import time
```

```
import random


class Singleton(object):
    _instance_lock = threading.Lock()

    def __init__(self, *args, **kwargs):
        pass

    def __new__(cls, *args, **kwargs):
        if not hasattr(cls, '_instance'):
            with Singleton._instance_lock:
                if not hasattr(cls, '_instance'):
                    Singleton._instance = super().__new__(cls)

        return Singleton._instance


def task(arg):
    time.sleep(random.random()*10)
    obj = Singleton()
    print(obj,threading.current_thread().name)


for i in range(10):
    t = threading.Thread(target=task, args=[i, ])
    t.start()
```

19.4 实战演练

观察者模式在实际应用中被使用得相当广泛，这种设计模式体现了主体对象与观察者对象之间的松耦合机制，如图 19-7 所示。主体对象有一个状态，每当状态改变时，它会依次通知在它的队列中注册过的观察者对象。但实际上主体对象并不知道具体的观察者对象是什么，它只是调用观察者对象留下来的接口。这种设计模式的好处是，避免了多个对象同时访问同一个数据，这实际上是一种推送的方式，无论是要增加新的观察者对象还是要减少观察者对象，我们需要做的只是注册和注销，并不需要改动主体对象的核心代码，这样能具有极大的灵活性。

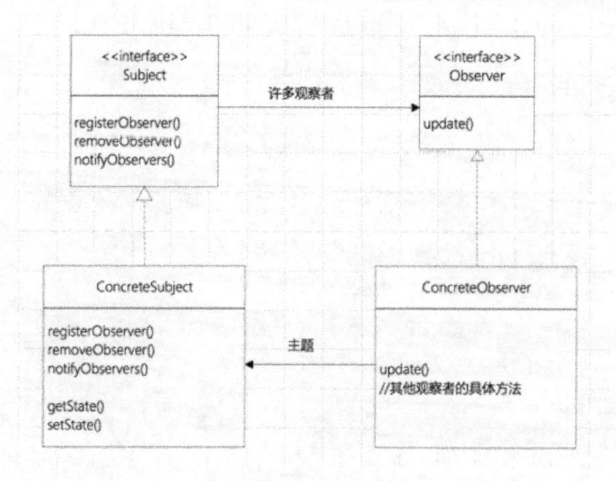

图19-7 观察者模式

使用观察者模式完成气象监测的模拟。

19.5 本章小结

本章讲解了 Python 设计模式。首先讲解了设计模式概述，这里讲解了什么是设计模式、设计模式的 3 种分类和 6 种原则；然后讲解了常见的几种设计模式的实现代码，这里讲解了工厂方法模式、抽象工厂模式、建造者模式和单例模式。

第 20 章 Python 在图像（Pillow）中的应用实战

Pillow 库提供了基本的图像处理功能，由许多不同的模块组成，并且提供了许多处理功能，例如改变图像大小、旋转图像、转换图像格式、增加滤镜效果等。

本章要点（已掌握的在方框中打钩）

- □ 概述
- □ 应用实战

20.1 概述

Pillow 库提供了基本的图像处理功能，由许多不同的模块组成，并且提供了许多处理功能，例如改变图像大小、旋转图像、转换图像格式、增加滤镜效果等。Pillow 库常用的模块有 Image、ImageEnhance 等，通过这些模块可以实现读 / 写图像、图片剪裁、旋转图像、调整图像亮度和色调等功能，这些模块具备了图像处理软件常见的功能。

Pillow 并不是 Python 标准库，安装命令如下所示。

```
pip install pillow
```

20.2 应用实战

01 图像缩放

Image 模块的 thumbnail 方法可以进行图像的缩放，执行之后会缩放当前的 image 对象。

```
from PIL import Image

# 打开一个 JPG 文件，注意是当前路径
im = Image.open('dog.jpeg')
# 获得图像尺寸
w, h = im.size
print('Original image size: %sx%s' % (w, h))
# 缩放到 50%
im.thumbnail((w//5, h//5))
print('Resize image to: %sx%s' % (w//5, h//5))
# 把缩放后的图像用 JPEG 格式保存
im.save('dog_thumbnail.jpeg', 'jpeg')
```

缩放前后的对比如图 20-1 所示。

图20-1　缩放前后的对比

02 绘制图像

可以用 Image 模块的 new 方法创建空白图像，然后在空白图像上绘制各种几何图形。ImageDraw 模块可用来添加文字，ImageFont 模块可用来指定字体及字体大小。

```
from PIL import Image, ImageDraw, ImageFont
```

```
import random

# 随机字母
def rndChar():
    return chr(random.randint(65, 90))

# 随机颜色 1
def rndColor():
    return (random.randint(64, 255), random.randint(64, 255), random.randint(64, 255))

# 随机颜色 2
def rndColor2():
    return (random.randint(32, 127), random.randint(32, 127), random.randint(32, 127))

# 240 × 60:
width = 60 * 4
height = 60
image = Image.new('RGB', (width, height), (255, 255, 255))
# 创建 Font 对象
font = ImageFont.truetype('msyh.ttf', 36)
# 创建 Draw 对象
draw = ImageDraw.Draw(image)
# 填充每个像素
for x in range(width):
    for y in range(height):
        draw.point((x, y), fill=rndColor())
# 输出文字
for t in range(4):
    draw.text((60 * t + 10, 10), rndChar(), font=font, fill=rndColor2())
# 模糊
image = image.filter(ImageFilter.BLUR)
image.save('code.jpg', 'jpeg')
```

打开绘制的验证码图像，如图 20-2 所示。

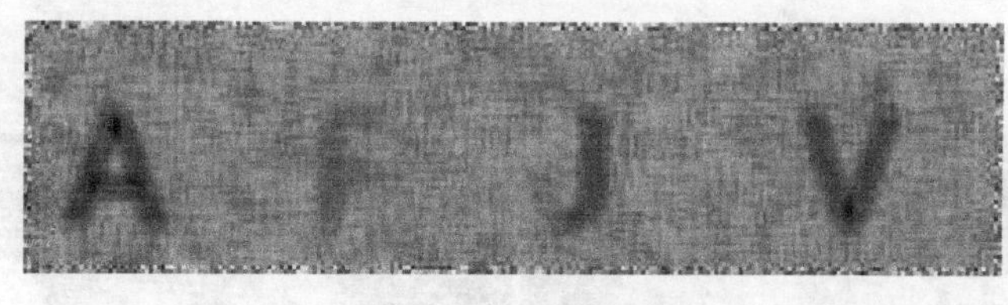

图20-2　绘制的验证码图像

03 图像的旋转

Pillow 库提供一个可以旋转图像的方法，rotate。

```
from PIL import Image

# 打开图像
with Image.open("dog.jpeg") as im:
    # 旋转 180 度
    new_im = im.rotate(180)
    # 保存
    new_im.save("dog_rotate.jpg")
    # 显示
    new_im.show()
```

旋转前后的对比如图 20-3 所示。

图20-3 旋转前后的对比

04 图像的滤镜效果

Pillow 库提供数十种滤镜。如果要以 Python 程序来表现滤镜，只要通过图像过滤器（Image Filter），就可以在图像上使用各种效果的滤镜。

```
from PIL import Image, ImageFilter
# 打开一个 JPG 文件，注意是当前路径
im = Image.open('dog.jpeg')
# 应用模糊滤镜
im2 = im.filter(ImageFilter.BLUR)
im2.save('dog_blur.jpeg', 'jpeg')
```

应用模糊滤镜前后的对比如图 20-4 所示。

图20-4 应用模糊滤镜前后的对比

第21章 Python在语言处理中的应用实战

NLP（NaturalLanguageProcessing，自然语言处理）是计算机科学领域以及人工智能领域的一个重要的研究方向，它研究用计算机来处理、理解及运用人类语言（如中文、英文等），达到人与计算机之间进行有效通信。

本章要点（已掌握的在方框中打钩）

☐ 概述

☐ 应用实战

21.1 概述

NLP（Natural Language Processing，自然语言处理）是计算机科学领域以及人工智能领域的一个重要的研究方向，它研究用计算机来处理、理解以及运用人类语言（如中文、英文等），使人与计算机之间进行有效的通信。所谓“自然”乃是寓意自然进化形成，是为了区分一些人类语言，类似C++、Java等人为设计的语言。

在人类社会中，语言扮演着重要的角色，语言是人类区别于其他动物的根本标志，没有语言，人类的思维无从谈起，交流更是“无源之水”。在一般情况下，用户可能不熟悉机器语言，所以NLP技术可以帮助这样的用户使用自然语言和机器交流。从建模的角度看，为了方便计算机处理，自然语言可以被定义为一组规则或符号的集合，我们组合集合中的各种符号来传递信息。NLP模型是表示语言能力、语言应用的模型，通过建立计算机框架来实现这样的语言模型，并且不断完善这样的语言模型，还需要根据该语言模型来设计各种实用的系统，并且探讨这些实用技术的评测技术。这个定义有点宽泛，因为语言本身就是人类最为复杂的概念之一。这些年，NLP研究取得了较大的进步，逐渐发展成一门独立的学科。从自然语言的角度出发，NLP基本可以分为两个部分：自然语言理解以及自然语言生成，将其演化为理解和生成文本的任务，如图21-1所示。

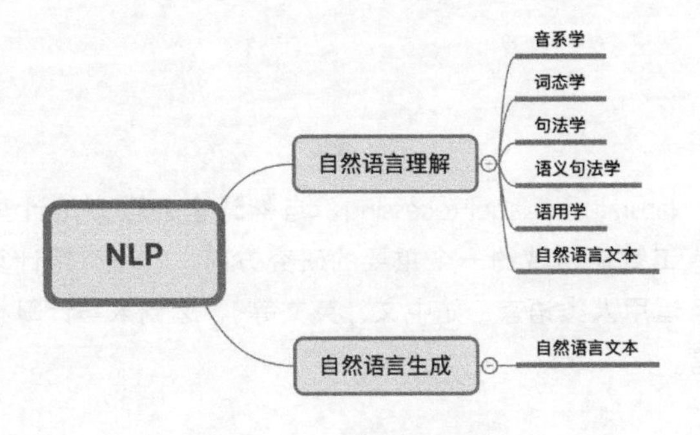

图21-1 NLP的两个部分

这里需要安装第三方库，安装命令如下所示。

```
pip install numpy
pip install pandas
pip install jieba
pip install sklearn
```

21.2 应用实战

本应用实战讲解文本分类之图书评价分类的内容。

01 读取数据

使用pd.read_csv方法读取CSV文件。数据有两列，分别是内容和评价结果，而评价结果有好评和差评两种。

```
# 导入包
import pandas as pd
# 读取数据
data = pd.read_csv("./comments.csv")
print(data)
```

运行结果如下所示。

```
                        内容  评价
0  可以打零颗星吗，总之差劲到极点，都是网上可以随便找到的资料。找了几个不知名的人来写。基本没有……
```

```
差评
   1  看着是出版的觉得质量应该不错，不过没想到是这个样子。一开始看目录觉得内容很新，书的内容应该也……
差评
   2          大家千万不要买这本书了，二本研究生出的书，贴贴图，凑成的一本书，竟然堕落成如此 差评
   3      作者写作态度不敢恭维，直接往书里大段大段粘代码，见过吃相难看的，不过这么难看的还是头一回 差评
   4  就是骗钱的。写得这么简单，不用心，还好意思要 60.\n 感觉只要会机器学习的人，谁还不会这些东……差评
   5          ** ！就是几篇论文加上一些不知所云的东西和无用的代码，还不如看论文呢！ 差评
   6  ***，不建议购买。首先，内容非常简单，任何内容都是蜻蜓点水，没有一些自己的思考与建议……差评
   7  虽然叫进阶与实战，但是纯理论无干货，没有工程借鉴意义，最后几页才有所谓的实战，但是是截图黑底……
差评
   8  挺喜欢这本书，作为自然语言处理的入门者，需要知识全面，具有一定深度的书籍进来指导。本书的作者……
好评
   9  很好的书，讲得很详细，我本身就是算法不太好，也不太了解，这本书就是主要讲算法的一些技术，我觉……
好评
   10                书挺好的，送货很快，包装完好无损，好评 好评
   11                书挺好的，送货也快，货真价实，物美价廉 好评
   12  真的超级喜欢，非常支持，质量非常好，与卖家描述得完全一致，非常满意，真的很喜欢，完全超出期望……
好评
```

02 将特征值与目标值转化为数值类型

目前特征值和目标值都是汉字字符串，需要将特征值进行分词处理和统计词数处理，将目标值进行 0 和 1 的转换。

```
# 导入包
import pandas as pd
from sklearn.feature_extraction.text import CountVectorizer
import jieba
import numpy as np

# 读取数据
data = pd.read_csv("./comments.csv")

# 将特征值与目标值转化为数值类型
x = data.loc[:, " 内容 "]

seg_list = []
# 先进行分词
for tmp in x:
    # 使用精确模式对内容进行分词
    seg = jieba.cut(tmp, cut_all=False)
    # 需要每个内容的分词结果然后组装成一篇文章
    seg_str = ",".join(seg)
    seg_list.append(seg_str)

# 停止词
# 加载停止词
with open("./stopwords.txt", "r", encoding="utf-8") as f:
    lines = f.readlines()
    # 去除每一个停止词前后的空白字符
    stopwords_list = [tmp.strip() for tmp in lines]

# 对停止词进行去重
stopwords_list = list(set(stopwords_list))

# 统计特征值中各个词的词数来进行分类
```

```
# 添加停止词
con_vet = CountVectorizer(stop_words=stopwords_list)

# 统计词数
X = con_vet.fit_transform(seg_list)
# 获取转化之后的特征值——二维数组
x = X.toarray()
# 将目标值与特征值数组合并成完整的数据集
# 先将目标值转化成 0、1 类型
data.loc[data.loc[:, " 评价 "] == " 好评 ", " 评价 "] = 0
data.loc[data.loc[:, " 评价 "] == " 差评 ", " 评价 "] = 1

# 将目标值转化为数值类型
data.loc[:, " 评价 "] = data.loc[:, " 评价 "].astype("int")
# 获取数组类型的目标值
y = data.loc[:, " 评价 "].values.reshape(-1, 1)

# 合并特征值与目标值
res_data = np.concatenate((x, y), axis=1)

print(res_data)
```

运行结果如下所示。

```
[[0 0 0 ... 0 0 1]
 [0 0 0 ... 0 0 1]
 [0 0 0 ... 0 0 1]
 ...
 [0 0 0 ... 0 0 0]
 [0 0 0 ... 0 0 0]
 [0 0 0 ... 0 0 0]]
```

03 分类和预测

使用 sklearn 提供的朴素贝叶斯算法进行分类，并提取数据的最后 1 条进行预测。

```
# 导入包
import pandas as pd
from sklearn.feature_extraction.text import CountVectorizer
import jieba
import numpy as np
from sklearn.naive_bayes import MultinomialNB

# 读取数据
data = pd.read_csv("./comments.csv")

# 将特征值与目标值转化为数值类型
x = data.loc[:, " 内容 "]

seg_list = []
# 先进行分词
for tmp in x:
    # 使用精确模式对内容进行分词
    seg = jieba.cut(tmp, cut_all=False)
```

```
    # 需要每个内容的分词结果并组装成一篇文章
    seg_str = ",".join(seg)
    seg_list.append(seg_str)

# 停止词
# 加载停止词
with open("./stopwords.txt", "r", encoding="utf-8") as f:
    lines = f.readlines()
    # 去除每一个停止词前后的空白字符
    stopwords_list = [tmp.strip() for tmp in lines]

# 对停止词进行去重
stopwords_list = list(set(stopwords_list))

# 统计特征值中各个词的词数来进行分类
# 添加停止词
con_vet = CountVectorizer(stop_words=stopwords_list)

# 统计词数
X = con_vet.fit_transform(seg_list)

# 获取转化之后的特征值——二维数组
x = X.toarray()

# 将目标值与特征值数组进行合并成完整的数据集
# 先将目标值转化成 0、1 类型
data.loc[data.loc[:, " 评价 "] == " 好评 ", " 评价 "] = 0
data.loc[data.loc[:, " 评价 "] == " 差评 ", " 评价 "] = 1

# 将目标值转化为数值类型
data.loc[:, " 评价 "] = data.loc[:, " 评价 "].astype("int")

# 获取数组类型的目标值
y = data.loc[:, " 评价 "].values.reshape(-1, 1)

# 合并特征值与目标值
res_data = np.concatenate((x, y), axis=1)

# 检测缺失值 、检测异常值、进行标准化处理（此时这些不需要进行）
# 朴素贝叶斯分类
# 将数据集拆成训练集与测试集
# 前 10 行数据作为训练集，后面的数据作为测试集
train_data = res_data[:10, :]
test_data = res_data[10:, :]

# 使用
# 实例化算法实例并添加拉普拉斯平滑系数
# alpha 表示拉普拉斯平滑系数
nb = MultinomialNB(alpha=1.0)

# 训练数据
# 训练集的特征值、训练集的目标值
nb.fit(train_data[:, :-1], train_data[:, -1])
```

```
# 进行预测
# 测试集的特征值
y_predict = nb.predict(test_data[:, :-1])

# 获取准确率
# 测试集的特征值、测试集目标值
score = nb.score(test_data[:, :-1], test_data[:, -1])

print(" 预测值为：\n", y_predict)
print(" 准确率为：\n", score)
```

运行结果如下所示。

```
预测值为：
[0 0 0]
准确率为：
1.0
```

第 **22** 章

Python 在科学计算（NumPy）中的应用实战

NumPy（Numerical Python）是一个开源的 Python 科学计算库，用于快速处理任意维度的数组。

本章要点（已掌握的在方框中打钩）

- □ 概述
- □ 应用实战

22.1 概述

NumPy（Numerical Python）是一个开源的 Python 科学计算库（见图 22-1），用于快速处理任意维度的数组。NumPy 支持常见的数组和矩阵操作。对于同样的数值计算任务，使用 NumPy 比直接使用 Python 要简洁得多。NumPy 使用 ndarray 对象来处理多维数组，该对象是一个快速而灵活的大数据容器。

图22-1 NumPy

机器学习的最大特点就是大量的数据运算，如果没有一个快速的解决方案，可能 Python 在机器学习领域达不到好的效果。NumPy 专门对数组的操作和运算进行了设计，所以数组的存储效率和输入 / 输出性能远优于 Python 中的嵌套列表，数组越大，NumPy 的优势就越明显。

NumPy 并不是 Python 内建库，安装命令如下所示。

```
pip install numpy
```

22.2 应用实战

本应用实战讲解基于 NumPy 的股价统计分析的内容，数据均为随机模拟数据，非真实数据，仅供编程素材使用。

01 读取数据

使用 np.loadtxt 方法读取 CSV 文件。

数据说明：第 4~8 列，即 CSV 文件被 Excel 打开后的 D~H 列，分别为股票的开盘价、最高价、最低价、收盘价、成交量。

```
import numpy as np


end_price, turnover = np.loadtxt(
    fname="./stock_data.csv",
    delimiter=',',
    usecols=(6, 7),
    unpack=True
)
print(end_price)
print(turnover)
```

运行结果如下所示。

```
[336.1  339.32 345.03 344.32 343.44 346.5  351.88 355.2  358.16 354.54
 356.85 359.18 359.9  363.13 358.3  350.56 338.61 342.62 342.88 348.16
 353.21 349.31 352.12 359.56 360.   355.36 355.76 352.47 346.67 351.99]
[21144800. 13473000. 15236800.  9242600. 14064100. 11494200. 17322100.
 13608500. 17240800. 33162400. 13127500. 11086200. 10149000. 17184100.
 18949000. 29144500. 31162200. 23994700. 17853500. 13572000. 14395400.
 16290300. 21521000. 17885200. 16188000. 19504300. 12718000. 16192700.
 18138800. 16824200.]
```

np.loadtxt 方法需要传入 4 个关键字参数。

（1）fname 是文件名，数据类型为字符串。

（2）delimiter 是分隔符，数据类型为字符串。

（3）usecols 是读取的列数，数据类型为元组，其中元素个数有多少个，则选出多少列。

（4）unpack 是是否解压，数据类型为布尔。

02 计算成交量加权平均价格

成交量加权平均价格 (Volume-Weighted Average Price，VWAP）是一个非常重要的经济学量，代表着金融资产的“平均”价格。

某个价格的成交量越大，该价格所占的权重就越大。VWAP 是以成交量为权重计算出来的加权平均值。

```
import numpy as np
end_price, turnover = np.loadtxt(
    fname="./stock_data.csv",
    delimiter=',',
    usecols=(6, 7),
    unpack=True
)
print(np.average(end_price))
print(np.average(end_price, weights=turnover))
```

运行结果如下所示。

```
351.0376666666667
350.5895493532009
```

03 计算最大值和最小值

计算股价近期最高价的最人值和股价近期最低价的最小值。

```
import numpy as np


high_price, low_price = np.loadtxt(
    fname="./stock_data.csv",
    delimiter=',',
    usecols=(4, 5),
    unpack=True
)
```

```
print("max=", high_price.max())
print("min=", low_price.min())
```

运行结果如下所示。

```
max= 364.9
min= 333.53
```

04 计算极差

计算股价近期最高价的最大值和最小值的差值，计算股价近期最低价的最大值和最小值的差值。

```
import numpy as np

high_price, low_price = np.loadtxt(
    fname="./stock_data.csv",
    delimiter=',',
    usecols=(4, 5),
    unpack=True
)

print("max - min of high price:", np.ptp(high_price))
print("max - min of low price:", np.ptp(low_price))
```

运行结果如下所示。

```
max - min of high price: 24.859999999999957
max - min of low price: 26.970000000000027
```

05 计算中位数

计算收盘价的中位数。

```
import numpy as np

end_price = np.loadtxt(
    fname="./stock_data.csv",
    delimiter=',',
    usecols=6
)

print("median =", np.median(end_price))
```

运行结果如下所示。

```
median = 352.055
```

06 计算方差

计算收盘价的方差。

```
import numpy as np

end_price = np.loadtxt(
```

```
    fname="./stock_data.csv",
    delimiter=',',
    usecols=6
)

print("variance =", np.var(end_price))
print("variance =", end_price.var())
```

运行结果如下所示。

```
variance = 50.126517888888884
variance = 50.126517888888884
```

07 计算对数收益率、年波动率及月波动率

在投资学中，波动率是对价格变动的一种度量，历史波动率可以根据历史价格数据计算得出。计算历史波动率时，需要用到对数收益率。

年波动率等于对数收益率的标准差除其均值，再乘以交易日的平方根，通常交易日取 252 天。

月波动率等于对数收益率的标准差除其均值，再乘以交易月的平方根。通常交易月取 12 月。

```
import numpy as np

end_price = np.loadtxt(
    fname="./stock_data.csv",
    delimiter=',',
    usecols=6
)

log_returns = np.diff(np.log(end_price))

annual_volatility = log_returns.std() / log_returns.mean() * np.sqrt(252)

monthly_volatility = log_returns.std() / log_returns.mean() * np.sqrt(12)

print(" 年波动率 ", annual_volatility)
print(" 月波动率 ", monthly_volatility)
```

运行结果如下所示。

```
年波动率 129.27478991115134
月波动率 28.210071915112593
```

第23章 Python 在数据可视化（Matplotlib）中的应用实战

Matplotlib 专门用于开发 2D 图表（包括 3D 图表），以渐进、交互的方式实现数据可视化。

本章要点（已掌握的在方框中打钩）

- ☐ 概述
- ☐ 应用实战

23.1 概述

Matplotlib（见图 23-1）专门用于开发 2D 图表（包括 3D 图表），以渐进、交互的方式实现数据可视化。

图23-1 Matplotlib

可视化是整个数据挖掘的关键辅助工具，可以清晰地展示数据，从而有助于我们调整分析方法。可视化能将数据更直观地呈现，使数据更加客观、更具说服力。数字展示和图形展示的对比如图 23-2 所示。

```
US    13068
CN     2734
CA     1468
JP     1237
KR      993
GB      901
MX      579
PH      298
Name: Country, dtype: int64
```

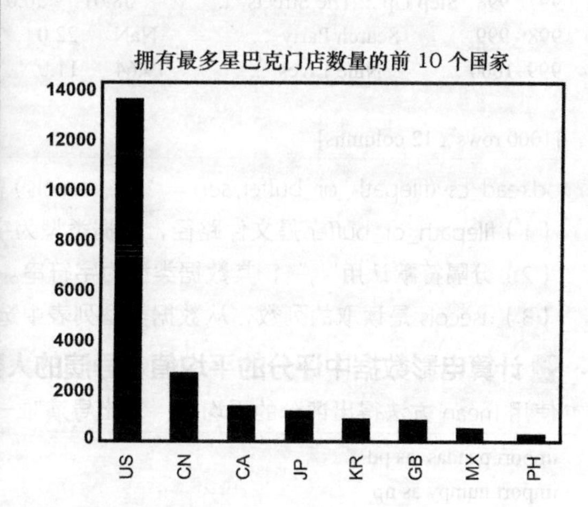

图23-2 数字展示和图形展示的对比

Matplotlib 并不是 Python 内建库，安装命令如下所示。

```
pip install matplotlib
```

图形绘制流程如下所示。

（1）创建画布。

（2）绘制图形。

（3）显示图形。

23.2 应用实战

基于 Matplotlib 的电影数据分析并展示。

现在我们有一组从 2006 年到 2016 年 1000 部非常流行的电影的数据。

01 读取数据

使用 pd.read-csv 方法读取 CSV 文件。

```
import pandas  as pd
import numpy as np
```

```
from matplotlib import pyplot as plt

# 文件的路径
path = "./IMDB-Movie-Data.csv"
# 读取文件
df = pd.read_csv(path)
print(df)
```

运行结果如下所示。

```
   Rank                    Title ... Revenue (Millions) Metascore
0     1  Guardians of the Galaxy ...             333.13      76.0
1     2               Prometheus ...             126.46      65.0
2     3                    Split ...             138.12      62.0
3     4                     Sing ...             270.32      59.0
4     5            Suicide Squad ...             325.02      40.0
..  ...                      ... ...                ...       ...
995 996      Secret in Their Eyes ...                NaN      45.0
996 997          Hostel: Part II ...              17.54      46.0
997 998   Step Up 2: The Streets ...              58.01      50.0
998 999             Search Party ...                NaN      22.0
999 1000              Nine Lives ...              19.64      11.0

[1000 rows x 12 columns]
```

pd.read_csv(filepath_or_buffer, sep = ',', usecols) 需要传入 3 个关键字参数。

（1）filepath_or_buffer 是文件路径，数据类型为字符串。

（2）分隔符默认用","，其数据类型为字符串。

（3）usecols 是读取的列数，从数据类型列表中选出读取的列。

02 计算电影数据中评分的平均值，导演的人数等信息

使用 mean 方法得出评分的平均值；求出导演唯一值，然后进行形状获取。

```
import pandas  as pd
import numpy as np
from matplotlib import pyplot as plt

# 文件的路径
path = "./IMDB-Movie-Data.csv"
# 读取文件
df = pd.read_csv(path)
#print(df)

# 平均值
rating_mean = df["Rating"].mean()
# 唯一
director_num = np.unique(df["Director"]).shape[0]
print(rating_mean)
print(director_num)
```

运行结果如下所示。

```
6.723199999999999
644
```

03 统计并展示电影数据的 Rating 的分布情况

以直方图的形式直接呈现，选择分数列数据，进行展示。

```
import pandas  as pd
import numpy as np
from matplotlib import pyplot as plt

# 文件的路径
path = "./IMDB-Movie-Data.csv"
# 读取文件
df = pd.read_csv(path)
# 设置画布大小
plt.figure(figsize=(20, 8), dpi=80)
# 柱状图
plt.hist(df["Rating"].values, bins=20)
# 求出最大、最小值
max_ = df["Rating"].max()
min_ = df["Rating"].min()
# 生成刻度列表
t1 = np.linspace(min_, max_, num=21)
# 修改刻度
plt.xticks(t1)
# 添加网格
plt.grid()
# 展示
plt.show()
```

运行结果如图 23-3 所示。

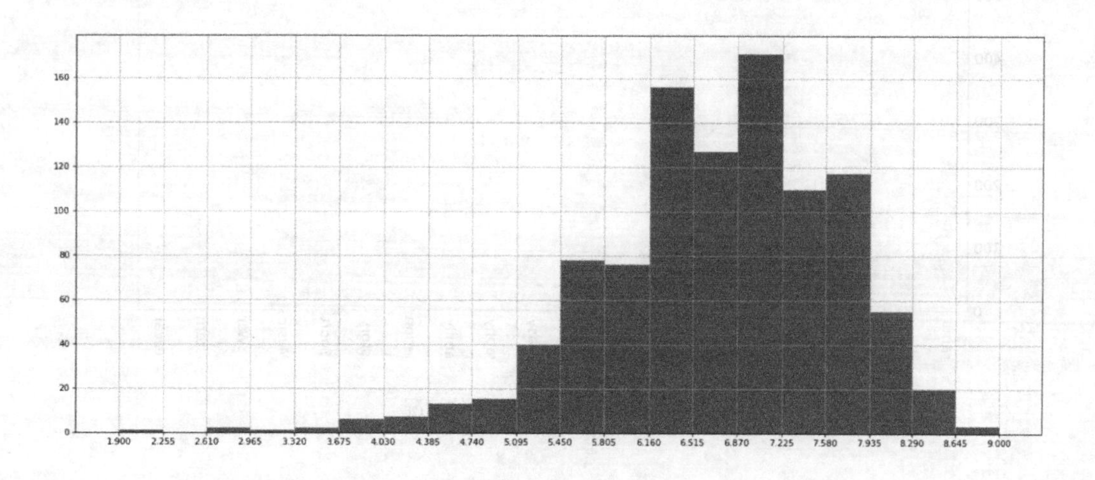

图23-3　Rating的分布情况

04 统计并展示电影分类 (genre) 的情况

（1）创建一个全为 0 的 DataFrame，列索引为电影的分类即 temp_df。

（2）遍历每一部电影，在 temp_df 中把分类出现的列的值置为 1。

（3）求和。

```
import pandas  as pd
import numpy as np
```

```
from matplotlib import pyplot as plt

# 文件的路径
path = "./IMDB-Movie-Data.csv"
# 读取文件
df = pd.read_csv(path)
# 设置画布大小
plt.figure(figsize=(20, 8), dpi=80)
# 进行字符串分割
temp_list = [i.split(",") for i in df["Genre"]]
# 获取电影的分类
genre_list = np.unique([i for j in temp_list for i in j])
# 增加新的列
temp_df = pd.DataFrame(np.zeros([df.shape[0],genre_list.shape[0]]),columns=genre_list)
# 遍历
for i in range(1000):
    temp_df.loc[i,temp_list[i]]=1
# 绘图
temp_df.sum().sort_values(ascending=False).plot(kind="bar",figsize=(20,8),fontsize=20,colormap="cool")
# 保存图片
plt.savefig("./ret2.png")
# 展示
plt.show()
```

运行结果如图 23-4 所示。

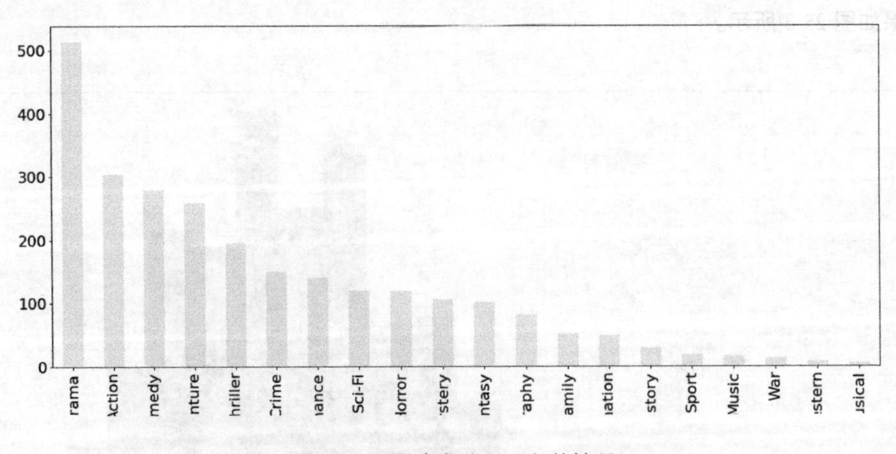

图23-4　电影分类（genre）的情况